全国监理工程师执业资格考试辅导与实战训练

建设工程监理案例分析

（2012 年版）

王双增　主编

王自宇　耿文慧　贾彦格　副主编

U0249950

中国建筑工业出版社

图书在版编目(CIP)数据

建设工程监理案例分析(2012年版)/王双增主编. —北京：中国
建筑工业出版社，2012.1
（全国监理工程师执业资格考试辅导与实战训练）
ISBN 978-7-112-12767-2

Ⅰ.①建… Ⅱ.①王… Ⅲ.①建筑工程—监督管理—案例—
分析—工程技术人员—资格考核—自学参考资料 Ⅳ.①TU712

中国版本图书馆 CIP 数据核字(2010)第 254952 号

本书是《全国监理工程师执业资格考试辅导与实战训练》（2012年版）丛书之一，为《建设工程监理案例分析》考试科目的复习参考书。本书根据全国监理工程师执业资格考试大纲和教材编写而成，对考纲进行详细分解，精选典型考生答疑，依考试难点、重点进行例题解析，每章均提供大量实战练习题，书后附有模拟试卷，全书注重考试辅导和实战训练的双重功效，可作为监理工程师考试考生的应试参考。

* * *

责任编辑：封　毅　岳建光
责任校对：兰曼利　赵　颖

全国监理工程师执业资格考试辅导与实战训练
建设工程监理案例分析
（2012 年版）
王双增　主编
王自宇　耿文慧　贾彦格　副主编

*

中国建筑工业出版社出版、发行(北京西郊百万庄)
各地新华书店、建筑书店经销
北 京 天 成 排 版 公 司 制 版
北京市密东印刷有限公司印刷

*

开本：787×1092毫米　1/16　印张：23½　字数：572千字
2011年1月第一版　　2011年12月第二次印刷
定价：**57.00**元
ISBN 978-7-112-12767-2
(21699)

本书编委会

主　　　编：王双增

副　主　编：王自宇　耿文慧　贾彦格

编委会成员：王双增　王清祥　孙玉保　柏立岗　贾彦芳

　　　　　　付庆红　刘秉禄　张文英　赵海江　郝彬彬

　　　　　　陈宝华　孙国宏　冀景武　张南妹　王炳福

　　　　　　张福建　王自宇　耿文慧　贾彦格　申玉辰

　　　　　　乔玉辉　游杜平　何云涛　郭　涛　郑海滨

　　　　　　邱密桓　李　丹　韩　猛　来　茜　刘　鑫

前　言

随着我国通过投资拉动内需政策的实施，固定资产投资亦呈现快速增长趋势，工程监理人员的需求量也越来越大。

建设工程监理考试相对来说难度不算很大，但是要求从业人员素质高。考试的四个科目综合考核了应考人员对建设工程监理基本概念、基本原理、基本程序和基本方法的掌握程度，检验应考人员灵活应用所学知识解决监理工作实际问题的能力。特别要求应考人员具有综合分析、推理判断等能力。

考试虽然分为四个科目，但是考试用的教材却分为六本，其中案例考试没有考试用书，需要我们自己对其他科目总结归纳。为方便大家有针对性地学习，本套辅导书共有六册，分别对应《建设工程监理概论》（含《建设工程信息管理》）、《建设工程合同管理》、《建设工程质量管理》、《建设工程投资管理》、《建设工程进度管理》、《建设工程监理案例分析》。这样设置，方便了大家针对不同知识点学习，尤其是有了案例分析专册，更是有利于仅仅考一门案例的考生学习。

本辅导书的编写思想是：站在考生的立场上，面向广大工程技术人员，力争通俗易懂、说理透彻、理清原理、灵活应用、便于记忆。本套书不仅理清了每章每节思路，还对考试大纲进行了细化，并具体到将每个知识点的把握程度、相互关联解释清楚，以应对考试难题。

在本书编写过程中，我们认真分析考生的复习过程发现，大部分考生的问题总是产生在学习的过程中的。开始看书时不会有过多的疑问，即使有，也是肤浅的，大多数疑问很快就会在下面的学习里得到解决。但是，随着知识的进一步把握，就会有新的问题产生，这些问题往往就显得比较综合，这些问题如果得不到解决就会影响到理解和记忆，并进一步妨碍考生应用知识解决问题的能力，严重的还会使考生的知识体系处于一种逻辑混乱状态。而考试，往往是以考察对知识的综合掌握和应用为目的的。考过其他注册考试的同志都有类似的感觉，某些选项，好像对，又好像不对，在犹豫间时间过去了。在案例考试中，这一现象尤其突出，看到题，似曾相识，又不知从何答起。有时即使答出来，往往还是不对。这也是有些同志出了考场，自我感觉良好，等成绩出来却大失所望的原因。

通过辅导和与学员的交流，我们意识到，答疑解惑是很重要的环节，本辅导书在理清原理思路，对考试大纲进行细化，并具体到知识点的把握程度的基础上，还兼具另一个特点，那就是：答疑解惑！我们总结了在之前几年的辅导过程中考生提出问题较多的地方，针对典型的问题进行详细的解答，力争使考生在学习和复习的过程中所遇到的大多数问题都能在辅导书里得到解释，在答疑解析中，力争用通俗易懂的事例说明教材中较专业的晦涩难懂的说法，使考生能够既知其然，也知其所以然，达到理解记忆的目的，更好地应对考试。在本书中有些答疑的内容超出了教材，有的也不是特别严密，主要是出于帮助大家理解的思路上作出的，希望大家不要深究。

4

对于教材的学习，建议大家对各类方法、公式，要从以下几个方面入手：

1. 做法、特点、优缺点、适用条件、不适用场合；

2. 原理和不同角度的含义；

3. 计算公式，包括单位、系数的取值范围、字母所代表概念的准确含义；

4. 结果判断标准和方法。做法、特点和原理决定了优缺点及其适用范围的同时，也决定了结果的判断。

在《建设工程监理案例分析》分册里面，为了使大家能成体系地复习，而不是自己拿着考试大纲去相应的各分册教材里面找知识点，我们按照案例分析考试大纲，把所有有关案例的考试相关内容都放到了本辅导书里，系统地表达知识体系。当然，由于考试大纲相对来说还是比较粗，我们根据历年辅导经验和考试题目的特点，把考试大纲作了进一步的细化，也补充了一些内容。对于比较重要的文件，我们也直接引入，但为了减少篇幅，作了部分删减。对于案例来说，历年考试题目是最重要的，本书中的练习题目绝大多数都来源于历年考题。希望大家一定要重视历年考题。

最后，我想告诉大家"机会永远是给有准备的人准备的"。希望大家做好准备工作，从广度和深度上把握大纲和教材。学习也是有三个层次，按照武侠小说作家金庸大师所说的，先要做到"手中有剑"然后升华到"心中有剑"，最后是炉火纯青，达到"心中无剑"的地步。希望我们大家到考试的时候，都能到达炉火纯青、"心中无剑"的地步并顺利地通过考试。

本套辅导书在编辑过程里参考了许多资料，在这里一并向原作者致谢。

由于作者水平有限，本书中难免会有疏漏和不当之处，希望读者给予原谅，也请读者不吝赐教，予以指正，在这里预先表示感谢。联系邮箱：ZXGCS@163.com。

最后，预祝大家都能顺利通过考试！

目　　录

第一部分　建设工程监理概论

第一章 监理工作实施

第一节 监理实施原则和程序

一、建设工程各阶段工作内容

1. 项目建议书阶段	了解
2. 可行性研究阶段	了解
3. 设计阶段	两阶段设计，即初步设计和施工图设计。 三阶段设计，即初步设计、技术设计、施工图设计
4. 施工准备阶段	主要是组建法人，工程报批，征地拆迁，委托监理，招投标，办理施工许可证
5. 施工安装阶段	建设工程具备了开工条件并取得施工许可证后才能开工
	按照规定，工程新开工时间是指建设工程设计文件中规定的任何一项永久性工程第一次正式破土开槽的开始日期。不需开槽的工程，以正式打桩作为正式开工日期，本阶段的主要任务是按设计进行施工安装，建成工程实体
6. 生产准备阶段	参加调试，验收，采购生产材料等
7. 竣工验收阶段	建设工程按设计文件规定的内容和标准全部完成，并按规定将工程内外全部清理完毕后，达到竣工验收条件，建设单位即可组织竣工验收，勘察、设计、施工、监理等有关单位应参加竣工验收。竣工验收合格后，建设工程方可交付使用，竣工验收后，建设单位应及时向建设行政主管部门或其他有关部门备案并移交建设项目档案

二、监理规范的规定

1.0.1 为了提高建设工程监理水平，规范建设工程监理行为，编制本规范。

1.0.2 本规范适用于新建、扩建、改建建设工程施工、设备采购和制造的监理工作。

1.0.3 实施建设工程监理前，监理单位必须与建设单位签订书面建设工程委托监理合同，合同中应包括监理单位对建设工程质量、造价、进度进行全面控制和管理的条款。建设单位与承包单位之间与建设工程合同有关的联系活动应通过监理单位进行。

1.0.4 建设工程监理应实行总监理工程师负责制。

1.0.5 监理单位应公正、独立、自主地开展监理工作，维护建设单位和承包单位的合法权益。

1.0.6 建设工程监理除应符合本规范外，还应符合国家现行的有关强制性标准、规范的规定。

注意：

其中 1.0.3 很重要，尤其是"建设单位与承包单位之间与建设工程合同有关的联系活动应通过监理单位进行。"

考试中常会出现些程序的描述，大多是越过监理机构、越过业主（或总承包单位）的程序，让考生挑错

第二节　项目监理机构的建立步骤、组织形式及监理人员职责分工

一、建设工程组织管理基本形式

模式	特点	优点	缺点
平行承发包模式	业主将建设工程的设计、施工以及材料设备采购的任务经过分解分别发包给若干个设计、施工和材料设备供应单位，并分别签订合同。各单位之间的关系是平行的	(1) 有利于缩短工期。设计阶段与施工阶段有可能形成搭接关系，从而缩短整个建设工程工期。 (2) 有利于质量控制。整个工程分别发包给各承建单位，合同约束与相互制约使每一部分能够较好地实现质量要求。 (3) 有利于业主选择承建单位。这种模式的合同内容比较单一、合同价值小、风险小，使它们有可能参与竞争	(1) 合同数量多，会造成合同管理困难。 (2) 投资控制难度大：一是总合同价不易确定，影响投资控制实施；二是工程招标任务量大，需控制多项合同价格，增加了投资控制难度；三是在施工过程中设计变更和修改较多，导致投资增加
设计或施工总分包模式	所谓设计或施工总分包，是指业主将全部设计或施工任务发包给一个设计单位或一个施工单位作为总包单位，总包单位可以将其部分任务再分包给其他承包单位	(1) 有利于建设工程的组织管理。合同数量比平行承发包模式要少，可发挥监理与总包单位多层次协调的积极性。 (2) 有利于投资控制。总包合同价格可较早确定，并且监理单位也易于控制。 (3) 有利于质量控制。在质量方面，既有分包单位的自控，又有总包单位的监督，还有工程监理单位的检查认可，对质量控制有利。 (4) 有利于工期控制	(1) 建设周期较长。不仅不能将设计阶段与施工阶段搭接，而且施工招标需要的时间也较长。 (2) 总包报价可能较高。竞争相对不甚激烈；另一方面，总包单位都要在分包报价的基础上加收管理费向业主报价
项目总承包模式	是指业主将工程设计、施工、材料和设备采购等工作全部发包给一家承包公司，由其进行实质性设计、施工和采购工作，最后向业主交出一个已达到动用条件的工程。按这种模式发包的工程也称"交钥匙工程"	(1) 合同关系简单，组织协调工作量小。业主只与项目总承包单位签订一个合同，合同关系大大简化。监理工程师主要与项目总承包单位进行协调。 (2) 缩短建设周期。由于设计与施工由一个单位统筹安排，使两个阶段能够有机地融合。 (3) 利于投资控制。通过设计与施工的统筹考虑可以提高项目的经济性，但并不意味着项目总承包的价格低	(1) 招标发包工作难度大。合同管理的难度一般较大。 (2) 业主择优选择承包方范围小。往往导致合同价格较高。 (3) 质量控制难度大。其原因一是质量控制标准制约性受到影响；二是"他人控制"机制薄弱
项目总承包管理模式	是指业主将工程建设任务发包给专门从事项目组织管理的单位，再由它分包给若干设计、施工和材料设备供应单位，并在实施中进行项目管理	项目总承包管理与项目总承包的不同之处在于：前者不直接进行设计与施工，没有自己的设计和施工力量，而是将承接的设计与施工任务全部分包出去，他们专心致力于建设工程管理。后者有自己的设计、施工实体，是设计、施工、材料和设备采购的主要力量。 优点显而易见：合同管理、组织协调比较有利，进度控制也有利	(1) 由于项目总承包管理单位与设计、施工单位是总包与分包关系，后者才是项目实施的基本力量，所以监理工程师对分包的确认工作就成了十分关键的问题。 (2) 项目总承包管理单位自身经济实力一般较弱，而承担的风险相对较大

二、建设工程监理模式

模式	特点
平行承发包模式条件下的监理模式	与建设工程平行承发包模式相适应的监理模式有以下两种主要形式： (1) 业主委托一家监理单位监理； (2) 业主委托多家监理单位监理
设计或施工总分包模式条件下的监理模式	对设计或施工总分包模式，业主可以委托一家监理单位进行实施阶段全过程的监理，也可以分别按照设计阶段和施工阶段委托监理单位。 总包单位对承包合同承担乙方的最终责任，但监理工程师必须做好对分包单位资质的审查、确认工作
项目总承包模式条件下的监理模式	在项目总承包模式下，一般宜委托一家监理单位进行监理。在这种模式下，监理工程师需具备较全面的知识，做好合同管理工作
项目总承包管理模式条件下的监理模式	在项目总承包管理模式下，一般宜委托一家监理单位进行监理，这样便于监理工程师对项目总承包管理合同和项目总承包管理单位进行分包等活动的监理

三、建设工程监理实施程序

(1) 确定项目总监理工程师，成立项目监理机构；

(2) 编制建设工程监理规划；

(3) 制定各专业监理实施细则；

(4) 规范化地开展监理工作；

(5) 参与验收，签署建设工程监理意见；

(6) 向业主提交建设工程监理档案资料；

(7) 监理工作总结。

四、建设工程监理实施原则

(1) 公正、独立、自主的原则。

(2) 权责一致的原则。

(3) 总监理工程师负责制的原则。总监理工程师负责制的内涵包括：

1) 总监理工程师是工程监理的责任主体。监理工程师应是向业主和监理单位所负责任的承担者。

2) 总监理工程师是工程监理的权力主体。根据总监理工程师承担责任的要求，总监理工程师全面领导建设工程的监理工作，包括组建项目监理机构，主持编制建设工程监理规划，组织实施监理活动，对监理工作总结、监督、评价。

(4) 严格监理、热情服务的原则。

(5) 综合效益的原则。

五、建立项目监理机构的步骤

1. 确定项目监理机构目标

根据委托监理合同中确定的监理目标，制定总目标并明确划分监理机构的分解目标。

2. 确定监理工作内容

根据监理目标和委托监理合同中规定的监理任务，明确列出监理工作内容，并进行分类归并及组合。

3. 项目监理机构的组织结构设计

（1）选择组织结构形式

组织结构形式选择的基本原则是：有利于工程合同管理，有利于监理目标控制，有利于决策指挥，有利于信息沟通。

（2）合理确定管理层次与管理跨度

项目监理机构中一般应有三个层次：

1）决策层。由总监理工程师和其他助手组成，主要进行科学化、程序化决策与管理。

2）中间控制层（协调层和执行层）。由各专业监理工程师组成，具体负责监理规划的落实，监理目标控制及合同实施的管理。

3）作业层（操作层）。主要由监理员、检查员等组成，具体负责监理活动的操作实施。

（3）划分项目监理机构部门

项目监理机构中合理划分各职能部门，应依据监理机构目标、监理机构可利用的人力和物力资源以及合同结构情况，将投资控制、进度控制、质量控制、合同管理、组织协调等监理工作内容按不同的职能活动形成相应的管理部门。

（4）制定岗位职责及考核标准

要求明确的目的性，不可因人设事。

（5）安排监理人员

监理人员的选择除应考虑个人素质外，还应考虑人员总体构成的合理性与协调性。

4. 制定工作流程和信息流程

按监理工作的客观规律制定工作流程和信息流程，规范化地开展监理工作。

六、项目监理机构的组织形式

1. 直线制监理组织形式

特 点	适 用	优 缺 点
这种组织形式的特点是项目监理机构中任何一个下级只接受唯一上级的命令。各级部门主管人员对所属部门的问题负责，项目监理机构中不再另设职能部门	这种组织形式适用于能划分为若干相对独立的子项目的大、中型建设工程。 总监理工程师负责整个工程的规划、组织和指导，并负责整个工程范围内各方面的指挥、协调工作；子项目监理组分别负责各子项目的目标值控制，具体领导现场专业	直线制监理组织形式的主要优点是组织机构简单，权力集中，命令统一，职责分明，决策迅速，隶属关系明确。缺点是实行没有职能部门的"个人管理"，这就要求总监理工程师通晓各种业务，通晓多种知识技能，成为"全能"式人物

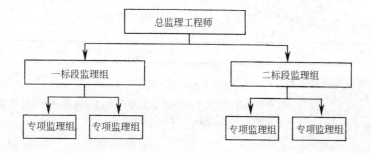

2. 职能制监理组织形式

特 点	适 用	优 缺 点
是在监理机构内设立一些职能部门，把相应的监理职责和权力交给职能部门，各职能部门在本职能范围内有权直接指挥下级	此种组织形式一般适用于大、中型建设工程	这种组织形式的主要优点是加强了项目监理目标控制的职能化分工，能够发挥职能机构的专业管理作用，但由于下级人员受多头领导，如果上级指令相互矛盾，将使下级在工作中无所适从

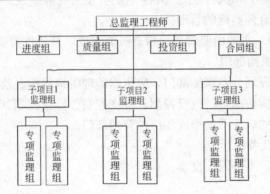

3. 直线职能制监理组织形式

特 点	适用与优缺点
直线职能制监理组织形式是吸收了直线制监理组织形式和职能制监理组织形式的优点而形成的一种组织形式	这种形式保持了直线制组织实行直线领导、统一指挥、职责清楚的优点，另一方面又保持了职能制组织目标管理专业化的优点；其缺点是职能部门与指挥部门易产生矛盾，信息传递路线长，不利于互通情报

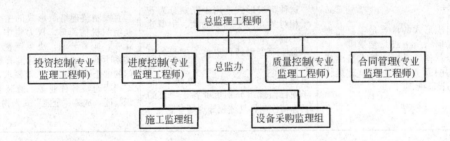

4. 矩阵制监理组织形式

特 点	适用与优缺点
矩阵制监理组织形式是由纵横两套管理系统组成的矩阵性组织结构，一套是纵向的职能系统，另一套是横向的子项目系统	这种形式的优点是加强了各职能部门的横向联系，缺点是纵横向协调工作量大，处理不当会造成扯皮现象，产生矛盾

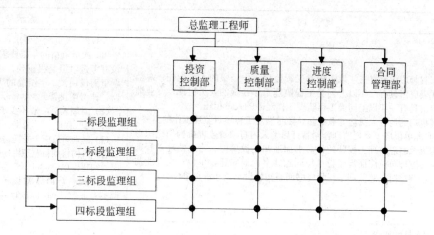

七、项目监理机构的人员配备

1. 项目监理机构的人员结构	合理的专业结构，也就是各专业人员要配套
	合理的技术职务、职称结构。表现在高级职称、中级职称和初级职称有与监理工作要求相称的比例
2. 项目监理机构监理人员数量的确定	（1）影响项目监理机构人员数量的主要因素 1）工程建设强度。用下式表示： <div align="center">工程建设强度＝投资/工期</div>其中，投资和工期是指由监理单位所承担的那部分工程的建设投资和工期。一般投资费用可按工程估算、概算或合同价计算，工期是根据进度总目标及其分目标计算。 2）建设工程复杂程度。 3）监理单位的业务水平。 4）项目监理机构的组织结构和任务职能分工。 （2）项目监理机构人员数量的确定方法 根据监理工程师的监理工作内容和工程复杂程度等级，测定、编制项目监理机构监理人员需要量定额，项目监理机构的监理人员数量和专业配备应随工程施工进展情况作相应的调整，从而满足不同阶段监理工作的需要

八、监理规范对人员配置和职责的规定

规 范 内 容	复 习 提 示
3　项目监理机构及其设施	
3.1　项目监理机构	
3.1.1　监理单位履行施工阶段的委托监理合同时，必须在施工现场建立项目监理机构。项目监理机构在完成委托监理合同约定的监理工作后可撤离施工现场。 　3.1.2　项目监理机构的组织形式和规模，应根据委托监理合同规定的服务内容、服务期限、工程类别、规模、技术复杂程度、工程环境等因素确定。 　3.1.3　监理人员应包括总监理工程师、专业监理工程师和监理员，必要时可配备总监理工程师代表。	3.1.2　监理机构的组织形式指的是"直线制"、"职能制"、"直线职能制"、"矩阵制"。要求能画图、描述优缺点、适用。

规 范 内 容	复 习 提 示
总监理工程师应由具有三年以上同类工程监理工作经验的人员担任；总监理工程师代表应由具有二年以上同类工程监理工作经验的人员担任；专业监理工程师应具有一年以上同类工程监理工作经验的人员担任。 项目监理机构的监理人员应专业配套、数量满足工程项目监理工作的需要。 3.1.4 监理单位应于委托监理合同签订后十天内将项目监理机构的组织形式、人员构成及对总监理工程师的任命书面通知建设单位。当总监理工程师需要调整时，监理单位应征得建设单位同意并书面通知建设单位；当专业监理工程师需要调整时，总监理工程师应书面通知建设单位和承包单位	3.1.3 人员配备要求： （1）人员资格的年限要求要记住。没有考过，但是很重要。可以在考题里面说由"2年经验的人"任总监，让考生挑错。 （2）监理人员一般不少于三人。 3.1.4 程序： （1）监理单位应于委托监理合同签订后十天内将项目监理机构的有关情况通知建设单位。"十天"要记住。 （2）调整总监要建设单位同意，调整专业监理师只需通知建设单位就可以
3.2 监理人员的职责	
3.2.1 一名总监理工程师只宜担任一项委托监理合同的项目总监理工程师工作。当需要同时担任多项委托监理合同的项目总监理工程师工作时，须经建设单位同意，且最多不得超过三项 3.2.2 总监理工程师应履行以下职责： 1 确定项目监理机构人员的分工和岗位职责； 2 主持编写项目监理规划、审批项目监理实施细则，并负责管理项目监理机构的日常工作； 3 审查分包单位的资质，并提出审查意见； 4 检查和监督监理人员的工作，根据工程项目的进展情况可进行监理人员调配，对不称职的监理人员应调换其工作； 5 主持监理工作会议，签发项目监理机构的文件和指令； 6 审定承包单位提交的开工报告、施工组织设计、技术方案、进度计划； 7 审核签署承包单位的申请、支付证书和竣工结算； 8 审查和处理工程变更； 9 主持或参与工程质量事故的调查； 10 调解建设单位与承包单位的合同争议、处理索赔、审批工程延期； 11 组织编写并签发监理月报、监理工作阶段报告、专题报告和项目监理工作总结； 12 审核签认分部工程和单位工程的质量检验评定资料，审查承包单位的竣工申请，组织监理人员对待验收的工程项目进行质量检查，参与工程项目的竣工验收； 13 主持整理工程项目的监理资料	3.2.1 （1）总监任其他项目总监要经过建设单位的同意。 （2）最多同时担任3个项目的总监 3.2.2 （1）总监是监理机构唯一的发言人，凡是对业主的，政府部门的都是总监。专业监理师只对内，对施工单位，不负责协调工作。 （2）总监大多是"主持"、"审定"、"审核"、"组织"等重要性很强的词句。 （3）只有2个地方是"参与"：①质量事故调查，当政府部门组织的质量事故调查组认为必要时，可以让总监参与。②工程项目的竣工验收（建设单位组织的）。 （4）对"变更"是"审查和处理"，可以签发建设单位同意的变更，但是对变更的审定和批准，是建设单位的权力。 （5）13条里，第1～2条是监理准备工作，第3～11条是日常工作。第12条是验收工作，第13条是资料工作。 （6）第13条也常考试，常常是总监委托专业监理师主持资料整理工作
3.2.3 总监理工程师代表应履行以下职责： 1 负责总监理工程师指定或交办的监理工作； 2 按总监理工程师的授权，行使总监理工程师的部分职责和权力	1. 原则上，除本条款明确的"不可委托的工作"之外，都可以委托。
3.2.4 总监理工程师不得将下列工作委托总监理工程师代表： 1 主持编写项目监理规划、审批项目监理实施细则。 2 签发工程开工/复工报审表、工程暂停令、工程款支付证书、工程竣工报验单。 工程开工/复工报审表应符合附录A1表的格式；工程暂停令应符合附录B2表的格式；工程款支付证书应符合附录B3表的格式；工程竣工报验单应符合附录A10表的格式。 3 审核签认竣工结算。 4 调解建设单位与承包单位的合同争议、处理索赔、审批工程延期。 5 根据工程项目的进展情况进行监理人员的调配，调换不称职的监理人员	2. "不可委托的工作"都是关系重大的"人权"、"财权"、"重大到足以影响到项目正常进行的决定权"（主要是文件的"签发权"）。 3. 这个考点经常考，建议大家理解记忆"不可委托的工作"5条

规 范 内 容	复 习 提 示
3.2.5 专业监理工程师应履行以下职责： 1 负责编制本专业的监理实施细则； 2 负责本专业监理工作的具体实施； 3 组织、指导、检查和监督本专业监理员的工作，当人员需要调整时，向总监理工程师提出建议； 4 审查承包单位提交的涉及本专业的计划、方案、申请、变更，并向总监理工程师提出报告； 5 负责本专业分项工程验收及隐蔽工程验收； 6 定期向总监理工程师提交本专业监理工作实施情况报告，对重大问题及时向总监理工程师汇报和请示； 7 根据本专业监理工作实施情况做好监理日记； 8 负责本专业监理资料的收集、汇总及整理，参与编写监理月报； 9 核查进场材料、设备、构配件的原始凭证、检测报告等质量证明文件及其质量情况，根据实际情况认为有必要时对进场材料、设备、构配件进行平行检验，合格时予以签认； 10 负责本专业的工程计量工作，审核工程计量的数据和原始凭证	1. 共10条，都带有"本专业"的字样。都是日常的专业方面监理工作。只有第9条没写本专业，但也是各专业管各专业。 2. 负责编监理细则，报总监审定。参与总监组织编写的监理月报的编写。 3. 最大的权力：①负责本专业分项工程验收及隐蔽工程验收；②核查进场材料、设备、构配件的质量证明文件及其质量情况，进行平行检验，合格时予以签认；③负责本专业的工程计量工作。 4. 一般的权力：人员建议权；计划、变更等初步审核权。 5. 监理日记，是当天主要监理和施工情况
3.2.6 监理员应履行以下职责： 1 在专业监理工程师的指导下开展现场监理工作； 2 检查承包单位投入工程项目的人力、材料、主要设备及其使用、运行状况，并做好检查记录； 3 复核或从施工现场直接获取工程计量的有关数据并签署原始凭证； 4 按设计图及有关标准，对承包单位的工艺过程或施工工序进行检查和记录，对加工制作及工序施工质量检查结果进行记录； 5 担任旁站工作，发现问题及时指出并向专业监理工程师报告； 6 做好监理日记和有关的监理记录	1. 主要是日常施工的检查和记录，属于"劳务性"工作。 2. 最大的权力①签署原始凭证；②担任旁站工作，有旁站记录签字权，旁站人员不签字，不能进行下道工序，总监不能在相应文件上签字（例如由总监"审核签认的分部工程和单位工程的质量检验评定资料"）。 3. 监理日记主要记录当天检查的情况和发现的问题
3.3 监理设施	
3.3.1 建设单位应提供委托监理合同约定的满足监理工作需要的办公、交通、通讯、生活设施。项目监理机构应妥善保管和使用建设单位提供的设施，并应在完成监理工作后移交建设单位。 3.3.2 项目监理机构应根据工程项目类别、规模、技术复杂程度、工程项目所在地的环境条件，按委托监理合同的约定，配备满足监理工作需要的常规检测设备和工具。 3.3.3 在大中型项目的监理工作中，项目监理机构应实施监理工作的计算机辅助管理	1. 建设单位按合同约定提供办公条件。 2. 监理机构须自备常规检验设备和工具。 3. 特殊的检验设备和工具由建设单位提供（一般由设备供应商提供）

注意：总监、总监代表、专业监理师、监理员的职责是常考不衰的考点。对他们的职责要理解记忆。常见的考题是总监把不能委托给总监代表的委托了，专业监理师履行了总监的职责，监理员履行了专业监理师的职责，让考生挑错并改正。

第二章 监 理 规 划

第一节 基 本 知 识

一、建设工程监理工作文件的构成

建设工程监理工作文件是指监理单位投标时编制的监理大纲、监理合同签订以后编制的监理规划和专业监理工程师编制的监理实施细则。

1. 监理大纲

又称监理方案，是监理单位在业主开始委托监理的过程中，特别是在业主进行监理招标过程中，为承揽到监理业务而编写的监理方案性文件。应当根据业主所发布的监理招标文件的要求而制定。为使监理大纲的内容和监理实施过程紧密结合，监理大纲的编制人员应当是监理单位经营部门或技术管理部门人员，也应包括拟定的总监理工程师。总监理工程师参与编制监理大纲有利于监理规划的编制。

（1）主要作用

1）使业主认可监理大纲中的监理方案，从而承揽到监理业务；

2）为项目监理机构今后开展监理工作制定基本的方案。

（2）主要内容

1）拟派往项目监理机构的监理人员情况介绍。应该重点介绍拟派往投标工程的项目总监理工程师的情况，这往往决定承揽监理业务的成败。

2）拟采用的监理方案。监理方案的具体内容包括：项目监理机构的方案、建设工程三大目标的具体控制方案、工程建设各种合同的管理方案、项目监理机构在监理过程中进行组织协调的方案等。

3）将提供给业主的监理阶段性文件。这将有助于满足业主掌握工程建设过程的需要，有利于监理单位顺利承揽该建设工程的监理业务。

2. 监理规划

监理单位接受业主委托并签订委托监理合同之后，在项目总监理工程师的主持下，根据委托监理合同，在监理大纲的基础上，结合工程的具体情况制定，经监理单位技术负责人批准。

（1）主要作用

用来指导项目监理机构全面开展监理工作的指导性文件。

（2）主要内容

从内容范围上讲，监理大纲与监理规划都是围绕着整个项目监理机构所开展的监理工作来编写的，但监理规划的内容要比监理大纲更翔实、更全面。

3. 监理实施细则

监理实施细则又简称监理细则，其与监理规划的关系可以比作施工图设计与初步设计的关系。

监理实施细则是在监理规划的基础上，由项目监理机构的专业监理工程师针对建设工程中某一专业或某一方面的监理工作编写，并经总监理工程师批准实施的操作性文件。

监理实施细则的作用是指导本专业或本子项目具体监理业务的开展。

4. 三者之间的关系

在编写监理规划时，一定要严格根据监理大纲的有关内容来编写；在制定监理实施细则时，一定要在监理规划的指导下进行。

一般来说，监理单位开展监理活动应当编制以上工作文件。但这也不是一成不变的，就像工程设计一样。对于简单的监理活动只编写监理实施细则就可以了，而有些建设工程也可以制定较详细的监理规划，而不再编写监理实施细则。

二、建设工程监理规划编写的要求

1. 基本构成内容应当力求统一

监理规划基本构成内容应当包括目标规划、项目组织、监理组织、目标控制、合同管理和信息管理。施工阶段监理规划统一的内容要求应当在建设监理法规文件或监理合同中明确下来。

2. 具体内容应具有针对性

每一个监理规划都是针对某一个具体建设工程的监理工作计划，都必然有它自己的投资目标、进度目标、质量目标，有它自己的项目组织形式，有它自己的监理组织机构，有它自己的目标控制措施、方法和手段，有它自己的信息管理制度，有它自己的合同管理措施。只有具有针对性，建设工程监理规划才能真正起到指导具体监理工作的作用。

3. 监理规划应当遵循建设工程的运行规律

监理规划要随着建设工程的展开进行不断的补充、修改和完善。在建设工程的运行过程中，由于各种因素造成实施情况偏离计划，往往需要调整计划乃至目标，这就必然造成监理规划在内容上也要相应地调整。

4. 项目总监理工程师是监理规划编写的主持人

建设工程监理实施项目总监理工程师负责制必然要求监理规划应当在项目总监理工程师主持下编写制定。

在监理规划编写的过程中，总监理工程师应当充分听取业主的意见，最大限度地满足他们的合理要求，为进一步搞好监理服务奠定基础。

作为监理单位的业务工作，总监理工程师在编写监理规划时还应当按照本单位的要求进行编写。

5. 监理规划一般要分阶段编写

监理规划的编写需要有一个过程。监理规划编写阶段可按工程实施的各阶段来划分，这样，工程实施各阶段所输出的工程信息就成为相应的监理规划信息。例如，可划分为设计阶段、施工招标阶段和施工阶段。设计的前期阶段，即设计准备阶段应完成规划的总框架并将设计阶段的监理工作进行"近细远粗"的规划，使监理规划内容与已经掌握的工程信息紧密结合；设计阶段结束，大量的工程信息能够提供出来，所以施工招标阶段监理规划的大部分内容能够落实；随着施工招标的进展，各承包单位逐步确定下来，工程施工合同逐步签订，施工阶段监理规划所需的工程信息基本齐备，足以编写出完整的施工阶段监理规划。在施工阶段，有关监理规划的主要工作是根据工程进展情况进行调整、修改，使监理规划能够动态地控制整个建设工程的正常进行。

6. 监理规划的表达方式应当格式化、标准化

7. 监理规划应该经过审核

监理规划在编写完成后需进行审核并经批准。监理单位的技术主管部门是内部审核单位，其负责人应当签认，同时，还应当按合同约定提交给业主，由业主确认并监督实施。

第二节 监理规范对监理文件的编制要求

规范内容	复习提示
4 监理规划及监理实施细则	
4.1 监理规划 4.1.1 监理规划的编制应针对项目的实际情况,明确项目监理机构的工作目标,确定具体的监理工作制度、程序、方法和措施,并应具有可操作性。 4.1.2 监理规划编制的程序与依据应符合下列规定: 1 监理规划应在签订委托监理合同及收到设计文件后开始编制,完成后必须经监理单位技术负责人审核批准,并应在召开第一次工地会议前报送建设单位; 2 监理规划应由总监理工程师主持、专业监理工程师参加编制; 3 编制监理规划应依据: ——建设工程的相关法律、法规及项目审批文件; ——与建设工程项目有关的标准、设计文件、技术资料; ——监理大纲、委托监理合同文件以及与建设工程项目相关的合同文件。 4.1.3 监理规划应包括以下主要内容: 1 工程项目概况; 2 监理工作范围; 3 监理工作内容; 4 监理工作目标; 5 监理工作依据; 6 项目监理机构的组织形式; 7 项目监理机构的人员配备计划; 8 项目监理机构的人员岗位职责; 9 监理工作程序; 10 监理工作方法及措施; 11 监理工作制度; 12 监理设施。 4.1.4 在监理工作实施过程中,如实际情况或条件发生重大变化而需要调整监理规划时,应由总监理工程师组织专业监理工程师研究修改,按原报审程序经过批准后报建设单位	1. 监理大纲不同于监理规划,监理大纲是监理机构编写的,是投标书的核心。也应列入到合同附件中。 2. 监理规划是依据大纲,但是比大纲更全面,更翔实的指导文件。 3. 监理规划编写要求: ① 基本内容力求统一。 ② 具体内容有针对性。和具体工程相适应。 ③ 遵循建设工程运行规律。 ④ 充分听取业主意见,总监作主持人编写。(不可委托总监代表编写) ⑤ 一般分阶段编写(设计阶段,施工招标阶段,施工阶段)。 ⑥ 表达方式要格式化、标准化。 ⑦ 监理机构技术负责人审核批准。是否需要建设单位审核,看双方合同约定。 4. 注意编写时间是签订监理合同及收到设计文件后。 5. 第一次工地例会前交给建设单位。 6. 监理规划可以调整,但须按照原编审程序走一遍。 7. 人员配备主要考虑:专业结构,职称结构,数量(建设强度,复杂程度)。 8. 最核心的是:监理工作方法及措施
4.2 监理实施细则 4.2.1 对中型及以上或专业性较强的工程项目,项目监理机构应编制监理实施细则。监理实施细则应符合监理规划的要求,并应结合工程项目的专业特点,做到详细具体、具有可操作性。 4.2.2 监理实施细则的编制程序与依据应符合下列规定: 1 监理实施细则应在相应工程施工开始前编制完成,并必须经总监理工程师批准; 2 监理实施细则应由专业监理工程师编制; 3 编制监理实施细则的依据: ——已批准的监理规划; ——与专业工程相关的标准、设计文件和技术资料; ——施工组织设计。 4.2.3 监理实施细则应包括下列主要内容: 1 专业工程的特点; 2 监理工作的流程; 3 监理工作的控制要点及目标值; 4 监理工作的方法及措施。 4.2.4 在监理工作实施过程中,监理实施细则应根据实际情况进行补充、修改和完善	1. 对小型的、技术性不强的可以不编监理细则。简单的工程可以用监理细则代替监理规划,有的工程也可以用编制的较细的监理规划代替监理细则。 2. 细则不必一次全部编好,在相应工程开工前审批完成就可以。 3. 专业监理师编写(不是监理员),总监审批(不可委托总监代表,也不是监理单位技术负责人)。 4. 编写依据里面有"施工组织设计"。 5. 可以修改补充,但也要总监审批

第三章　建设工程质量、投资、进度控制的程序、内容、任务和措施

第一节　控制流程基本环节

一、控制流程基本环节

建设工程的目标控制是一个有限循环过程，表现为周期性的循环过程。

1. 投入

要使计划能够正常实施并达到预定的目标，就应当保证将质量、数量符合计划要求的资源按规定时间和地点投入到建设工程实施过程中去。

2. 转换

是指由投入到产出的转换过程，如建设工程的建造过程，设备购置等活动。转换过程，通常表现为劳动力（管理人员、技术人员、工人）运用劳动资料（如施工机具）将劳动对象（如建筑材料、工程设备等）转变为预定的产出品。

3. 反馈

需要设计信息反馈系统，预先确定反馈信息的内容、形式、来源、传递等，使每个控制部门和人员都能及时获得他们所需要的信息。

4. 对比

对比是将目标的实际值与计划值进行比较，以确定是否发生偏离。目标的实际值来源于反馈信息。

5. 纠正

根据偏差的具体情况，可以分为以下三种情况进行纠偏：

（1）直接纠偏。所谓直接纠偏，是指在轻度偏离的情况下，不改变原定目标的计划值，基本不改变原定的实施计划，在下一个控制周期内，使目标的实际值控制在计划值范围内。例如，某建设工程某月的实际进度比计划进度拖延了一、二天，则在下个月中适当增加人力、施工机械的投入量即可使实际进度恢复到计划状态。

（2）不改变总目标的计划值，调整后期实施计划。这是在中度偏离情况下所采取的对策。

（3）重新确定目标的计划值，并据此重新制定实施计划。这是在重度偏离情况下所采取的对策。纠偏一般是针对正偏差（实际值大于计划值）而言，如投资增加、工期拖延。对于负偏差的情况，要仔细分析其原因，排除假象。

二、控制类型

1. 主动控制

主动控制，是在预先分析各种风险因素及其导致目标偏离的可能性和程度的基础上，拟订和采取有针对性的预防措施，从而减少乃至避免目标偏离。

主动控制也可以表述为其他不同的控制类型。

主动控制是一种事前控制。它必须在计划实施之前就采取控制措施，以降低目标偏离的可能性或其后果的严重程度，起到防患于未然的作用。

主动控制是一种前馈控制。

主动控制通常是一种开环控制。

主动控制是一种面对未来的控制。

2. 被动控制

所谓被动控制，是从计划的实际输出中发现偏差，通过对产生偏差原因的分析，研究制定纠偏措施，以使偏差得以纠正，工程实施恢复到原来的计划状态，或虽然不能恢复到计划状态但可以减少偏差的严重程度。

被动控制是一种事中控制和事后控制。

被动控制是一种反馈控制。

被动控制是一种闭环控制。

被动控制是一种面对现实的控制。

3. 主动控制与被动控制的关系

(1) 对于建设工程目标控制来说，主动控制和被动控制两者缺一不可，都是实现建设工程目标所必须采取的控制方式，应将主动控制与被动控制紧密结合起来。

(2) 需要说明的是，虽然在建设工程实施过程中仅仅采取主动控制是不可能的，有时是不经济的，但不能因此而否定主动控制的重要性。

(3) 尤其要重视那些基本上不需要耗费资金和时间的主动控制措施，如组织、经济、合同方面的措施，并力求加大主动控制在控制过程中的比例。

第二节　建设工程目标控制的任务

一、施工招标阶段

1. 协助业主编制施工招标文件。

2. 协助业主编制标底。

应当使标底控制在工程概算或预算以内，并用其控制合同价。

3. 做好投标资格预审工作

应当将投标资格预审看作公开招标方式的第一轮竞争择优活动。要抓好这项工作，为选择符合目标控制要求的承包单位做好首轮择优工作。

4. 组织开标、评标、定标工作。

二、施工阶段

1. 投资控制的任务

施工阶段建设工程投资控制的主要任务是通过工程付款控制、工程变更费用控制、预防并处理好费用索赔、挖掘节约投资潜力来努力实现实际发生的费用不超过计划投资。

2. 进度控制的任务

施工阶段建设工程进度控制的主要任务是通过完善建设工程控制性进度计划、审查施工单位施工进度计划、做好各项动态控制工作、协调各单位关系、预防并处理好工期索赔，以求实际施工进度达到计划施工进度的要求。

完成施工阶段进度控制任务，监理工程师应当做好以下工作：根据施工招标和施工准备阶段的工程信息，进一步完善建设工程控制性进度计划，并据此进行施工阶段进度控制；审查施工单位施工进度计划，确认其可行性并满足建设工程控制性进度计划要求；制定业主方材料和设备供应进度计划并进行控制，使其满足施工要求；审查施工单位进度控制报告，督促施工单位做好施工进度控制；对施工进度进行跟踪，掌握施工动态；研究制定预防工期索赔的措施，做好处理工期索赔工作；在施工过程中，做好对人力、材料、机具、设备等的投入控制工作以及转换控制工作、信息反馈工作、对比和纠正工作，使进度控制定期连续进行；开好进度协调会议，及时协调有关各方关系，使工程施工顺利进行。

3. 质量控制的任务

主要是按照《建设工程质量管理条例》执行。

施工阶段建设工程质量控制的主要任务是通过对施工投入、施工和安装过程、产出品进行全过程控制，以及对参加施工的单位和人员的资质、材料和设备、施工机械和机具、施工方案和方法、施工环境实施全面控制，以期按标准达到预定的施工质量目标。

4. 安全控制任务

按照《建设工程安全生产管理条例》执行。

三、建设工程目标控制的措施

1. 组织措施

是从目标控制的组织管理方面采取的措施，如落实目标控制的组织机构和人员，明确各级目标控制人员的任务和职能分工、权力和责任、改善目标控制的工作流程等。组织措施是其他各类措施的前提和保障，而且一般不需要增加什么费用，运用得当可以收到良好的效果。尤其是对由于业主原因所导致的目标偏差，这类措施可能成为首选措施，故应予以足够的重视。

2. 技术措施

不仅对解决建设工程实施过程中的技术问题是不可缺少的，而且对纠正目标偏差亦有相当重要的作用。任何一个技术方案都有基本确定的经济效果，不同的技术方案就有着不同的经济效果。因此，运用技术措施纠偏的关键，一是要能提出多个不同的技术方案，二是要对不同的技术方案进行技术经济分析。在实践中，要避免仅从技术角度选定技术方案而忽视对其经济效果的分析论证。

3. 经济措施

是最易为人接受和采用的措施。需要注意的是，经济措施决不仅仅是审核工程量及相应的付款和结算报告，还需要从一些全局性、总体性的问题上加以考虑，往往可以取得事半功倍的效果。另外，不要仅仅局限在已发生的费用上。通过偏差原因分析和未完工程投资预测，可发现一些现有和潜在的问题将引起未完工程的投资增加，对这些问题应以主动控制为出发点，及时采取预防措施。由此可见，经济措施的运用决不仅仅是财务人员的事情。

4. 合同措施

对于合同措施要从广义上理解，除了拟订合同条款、参加合同谈判、处理合同执行过程中的问题、防止和处理索赔等措施之外，还要协助业主确定对目标控制有利的建设工程组织管理模式和合同结构，分析不同合同之间的相互联系和影响，对每一个合同作总体和具体分析等。这些合同措施对目标控制更具有全局性的影响，其作用也就更大。另外，在采取合同措施时要特别注意合同中所规定的业主和监理工程师的义务和责任。

第四章 建设工程安全生产监理工作

本节内容主要有三个文件组成:《建设工程安全生产管理条例》、《关于落实建设工程安全生产监理责任的若干意见》、《建设部新闻发言人针对《关于落实建设工程安全生产监理责任的若干意见》接受记者采访录。

一、《建设工程安全生产管理条例》

条例内容	复习提示
第一章 总则	
第一条 为了加强建设工程安全生产监督管理,保障人民群众生命和财产安全,根据《中华人民共和国建筑法》、《中华人民共和国安全生产法》,制定本条例。 第二条 在中华人民共和国境内从事建设工程的新建、扩建、改建和拆除等有关活动及实施对建设工程安全生产的监督管理,必须遵守本条例。 本条例所称建设工程,是指土木工程、建筑工程、线路管道和设备安装工程及装修工程。 第三条 建设工程安全生产管理,坚持安全第一、预防为主的方针。 第四条 建设单位、勘察单位、设计单位、施工单位、工程监理单位及其他与建设工程安全生产有关的单位,必须遵守安全生产法律、法规的规定,保证建设工程安全生产,依法承担建设工程安全生产责任。 第五条 国家鼓励建设工程安全生产的科学技术研究和先进技术的推广应用,推进建设工程安全生产的科学管理	了解
第二章 建设单位的安全责任	
第六条 建设单位应当向施工单位提供施工现场及毗邻区域内供水、排水、供电、供气、供热、通信、广播电视等地下管线资料,气象和水文观测资料,相邻建筑物和构筑物、地下工程的有关资料,并保证资料的真实、准确、完整。 建设单位因建设工程需要,向有关部门或者单位查询前款规定的资料时,有关部门或者单位应当及时提供	第六条:和合同约定一致
第七条 建设单位不得对勘察、设计、施工、工程监理等单位提出不符合建设工程安全生产法律、法规和强制性标准规定的要求,不得压缩合同约定的工期。 第八条 建设单位在编制工程概算时,应当确定建设工程安全作业环境及安全施工措施所需费用。 第九条 建设单位不得明示或者暗示施工单位购买、租赁、使用不符合安全施工要求的安全防护用具、机械设备、施工机具及配件、消防设施和器材。 第十条 建设单位在申请领取施工许可证时,应当提供建设工程有关安全施工措施的资料。 依法批准开工报告的建设工程,建设单位应当自开工报告批准之日起15日内,将保证安全施工的措施报送建设工程所在地的县级以上地方人民政府建设行政主管部门或者其他有关部门备案	第七条:注意是不能压缩工期。质量条例是"不能任意压缩工期"
第十一条 建设单位应当将拆除工程发包给具有相应资质等级的施工单位。 建设单位应当在拆除工程施工15日前,将下列资料报送建设工程所在地的县级以上地方人民政府建设行政主管部门或者其他有关部门备案: (一)施工单位资质等级证明; (二)拟拆除建筑物、构筑物及可能危及毗邻建筑的说明; (三)拆除施工组织方案; (四)堆放、清除废弃物的措施。 实施爆破作业的,应当遵守国家有关民用爆炸物品管理的规定	第十一条:要记忆

条 例 内 容	复 习 提 示
第三章　勘察、设计、工程监理及其他有关单位的安全责任	
第十二条　勘察单位应当按照法律、法规和工程建设强制性标准进行勘察，提供的勘察文件应当真实、准确，满足建设工程安全生产的需要。 　　勘察单位在勘察作业时，应当严格执行操作规程，采取措施保证各类管线、设施和周边建筑物、构筑物的安全。 　　第十三条　设计单位应当按照法律、法规和工程建设强制性标准进行设计，防止因设计不合理导致生产安全事故的发生。 　　设计单位应当考虑施工安全操作和防护的需要，对涉及施工安全的重点部位和环节在设计文件中注明，并对防范生产安全事故提出指导意见。 　　采用新结构、新材料、新工艺的建设工程和特殊结构的建设工程，设计单位应当在设计中提出保障施工作业人员安全和预防生产安全事故的措施建议。 　　设计单位和注册建筑师等注册执业人员应当对其设计负责	第十三条：理解设计单位的责任，尤其是第二、三款
第十四条　工程监理单位应当审查施工组织设计中的安全技术措施或者专项施工方案是否符合工程建设强制性标准。 　　工程监理单位在实施监理过程中，发现存在安全事故隐患的，应当要求施工单位整改；情况严重的，应当要求施工单位暂时停止施工，并及时报告建设单位。施工单位拒不整改或者不停止施工的，工程监理单位应当及时向有关主管部门报告。 　　工程监理单位和监理工程师应当按照法律、法规和工程建设强制性标准实施监理，并对建设工程安全生产承担监理责任	第十四条：一定要背熟
第十五条　为建设工程提供机械设备和配件的单位，应当按照安全施工的要求配备齐全有效的保险、限位等安全设施和装置	第十五～十九条：需要理解，都是监理要检查的
第十六条　出租的机械设备和施工机具及配件，应当具有生产（制造）许可证、产品合格证。 　　出租单位应当对出租的机械设备和施工机具及配件的安全性能进行检测，在签订租赁协议时，应当出具检测合格证明。 　　禁止出租检测不合格的机械设备和施工机具及配件	
第十七条　在施工现场安装、拆卸施工起重机械和整体提升脚手架、模板等自升式架设设施，必须由具有相应资质的单位承担。 　　安装、拆卸施工起重机械和整体提升脚手架、模板等自升式架设设施，应当编制拆装方案、制定安全施工措施，并由专业技术人员现场监督。 　　施工起重机械和整体提升脚手架、模板等自升式架设设施安装完毕后，安装单位应当自检，出具自检合格证明，并向施工单位进行安全使用说明，办理验收手续并签字	第十七条：在历年考题中均出现过
第十八条　施工起重机械和整体提升脚手架、模板等自升式架设设施的使用达到国家规定的检验检测期限的，必须经具有专业资质的检验检测机构检测。经检测不合格的，不得继续使用。 　　第十九条　检验检测机构对检测合格的施工起重机械和整体提升脚手架、模板等自升式架设设施，应当出具安全合格证明文件，并对检测结果负责	
第四章　施工单位的安全责任	
第二十条　施工单位从事建设工程的新建、扩建、改建和拆除等活动，应当具备国家规定的注册资本、专业技术人员、技术装备和安全生产等条件，依法取得相应等级的资质证书，并在其资质等级许可的范围内承揽工程	理解

条例内容	复习提示
第二十一条　施工单位主要负责人依法对本单位的安全生产工作全面负责。施工单位应当建立健全安全生产责任制度和安全生产教育培训制度，制定安全生产规章制度和操作规程，保证本单位安全生产条件所需资金的投入，对所承担的建设工程进行定期和专项安全检查，并做好安全检查记录。 施工单位的项目负责人应当由取得相应执业资格的人员担任，对建设工程项目的安全施工负责，落实安全生产责任制度、安全生产规章制度和操作规程，确保安全生产费用的有效使用，并根据工程的特点组织制定安全施工措施，消除安全事故隐患，及时、如实报告生产安全事故	理解
第二十二条　施工单位对列入建设工程概算的安全作业环境及安全施工措施所需费用，应当用于施工安全防护用具及设施的采购和更新、安全施工措施的落实、安全生产条件的改善，不得挪作他用	理解
第二十三条　施工单位应当设立安全生产管理机构，配备专职安全生产管理人员。 专职安全生产管理人员负责对安全生产进行现场监督检查。发现安全事故隐患，应当及时向项目负责人和安全生产管理机构报告；对违章指挥、违章操作的，应当立即制止。 专职安全生产管理人员的配备办法由国务院建设行政主管部门会同国务院其他有关部门制定	理解
第二十四条　建设工程实行施工总承包的，由总承包单位对施工现场的安全生产负总责。 总承包单位应当自行完成建设工程主体结构的施工。 总承包单位依法将建设工程分包给其他单位的，分包合同中应当明确各自的安全生产方面的权利、义务。总承包单位和分包单位对分包工程的安全生产承担连带责任。 分包单位应当服从总承包单位的安全生产管理，分包单位不服从管理导致生产安全事故的，由分包单位承担主要责任	第二十四条： 掌握
第二十五条　垂直运输机械作业人员、安装拆卸工、爆破作业人员、起重信号工、登高架设作业人员等特种作业人员，必须按照国家有关规定经过专门的安全作业培训，并取得特种作业操作资格证书后，方可上岗作业	掌握，知道哪些人需要证书
第二十六条　施工单位应当在施工组织设计中编制安全技术措施和施工现场临时用电方案，对下列达到一定规模的危险性较大的分部分项工程编制专项施工方案，并附具安全验算结果，经施工单位技术负责人、总监理工程师签字后实施，由专职安全生产管理人员进行现场监督： （一）基坑支护与降水工程； （二）土方开挖工程； （三）模板工程； （四）起重吊装工程； （五）脚手架工程； （六）拆除、爆破工程； （七）国务院建设行政主管部门或者其他有关部门规定的其他危险性较大的工程。 对前款所列工程中涉及深基坑、地下暗挖工程、高大模板工程的专项施工方案，施工单位还应当组织专家进行论证、审查。 本条第一款规定的达到一定规模的危险性较大工程的标准，由国务院建设行政主管部门会同国务院其他有关部门制定	记忆本条。是长考不衰的内容
第二十七条　建设工程施工前，施工单位负责项目管理的技术人员应当对有关安全施工的技术要求向施工作业班组、作业人员作出详细说明，并由双方签字确认	理解交底制度

条 例 内 容	复 习 提 示
第二十八条 施工单位应当在施工现场入口处、施工起重机械、临时用电设施、脚手架、出入通道口、楼梯口、电梯井口、孔洞口、桥梁口、隧道口、基坑边沿、爆破物及有害危险气体和液体存放处等危险部位，设置明显的安全警示标志。安全警示标志必须符合国家标准。 施工单位应当根据不同施工阶段和周围环境及季节、气候的变化，在施工现场采取相应的安全施工措施。施工现场暂时停止施工的，施工单位应当做好现场防护，所需费用由责任方承担，或者按照合同约定执行	掌握哪些地方要有标志，监理要检查这些内容
第二十九条 施工单位应当将施工现场的办公、生活区与作业区分开设置，并保持安全距离；办公、生活区的选址应当符合安全性要求。职工的膳食、饮水、休息场所等应当符合卫生标准。施工单位不得在尚未竣工的建筑物内设置员工集体宿舍。 施工现场临时搭建的建筑物应当符合安全使用要求。施工现场使用的装配式活动房屋应当具有产品合格证	掌握本条内涵
第三十条 施工单位对因建设工程施工可能造成损害的毗邻建筑物、构筑物和地下管线等，应当采取专项防护措施。 施工单位应当遵守有关环境保护法律、法规的规定，在施工现场采取措施，防止或者减少粉尘、废气、废水、固体废物、噪声、振动和施工照明对人和环境的危害和污染。 在城市市区内的建设工程，施工单位应当对施工现场实行封闭围挡	理解
第三十一条 施工单位应当在施工现场建立消防安全责任制度，确定消防安全责任人，制定用火、用电、使用易燃易爆材料等各项消防安全管理制度和操作规程，设置消防通道、消防水源，配备消防设施和灭火器材，并在施工现场入口处设置明显标志	理解
第三十二条 施工单位应当向作业人员提供安全防护用具和安全防护服装，并书面告知危险岗位的操作规程和违章操作的危害。 作业人员有权对施工现场的作业条件、作业程序和作业方式中存在的安全问题提出批评、检举和控告，有权拒绝违章指挥和强令冒险作业。 在施工中发生危及人身安全的紧急情况时，作业人员有权立即停止作业或者在采取必要的应急措施后撤离危险区域	理解
第三十三条 作业人员应当遵守安全施工的强制性标准、规章制度和操作规程，正确使用安全防护用具、机械设备等	理解
第三十四条 施工单位采购、租赁的安全防护用具、机械设备、施工机具及配件，应当具有生产(制造)许可证、产品合格证，并在进入施工现场前进行查验。 施工现场的安全防护用具、机械设备、施工机具及配件必须由专人管理，定期进行检查、维修和保养，建立相应的资料档案，并按照国家有关规定及时报废	理解
第三十五条 施工单位在使用施工起重机械和整体提升脚手架、模板等自升式架设设施前，应当组织有关单位进行验收，也可以委托具有相应资质的检验检测机构进行验收；使用承租的机械设备和施工机具及配件的，由施工总承包单位、分包单位、出租单位和安装单位共同进行验收。验收合格的方可使用。 《特种设备安全监察条例》规定的施工起重机械，在验收前应当经有相应资质的检验检测机构监督检验合格。 施工单位应当自施工起重机械和整体提升脚手架、模板等自升式架设设施验收合格之日起30日内，向建设行政主管部门或者其他有关部门登记。登记标志应当置于或者附着于该设备的显著位置	掌握

条 例 内 容	复 习 提 示
第三十六条 施工单位的主要负责人、项目负责人、专职安全生产管理人员应当经建设行政主管部门或者其他有关部门考核合格后方可任职。 施工单位应当对管理人员和作业人员每年至少进行一次安全生产教育培训，其教育培训情况记入个人工作档案。安全生产教育培训考核不合格的人员，不得上岗	理解
第三十七条 作业人员进入新的岗位或者新的施工现场前，应当接受安全生产教育培训。未经教育培训或者教育培训考核不合格的人员，不得上岗作业。 施工单位在采用新技术、新工艺、新设备、新材料时，应当对作业人员进行相应的安全生产教育培训	理解
第三十八条 施工单位应当为施工现场从事危险作业的人员办理意外伤害保险。 意外伤害保险费由施工单位支付。实行施工总承包的，由总承包单位支付意外伤害保险费。意外伤害保险期限自建设工程开工之日起至竣工验收合格止	理解
第五章 监督管理	
第三十九条 国务院负责安全生产监督管理的部门依照《中华人民共和国安全生产法》的规定，对全国建设工程安全生产工作实施综合监督管理。 县级以上地方人民政府负责安全生产监督管理的部门依照《中华人民共和国安全生产法》的规定，对本行政区域内建设工程安全生产工作实施综合监督管理	了解
第四十条 国务院建设行政主管部门对全国的建设工程安全生产实施监督管理。国务院铁路、交通、水利等有关部门按照国务院规定的职责分工，负责有关专业建设工程安全生产的监督管理。 县级以上地方人民政府建设行政主管部门对本行政区域内的建设工程安全生产实施监督管理。县级以上地方人民政府交通、水利等有关部门在各自的职责范围内，负责本行政区域内的专业建设工程安全生产的监督管理	了解
第四十一条 建设行政主管部门和其他有关部门应当将本条例第十条、第十一条规定的有关资料的主要内容抄送同级负责安全生产监督管理的部门	
第四十二条 建设行政主管部门在审核发放施工许可证时，应当对建设工程是否有安全施工措施进行审查，对没有安全施工措施的，不得颁发施工许可证。 建设行政主管部门或者其他有关部门对建设工程是否有安全施工措施进行审查时，不得收取费用	理解
第四十三条 县级以上人民政府负有建设工程安全生产监督管理职责的部门在各自的职责范围内履行安全监督检查职责时，有权采取下列措施： （一）要求被检查单位提供有关建设工程安全生产的文件和资料； （二）进入被检查单位施工现场进行检查； （三）纠正施工中违反安全生产要求的行为； （四）对检查中发现的安全事故隐患，责令立即排除；重大安全事故隐患排除前或者排除过程中无法保证安全的，责令从危险区域内撤出作业人员或者暂时停止施工	理解
第四十四条 建设行政主管部门或者其他有关部门可以将施工现场的监督检查委托给建设工程安全监督机构具体实施	了解

条 例 内 容	复习提示
第四十五条 国家对严重危及施工安全的工艺、设备、材料实行淘汰制度。具体目录由国务院建设行政主管部门会同国务院其他有关部门制定并公布	了解
第四十六条 县级以上人民政府建设行政主管部门和其他有关部门应当及时受理对建设工程生产安全事故及安全事故隐患的检举、控告和投诉	了解
第六章 生产安全事故的应急救援和调查处理	
第四十七条 县级以上地方人民政府建设行政主管部门应当根据本级人民政府的要求，制定本行政区域内建设工程特大生产安全事故应急救援预案	了解
第四十八条 施工单位应当制定本单位生产安全事故应急救援预案，建立应急救援组织或者配备应急救援人员，配备必要的应急救援器材、设备，并定期组织演练	理解
第四十九条 施工单位应当根据建设工程施工的特点、范围，对施工现场易发生重大事故的部位、环节进行监控，制定施工现场生产安全事故应急救援预案。实行施工总承包的，由总承包单位统一组织编制建设工程生产安全事故应急救援预案，工程总承包单位和分包单位按照应急救援预案，各自建立应急救援组织或者配备应急救援人员，配备救援器材、设备，并定期组织演练	理解
第五十条 施工单位发生生产安全事故，应当按照国家有关伤亡事故报告和调查处理的规定，及时、如实地向负责安全生产监督管理的部门、建设行政主管部门或者其他有关部门报告；特种设备发生事故的，还应当同时向特种设备安全监督管理部门报告。接到报告的部门应当按照国家有关规定，如实上报。实行施工总承包的建设工程，由总承包单位负责上报事故	理解
第五十一条 发生生产安全事故后，施工单位应当采取措施防止事故扩大，保护事故现场。需要移动现场物品时，应当做出标记和书面记录，妥善保管有关证物	
第五十二条 建设工程生产安全事故的调查、对事故责任单位和责任人的处罚与处理，按照有关法律、法规的规定执行	了解
第七章 法律责任	
第五十三条 违反本条例的规定，县级以上人民政府建设行政主管部门或者其他有关行政管理部门的工作人员，有下列行为之一的，给予降级或者撤职的行政处分；构成犯罪的，依照刑法有关规定追究刑事责任： （一）对不具备安全生产条件的施工单位颁发资质证书的； （二）对没有安全施工措施的建设工程颁发施工许可证的； （三）发现违法行为不予查处的； （四）不依法履行监督管理职责的其他行为	了解
第五十四条 违反本条例的规定，建设单位未提供建设工程安全生产作业环境及安全施工措施所需费用的，责令限期改正；逾期未改正的，责令该建设工程停止施工。 建设单位未将保证安全施工的措施或者拆除工程的有关资料报送有关部门备案的，责令限期改正，给予警告	了解
第五十五条 违反本条例的规定，建设单位有下列行为之一的，责令限期改正，处 20 万元以上 50 万元以下的罚款；造成重大安全事故，构成犯罪的，对直接责任人员，依照刑法有关规定追究刑事责任；造成损失的，依法承担赔偿责任： （一）对勘察、设计、施工、工程监理等单位提出不符合安全生产法律、法规和强制性标准规定的要求的； （二）要求施工单位压缩合同约定的工期的； （三）将拆除工程发包给不具有相应资质等级的施工单位的	了解

条例内容	复习提示
第五十六条 违反本条例的规定，勘察单位、设计单位有下列行为之一的，责令限期改正，处 10 万元以上 30 万元以下的罚款；情节严重的，责令停业整顿，降低资质等级，直至吊销资质证书；造成重大安全事故，构成犯罪的，对直接责任人员，依照刑法有关规定追究刑事责任；造成损失的，依法承担赔偿责任： （一）未按照法律、法规和工程建设强制性标准进行勘察、设计的； （二）采用新结构、新材料、新工艺的建设工程和特殊结构的建设工程，设计单位未在设计中提出保障施工作业人员安全和预防生产安全事故的措施建议的	了解
第五十七条 违反本条例的规定，工程监理单位有下列行为之一的，责令限期改正；逾期未改正的，责令停业整顿，并处 10 万元以上 30 万元以下的罚款；情节严重的，降低资质等级，直至吊销资质证书；造成重大安全事故，构成犯罪的，对直接责任人员，依照刑法有关规定追究刑事责任；造成损失的，依法承担赔偿责任： （一）未对施工组织设计中的安全技术措施或者专项施工方案进行审查的； （二）发现安全事故隐患未及时要求施工单位整改或者暂时停止施工的； （三）施工单位拒不整改或者不停止施工，未及时向有关主管部门报告的； （四）未依照法律、法规和工程建设强制性标准实施监理的	了解
第五十八条 注册执业人员未执行法律、法规和工程建设强制性标准的，责令停止执业 3 个月以上 1 年以下；情节严重的，吊销执业资格证书，5 年内不予注册；造成重大安全事故的，终身不予注册；构成犯罪的，依照刑法有关规定追究刑事责任	了解
第五十九条 违反本条例的规定，为建设工程提供机械设备和配件的单位，未按照安全施工的要求配备齐全有效的保险、限位等安全设施和装置的，责令限期改正，处合同价款 1 倍以上 3 倍以下的罚款；造成损失的，依法承担赔偿责任	了解
第六十条 违反本条例的规定，出租单位出租未经安全性能检测或者经检测不合格的机械设备和施工机具及配件的，责令停业整顿，并处 5 万元以上 10 万元以下的罚款；造成损失的，依法承担赔偿责任	了解
第六十一条 违反本条例的规定，施工起重机械和整体提升脚手架、模板等自升式架设施安装、拆卸单位有下列行为之一的，责令限期改正，处 5 万元以上 10 万元以下的罚款；情节严重的，责令停业整顿，降低资质等级，直至吊销资质证书；造成损失的，依法承担赔偿责任： （一）未编制拆装方案、制定安全施工措施的； （二）未由专业技术人员现场监督的； （三）未出具自检合格证明或者出具虚假证明的； （四）未向施工单位进行安全使用说明，办理移交手续的。 施工起重机械和整体提升脚手架、模板等自升式架设施安装、拆卸单位有前款规定的第（一）项、第（三）项行为，经有关部门或者单位职工提出后，对事故隐患仍不采取措施，因而发生重大伤亡事故或者造成其他严重后果，构成犯罪的，对直接责任人员，依照刑法有关规定追究刑事责任	了解
第六十二条 违反本条例的规定，施工单位有下列行为之一的，责令限期改正；逾期未改正的，责令停业整顿，依照《中华人民共和国安全生产法》的有关规定处以罚款；造成重大安全事故，构成犯罪的，对直接责任人员，依照刑法有关规定追究刑事责任： （一）未设立安全生产管理机构、配备专职安全生产管理人员或者分部分项工程施工时无专职安全生产管理人员现场监督的	了解

条 例 内 容	复习提示
（二）施工单位的主要负责人、项目负责人、专职安全生产管理人员、作业人员或者特种作业人员，未经安全教育培训或者经考核不合格即从事相关工作的； （三）未在施工现场的危险部位设置明显的安全警示标志，或者未按照国家有关规定在施工现场设置消防通道、消防水源、配备消防设施和灭火器材的； （四）未向作业人员提供安全防护用具和安全防护服装的； （五）未按照规定在施工起重机械和整体提升脚手架、模板等自升式架设设施验收合格后登记的； （六）使用国家明令淘汰、禁止使用的危及施工安全的工艺、设备、材料的	
第六十三条 违反本条例的规定，施工单位挪用列入建设工程概算的安全生产作业环境及安全施工措施所需费用的，责令限期改正，处挪用费用 20% 以上 50% 以下的罚款；造成损失的，依法承担赔偿责任	了解
第六十四条 违反本条例的规定，施工单位有下列行为之一的，责令限期改正，逾期未改正的，责令停业整顿，并处 5 万元以上 10 万元以下的罚款；造成重大安全事故，构成犯罪的，对直接责任人员，依照刑法有关规定追究刑事责任： （一）施工前未对有关安全施工的技术要求作出详细说明的； （二）未根据不同施工阶段和周围环境及季节、气候的变化，在施工现场采取相应的安全施工措施，或者在城市市区内的建设工程的施工现场未实行封闭围挡的； （三）在尚未竣工的建筑物内设置员工集体宿舍的； （四）施工现场临时搭建的建筑物不符合安全使用要求的； （五）未对因建设工程施工可能造成损害的毗邻建筑物、构筑物和地下管线等采取专项防护措施的。 施工单位有前款规定第（四）项、第（五）项行为，造成损失的，依法承担赔偿责任	了解
第六十五条 违反本条例的规定，施工单位有下列行为之一的，责令限期改正，逾期未改正的，责令停业整顿，并处 10 万元以上 30 万元以下的罚款；情节严重的，降低资质等级，直至吊销资质证书；造成重大安全事故，构成犯罪的，对直接责任人员，依照刑法有关规定追究刑事责任；造成损失的，依法承担赔偿责任： （一）安全防护用具、机械设备、施工机具及配件在进入施工现场前未经查验或者查验不合格即投入使用的； （二）使用未经验收或者验收不合格的施工起重机械和整体提升脚手架、模板等自升式架设设施的； （三）委托不具有相应资质的单位承担施工现场安装、拆卸施工起重机械和整体提升脚手架、模板等自升式架设设施的； （四）在施工组织设计中未编制安全技术措施、施工现场临时用电方案或者专项施工方案的	了解
第六十六条 违反本条例的规定，施工单位的主要负责人、项目负责人未履行安全生产管理职责的，责令限期改正，逾期未改正的，责令施工单位停业整顿；造成重大安全事故、重大伤亡事故或者其他严重后果，构成犯罪的，依照刑法有关规定追究刑事责任。 作业人员不服管理、违反规章制度和操作规程冒险作业造成重大伤亡事故或者其他严重后果，构成犯罪的，依照刑法有关规定追究刑事责任。 施工单位的主要负责人、项目负责人有前款违法行为，尚不够刑事处罚的，处 2 万元以上 20 万元以下的罚款或者按照管理权限给予撤职处分；自刑罚执行完毕或者受处分之日起，5 年内不得担任任何施工单位的主要负责人、项目负责人	了解

条 例 内 容	复 习 提 示
第六十七条　施工单位取得资质证书后，降低安全生产条件的，责令限期改正；经整改仍未达到与其资质等级相适应的安全生产条件的，责令停业整顿，降低其资质等级直至吊销资质证书	了解
第六十八条　本条例规定的行政处罚，由建设行政主管部门或者其他有关部门依照法定职权决定。 违反消防安全管理规定的行为，由公安消防机构依法处罚。 有关法律、行政法规对建设工程安全生产违法行为的行政处罚决定机关另有规定的，从其规定	了解
第八章　附则	
第六十九条　抢险救灾和农民自建低层住宅的安全生产管理，不适用本条例。 第七十条　军事建设工程的安全生产管理，按照中央军事委员会的有关规定执行。 第七十一条　本条例自 2004 年 2 月 1 日起施行	了解

二、《关于落实建设工程安全生产监理责任的若干意见》（建市［2006］248 号）

为了认真贯彻《建设工程安全生产管理条例》（以下简称《条例》），指导和督促工程监理单位(以下简称"监理单位")落实安全生产监理责任，做好建设工程安全生产的监理工作(以下简称"安全监理")，切实加强建设工程安全生产管理，提出如下意见：

（一）建设工程安全监理的主要工作内容

监理单位应当按照法律、法规和工程建设强制性标准及监理委托合同实施监理，对所监理工程的施工安全生产进行监督检查，具体内容包括：

1. 施工准备阶段安全监理的主要工作内容

（1）监理单位应根据《条例》的规定，按照工程建设强制性标准、《建设工程监理规范》（GB 50319）和相关行业监理规范的要求，编制包括安全监理内容的项目监理规划，明确安全监理的范围、内容、工作程序和制度措施，以及人员配备计划和职责等。

（2）对中型及以上项目和《条例》第二十六条规定的危险性较大的分部分项工程，监理单位应当编制监理实施细则。实施细则应当明确安全监理的方法、措施和控制要点，以及对施工单位安全技术措施的检查方案。

（3）审查施工单位编制的施工组织设计中的安全技术措施和危险性较大的分部分项工程安全专项施工方案是否符合工程建设强制性标准要求。审查的主要内容应当包括：

1）施工单位编制的地下管线保护措施方案是否符合强制性标准要求；

2）基坑支护与降水、土方开挖与边坡防护、模板、起重吊装、脚手架、拆除、爆破等分部分项工程的专项施工方案是否符合强制性标准要求；

3）施工现场临时用电施工组织设计或者安全用电技术措施和电气防火措施是否符合强制性标准要求；

4）冬季、雨季等季节性施工方案的制定是否符合强制性标准要求；

5）施工总平面布置图是否符合安全生产的要求，办公、宿舍、食堂、道路等临时设施设置以及排水、防火措施是否符合强制性标准要求。

（4）检查施工单位在工程项目上的安全生产规章制度和安全监管机构的建立、健全及专职安全生产管理人员配备情况，督促施工单位检查各分包单位的安全生产规章制度的建立情况。

（5）审查施工单位资质和安全生产许可证是否合法有效。

（6）审查项目经理和专职安全生产管理人员是否具备合法资格，是否与投标文件相一致。

（7）审核特种作业人员的特种作业操作资格证书是否合法有效。

（8）审核施工单位应急救援预案和安全防护措施费用使用计划。

2. 施工阶段安全监理的主要工作内容

（1）监督施工单位按照施工组织设计中的安全技术措施和专项施工方案组织施工，及时制止违规施工作业。

（2）定期巡视检查施工过程中的危险性较大工程作业情况。

（3）核查施工现场施工起重机械、整体提升脚手架、模板等自升式架设设施和安全设施的验收手续。

（4）检查施工现场各种安全标志和安全防护措施是否符合强制性标准要求，并检查安全生产费用的使用情况。

（5）督促施工单位进行安全自查工作，并对施工单位自查情况进行抽查，参加建设单位组织的安全生产专项检查。

（二）建设工程安全监理的工作程序

1. 监理单位按照《建设工程监理规范》和相关行业监理规范要求，编制含有安全监理内容的监理规划和监理实施细则。

2. 在施工准备阶段，监理单位审查核验施工单位提交的有关技术文件及资料，并由项目总监在有关技术文件报审表上签署意见；审查未通过的，安全技术措施及专项施工方案不得实施。

3. 在施工阶段，监理单位应对施工现场安全生产情况进行巡视检查，对发现的各类安全事故隐患，应书面通知施工单位，并督促其立即整改；情况严重的，监理单位应及时下达工程暂停令，要求施工单位停工整改，并同时报告建设单位。安全事故隐患消除后，监理单位应检查整改结果，签署复查或复工意见。施工单位拒不整改或不停工整改的，监理单位应当及时向工程所在地建设主管部门或工程项目的行业主管部门报告，以电话形式报告的，应当有通话记录，并及时补充书面报告。检查、整改、复查、报告等情况应记载在监理日志、监理月报中。

监理单位应核查施工单位提交的施工起重机械、整体提升脚手架、模板等自升式架设设施和安全设施等验收记录，并由安全监理人员签收备案。

4. 工程竣工后，监理单位应将有关安全生产的技术文件、验收记录、监理规划、监理实施细则、监理月报、监理会议纪要及相关书面通知等按规定立卷归档。

（三）建设工程安全生产的监理责任

1. 监理单位应对施工组织设计中的安全技术措施或专项施工方案进行审查，未进行审查的，监理单位应承担《条例》第五十七条规定的法律责任。

施工组织设计中的安全技术措施或专项施工方案未经监理单位审查签字认可，施工单位擅自施工的，监理单位应及时下达工程暂停令，并将情况及时书面报告建设单位。监理单位未及时下达工程暂停令并报告的，应承担《条例》第五十七条规定的法律责任。

2. 监理单位在监理巡视检查过程中，发现存在安全事故隐患的，应按照有关规定及时下达书面指令要求施工单位进行整改或停止施工。监理单位发现安全事故隐患没有及时下达书面指令要求施工单位进行整改或停止施工的，应承担《条例》第五十七条规定的法律责任。

3. 施工单位拒绝按照监理单位的要求进行整改或者停止施工的，监理单位应及时将情况向当地建设主管部门或工程项目的行业主管部门报告。监理单位没有及时报告，应承担《条例》第五十七条规定的法律责任。

4. 监理单位未依照法律、法规和工程建设强制性标准实施监理的，应当承担《条例》第五十七条规定的法律责任。监理单位履行了上述规定的职责，施工单位未执行监理指令继续施工或发生安全事故的，应依法追究监理单位以外的其他相关单位和人员的法律责任。

（四）落实安全生产监理责任的主要工作

1. 健全监理单位安全监理责任制。监理单位法定代表人应对本企业监理工程项目的安全监理全面负责。总监理工程师要对工程项目的安全监理负责，并根据工程项目特点，明确监理人员的安全监理职责。

2. 完善监理单位安全生产管理制度。在健全审查核验制度、检查验收制度和督促整改制度基础上，完善工地例会制度及资料归档制度。定期召开工地例会，针对薄弱环节，提出整改意见，并督促落实；指定专人负责监理内业资料的整理、分类及立卷归档。

3. 建立监理人员安全生产教育培训制度。监理单位的总监理工程师和安全监理人员需经安全生产教育培训后方可上岗，其教育培训情况记入个人继续教育档案。

各级建设主管部门和有关主管部门应当加强建设工程安全生产管理工作的监督检查，督促监理单位落实安全生产监理责任，对监理单位实施安全监理给予支持和指导，共同督促施工单位加强安全生产管理，防止安全事故的发生。

三、建设部新闻发言人针对《关于落实建设工程安全生产监理责任的若干意见》接受记者采访录

建设部印发了《关于落实建设工程安全生产监理责任的若干意见》（建市〔2006〕248号，以下简称《若干意见》）。为帮助公众更好地理解《若干意见》的内容和精神，建设部新闻发言人接受了记者的采访。

记者：为什么要制定《若干意见》？

新闻发言人：建设工程安全生产关系到人民群众生命和财产安全，是人民群众的根本利益所在，直接关系到社会稳定大局。造成建设工程安全事故的原因是多方面的，建设单位、施工单位、设计单位和监理单位等都是工程建设的责任主体，但对于监理单位要不要对安全生产承担责任，在什么样的情况下承担责任，一直存在着争议。《建设工程安全生产管理条例》（以下简称《条例》）已经把安全纳入了监理的范围，将工程监理单位在建设工程安全生产活动中所要承担的安全责任法制化，那么监理单位就必须贯彻执行，切实履行《条例》规定的职责。由于《条例》只是对监理企业在安全生产中的职责和法律责任作了原则上的规定，《条例》实施后，一方面，工程监理单位和监理人员感到缺少可操作性的具体规定；另一方面，政府有关部门在处理安全生产事故时，对《条例》理解和掌握的尺度不尽相同，致使有些地方把监理单位和人员的安全责任无限扩大，所有的安全生产事故，主管部门都要处罚监理单位和监理人员。为此，建设部组织制定了《若干意见》。

记者：制定《若干意见》的总体思路是什么？

新闻发言人：制定《若干意见》的总体思路主要把握了以下三点：一是以《条例》为依据，将安全监理的工作内容具体化，明确相应的工作程序；二是要将监理单位和监理人员承担的安全生产监理责任界定清楚；三是指导监理单位建立相应的管理制度，落实好安全生产监理责任。

记者：监理单位应该如何实施建设工程安全监理工作？

新闻发言人：工程监理单位实施建设工程安全监理工作概括为四个方面：

一是要制定监理规划和实施细则，二是审查全面，三是检查督促到位，四是正确行使停工指令，并及时报告。

《若干意见》要求监理单位，要按照有关要求，编制包括安全监理内容的项目监理规划，明确安全监理的范围、内容、工作程序和制度措施，以及人员配备计划和职责等；对危险性较大的分部分项工程，监理单位还应当编制监理实施细则。

《若干意见》要求监理单位在施工准备阶段主要做好五个方面的审查、审核工作。

一是审查施工单位编制的施工组织设计中的安全技术措施和危险性较大的分部分项工程安全专项施工方案是否符合工程建设强制性标准要求；

二是审查施工单位资质和安全生产许可证是否合法有效；

三是审查施工单位项目经理和专职安全生产管理人员是否具备合法资格，是否与投标文件相一致；

四是审核施工单位的特种作业人员的特种作业操作资格证书是否合法有效；

五是审核施工单位应急救援预案和安全防护措施费用使用计划。

《若干意见》要求监理单位在施工准备阶段和施工阶段，主要做好六个方面的检查督促工作：

一是要检查施工单位在工程项目上的安全生产规章制度和安全监管机构的建立、健全及专职安全生产管理人员配备情况，督促施工单位检查各分包单位的安全生产规章制度的建立情况；

二是定期巡视检查施工过程中的危险性较大工程的作业情况；

三是核查施工现场施工起重机械、整体提升脚手架、模板等自升式架设设施和安全设施的验收手续；

四是检查施工现场各种安全标志和安全防护措施是否符合强制性标准要求，并检查安全生产费用的使用情况；

五是监督施工单位按照施工组织设计中的安全技术措施和专项施工方案组织施工，及时制止违规施工作业；

六是督促施工单位进行安全自查工作，并对施工单位自查情况进行抽查。

《若干意见》要求监理单位应对施工现场安全生产情况进行巡视检查，发现存在安全事故隐患，应书面通知施工单位，并督促其立即整改；情况严重的，监理单位应及时下达工程暂停令，要求施工单位停工整改，并同时报告建设单位。施工单位拒不整改或不停工整改的，监理单位应当及时向工程所在地建设主管部门或工程项目的行业主管部门报告。

记者：如何界定监理单位的安全生产监理责任？

新闻发言人：《条例》第五十七条对监理单位在安全生产中的违法行为的法律责任做了相应的规定。《若干意见》严格依据《条例》的规定，对安全生产监理责任做了详细阐释。为指导监理单位履行好规定的职责，《若干意见》要求监理单位该审查的一定要审查，该检查的一定要检查，该停工的一定要停工，该报告的一定要报告。《若干意见》也明确，监理单位履行了规定的职责，施工单位未执行监理指令继续施工或发生安全事故的，应依法追究监理单位以外的其他相关单位和人员的法律责任。也就是说，监理单位履行了《条例》规定的职责，若再发生安全生产事故，要依法追究其他单位的责任，而不再追究监理企业的法律责任。这样，政府主管部门在处理建设工程安全生产事故时，对监理单位，主要是看其是否履行了《条例》规定的职责。

记者：施工单位拒绝按照监理单位的要求进行整改或者停止施工的，监理单位应向哪个部门报告，报告的形式有哪些？

新闻发言人：当施工单位拒绝按照监理单位的要求进行整改或者停止施工的，监理单位应及时将情况向当地建设主管部门或工程项目的行业主管部门报告。报告有信函、传真和电话等形式，其中以电话形式报告的，应当有通话记录，并及时补充书面报告。

记者：落实安全生产监理责任主要采取了哪些措施？

新闻发言人：为落实好安全生产监理责任，《若干意见》要求监理单位一要健全监理单位安全监理责任制，二要完善监理单位安全生产管理制度，三要建立监理人员安全生产教育培训制度。通过落实责任制，建立完善制度，促使监理单位做好安全监理工作。

第五章 建设工程风险管理

第一节 相 关 概 念

一、风险的定义与相关概念

1. 风险的定义

所谓风险要具备两方面条件：一是不确定性，二是产生损失后果，否则就不能称为风险。因此，肯定发生损失后果的事件不是风险，没有损失后果的不确定性事件也不是风险。

2. 与风险相关的概念

与风险相关的概念有：风险因素、风险事件、损失、损失机会。

3. 风险因素、风险事件、损失与风险之间的关系

风险因素引发风险事件，风险事件导致损失，而损失所形成的结果就是风险。

注意：对风险管理首先要理解风险的基本定义，只有理解了风险的基本定义才可能理解和记忆风险的有关管理内容和措施。

二、风险的分类

1. 按风险的后果分

按风险所造成的不同后果可将风险分为纯风险和投机风险。纯风险是指只会造成损失而不会带来收益的风险。

投机风险则是指既可能造成损失也可能创造额外收益的风险。投机风险具有极大的诱

感力，人们常常注意其有利可图的一面，而忽视其带来厄运的可能。

2. 按风险产生的原因分

按风险产生的不同原因可将风险分为政治风险、社会风险、经济风险、自然风险、技术风险等。需要注意的是，除了自然风险和技术风险是相对独立的之外，政治风险、社会风险和经济风险之间存在一定的联系，有时表现为相互影响，有时表现为因果关系，难以截然分开。

3. 按风险的影响范围分

按风险的影响范围大小可将风险分为基本风险和特殊风险。

基本风险是指作用于整个经济或大多数人群的风险，具有普遍性，如战争、自然灾害、高通胀率等。显然，基本风险的影响范围大，其后果严重。

特殊风险是指仅作用于某一特定单体（如个人或企业）的风险，不具有普遍性。

三、建设工程风险与风险管理

1. 建设工程风险

建设工程风险大。建设工程风险因素和风险事件发生的概率均较大，其中有些风险因素和风险事件的发生概率很大。这些风险因素和风险事件一旦发生，往往造成比较严重的损失后果。

参与工程建设的各方均有风险，但即使是同一风险事件，对建设工程不同参与方的后果有时迥然不同。

2. 风险管理过程

本处仅考虑业主在建设工程实施阶段的风险以及相应的风险管理问题。

（1）风险识别

是指通过一定的方式，系统而全面地识别出影响建设工程目标实现的风险事件并加以适当归类的过程，必要时，还需对风险事件的后果作出定性的估计。

（2）风险评价

风险评价是将建设工程风险事件的发生可能性和损失后果进行定量化的过程。风险评价的结果主要在于确定各种风险事件发生的概率及其对建设工程目标影响的严重程度，如投资增加的数额、工期延误的天数等。

（3）风险对策决策

风险对策决策是确定建设工程风险事件最佳对策组合的过程。一般来说，风险管理中所运用的对策有以下四种：风险回避、损失控制、风险自留和风险转移。这些风险对策的适用对象各不相同，需要根据风险评价的结果，对不同的风险事件选择最适宜的风险对策，从而形成最佳的风险对策组合。

（4）实施决策

对风险对策所作出的决策还需要进一步落实到具体的计划和措施。

（5）检查

在建设工程实施过程中，要对各项风险对策的执行情况不断地进行检查，并评价各项风险对策的执行效果。

3. 风险管理的目标

（1）实际投资不超过计划投资；

(2) 实际工期不超过计划工期;

(3) 实际质量满足预期的质量要求;

(4) 建设过程安全。

因此,从风险管理目标的角度分析,建设工程风险可分为投资风险、进度风险、质量风险和安全风险。

4. 建设工程项目管理与风险管理的关系

风险对策都是为风险管理目标服务的,也就是为目标控制服务的。从这个角度看,风险对策是目标控制措施的重要内容。风险对策的具体内容体现了主动控制与被动控制相结合的要求,而且相对于一般的目标控制措施而言,风险对策更强调主动控制。

第二节 建设工程风险识别

一、风险识别的过程

由于建设工程风险识别的方法与风险管理理论中提出的一般的风险识别方法有所不同,因而其风险识别的过程也有所不同。建设工程的风险识别往往是通过对经验数据的分析、风险调查、专家咨询以及实验论证等方式,在对建设工程风险进行多维分解的过程中,认识工程风险,建立工程风险清单。风险识别的结果是建立建设工程风险清单。在建设工程风险识别过程中,核心工作是"建设工程风险分解"和"识别建设工程风险因素、风险事件及后果"。

二、建设工程风险的分解

建设工程风险的分解可以按以下途径进行:

(1) 目标维:即按建设工程目标进行分解,也就是考虑影响建设工程投资、进度、质量和安全目标实现的各种风险。

(2) 时间维:即按建设工程实施的各个阶段进行分解,也就是考虑建设工程实施不同阶段的不同风险。

(3) 结构维:即按建设工程组成内容进行分解,也就是考虑不同单项工程、单位工程的不同风险。

(4) 因素维:即按建设工程风险因素的分类分解,如政治、社会、经济、自然、技术等方面的风险,常用的组合分解方式是由时间维、目标维和因素维三方面从总体上进行建设工程风险的分解。

三、风险识别的方法

1. 专家调查法

这种方法又有两种方式:一种是召集有关专家开会,另一种是采用问卷式调查,对专家发表的意见要由风险管理人员加以归纳分类、整理分析,有时可能要排除个别专家的个别意见。

2. 财务报表法

采用财务报表法进行风险识别,要对财务报表中所列的各项会计科目作深入的分析研究,需要结合工程财务报表的特点来识别建设工程风险。

3. 流程图法

将一项特定的生产或经营活动按步骤或阶段顺序以若干个模块形式组成一个流程图系

列，在每个模块中都标出各种潜在的风险因素或风险事件，从而给决策者一个清晰的总体印象。

4. 初始清单法

建立建设工程的初始风险清单有两种途径：

常规途径是采用保险公司或风险管理学会（或协会）公布的潜在损失一览表，即任何企业或工程都可能发生的所有损失一览表。

通过适当的风险分解方式来识别风险是建立建设工程初始风险清单的有效途径。对于大型、复杂的建设工程，首先将其按单项工程、单位工程分解，再对各单项工程、单位工程分别从时间维、目标维和因素维进行分解，可以较容易地识别出建设工程主要的、常见的风险。从初始风险清单的作用来看，因素维仅分解到各种不同的风险因素是不够的，还应进一步将各风险因素分解到风险事件。

参照同类建设工程风险的经验数据（若无现成的资料，则要多方收集）或针对具体建设工程的特点进行风险调查。

5. 经验数据法

经验数据法也称为统计资料法，即根据已建各类建设工程与风险有关的统计资料来识别拟建建设工程的风险。由于这些不同的风险管理主体的角度不同、数据或资料来源不同，其各自的初始风险清单一般多少会有些差异。但是，建设工程风险本身是客观事实，有客观的规律性，当经验数据或统计资料足够多时，这种差异性就会大大减小。这种基于经验数据或统计资料的初始风险清单可以满足对建设工程风险识别的需要。

6. 风险调查法

风险调查应当从分析具体建设工程的特点入手，一方面对通过其他方法已识别出的风险（如初始风险清单所列出的风险）进行鉴别和确认，另一方面，通过风险调查有可能发现此前尚未识别出的重要的工程风险。通常，风险调查可以从组织、技术、自然及环境、经济、合同等方面分析拟建建设工程的特点以及相应的潜在风险。

第三节　建设工程风险评价

一、风险量函数

所谓风险量，是指各种风险的量化结果，其数值大小取决于各种风险的发生概率及其潜在损失。与风险量有关的另一个概念是等风险量曲线，就是由风险量相同的风险事件所形成的曲线，不同等风险量曲线所表示的风险量大小与其与风险坐标原点的距离成正比，即距原点越近，风险量越小；反之，则风险量越大。

二、风险损失的衡量

1. 投资风险

投资风险导致的损失可以直接用货币形式来表现，即法规、价格、汇率和利率等的变化或资金使用安排不当等风险事件引起的实际投资超出计划投资的数额。

2. 进度风险

进度风险导致的损失由以下部分组成：

（1）货币的时间价值。进度风险的发生可能会对现金流动造成影响，在利率的作用下，引起经济损失。

（2）为赶上计划进度所需的额外费用。包括加班的人工费、机械使用费和管理费等一切因追赶进度所发生的非计划费用。

（3）延期投入使用的收入损失。这方面损失的计算相当复杂，不仅仅是延误期间内的收入损失，还可能由于产品投入市场过迟而失去商机，从而大大降低市场份额，因而这方面的损失有时是相当巨大的。

3. 质量风险

质量风险导致的损失包括事故引起的直接经济损失，以及修复和补救等措施发生的费用以及第三者责任损失等，可分为以下几个方面：

（1）建筑物、构筑物或其他结构倒塌所造成的直接经济损失；

（2）复位纠偏、加固补强等补救措施和返工的费用；

（3）造成的工期延误的损失；

（4）永久性缺陷对于建设工程使用造成的损失；

（5）第三者责任的损失。

4. 安全风险

安全风险导致的损失包括：

（1）受伤人员的医疗费用和补偿费；

（2）财产损失，包括材料、设备等财产的损毁或被盗；

（3）因引起工期延误带来的损失；

（4）为恢复建设工程正常实施所发生的费用；

（5）第三者责任损失。

三、风险概率的衡量

衡量建设工程风险概率有两种方法：相对比较法和概率分布法。一般而言，相对比较法主要是依据主观概率，而概率分布法的结果则接近于客观概率。

1. 相对比较法

（1）"几乎是0"：这种风险事件可认为不会发生；

（2）"很小的"：这种风险事件虽有可能发生，但现在没有发生并且将来发生的可能性也不大；

（3）"中等的"：即这种风险事件偶尔会发生，并且能预期将来有时会发生；

（4）"一定的"：即这种风险事件一直在有规律地发生，并且能够预期未来也是有规律地发生。在这种情况下，可以认为风险事件发生的概率较大。

在采用相对比较法时，建设工程风险导致的损失也将相应划分成重大损失、中等损失和轻度损失，从而在风险坐标上对建设工程风险定位，反映出风险量的大小。

2. 概率分布法

概率分布法的常见表现形式是建立概率分布表。理论概率分布也是风险衡量中所经常采用的一种估计方法。即根据建设工程风险的性质分析大量的统计数据，当损失值符合一定的理论概率分布或与其近似吻合时，可由特定的几个参数来确定损失值的概率分布。

四、风险评价

对建设工程风险量作出相对比较，以确定建设工程风险的相对严重性。可以将风险量的大小分成五个等级：(1)VL(很小)；(2)L(小)；(3)M(中等)；(4)H(大)；(5)VH(很大)。

要求能按照题目要求，定性定量的计算并绘图。例如2005年考试题目，如下图所示。

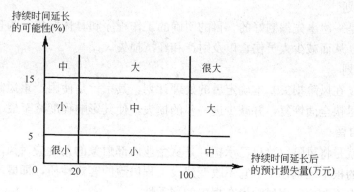

第四节 建设工程风险对策

一、风险回避

风险回避就是以一定的方式中断风险源，使其不发生或不再发展，从而避免可能产生的潜在损失。采用风险回避这一对策时，有时需要作出一些牺牲，但较之承担风险，这些牺牲比风险真正发生时可能造成的损失要小得多。例如终止合同，不参与投标等手段。

在采用风险回避对策时需要注意以下问题：

（1）回避一种风险可能产生另一种新的风险。

（2）回避风险的同时也失去了从风险中获益的可能性。由投机风险的特征可知，它具有损失和获益的两重性。

（3）回避风险可能不实际或不可能。这一点与建设工程风险的定义或分解有关。建设工程风险定义的范围越广或分解得越粗，回避风险就越不可能。

总之，虽然风险回避是一种必要的、有时甚至是最佳的风险对策，但应该承认这是一种消极的风险对策。如果处处回避，事事回避，其结果只能是停止发展，直至停止生存。

因此，应当勇敢地面对风险，这就需要适当运用风险回避以外的其他风险对策。

二、损失控制

损失控制是一种主动、积极的风险对策。

损失控制可分为预防损失和减少损失两方面工作。

预防损失措施的主要作用在于降低或消除（通常只能做到减少）损失发生的概率，而减少损失措施的作用在于降低损失的严重性或遏制损失的进一步发展，使损失最小化。一般来说，损失控制方案都应当是预防损失措施和减少损失措施的有机结合。

损失控制计划系统一般应由预防计划、灾难计划和应急计划三部分组成。

1. 预防计划

其主要作用是降低损失发生的概率，在许多情况下也能在一定程度上降低损失的严重性。在损失控制计划系统中，预防计划的内容最广泛，具体措施包括组织措施、管理措施、合同措施、技术措施。

组织措施主要是通过人员和部门的控制来防止风险。管理措施主要是风险分隔和风险分散。合同措施主要是合同条款的严密性。技术措施主要从技术角度出发采取的措施。

2. 灾难计划

灾难计划是一组事先编制好的、目的明确的工作程序和具体措施，为现场人员提供明确的行动指南，从而减少人员伤亡以及财产和经济损失。

3. 应急计划

应急计划是在风险损失基本确定后的处理计划，其宗旨是使因严重风险事件而中断的工程实施过程尽快全面恢复，并减少进一步的损失，使其影响程度减至最小。

三、风险自留

风险自留就是将风险留给自己承担，是从企业内部财务的角度应对风险。风险自留与其他风险对策的根本区别在于，它不改变建设工程风险的客观性质，即既不改变工程风险的发生概率，也不改变工程风险潜在损失的严重性。

风险自留可分为非计划性风险自留和计划性风险自留两种类型。

计划性风险自留是主动的、有意识的、有计划的选择，是风险管理人员在经过正确的风险识别和风险评价后作出的风险对策决策，是整个建设工程风险对策计划的一个组成部分。风险自留决不可能单独运用，而应与其他风险对策结合使用。

1. 在实行风险自留时，应保证重大和较大的建设工程风险已经进行了工程保险或实施了损失控制计划。计划性风险自留的计划性主要体现在风险自留水平和损失支付方式两方面。所谓风险自留水平，是指选择哪些风险事件作为风险自留的对象。确定风险自留水平可以从风险量数值大小的角度考虑，一般应选择风险量小或较小，充其量一般的风险事件作为风险自留的对象。

2. 损失支付方式：

计划性风险自留应预先制定损失支付计划，常见的损失支付方式有以下几种：

(1) 从现金净收入中支出；

(2) 建立非基金储备；

(3) 自我保险，这种方式是设立一项专项基金(亦称为自我基金)，专门用于自留风险所造成的损失；

(4) 母公司保险。

3. 风险自留的适用条件：

计划性风险自留至少要符合以下条件之一才应予以考虑：

(1) 别无选择：有些风险既不能回避，又不可能预防，且没有转移的可能性，只能自留，这是一种无奈的选择；

(2) 期望损失不严重；

(3) 损失可准确预测；

(4) 企业有短期内承受最大潜在损失的能力；

(5) 投资机会很好(或机会成本很大)；

(6) 内部服务优良。

四、风险转移

风险转移是建设工程风险管理中非常重要而且广泛应用的一项对策，分为非保险转移和保险转移两种形式。

根据风险管理的基本理论，建设工程的风险应由有关各方分担，而风险分担的原则是：任何一种风险都应由最适宜承担该风险或最有能力进行损失控制的一方承担。符合这一原则的风险转移是合理的，可以取得双赢或多赢的结果。否则，风险转移就可能付出较高的代价。

1. 非保险转移

非保险转移又称为合同转移，因为这种风险转移一般是通过签订合同的方式将工程风险转移给非保险人的对方当事人。建设工程风险最常见的非保险转移有以下三种情况：

（1）业主将合同责任和风险转移给对方当事人。在这种情况下，被转移者多数是承包商。例如，在合同条款中规定，业主对场地条件不承担责任；又如，采用固定总价合同将涨价风险转移给承包商，等等。

（2）承包商进行合同转让或工程分包。承包商中标承接某工程后，可能由于资源安排出现困难而将合同转让给其他承包商，以避免由于自己无力按合同规定时间建成工程而遭受违约罚款；或将该工程中专业技术要求很强而自己缺乏相应技术的工程内容分包给专业分包商，从而更好地保证工程质量。

（3）第三方担保。担保方所承担的风险仅限于合同责任，即由于委托方不履行或不适当履行合同以及违约所产生的责任。第三方担保的主要表现是业主要求承包商提供履约保证和预付款保证(在投标阶段还有投标保证)。

非保险转移的优点主要体现在：一是可以转移某些不可保的潜在损失，如物价上涨、法规变化、设计变更等引起的投资增加；二是被转移者往往能较好地进行损失控制，如承包商相对于业主能更好地把握施工技术风险，专业分包商相对于总包商能更好地完成专业性强的工程内容。但是，非保险转移的媒介是合同，这就可能因为双方当事人对合同条款的理解发生分歧而导致转移失效。另外，在某些情况下，可能因被转移者无力承担实际发生的重大损失而导致仍然由转移者来承担损失。非保险转移一般都要付出一定的代价，有时转移代价可能超过实际发生的损失，从而对转移者不利。

2. 保险转移

保险转移通常直接称为保险，对于建设工程风险来说，则为工程保险。通过购买保险，建设工程业主或承包商作为投保人将本应由自己承担的工程风险(包括第三方责任)转移给保险公司，从而使自己免受风险损失。

保险这一风险对策的缺点首先表现在机会成本增加，其次，工程保险合同的内容较为复杂，保险谈判常常耗费较多的时间和精力。在进行工程保险后，投保人可能产生心理麻痹而疏于损失控制计划，以致增加实际损失和未投保损失。

工程保险并不能转移建设工程的所有风险，一方面是因为存在不可保风险，另一方面则是因为有些风险不宜保险。因此，对于建设工程风险，应将工程保险与风险回避、损失控制和风险自留结合起来运用。对于不可保风险，必须采取损失控制措施。即使对于可保风险，也应当采取一定的损失控制措施，这有利于改变风险性质，达到降低风险量的目的，从而改善工程保险条件，节省保险费。

第六章　建设工程文件档案资料管理

第一节　基　本　知　识

一、建设工程文件和档案资料管理

1. 通用职责

(1) 工程各参建单位填写的建设工程档案应以施工及验收规范、工程合同、设计文件、工程施工质量验收统一标准等为依据。

(2) 工程档案资料应随工程进度及时收集、整理，并应按专业归类，认真书写，字迹清楚，项目齐全、准确、真实，无未了事项。表格应采用统一表格，特殊要求需增加的表格应统一归类。

(3) 工程档案资料进行分级管理，建设工程项目各单位技术负责人负责本单位工程档案资料的全过程组织工作并负责审核，各相关单位档案管理员负责工程档案资料的收集、整理工作。

(4) 对工程档案资料进行涂改、伪造、随意抽撤或损毁、丢失等，应按有关规定予以处罚，情节严重的，应依法追究法律责任。

2. 建设单位职责

(1) 在工程招标及与勘察、设计、监理、施工等单位签订协议、合同时，应对工程文件的套数、费用、质量、移交时间等提出明确要求；

(2) 收集和整理工程准备阶段、竣工验收阶段形成的文件，并应进行立卷归档；

(3) 负责组织、监督和检查勘察、设计、施工、监理等单位的工程文件的形成、积累和立卷归档工作；也可委托监理单位监督、检查工程文件的形成、积累和立卷归档工作；

(4) 收集和汇总勘察、设计、施工、监理等单位立卷归档的工程档案；

(5) 在组织工程竣工验收前，应提请当地城建档案管理部门对工程档案进行预验收；未取得工程档案验收认可文件，不得组织工程竣工验收；

(6) 对列入当地城建档案管理部门接收范围的工程，工程竣工验收3个月内，向当地城建档案管理部门移交一套符合规定的工程文件；

(7) 必须向参与工程建设的勘察设计、施工、监理等单位提供与建设工程有关的原始资料，原始资料必须真实、准确、齐全；

(8) 可委托承包单位、监理单位组织工程档案的编制工作；负责组织竣工图的绘制工作，也可委托承包单位、监理单位、设计单位完成，收费标准按照所在地相关文件执行。

3. 监理单位职责

(1) 应设专人负责监理资料的收集、整理和归档工作，在项目监理部，监理资料的管理应由总监理工程师负责，并指定专人具体实施，监理资料应在各阶段监理工作结束后及时整理归档。

(2) 监理资料必须及时整理、真实完整、分类有序。在设计阶段，对勘察、测绘、设计单位的工程文件的形成、积累和立卷归档进行监督、检查；在施工阶段，对施工单位的工程文件的形成、积累、立卷归档进行监督、检查。

（3）可以按照委托监理合同的约定，接受建设单位的委托，监督、检查工程文件的形成积累和立卷归档工作。

（4）编制的监理文件的套数、提交内容、提交时间，应按照现行《建设工程文件归档整理规范》（GB/T 50328—2001）和各地城建档案管理部门的要求，编制移交清单，双方签字、盖章后，及时移交建设单位，由建设单位收集和汇总。监理公司档案部门需要的监理档案，按照《建设工程监理规范》（GB 50319—2000）的要求，及时由项目监理部提供。

4. 施工单位职责

（1）实行技术负责人负责制，逐级建立、健全施工文件管理岗位责任制，配备专职档案管理员，负责施工资料的管理工作。工程项目的施工文件应设专门的部门（专人）负责收集和整理。

（2）建设工程实行总承包的，总承包单位负责收集、汇总各分包单位形成的工程档案，各分包单位应将本单位形成的工程文件整理、立卷后及时移交总承包单位。建设工程项目由几个单位承包的，各承包单位负责收集、整理、立卷其承包项目的工程文件，并应及时向建设单位移交，各承包单位应保证归档文件的完整、准确、系统，能够全面反映工程建设活动的全过程。

（3）可以按照施工合同的约定，接受建设单位的委托进行工程档案的组织、编制工作。

（4）按要求在竣工前将施工文件整理汇总完毕，再移交建设单位进行工程竣工验收。

（5）负责编制的施工文件的套数不得少于地方城建档案管理部门要求，但应有完整施工文件移交建设单位及自行保存，保存期可根据工程性质以及地方城建档案管理部门有关要求确定。如建设单位对施工文件的编制套数有特殊要求的，可另行约定。

5. 地方城建档案管理部门职责

（1）负责接收和保管所辖范围应当永久和长期保存的工程档案和有关资料。

（2）负责对城建档案工作进行业务指导，监督和检查有关城建档案法规的实施。

（3）列入向本部门报送工程档案范围的工程项目，其竣工验收应有本部门参加并负责对移交的工程档案进行验收。

二、建设工程监理文件档案资料管理

所谓建设工程监理文件档案资料的管理，是指监理工程师受建设单位委托，在进行建设工程监理的工作期间，对建设工程实施过程中形成的与监理相关的文件和档案进行收集积累、加工整理、立卷归档和检索利用等一系列工作。建设工程监理文件档案资料管理的对象是监理文件档案资料，它们是工程建设监理信息的主要载体之一。

建设工程监理文件档案资料管理主要内容是：监理文件档案资料收、发文与登记；监理文件档案资料传阅；监理文件档案资料分类存放；监理文件档案资料归档、借阅、更改与作废。

1. 监理文件和档案收文与登记

所有收文应在收文登记表上进行登记（按监理信息分类别进行登记）。应记录文件名称、文件摘要信息、文件的发放单位（部门）、文件编号以及收文日期，必要时应注明接收文件的具体时间，最后由项目监理部负责收文人员签字。

2. 监理文件档案资料传阅与登记

监理工程师确定文件、记录是否需传阅，如需传阅应确定传阅人员名单和范围，并注明在文件传阅纸上，随同文件和记录进行传阅。

3. 监理文件资料发文与登记

发文由总监理工程师或其授权的监理工程师签名，并加盖项目监理部图章，对盖章工作应进行专项登记。

4. 监理文件档案资料分类存放

监理文件档案经收/发文、登记和传阅工作程序后，必须使用科学的分类方法进行存放，这样既可满足项目实施过程查阅、求证的需要，又方便项目竣工后文件和档案的归档和移交。

5. 监理文件档案资料归档

（1）监理规划：

1）监理规划（建设单位长期保存，监理单位短期保存，送城建档案管理部门保存）；

2）监理实施细则（建设单位长期保存，监理单位短期保存，送城建档案管理部门保存）；

3）监理部总控制计划等（建设单位长期保存，监理单位短期保存）。

（2）监理月报中的有关质量问题（建设单位长期保存，监理单位长期保存，送城建档案管理部门保存）。

（3）监理会议纪要中的有关质量问题（建设单位长期保存，监理单位长期保存，送城建档案管理部门保存）。

（4）进度控制：

1）工程开工/复工审批表（建设单位长期保存，监理单位长期保存，送城建档案管理部门保存）；

2）工程开工/复工暂停令（建设单位长期保存，监理单位长期保存，送城建档案管理部门保存）。

（5）质量控制：

1）不合格项目通知（建设单位长期保存，监理单位长期保存，送城建档案管理部门保存）；

2）质量事故报告及处理意见（建设单位长期保存，监理单位长期保存，送城建档案管理部门保存）。

（6）造价控制：

1）预付款报审与支付（建设单位短期保存）；

2）月付款报审与支付（建设单位短期保存）；

3）设计变更、洽商费用报审与签认（建设单位长期保存）；

4）工程竣工决算审核意见书（建设单位长期保存，送城建档案管理部门保存）。

（7）分包资质：

1）分包单位资质材料（建设单位长期保存）；

2）供货单位资质材料（建设单位长期保存）；

3）试验等单位资质材料（建设单位长期保存）。

（8）监理通知：

1）有关进度控制的监理通知（建设单位、监理单位长期保存）；

2）有关质量控制的监理通知（建设单位、监理单位长期保存）；

3) 有关造价控制的监理通知(建设单位、监理单位长期保存)。

(9) 合同与其他事项管理：

1) 工程延期报告及审批(建设单位永久保存,监理单位长期保存,送城建档案管理部门保存)；

2) 费用索赔报告及审批(建设单位、监理单位长期保存)；

3) 合同争议、违约报告及处理意见(建设单位永久保存,监理单位长期保存,送城建档案管理部门保存)；

4) 合同变更材料(建设单位、监理单位长期保存,送城建档案管理部门保存)。

(10) 监理工作总结：

1) 专题总结(建设单位长期保存,监理单位短期保存)；

2) 月报总结(建设单位长期保存,监理单位短期保存)；

3) 工程竣工总结(建设单位、监理单位长期保存,送城建档案管理部门保存)；

4) 质量评估报告(建设单位、监理单位长期保存,送城建档案管理部门保存)。

6. 监理文件档案资料借阅、更改与作废

项目监理部存放的文件和档案原则上不得外借,如政府部门、建设单位或施工单位确有需要,应经过总监理工程师或其授权的监理工程师同意,并在信息管理部门办理借阅手续。

监理文件档案的更改应由原制定部门相应责任人执行,涉及审批程序的,由原审批责任人执行。若指定其他责任人进行更改和审批时,新责任人必须获得所依据的背景资料。监理文件档案更改后,由信息管理部门填写监理文件档案更改通知单,并负责发放新版本文件。发放过程中必须保证项目参建单位中所有相关部门都得到相应文件的有效版本。文件档案换发新版时,应由信息管理部门负责将原版本收回作废。考虑到日后有可能出现追溯需求,信息管理部门可以保存作废文件的样本以备查阅。

第二节 建设工程监理表格体系和主要文件档案

一、监理工作的基本表式

根据《建设工程监理规范》(GB 50319—2000),规范中基本表式有三类：

A 类表共 10 个表(A1~A10),为承包单位用表,是承包单位与监理单位之间的联系表,由承包单位填写,向监理单位提交申请或回复。

B 类表共 6 个表(B1—B6),为监理单位用表,是监理单位与承包单位之间的联系表,由监理单位填写,向承包单位发出的指令或批复。

C 类表共 2 个表(C1、C2),为各方通用表,是工程项目监理单位、承包单位、建设单位等各有关单位之间的联系表。

二、监理规划

监理规划应在签订委托监理合同,收到施工合同、施工组织设计(技术方案)、设计图纸文件后一个月内,由总监理工程师组织完成该工程项目的监理规划编制工作,经监理公司技术负责人审核批准后,在监理交底会前报送建设单位。

监理规划的内容应有针对性,做到控制目标明确、措施有效、工作程序合理、工作制度健全、职责分工清楚,对监理实践有指导作用。监理规划应有时效性,在项目实施过程中，应根据情况的变化作必要的调整、修改，经原审批程序批准后，再次报送建设单位。

为规范监理规划的书写，具体书写监理规划时要求注意的有以下几点：

（1）内容应符合《建设工程监理规范》（GB 50319—2000）"4.1 监理规划"中 4.1.3 条的 12 款要求。

（2）监理工作目标应包括工期控制目标、工程质量控制目标、工程造价控制目标。

（3）工程进度控制，包括工期控制目标的分解、进度控制程序、进度控制要点和控制进度的风险措施等；工程质量控制，包括质量控制目标的分解、质量控制程序、质量控制要点和控制质量风险的措施等；工程造价控制，包括造价控制目标的分解、造价控制程序、控制造价风险措施；工程合同其他事项的管理，包括工程变更管理、索赔管理要点、程序以及合同争议的协调方法等。

（4）项目监理部的组织机构：主要写明组织形式、人员构成、监理人员的职责分工、人员进场计划安排。

（5）项目监理部监理工作制度，包括信息和资料管理制度、监理会议制度、监理工作报告制度、其他监理工作制度。

三、监理实施细则

对于技术复杂、专业性强的工程项目应编制"监理实施细则"，监理实施细则应符合监理规划的要求，并结合专业特点，做到详细、具体、具有可操作性，监理实施细则也要根据实际情况的变化进行修改、补充和完善，内容主要有：专业工作特点，监理工作流程，监理控制要点及目标值，监理工作方法及措施。

四、监理日记

根据《建设工程监理规范》（GB 50319—2000）中第 3.2.5 条第七款：由专业工程监理工程师根据本专业监理工作的实际情况做好监理日记和第 3.2.6 条第六款：（监理员应履行以下职责）做好监理日记和有关的监理记录。显然，监理日记由专业监理工程师和监理员书写，监理日记和施工日记一样，都是反映工程施工过程的实录，一个同样的施工行为，往往两本日记可能记载有不同的结论，事后在工程发现问题时，日记就起了重要的作用，因此，认真、及时、真实、详细、全面地做好监理日记，对发现问题，解决问题，甚至仲裁、起诉都有作用。

监理日记有不同角度的记录，项目总监理工程师可以指定一名监理工程师对项目每天总的情况进行记录，通称为项目监理日志；专业工程监理工程师可以从专业的角度进行记录；监理员可以从负责的单位工程、分部工程、分项工程的具体部位施工情况进行记录，侧重点不同，记录的内容、范围也不同。项目监理日志主要内容有：

（1）当日材料、构配件、设备、人员变化的情况；

（2）当日施工的相关部位、工序的质量、进度情况；材料使用情况；抽检、复检情况；

（3）施工程序执行情况；人员、设备安排情况；

（4）当日监理工程师发现的问题及处理情况；

（5）当日进度执行情况；索赔（工期、费用）情况；安全文明施工情况；

（6）有争议的问题，各方的相同和不同意见；协调情况；

（7）天气、温度的情况，天气、温度对某些工序质量的影响和采取措施与否；

（8）承包单位提出的问题，监理人员的答复等。

五、监理例会会议纪要

监理例会是履约各方沟通情况，交流信息、协调处理、研究解决合同履行中存在的各方面问题的主要协调方式。会议纪要由项目监理部根据会议记录整理，主要内容包括：

（1）会议地点及时间；

（2）会议主持人；

（3）与会人员姓名、单位、职务；

（4）会议主要内容、议决事项及其负责落实单位、负责人和时限要求；

（5）其他事项。

例会上意见不一致的重大问题，应将各方的主要观点，特别是相互对立的意见记入"其他事项"中。会议纪要的内容应准确如实，简明扼要，经总监理工程师审阅，与会各方代表会签，发至合同有关各方，并应有签收手续。

六、监理月报

《建设工程监理规范》（GB 50319—2000)第 7.2 节对监理月报有较明确的规定，对监理月报的内容、编制组织、签认人、报送对象、报送时间都有规定。监理月报由项目总监理工程师组织编写，由总监理工程师签认，报送建设单位和本监理单位，报送时间由监理单位和建设单位协商确定，一般在收到承包单位项目经理部报送来的工程进度，汇总了本月已完工程量和本月计划完成工程量的工程量表、工程款支付申请表等相关资料后，在最短的时间内提交，大约在 5～7d。

监理月报的内容有七点，根据建设工程规模大小决定汇总内容的详细程度，具体为：

（1）工程概况：本月工程概况，本月施工基本情况。

（2）本月工程形象进度。

（3）工程进度：本月实际完成情况与计划进度比较；对进度完成情况及采取措施效果的分析。

（4）工程质量：本月工程质量分析；本月采取的工程质量措施及效果。

（5）工程计量与工程款支付：工程量审核情况；工程款审批情况及支付情况；工程款支付情况分析；本月采取的措施及效果。

（6）合同其他事项的处理情况：工程变更；工程延期；费用索赔。

（7）本月监理工作小结：对本月进度、质量、工程款支付等方面情况的综合评价；本月监理工作情况；有关本工程的建议和意见；下月监理工作的重点。

七、监理工作总结

《建设工程监理规范》（GB 50319—2000)第 7.3 节对监理工作总结有所规定：

监理总结有工程竣工总结、专题总结、月报总结三类，按照《建设工程文件归档整理规范》的要求，三类总结在建设单位都属于要长期保存的归档文件，专题总结和月报总结在监理单位是短期保存的归档文件，而工程竣工总结属于要报送城建档案管理部门的监理归档文件。

工程竣工的监理总结内容有六点：

（1）工程概况；

(2) 监理组织机构、监理人员和投入的监理设施；

(3) 监理合同履行情况；

(4) 监理工作成效；

(5) 施工过程中出现的问题及其处理情况和建议(该内容为总结的要点，主要内容有质量问题、质量事故、合同争议、违约、索赔等处理情况)；

(6) 工程照片(有必要时)。

八、其他监理文件档案资料

按照《建设工程监理规范》(GB 50319—2000)第7.1节和第8.3节的规定，监理文件档案资料有两种，一种是施工阶段的监理文件档案资料28条，另一种是设备采购监理和设备监造工作的监理文件档案资料22条。除上述主要监理文件外，其他监理文件档案资料详见《建设工程监理规范》(GB 50319—2000)。

第三节 有关档案管理的规定和法规

一、《房屋建筑工程和市政基础设施工程竣工验收备案管理暂行办法》

第四条 建设单位应当自工程竣工验收合格之日起15日内，依照本办法规定，向工程所在地的县级以上地方人民政府建设行政主管部门(以下简称备案机关)备案。

第五条 建设单位办理工程竣工验收备案应当提交下列文件：

(一) 工程竣工验收备案表；

(二) 工程竣工验收报告。竣工验收报告应当包括工程报建日期，施工许可证号，施工图设计文件审查意见，勘察、设计、施工、工程监理等单位分别签署的质量合格文件及验收人员签署的竣工验收原始文件，市政基础设施的有关质量检测和功能性试验资料以及备案机关认为需要提供的有关资料；

(三) 法律、行政法规规定应当由规划、公安消防、环保等部门出具的认可文件或者准许使用文件；

(四) 施工单位签署的工程质量保修书；

(五) 法规、规章规定必须提供的其他文件。商品住宅还应当提交《住宅质量保证书》和《住宅使用说明书》。

第六条 备案机关收到建设单位报送的竣工验收备案文件，验证文件齐全后，应当在工程竣工验收备案表上签署文件收讫。工程竣工验收备案表一式二份，一份由建设单位保存，一份留备案机关存档。

第七条 工程质量监督机构应当在工程竣工验收之日起5日内，向备案机关提交工程质量监督报告。

二、《城市建设档案管理规定(修正)》

第六条 建设单位应当在工程竣工验收后三个月内，向城建档案馆报送一套符合规定的建设工程档案。凡建设工程档案不齐全的，应当限期补充。

停建、缓建工程的档案，暂由建设单位保管。

撤销单位的建设工程档案，应当向上级主管机关或者城建档案馆移交。

第七条 对改建、扩建和重要部位维修的工程，建设单位应当组织设计、施工单位据实修改、补充和完善原建设工程档案。凡结构和平面布置等改变的，应当重新编制建设工程档案，并在工程竣工后三个月内向城建档案馆报送。

第八条　列入城建档案馆档案接收范围的工程，建设单位在组织竣工验收前，应当提请城建档案管理机构对工程档案进行预验收。预验收合格后，由城建档案管理机构出具工程档案认可文件。

第九条　建设单位在取得工程档案认可文件后，方可组织工程竣工验收。建设行政主管部门在办理竣工验收备案时，应当查验工程档案认可文件。

第四节　监理规范的具体规定

7　施工阶段监理资料的管理

7.1　监理资料

7.1.1　施工阶段的监理资料应包括下列内容：

（1）施工合同文件及委托监理合同；

（2）勘察设计文件；

（3）监理规划；

（4）监理实施细则；

（5）分包单位资格报审表；

（6）设计交底与图纸会审会议纪要；

（7）施工组织设计（方案）报审表；

（8）工程开工/复工报审表及工程暂停令；

（9）测量核验资料；

（10）工程进度计划；

（11）工程材料、构配件、设备的质量证明文件；

（12）检查试验资料；

（13）工程变更资料；

（14）隐蔽工程验收资料；

（15）工程计量单和工程款支付证书；

（16）监理工程师通知单；

（17）监理工作联系单；

（18）报验申请表；

（19）会议纪要；

（20）来往函件；

（21）监理日记；

（22）监理月报；

（23）质量缺陷与事故的处理文件；

（24）分部工程、单位工程等验收资料；

（25）索赔文件资料；

（26）竣工结算审核意见书；

（27）工程项目施工阶段质量评估报告等专题报告；

（28）监理工作总结。

7.2　监理月报

7.2.1　施工阶段的监理月报应包括以下内容：

(1) 本月工程概况；

(2) 本月工程形象进度；

(3) 工程进度：

1) 本月实际完成情况与计划进度比较；

2) 对进度完成情况及采取措施效果的分析；

(4) 工程质量：

1) 本月工程质量情况分析；

2) 本月采取的工程质量措施及效果；

(5) 工程计量与工程款支付：

1) 工程量审核情况；

2) 工程款审批情况及月支付情况；

3) 工程款支付情况分析；

4) 本月采取的措施及效果；

(6) 合同其他事项的处理情况：

1) 工程变更；

2) 工程延期；

3) 费用索赔；

(7) 本月监理工作小结：

1) 对本月进度、质量、工程款支付等方面情况的综合评价；

2) 本月监理工作情况；

3) 有关本工程的意见和建议；

4) 下月监理工作的重点。

7.2.2　监理月报应由总监理工程师组织编制，签认后报建设单位和本监理单位。

7.3　监理工作总结

7.3.1　监理工作总结应包括以下内容：

(1) 工程概况；

(2) 监理组织机构、监理人员和投入的监理设施；

(3) 监理合同履行情况；

(4) 监理工作成效；

(5) 施工过程中出现的问题及其处理情况和建议；

(6) 工程照片(有必要时)。

7.3.2　施工阶段监理工作结束时，监理单位应向建设单位提交监理工作总结。

7.4　监理资料的管理

7.4.1　监理资料必须及时整理、真实完整、分类有序。

7.4.2　监理资料的管理应由总监理工程师负责，并指定专人具体实施。

7.4.3　监理资料应在各阶段监理工作结束后及时整理归档。

7.4.4　监理档案的编制及保存应按有关规定执行。

复习提示：

（1）第7.2.1条，监理月报要记住其中7个方面。

（2）第7.2.2条，监理月报只能是总监编写。报给建设单位和监理单位，不给施工单位。

（3）第7.3.1条，应熟悉监理工作总结内容。

（4）第7.3.2条，其他部分监理资料及与工程质量有关的隐蔽工程验收资料和质量评定资料，项目监理机构已提交给建设单位，故监理工作结束时，监理单位只向建设单位提交监理工作总结。

（5）第7.4.2条，资料整理有总监主持，可以指定专人实施，但不能指定专人负责。

📖 答疑解析

1. 对于控制手段和措施要求掌握到什么程度？

答：这部分内容很重要，考试也出过题目，要注意以下要求：

（1）掌握动态控制和静态控制过程，理解控制过程基本环节。

（2）能够绘出主动控制和被动控制的示意过程，理解主动控制和被动控制的优缺点。

（3）对题目中给出的具体措施能分清哪些是主动控制哪些是被动控制。

2. 施工过程目标控制的任务和措施哪些比较重要？

答：掌握四个措施的基本含义和具体措施，考试中能加以分辨。

3. 风险部分很重要吗？对策是否要记住？

答：建设工程风险管理目前日益受到重视，大家看历年考题风险控制的内容逐步增加，题型也有创新。对风险管理首先要理解风险的基本定义，只有理解了风险的基本定义才可能理解和记忆风险的有关管理内容和措施。对于建设工程风险的识别要掌握。风险评价要能够进行量化分析。

对于建设工程风险对策要全面掌握。尤其是注意各种对策的做法和优缺点，面对风险不同，所选择的风险对策也不同。要能够根据题目条件识别不同措施和具体的做法，要能够根据题目条件选择风险管理的对策。

4. 怎样理解风险的概念？

答：风险的概念一定要理解，一是风险事件的发生可能发生也可能不发生，是否发生不受管理者主观控制。二是一但发生就会产生不良后果。所以肯定发生或肯定不能发生的事件不是风险，发生或不发生均不会造成不良后果的也不是风险。

5. 历年风险的题目怎么考？

答：风险评价可以采用定性和定量两种方式。在方法上也是多种多样的，比如：专家打分法，层次分析法，敏感性分析，盈亏分析法，决策树法等，在本处仅介绍风险量函数理论等。所说到的几种方法在本教材中其他地方有介绍的则在案例中均可能出现，也可能是几种方法的组合。在2005年的考试中就出现了风险评价等曲线的具体应用。所以风险分析要定性定量相结合。

6. 风险对策要求掌握到什么地步？

答：要求全部掌握，尤其是具体的风险对策、做法、优缺点、适用、应注意的问题、损失支付方式，具体的措施。例如考试中会给考生几种措施，让考生指出各措施属于哪方面的风险对策。

7. 监理组织总体上有什么要求?

答：是监理案例考试的重点内容。

(1) 对项目组织的基本原理要理解。对于建设工程组织管理基本模式要掌握。要能绘制出各种管理模式示意图，能理解各种模式的优缺点。要能根据各种模式的特点和优缺点向委托人提出合理的管理模式。在案例中具体体现为根据案例条件选择管理模式，绘出管理模式示意图，说明其优缺点。

(2) 对于建设工程监理模式更是考试的重点，要求全面掌握并能够绘制出监理模式示意图，描述其模式的优缺点。

(3) 对于监理实施程序要全面掌握，必须要和《监理规范》相结合进行理解记忆。

(4) 项目监理机构组织形式是案例考试的重点，要对直线制、职能制、直线职能制、矩阵制的组织形式、优缺点、适用全面掌握，尤其注意根据案例条件选择不同组织形式，绘制出组织形式图，说明其优缺点。对于各种监理组织形式一定要保证能灵活运用到案例考题中。

(5) 监理机构人员的基本职责要和《监理规范》相结合进行学习，如果教材中的对各类人员职责划分和描述与《监理规范》相冲突，应以《监理规范》为准。

8. 监理的职责需要记忆吗?

答：掌握和记忆总监，总监代表，监理师，监理员的职责分工。这也是考试重点，经常出考题，要求背诵。要求能挑错，能叙述。总监一般是"主持"、"审定"、"组织"等；监理工程师一般是"本专业"的决定性职权；监理员是配合、旁站。

9. 怎样理解监理大纲?

答：监理大纲类似于施工单位的标前施工设计，是为获得监理业务而编制的。监理规划类似于标后施工组织设计，是结合工程具体情况制订的，更全面、更翔实。监理细则类似于具体的施工方案，主要指导各专业具体的业务开展。

10. 对于监理规划的编写和审批需要注意什么?

答：(1) 掌握监理规划编写依据，尤其注意监理大纲和其他建设工程合同(例如建筑安装施工合同)、监理合同都是规划的编写依据。

(2) 掌握工程监理规划编写的要求，尤其要注意每个监理规划都是针对每一个具体建设工程的监理，而且监理规划不是一成不变的，是随着建设工程的开展不断补充、修改、完善的。监理规范一般是分阶段编写的，而不是一次编写，各阶段使用的。

(3) 监理规划的编写是在总监理工程师的主持下，各专业工程师参加，广泛征求意见后编写的。

(4) 由于监理规划的重要性，监理规划应经监理单位的技术主管进行内部审核，一般来说要经过总工程师(技术负责人)签认。

11. 对于监理的文档资料管理应注意哪些?

答：(1) 监理文件资料的管理。以理解为主。应能从案例描述中挑出不正确的做法，比如文档的存放、签字人员不得以盖章或打印代替手写签认。

(2) 各文件的保存期限应掌握。

(3) 文件的借阅、修改与作废程序应掌握。

12. 如何认识主动控制和被动控制之间的关系？

答：所谓主动控制，是在预先分析各种风险因素及其导致目标偏离的可能性和程度的基础上，拟订和采取有针对性的预防措施，从而减少乃至避免目标偏离。

所谓被动控制，是从计划的实际输出中发现偏差，通过对产生偏差原因的分析，研究制定纠偏措施，以使偏差得以纠正，工程实施恢复到原来的计划状态，或虽然不能恢复到计划状态但可以减少偏差的严重程度。

对于建设工程目标控制来说，主动控制和被动控制两者缺一不可，应将主动控制与被动控制紧密结合起来，并力求加大主动控制在控制过程中的比例。

13. 对投资目标进行全方位控制，应如何理解？

答：对投资目标进行全方位控制，包括两种含义：一是对按工程内容分解的各项投资进行控制，即对单项工程、单位工程，乃至分部分项工程的投资进行控制；二是对按总投资构成内容分解的各项费用进行控制，即对建筑安装工程费用、设备和工器具购置费用以及工程建设其他费用等都要进行控制。通常，投资目标的全方位控制主要是指上述第二种含义。因为单项工程和单位工程的投资同时也要按总投资构成内容分解。

14. 对进度控制的全过程控制，应注意哪些方面？

答：关于进度控制的全过程控制，要注意以下三方面问题：

（1）建设的早期就应当编制进度计划。在工程建设早期编制进度计划，是早期控制思想在进度控制中的反映。越早进行控制，进度控制的效果越好。

（2）在编制进度计划时要充分考虑各阶段工作之间的合理搭接。搭接时间越长，建设工程的总工期就越短。但是，搭接时间与各阶段工作之间的逻辑关系有关，都有其合理的限度。

（3）抓好关键线路的进度控制。进度控制的重点对象是关键线路上的各项工作，包括关键线路变化后的各项关键工作，这样可取得事半功倍的效果。当然，对于非关键线路的各项工作，要确保其不要延误后而变为关键工作。

15. 如何正确理解风险的定义？

答：由风险的定义可知，所谓风险必须具备两方面条件：一是不确定性，二是产生损失后果，否则就不能称为风险。因此，肯定发生损失后果的事件不是风险，没有损失后果的不确定性事件也不是风险。

16. 风险自留主要有哪些适用条件？

答：计划性风险自留至少要符合以下条件之一才应予以考虑：

（1）别无选择。有些风险既不能回避，又不可能预防，且没有转移的可能性，只能自留，这是一种无奈的选择。

（2）期望损失不严重。

（3）损失可准确预测。

（4）企业有短期内承受最大潜在损失的能力。

（5）投资机会很好（或机会成本很大）。

（6）内部服务优良。

17. 平行承发包模式的优缺点有哪些？

答：（1）优点

1）有利于缩短工期。设计阶段与施工阶段有可能形成搭接关系，从而缩短整个建设工程工期。

2）有利于质量控制。整个工程经过分解分别发包给各承建单位，合同约束与相互制约使每一部分能够较好地实现质量要求。

3）有利于业主选择承建单位。这种模式的合同内容比较单一、合同价值小、风险小，使它们有可能参与竞争。因此，无论大型承建单位还是中小型承建单位都有机会竞争。

（2）缺点

1）合同数量多，会造成合同管理困难。合同关系复杂，使建设工程系统内结合部位数量增加，组织协调工作量大。

2）投资控制难度大。这主要表现在：一是总合同价不易确定，影响投资控制实施；二是工程招标任务量大，需控制多项合同价格，增加了投资控制难度；三是在施工过程中设计变更和修改较多，导致投资增加。

18. 平行承发包模式条件下宜采用哪种监理模式？

答：与建设工程平行承发包模式相适应的监理模式有以下两种主要形式：

（1）业主委托一家监理单位监理

这种模式要求被委托的监理单位应该具有较强的合同管理与组织协调能力，并能做好全面规划工作。

（2）业主委托多家监理单位监理

这种监理委托模式是指业主委托多家监理单位为其进行监理服务。采用这种模式，监理单位对象相对单一，便于管理。但建设工程监理工作被肢解，各监理单位各负其责，缺少一个对建设工程进行总体规划与协调控制的监理单位。

19. 影响项目监理机构人员数量的主要因素有哪些？

答：（1）工程建设强度。工程建设强度是指单位时间内投入的建设工程资金的数量，用下式表示：工程建设强度＝投资/工期。

（2）建设工程复杂程度。简单工程需要的项目监理人员较少，而复杂工程需要的项目监理人员较多。

（3）监理单位的业务水平。各监理单位应当根据自己的实际情况制定监理人员需要量定额。

（4）项目监理机构的组织结构和任务职能分工。

20. 总监理工程师不得将哪些工作委托总监理工程师代表？

答：总监理工程师不得将下列工作委托总监理工程师代表：

（1）主持编写项目监理规划、审批项目监理实施细则；

（2）签发工程开工/复工报审表、工程暂停令、工程款支付证书、工程竣工报验单；

（3）审核签认竣工结算；

（4）调解建设单位与承包单位的合同争议、处理索赔；

（5）根据工程项目的进展情况进行监理人员的调配，调换不称职的监理人员。

尤其要注意，涉及监理规划和监理细则的具体内容修改也要经过总监亲自批准，不能随意改动。

📖 实战练习题

【案例1】
背景：

某化工厂建设项目分二期建设工程，业主与北海监理公司签订了监理委托合同，委托工作范围包括一期工程施工阶段监理和二期工程设计与施工阶段的监理。

总监理工程师在该项目上配备了设计阶段监理工程师8人，施工阶段监理工程师20人，并分设计阶段和施工阶段制定了监理规划。

在某次监理工作例会上，总监理工程师强调子设计阶段监理工程师下周的工作重点是审查二期工程的施工图预算，要求重点审查工程量是否准确、预算单价套用是否正确、各项取费标准是否符合现行规定等内容。

子项目监理工程师小杨在一期工程的施工监理中发现承包方未经申报，擅自将催化设备安装工程分包给某工程公司并进场施工，立即向承包方下达了停工指令，要求承包方上报分包单位资质材料。承包方随后送来了该分包单位资质证明，小杨审查后向承包方签署了同意该分包单位分包的文件。小杨还审核了承包方送来的催化设备安装工程施工进度的保证措施，并提出了改进建议。承包方抱怨说，由于业主供应的部分材料尚未到场，有些保证措施无法落实，会影响工程进度。小杨说："我负责给你们协调，我去施工现场巡视一下，就去找业主。"

问题：

1. 该项目北海监理公司应派出几名总监理工程师？为什么？总监理工程师建立项目监理机构应选择什么结构形式？总监理工程师分阶段制定监理规划是否妥当？为什么？

2. 监理工程师在审查"预算单价套用是否正确"时，应注意审查哪几个方面？

3. 根据监理人员的职责分工，指出小杨的工作哪些是履行了自己的职责，哪些不属于小杨应履行的职责？不属于小杨履行的职责应属于谁履行？

答案及评分标准(20分)：

1. 该项目监理单位应派一名总监理工程师。(1.0分)

因项目只有一份监理委托合同(或一个项目监理组织)。(1.0分)

总监理工程师应选择按建设阶段分解(0.5分)的直线制监理组织形式。(1.5分)

分阶段制定监理规划妥当。(0.5分)

因该工程包含设计监理和施工监理。(1.5分)

2. (1)各分项工程预算单价是否与预算定额的预算单价相符，其名称、规格、计量单位和内容是否与单位估价表(预算定额基价)一致；(1.5分)

(2)对换算的单价，审查换算的分项工程是否是定额中允许换算的(0.5分)，换算是否正确；(1.0分)

(3)审查补充定额的编制是否符合编制原则(0.5分)，审查单位估价表(预算定额基价)计算是否正确。(1.0分)

（如果问题 2 仅回答"审查预算单价的合法性(0.5 分)、时效性(0.5 分)、和适用范围，(0.5 分)"，合计 1.5 分)

3. 小杨的职责：

要求承包方上报分包单位资质材料(1.5 分)；审查进度保证措施，提出改进建议(1.5 分)；巡视现场(1.5 分)。

不属于小杨的职责：

(1) 下达停工令；(1.5 分)

(2) 审查确认分包单位资质；(1.5 分)

(3) 协调业主与承包方关系。(1.5 分)

以上职责应由总监理工程师承担。(0.5 分)

【案例 2】

背景：

某钢结构公路桥项目，业主将桥梁下部结构工程发包给甲施工单位，将钢梁制造、架设工程发包给乙施工单位。业主通过招标选择了某监理单位承担施工阶段监理任务。

监理合同签订后，总监理工程师组建了直线制监理组织机构，并重点提出了质量目标控制措施如下：

1. 熟悉质量控制依据和文件；

2. 确定质量控制要点，落实质量控制手段；

3. 完善职责分工及有关质量监督制度，落实质量控制责任；

4. 对不符合合同规定质量要求的，拒签付款凭证；

5. 审查承包单位提交的施工组织设计和施工方案。

同时提出了项目监理规划编写的几点要求：

1. 为使监理规划有针对性，要编写 2 份项目监理规划；

2. 监理规划要把握项目运行内在规律；

3. 监理规划的表达应规范化、标准化、格式化；

4. 监理规划根据大桥架设进展，可分阶段编写，但编写完成后由监理单位审核批准并报业主认可后，一经实施，就不得再行修改；

5. 授权总监理工程师代表主持监理规划的编制。

问题：

1. 画出总监理工程师组建的监理组织机构图。

2. 监理工程师在进行目标控制时应采取哪些方面的措施？上述总监理工程师提出的质量目标控制措施各属于哪一种措施？

3. 分析总监理工程师提出的质量目标控制措施哪些是主动控制措施，哪些是被动控制措施。

4. 逐条回答总监理工程师提出的监理规划编制要求是否妥当，为什么？

答案及评分标准(20 分)：

1. (共 6.5 分)

直线制监理组织机构图如下：

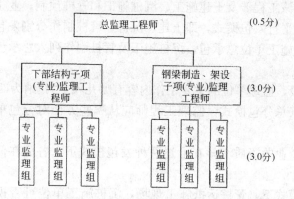

注：(1) 所绘机构图不是直线制或不是监理组织机构图(如图中绘入施工单位)的不得分;

(2) 机构图中第二层次框图中按甲、乙监理组绘制的不扣分,将钢梁制造和架设分别绘制的不扣分;

(3) 机构图中绘出第三层次框图的得1.0分,标出监理工作性质或名称的得2分。

2. (共4.5分)

监理工程师在进行目标控制时应采取以下方面的措施:

(1) 组织措施;(0.5分)

(2) 技术措施;(0.5分)

(3) 合同措施;(0.5分)

(4) 经济措施。(0.5分)

上述总监理工程师提出的质量目标控制措施各属于下列措施:

(1) 技术措施(或合同措施);(0.5分)

(2) 技术措施;(0.5分)

(3) 组织措施;(0.5分)

(4) 经济措施(或合同措施);(0.5分)

(5) 技术措施。(0.5分)

3. (共4.0分)

措施2、3、5属于主动控制;措施4属于被动控制。(每答对1项得1.0分)

4. (共5分)

要求1不妥,(0.5分)1个委托监理合同,应编写1份监理规划;(0.5分)

要求2妥当,(0.5分)监理规划的指导作用决定的(0.5分);

要求3妥当,(0.5分)可使监理规划内容、深度统一(或监理规划内容更明确、简洁、直观);(0.5分)

要求4不妥,(0.5分)监理规划可以修改,但应按原审批程序报监理单位审批和经业主认可;(0.5分)

要求5不妥。(0.5分)总监理工程师此项权力不能授权给总监理工程师代表(或监理规划应由总监理工程师组织编制)。(0.5分)

【案例3】

背景:

某工程项目采用预制钢筋混凝土管桩基础,业主委托某监理单位承担施工招标及施工阶段的监理任务。因该工程涉及土建施工、沉桩施工和管桩预制，业主对工程发包提出两种方案：一种是采用平行发包模式，即土建、沉桩、管桩制作分别发包；另一种是采用总分包模式，即由土建施工单位总承包，沉桩施工及管桩制作列入总承包范围再分包。

问题：

1. 施工招标阶段，监理单位的主要工作内容有哪几项？（归纳为四项回答）

2. 如果采取施工总分包模式，监理工程师应从哪些方面对分包单位进行管理？主要手段是什么？

3. 对管桩生产企业的资质考核在上述两种发包模式下，各应在何时进行？考核的主要内容是什么？

4. 在平行发包模式下，管桩运抵施工现场，沉桩施工单位可否视其为"甲供构件"？为什么？如何组织检查验收？

5. 如果现场检查出管桩不合格或管桩生产企业延期供货，对正常施工进度造成影响，请分析在上述两种发包模式下，可能会出现哪些主体之间的索赔？

答案及评分标准（20分）

1.（共4.0分）

每单项回答符合以下任一项得分1.0分，每单项回答不完整的扣0.5分。

(1) 协助业主编制施工招标文件；

(2) 协助业主编制标底；

(3) 发布招标通知；

(4) 对投标人的资格预审；

(5) 组织标前会议；

(6) 现场勘察；

(7) 组织开标、评标、定标；

(8) 协助业主签约。

2.（共4.5分）

管理的主要内容是：

(1) 审查分包人资格；（0.5分）

(2) 要求分包人参加相关施工会议；（0.5分）

(3) 检查分包人的施工设备(0.5分)、人员；（0.5分）

(4) 检查分包人的工程施工材料(0.5分)、作业质量。（0.5分）

主要手段：

对分包人违反合同、规范的行为，可指令总承包人停止分包人施工；（0.5分）

对质量不合格的工程拒签与之有关的支付；（0.5分）

建议总承包人撤换分包单位。（0.5分）

3.（共4.0分）

平行发包时，在招标阶段组织考核。（0.5分）

总分包时，在分包合同签订前考核。（0.5分）

考核的主要内容（每单项回答内容符合以下任一项得0.5分，满分3.0分）：

(1) 人员素质；

(2) 资质等级；

(3) 技术装备；

(4) 业绩；

(5) 信誉；

(6) 有无生产许可证；

(7) 质保体系；

(8) 生产能力。

4. （共 4.0 分）

可视为"甲供构件"（1.0分），因为沉桩单位与管桩生产企业无合同关系。（1.0分）应由监理工程师组织，沉桩单位参加，（1.0分）共同检查管桩质量、数量是否符合合同要求。（1.0分）

5. 共（3.5分）

可能出现的索赔事件：

平行发包时：

(1) 沉桩单位向业主索赔（或沉桩单位与业主之间的索赔）；（0.5分）

(2) 土建施工单位向业主索赔（或土建施工单位与业主之间的索赔）；（0.5分）

(3) 业主向管桩生产企业索赔（或业主与管桩生产企业之间的索赔）。（0.5分）

总分包方式时：

(1) 业主向土建施工（或总包）单位索赔〔或业主与土建施工（或总包）单位之间的索赔〕；（1.0分）

(2) 土建施工（或总包）单位向管桩生产企业索赔〔或土建施工（或总包）单位与管桩生产企业之间索赔〕；（0.5分）

(3) 沉桩单位向土建单位（或总包）索赔〔或沉桩单位与土建单位（或总包）之间的索赔〕。（0.5分）

【案例 4】

背景：

某监理公司受业主委托承担一项工程实施阶段监理。在讨论制订监理规划的会议上，监理单位的人员对编制该项目的监理规划提出了构思。下列为其中一部分内容。

1. 编制监理规划的原则和依据

(1) 建设监理规划必须符合监理大纲的内容。

(2) 建设监理规划必须符合监理合同的要求。

(3) 建设监理规划要结合该项目的具体实际情况。

(4) 建设监理规划的作用应为监理单位的经营目标服务。

(5) 建设监理规划编制的依据包括政府有关部门的批文，国家和地方的法律、法规、规范、标准等。

(6) 建设监理规划编制应针对影响目标实现的多种风险进行，并考虑采取相应的措施。

2. 项目的组织结构及合同关系

(1) 在整个项目实施过程中，项目的组织结构如下图所示（"→"表示指令关系）。

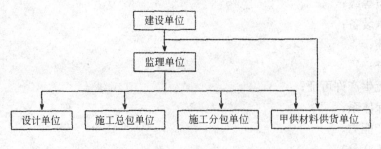

项目组织结构图

(2) 项目实施过程中，项目的合同结构关系如下图所示（"←→"表示合同关系）。

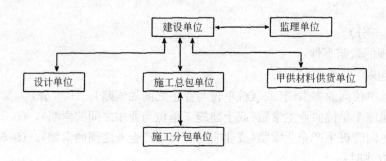

项目合同结构关系图

问题：

1. 判断下列提法是否恰当？为什么？

(1) 建设监理规划应在监理合同签订以后编制。

(2) 在项目的设计、施工等实施过程中，监理规划作为指导整个监理工作的文件，不能修改和调整。

(3) 建设监理规划应由项目总监理工程师主持编制，它是项目监理机构有序地开展监理工作的依据和基础。

(4) 建设监理规划中必须对三大控制目标进行分析论证，并提出保证措施。

2. 所提的监理规划的主要原则和依据中，你认为哪些不恰当？

3. 给出的项目组织结构及合同关系是否正确？如不正确，请绘出正确的结构。

参考答案：

1. 第(1)项是恰当的。因为，监理单位承担监理业务，应当与项目法人签订书面建设工程监理合同。建设工程监理规划编写的依据之一就是建设工程监理合同。

第(2)项不恰当。因为工程项目在运行过程中，内部和外部环境条件不可避免地要发生变化，所以需要对监理规划不断地进行补充、修改和完善。

第(3)项是恰当的。因为监理规划是指导项目监理机构全面开展监理工作的文件，其基本内容是计划、组织、控制和协调工作，所以是项目监理机构有序地开展监理工作的依据和基础。

第(4)项恰当。因为监理的中心工作是进行工程项目的目标控制。而控制的效果在很大程度上取决于目标规划和计划的质量和水平，所以要对三大目标进行分析论证，制定既可行又优化的目标。并且，为了取得目标控制的理想成果，应从多方面采取综合性措施以保证实现目标控制。

2. 在背景材料中所提监理规划主要原则和依据的第(4)条不恰当。

3. 项目组织结构不正确。正确的应为下图所示。

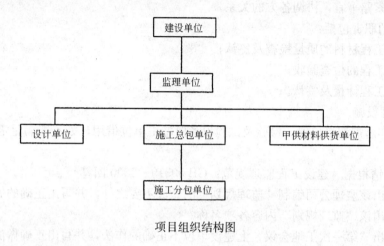

项目组织结构图

项目的合同结构是正确的。

【案例 5】

背景：

某建设工程项目，建设单位委托某监理公司负责施工阶段的监理工作。该公司副经理出任项目总监理工程师。

总监理工程师责成公司技术负责人组织经营、技术部门人员编制该项目监理规划。参编人员根据本公司已有的监理规划标准范本，将投标时的监理大纲做适当改动后编成该项目监理规划，该监理规划经公司经理审核签字后，报送给建设单位。

该监理规划包括以下 8 项内容：

①工程项目概况；②监理工作依据；③监理工作内容；④项目监理机构的组织形式；⑤项目监理机构人员配备计划；⑥监理工作方法及措施；⑦项目监理机构的人员岗位职责；⑧监理设施。

在第一次工地会议上，建设单位根据监理中标通知书及监理公司报送的监理规划，宣布了项目总监理工程师的任命及授权范围。项目总监理工程师根据监理规划介绍了监理工作内容、项目监理机构的人员岗位职责和监理设施等内容。其中：

(1) 监理工作内容

① 编制项目施工进度计划，报建设单位批准后下发施工单位执行；

② 检查现场质量情况并与规范标准对比，发现偏差时下达监理指令；

③ 协助施工单位编制施工组织设计；

④ 审查施工单位投标报价的组成，对工程项目造价目标进行风险分析；

⑤ 编制工程量计量规则，依此进行工程计量；

⑥ 组织工程竣工验收。

（2）项目监理机构的人员岗位职责

本项目监理机构设总监理工程师代表，其职责包括：

① 负责日常监理工作；

② 审批"监理实施细则"；

③ 调换不称职的监理人员；

④ 处理索赔事宜，协调各方的关系。

监理员的职责包括：

① 进场工程材料的质量检查及签认；

② 隐蔽工程的检查验收；

③ 现场工程计量及签认。

（3）监理设施

监理工作所需测量仪器、检验及试验设备向施工单位借用，如不能满足需要，指令施工单位提供。

问题：（请根据《建设工程监理规范》GB 50319—2000 回答）

1. 请指出该监理公司编制"监理规划"的做法不妥之处，并写出正确的做法。

2. 请指出该"监理规划"内容各项名称。

3. 请指出"第一次工地会议"上建设单位不正确的作法，并写出正确做法。

4. 在总监理工程师介绍的监理工作、内容、项目监理机构的人员岗位职责和监理的内容中，找出不正确的内容并改正。

答案及评分标准（20分）：

1. （1）监理规划由公司技术负责人组织经营、技术部门人员编制不妥（1.0分）；应由总监理工程师主持（0.5分），专业监理工程师参加编制（0.5分）；

（2）公司经理审核不妥（0.5分），应由公司技术负责人审核（或公司总工审核也可给分）（0.5分）；

（3）根据范本（监理大纲）修改不妥（0.5分），应具有针对性（或应根据工程特点、规模、合同等编制）（0.5分）。

2. 监理工作范围（0.5分），监理工作目标（0.5分），监理工作程序（0.5分），监理工作制度（0.5分）。

3. 建设单位根据监理中标通知书及监理公司报送的监理规划宣布项目总监理工程师及授权范围不正确（1.0分），对总监理工程师的授权应根据建设工程委托监理合同宣布（0.5分）。

4. （1）监理工作内容：

① 错误（0.5分），应改为：审查并批准（审核、审查）施工单位报送的施工进度计划（0.5分）；

③ 错误（0.5分），应改为：审查并批准（审核、审查）施工单位报送的施工组织设计（0.5分）；

④ 错误（0.5分），应改为：依据施工合同有关条款、施工图，对工程造价目标进行风险分析（0.5分）；

⑤ 错误（0.5分），应改为：按施工合同约定（国家规定）的工程量计量规则进行工程计

量(0.5分)；

⑥错误(0.5分)，应改为：参加工程竣工验收(或组织工程预验收)(0.5分)。

(2)人员岗位职责：

总监理工程师代表职责：

①错误(0.5分)，应改为：总监理工程师批准"监理实施细则"(或参加编写或参与批准"监理实施细则")(0.5分)；

②错误(0.5分)，应改为：总监理工程师调配不称职的监理人员'或向总监理工程师建议，或根据总监理工程师指示、决定调配不称职的监理人员)(0.5分)；

③错误(0.5分)，应改为：总监理工程师处理索赔事宜，协调各方的关系(或参加或协助总监理工程师索赔事宜，协调各方关系)(0.5分)。

监理员职责：

①错误(0.5分)，应改为：专业监理工程师负责进场工程材料质量检查及验收(或参加进场材料的现场质量检查)(0.5分)；

②错误(0.5分)，应改为：专业监理工程师负责隐蔽工程检查验收(或参加隐蔽工程的现场检查)(0.5分)；

③错误(0.5分)，应改为：专业监理工程师负责现场工程计量及签认(或参加现场工程量计量工作；或根据施工图及从现场获取的有关数据，签署原始计量凭证)(0.5分)。

(3)向施工单位借用和指令施工单位提供监理设施错误(0.5分)，应改为：项目监理机构应根据委托监理合同的约定，配备满足监理工作需要的常规检测设备和工具(1.0分)。

【案例6】

背景：

某监理公司中标承担某项目施工监理及设备采购监理工作。该项目由A设计单位设计总承包、B施工单位施工总承包，其中幕墙工程的设计和施工任务分包给具有相应设计和施工资质的C公司，土方工程分包给D公司，主要设备由业主采购。

该项目总监理工程师组建了直线职能制监理组织机构，并分析了参建各方的关系，画出如下示意图。

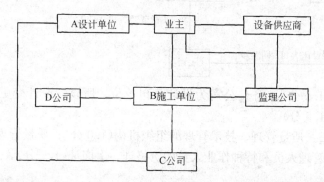

在工程的施工准备阶段，总监理工程师审查了施工总承包单位现场项目管理机构的质量管理体系和技术管理体系，并指令专业监理工程师审查施工分包单位的资格，分包单位为此报送了企业营业执照和资质等级证书两份资料。

问题：

1. 请画出直线职能制监理组织机构示意图，并说明在监理工作中这种组织形式容易出现的问题。

2. 在所示的工程建设各方关系示意图上，标注各方之间关系（凡属合同关系的，按《合同法》注明是何种合同关系）。

3. C公司能否在幕墙工程变更设计单上以设计单位的名义签认？为什么？

4. 总监理工程师对总承包单位质量管理体系和技术管理体系的审查应侧重什么内容？

5. 专业监理工程师对分包单位进行资格审查时，分包单位还应提供什么资料？

答案及评分标准（20分）：

1. (1)直线职能制监理组织机构示意图如下：

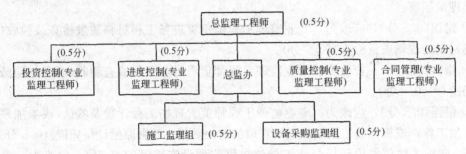

(2)易出现的问题：职能部门与指挥部门易产生矛盾（1.0分），信息传递路线长，不利于互通情报（1.0分）。

2.

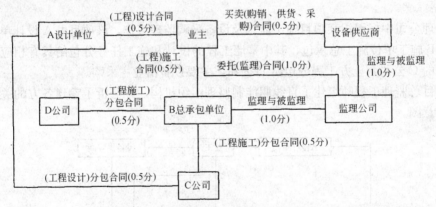

3. 不能签认（1.0分）；因C公司为设计分包单位，所以，设计变更应通过设计总承包。单位A办理（1.5分）。

4. 应侧重审查：质量管理、技术管理的组织机构（1.0分）；质量管理、技术管理的制度（1.0分）；专职管理人员和特种作业人员的资格证、上岗证（1.0分）。

5. 还应提供：

分包单位业绩（1.5分）；

拟分包工程内容和范围（0.5分）；

专职管理人员和特种作业人员的资格证、上岗证（1.0分）。

【案例7】

背景：

某工业项目，建设单位委托了一家监理单位协助组织工程招标并负责施工监理工作。总监理工程师在主持编制监理规划时，安排了一位专业监理工程师负责项目风险分析和相应监理规划内容的编写工作。经过风险识别、评价，按风险量的大小将该项目中的风险归纳为大、中、小三类。根据该建设项目的具体情况，监理工程师对建设单位的风险事件提出了正确的风险对策，相应制定了风险控制措施(见下表)。

风险对策及控制措施表

序号	风险事件	风险对策	控制措施
1	通货膨胀	风险转移	建设单位与承包单位签订固定总价合同
2	承包单位技术、管理水平低	风险回避	出现问题向承包单位索赔
3	承包单位违约	风险转移	要求承包单位提供第三方担保或提供履约保函
4	建设单位购买的昂贵设备运输过程中的意外事故	风险转移	从现金净收入中支出
5	第三方责任	风险自留	建立非基金储备

通过招标，建设单位与土建承包单位和设备安装单位签订了合同。

设备安装时，监理工程师发现土建承包单位施工的某一设备基础预埋的地脚螺栓位置与设备基座相应的尺寸不符，设备安装单位无法将设备安装到位，造成设备安装单位工期延误和费用损失。经查，土建承包单位是按设计单位提供的设备基础图施工的，而建设单位采购的是该设备的改型产品，基座尺寸与原设计图纸不符。对此，建设单位决定作设计变更，按进场设备的实际尺寸重新预埋地脚螺栓，仍由原土建承包单位负责实施。

土建承包单位和设备安装单位均依据合同条款的规定，提出了索赔要求。

问题：

1. 针对监理工程师提出的风险转移、风险回避和风险自留三种风险对策，指出各自的适用对象(指风险量大小)。分析监理工程师在上表中提出的各项风险控制措施是否正确？说明理由。

2. 针对建设单位提出的设计变更，说明实施设计变更过程的工作程序。

3. 按《建设工程监理规范》的规定，写出土建承包单位和设备安装单位提出索赔要求和总监理工程师处理索赔过程应使用的相关表式。

答案：

1. 风险转移适用于风险量大或中等的风险事件。

风险回避适用于风险量大的风险事件。

风险自留适用于风险量小的风险事件。

(1)正确。固定总价合同对建设单位没有风险。

(2)不正确。应选择技术管理水平高的承包单位。

(3)正确。第三方担保或承包单位提供履约保函可转移风险。

（4）不正确。从现金净收入中支出属风险自留（或答"应购买保险"）。

（5）正确。出现风险损失，从非基金储备中支付，有应对措施。

2.（1）建设单位向设计单位提出设计变更要求。

（2）设计单位负责完成设计变更图纸，签发设计变更文件。

（3）总监理工程师审核设计变更图纸，对设计变更的费用和工期作出评估，协助建设单位和承包单位进行协商，并达成一致。

（4）各方签认设计变更单，承包单位实施设计变更。

（5）监督承包单位实施设计变更。

3. 土建承包单位和设备安装单位提出索赔要求的表式："费用索赔申请表"，"工程临时延期申请表"。

总监理工程师处理索赔要求的表式："费用索赔审批表"，"工程临时延期审批表"，"工程最终延期审批表"。

【案例8】

背景：

监理单位承担了某工程的施工阶段监理任务，该工程由甲施工单位总承包。甲施工单位选择了经建设单位同意并经监理单位进行资质审查合格的乙施工单位作为分包。施工过程中发生了以下事件：

事件1：专业监理工程师在熟悉图纸时发现，基础工程部分设计内容不符合国家有关工程质量标准和规范。总监理工程师随即致函设计单位要求改正并提出更改建议方案。设计单位研究后，口头同意了总监理工程师的更改方案，总监理工程师随即将更改的内容写成监理指令通知甲施工单位执行。

问题1：请指出总监理工程师上述行为的不妥之处并说明理由。总监理工程师应如何正确处理？

事件2：施工过程中，专业监理工程师发现乙施工单位施工的分包工程部分存在质量隐患，为此，总监理工程师同时向甲、乙两施工单位发出了整改通知。甲施工单位回函称：乙施工单位施工的工程是经建设单位同意进行分包的，所以本单位不承担该部分工程的质量责任。

问题2：甲施工单位的答复是否妥当？为什么？总监理工程师签发的整改通知是否妥当？为什么？

事件3：专业监理工程师在巡视时发现，甲施工单位在施工中使用未经报验的建筑材料，若继续施工，该部位将被隐蔽。因此，立即向甲施工单位下达了暂停施工的指令（因甲施工单位的工作对乙施工单位有影响，乙施工单位也被迫停工）。同时，指示甲施工单位将该材料进行检验，并报告了总监理工程师。总监理工程师对该工序停工予以确认，并在合同约定的时间内报告了建设单位。检验报告出来后，证实材料合格，可以使用，总监理工程师随即指令施工单位恢复了正常施工。

问题3：专业监理工程师是否有权签发本次暂停令？为什么？下达工程暂停令的程序有无不妥之处？请说明理由。

事件4：乙施工单位就上述停工自身遭受的损失向甲施工单位提出补偿要求，而甲施工单位称：此次停工系执行监理工程师的指令，乙施工单位应向建设单位提出索赔。

问题 4：甲施工单位的说法是否正确？为什么？乙施工单位的损失应由谁承担？

事件 5：对上述施工单位的索赔建设单位称：本次停工系监理工程师失职造成，且事先未征得建设单位同意。因此，建设单位不承担任何责任，由于停工造成施工单位的损失应由监理单位承担。

问题 5：建设单位的说法是否正确？为什么？

答案：

1. 不应直接致函设计单位。

理由：无权进行设计变更。

正确处理：发现问题应向建设单位报告，由建设单位向设计单位提出变更要求。

2.（1）不妥。

理由：分包单位的任何违约行为导致工程损害或给建设单位造成的损失，总承包单位承担连带责任。

（2）不妥。

理由：整改通知单应签发给甲施工单位，因乙施工单位和建设单位没有合同关系。

3.（1）无权签发《工程暂停令》。

理由：因这是总监理工程师的权力。

（2）程序有不妥之处。

理由：专业监理工程师应报告总监理工程师，由总监理工程师签发工程暂停令。

4. 不正确。

理由：乙施工单位与建设单位没有合同关系（或答"甲、乙施工单位有合同关系"），乙施工单位的损失应由甲施工单位承担。

5. 不正确。

理由：因监理工程师是在合同授权内履行职责，施工单位所受的损失不应由监理单位承担。

【案例 9】

背景：

某实施监理的工程项目，监理工程师对施工单位报送的施工组织设计审核时发现两个问题：一是施工单位为方便施工，将设备管道竖井的位置作了移位处理；二是工程的有关试验主要安排在施工单位试验室进行。总监理工程师分析后认为，管道竖井移位方案不会影响工程使用功能和结构安全，因此，签认了该施工组织设计报审表并送达建设单位；同时指示专业监理工程师对施工单位试验室资质等级及其试验范围等进行考核。

项目监理过程中有如下事件：

事件 1：在建设单位主持召开的第一次工地会议上，建设单位介绍工程开工准备工作基本完成，施工许可证正在办理，要求会后就组织开工。总监理工程师认为施工许可证未办理好之前，不宜开工。对此，建设单位代表很不满意，会后建设单位起草了会议纪要，纪要中明确边施工边办理施工许可证，并将此会议纪要送发监理单位、施工单位，要求遵照执行。

事件 2：设备安装施工，要求安装人员有安装资格证书。专业监理工程师检查时发现施工单位安装人员与资格报审名单中的人员不完全相符，其中五名安装人员无安装资格证书，他们已参加并完成了该工程的一项设备安装工作。

事件3：设备调试时，总监理工程师发现施工单位未按技术规程要求进行调试，存在较大的质量和安全隐患，立即签发了工程暂停令，并要求施工单位整改。施工单位用了2天时间整改后被指令复工。对此次停工，施工单位向总监理工程师提交了费用索赔和工程延期的申请，强调设备调试为关键工作，停工2天导致窝工，建设单位应给予工期顺延和费用补偿，理由是虽然施工单位未按技术规程调试但并未出现质量和安全事故，停工2天是监理单位要求的。

问题：

1. 总监理工程师应如何组织审批施工组织设计？总监理工程师对施工单位报送的施工组织设计内容的审批处理是否妥当？说明理由。

2. 专业监理工程师对施工单位试验室除考核资质等级及其试验范围外，还应考核哪些内容？

3. 事件1中建设单位在第一次工地会议的作法有哪些不妥？写出正确的作法。

4. 监理单位应如何处理事件2？

5. 在事件3中，总监理工程师的作法是否妥当？施工单位的费用索赔和工程延期要求是否应该被批准？说明理由。

答案：

1. 总监理工程师应在约定的时间内，组织专业监理工程师审查，提出意见后，由总监理工程师审核签认。需要承包单位修改时，由总监理工程师签发书面意见，退回承包单位修改后再报审，总监理工程师重新审查。

对于施工组织设计内容的审批上，第一个问题的处理是不正确的，因总监理工程师无权改变设计。第二个问题的处理妥当，属于施工组织设计审查应处理的问题。

2. 专业监理工程师还应从以下4个方面对承包单位的试验室进行考核：

(1) 法定计量部门对试验设备出具的计量鉴定证明；

(2) 试验室的管理制度；

(3) 试验人员的资格证书；

(4) 本工程的试验项目及其要求。

3. 建设单位要求边施工边办施工许可证的做法不妥。正确的做法是建设单位应在自领取施工许可证起3个月内开工。

此外，建设单位起草会议纪要不妥，第一次工地会议纪要应由监理机构负责起草，并经与会各方代表会签。

4. 监理单位应要求施工单位将无安装资格证书的人员清除出场，并请有资格的检测单位对已完工的部分进行检查。

5. 监理工程师的做法是正确的。施工单位的费用索赔和工程延期要求不应该被批准，因为暂停施工的原因是施工单位未按技术规程要求操作，属施工单位的原因。

【案例10】

背景：

某工程，施工总承包单位依据施工合同约定，与甲安装单位签订了安装分包合同。基础工程完成后：由于项目用途发生变化，建设单位要求设计单位编制设计变更文件，并授权项目监理机构就设计变更引起的有关问题与总承包单位进行协商。项目监理机构在收到经相关部门重新审查批准的设计变更文件后，经研究对其今后工作安排如下：

（1）由总监理工程师负责与总承包单位进行质量、费用和工期等问题的协商工作；

（2）要求总承包单位调整施工组织设计，并报建设单位同意后实施；

（3）由总监理工程师代表主持修订监理规划；

（4）由负责合同管理的专业监理工程师全权处理合同争议；

（5）安排一名监理员主持整理工程监理资料。

在协商变更单价过程中，项目监理机构未能与总承包单位达成一致意见，总监理工程师决定以双方提出的变更单价的均值作为最终的结算单价。

项目监理机构认为甲安装分包单位不能胜任变更后的安装工程，要求更换安装分包单位。总承包单位认为项目监理机构无权提出该要求，但仍表示愿意接受，随即提出由乙安装单位分包。

甲安装单位依据原定的安装分包合同已采购的材料，因设计变更需要退货，向项目监理机构提出了申请，要求补偿因材料退货造成的费用损失。

问题：

1. 逐项指出项目监理机构对其今后工作的安排是否妥当，不妥之处，写出正确做法。

2. 指出在协商变更单价过程中项目监理机构做法的不妥之处，并按《建设工程监理规范》写出正确做法。

3. 总承包单位认为项目监理机构无权提出更换甲安装分包单位的意见是否正确？为什么？写出项目监理机构对乙安装单位分包资格的审批程序。

4. 指出甲安装单位要求补偿材料退货造成费用损失申请程序的不妥之处，写出正确做法。该费用损失应由谁承担？

答案及评分标准（20分）：

1. （1）妥当（0.5分）。

（2）不妥（0.5分）；

正确做法：调整后的施工组织设计应经项目监理机构（或总监理工程师）审核、签认（1分）。

（3）不妥（0.5分）；

正确做法：由总监理工程师主持修订监理规划（1分）。

（4）不妥（0.5分）；

正确做法：由总监理工程师负责处理合同争议（1分）。

（5）不妥（0.5分）；

正确做法：由总监理工程师主持整理工程监理资料（1分）。

2. 不妥之处：以双方提出的变更费用价格的均值作为最终的结算单价（1分）；

正确做法：项目监理机构（或总监理工程师）提出一个暂定价格，作为临时支付工程进度款的依据（1分）。变更费用价格在工程最终结算时以建设单位与总承包单位达成的协议为依据（2分）。

3. 不正确（0.5分）；

理由：依据有关规定，项目监理机构对工程分包单位有认可权（1分）。

程序：项目监理机构（或专业监理工程师）审查总承包单位报送的分包单位资格报审表（1分）和分包单位的有关资料（2分）；符合有关规定后，由总监理工程师予以签认（1.5分）。

4. 不妥之处：由甲安装分包单位向项目监理机构提出申请（0.5分）；

正确做法：甲安装分包单位向总承包单位提出（1分），再由总承包单位向项目监理机构提出（1分）。

费用损失由建设单位承担（1分）。

【案例11】

背景：

某工程，建设单位将土建工程、安装工程分别发包给甲、乙两家施工单位。在合同履行过程中发生了如下事件：

事件1：项目监理机构在审查土建工程施工组织设计时，认为脚手架工程危险性较大，要求甲施工单位编制脚手架工程专项施工方案。甲施工单位项目经理部编制了专项施工方案，凭以往经验进行了安全估算，认为方案可行，并安排质量检查员兼任施工现场安全员工作，遂将方案报送总监理工程师签认。

事件2：开工前，专业监理工程师复核甲施工单位报验的测量成果时，发现对测量控制点的保护措施不当，造成建立的施工测量控制网失效，随即向甲施工单位发出了《监理工程师通知单》。

事件3：专业监理工程师在检查甲施工单位投入的施工机械设备时，发现数量偏少，即向甲施工单位发出了《监理工程师通知单》要求整改；在巡视时发现乙施工单位已安装的管道存在严重质量隐患，即向乙施工单位签发了《工程暂停令》，要求对该分部工程停工整改。

事件4：甲施工单位施工时不慎将乙施工单位正在安装的一台设备损坏，甲施工单位向乙施工单位作出了赔偿。因修复损坏的设备导致工期延误，乙施工单位向项目监理机构提出延长工期申请。

问题：

1. 指出事件1中脚手架工程专项施工方案编制和报审过程中的不妥之处，写出正确做法。

2. 事件2中专业监理工程师的做法是否妥当？《监理工程师通知单》中对甲施工单位的要求应包括哪些内容？

3. 分别指出事件3中专业监理工程师做法是否妥当。不妥之处，说明理由并写出正确做法。

4. 在施工单位申请工程复工后，监理单位应该进行哪些方面的工作？

5. 乙施工单位向项目监理机构提出延长工期申请是否正确？说明理由。

答案及评分标准（20分）：

1. （1）不妥之处：凭以往经验进行安全估算（0.5分）；

正确做法：应进行安全验算（1分）。

（2）不妥之处：质量检查员兼任施工现场安全员工作（0.5分）；

正确做法：应配备专职安全生产管理人员（1分）。

（3）不妥之处：遂将专项施工方案报送总监理工程师签认(0.5分)；

正确做法：专项施工方案应先经甲施工单位技术负责人签认(1分)。

2. （1）妥当(0.5分)；

（2）主要内容：重新建立施工测量控制网(1分)；改进保护措施(1分)。

3. （1）发出《监理工程师通知单》妥当(1分)。

（2）不妥之处：签发《工程暂停令》(0.5分)；

理由：无权签发《工程暂停令》（或只有总监理工程师才有权签发《工程暂停令》)(1分)；

正确做法：专业监理工程师向总监理工程师报告(1分)，总监理工程师在征得建设单位同意后(1分)发出《工程暂停令》(1分)。

4. 项目监理机构应重新进行复查验收(1分)，符合规定要求后(1分)，并征得建设单位同意(1分)，总监理工程师应及时签署《工程复工报审表》(1分)；不符合规定要求，责令乙施工单位继续整改(1分)。

5. 正确(0.5分)；

理由：

（1）乙施工单位与建设单位有合同关系(1分)；

（2）甲施工单位与建设单位有合同关系，建设单位应承担连带责任(1分)。

【案例12】

背景：

某工程，建没单位委托监理单位承担施工阶段和工程质量保修期的监理工作，建设单位与施工单位按《建设工程施工合同(示范文本)》签订了施工合同。基坑支护施工中，项目监理机构发现施工单位采用了一项新技术，未按已批准的施工技术方案施工。项目监理机构认为本工程使用该项新技术存在安全隐患，总监理工程师下达了工程暂停令，同时报告了建设单位。

施工单位认为该项新技术通过了有关部门的鉴定，不会发生安全问题，仍继续施工。于是项目监理机构报告了建设行政主管部门。施工单位在建设行政主管部门干预下才暂停了施工。

施工单位复工后，就此事引起的损失向项目监理机构提出索赔。建设单位也认为项目监理机构"小题大做"，致使工程延期，要求监理单位对此事承担相应责任。

该工程施工完成后，施工单位按竣工验收有关规定，向建设单位提交了竣工验收报告。建设单位未及时验收，到施工单位提交竣工验收报告后第45天时发生台风，致使工程已安装的门窗玻璃部分损坏。建设单位要求施工单位对损坏的门窗玻璃进行无偿修复，施工单位不同意无偿修复。

问题：

1. 在施工阶段施工单位的哪些做法不妥？说明理由。

2. 建设单位的哪些做法不妥？

3. 对施工单位采用新的基坑支护施工方案，项目监理机构还应做哪些工作？

4. 施工单位不同意无偿修复是否正确？为什么？工程修复时监理工程师的主要工作内容有哪些？

答案及评分标准(20分)：

1.（1）不妥之处：未按已批准的施工技术方案施工(0.5分)；

理由：应执行已批准的施工技术方案(1分)；

若采用新技术时，相应的施工技术方案应经项目监理机构审批(1分)。

（2）不妥之处：总监理工程师下达工程暂停令后施工单位仍继续施工(0.5分)；

理由：施工单位应当执行总监理工程师下达的工程暂停令(1分)。

2.（1）要求监理单位对工程延期承担相应的责任(1分)；

（2）不及时组织竣工验收(1分)；

（3）要求施工单位对门窗玻璃进行无偿修复(1分)。

3.（1）要求施工单位报送采用新技术的基坑支护施工方案(1.5分)；

（2）审查施工单位报送的施工方案(1.5分)；

（3）若施工方案可行，总监理工程师签认(1分)；

若施工方案不可行，要求施工单位仍按原批准的施工方案执行(1分)。

4.（1）正确(0.5分)；

因为建设单位收到竣工验收报告后未及时组织工程验收(1分)；

应当承担工程保管责任(1.5分)。

（2）a. 进行监督检查(1分)，验收合格后予以签认(1.5分)；

b. 核实工程费用和签署工程款支付证书(1.5分)，并报建设单位(1分)。

第二部分 建设工程合同管理

第一章　建设工程合同和监理合同

第一节　合同的基本知识

一、合同管理的任务

1. 工程合同管理的根本任务：控制工程质量、进度和投资。

2. 业主和监理单位签订的建设委托监理合同是监理工程师对合同管理的依据之一：

监理单位在建设形成各阶段中的地位是独立于业主和承包人的第三方，监理单位和承包人之间没有合同关系，监理工程师要取得对承包人的监督和管理权，首先要取得业主的授权和委托。建设监理工程师才能以委托监理合同为依据，进一步制定监理规划和监理实施细则，组织监理机构，与承包人就监理内容、方式和方法进行协商和沟通。

3. 合同是建设监理工程师进行合同管理的对象：

(1) 在合同正式签约前，可能的话，协助业主选择好承包人；

(2) 在合同签订过程中协助业主编制合同文件及相关附件，使合同文件符合有关法律、法规要求，确保合同内容完整、公平合理和有效；

(3) 在合同履行过程中按业主委托授权对合同管理的方法进行详细研究，确保合同履行过程中的有关信息畅通、及时地传达到各相关方，努力做到按合同条款要求处理合同履行中的各种事宜，详细记录不符合合同条款的相关事宜，处理好违约和索赔以及争议处理等有关事宜；

(4) 在合同履行完毕时，做好建设合同的结算和清理事宜，最终实现合同各方的预期合同目的。

二、建设委托监理合同法律关系

1. 委托监理合同关系

委托监理合同关系，是指委托监理合同当事人——业主(委托人、采购人)和监理单位(监理人)之间，依据法律和委托监理合同以及相关合同，委托实施监理服务，履行职责，行使权力和依法承担责任的权利义务关系。

委托监理合同的当事人是委托人和监理人。监理人依据法律和委托人的授权对被监理人——承包人、供应人履行职责，行使权力，依法承担监理责任。

监理人与被监理人之间不得存在任何经济利益关系。当发包人、采购人与承包人、建设供应人发生纠纷，进入仲裁或诉讼程序时，监理人是居于证人的法律地位。

此外，应当明确的是：当发包人、采购人在招标过程中，委托监理单位代理招标时，发包人、采购人与监理单位之间因签订代理合同而产生代理法律关系。

2. 代理

代理是指代理人以被代理人的名义在代理权限内，向第三人作出意思表示，所产生的权利和义务直接由被代理人享有和承担的法律行为。

（1）代理的法律特征

1）代理是代理人代替被代理人为民事法律行为；

2）代理行为是代理人以被代理人的名义实施的；

3）代理人在代理权限内独立地为意思表示；

4）代理人的代理行为所产生的法律后果直接归属被代理人。

（2）委托代理

1）委托代理，是指按照被代理人的委托而产生代理权的一种代理。被代理人向代理人授予代理权的意思表示，称为授权行为。授权行为通常是采取委托的形式，因此，这种代理称为委托代理。

2）无权代理，是指行为人没有代理权、超越代理权限或者代理权终止后而进行的"代理"活动。

3. 担保的概念

担保合同具有从属性和自愿性。被担保的合同为主合同，担保合同为从合同。担保方式为保证、抵押、质押、留置和定金。

（1）保证。是指保证人和债权人约定，当债务人不履行债务时，保证人按照约定履行债务或者承担责任的行为。《担保法》对以下单位的保证人资格进行了限制：

① 国家机关不得为保证人，但经国务院批准为使用外国政府或者国际经济组织贷款进行转贷的除外。

② 学校、幼儿园、医院等以公益为目的的事业单位、社会团体不得为保证人。

③ 企业法人的分支机构、职能部门不得为保证人。企业法人的分支机构有法人的书面授权的，可以在授权范围内提供保证。

《担保法》规定了两种保证方式，即一般保证和连带责任保证。

A. 一般保证：

是指当事人在保证合同中约定，债务人不能履行债务时，由保证人承担保证责任的保证。

在一般保证中，保证人依法享有先诉抗辩权，即保证人在主合同纠纷未经审判或者仲裁，并就债务人财产强制执行仍不能履行债务前，对债权人可以拒绝承担责任。

B. 连带责任保证：

在连带责任保证中，保证人没有先诉抗辩权，即债务人在主合同规定的债务履行期限届满没有履行债务的，债权人可以要求债务人履行债务，也可以要求保证人在其保证范围内承担保证责任。

当事人对保证方式没有约定或者约定不明确的，保证人按照连带责任保证方式承担保证责任。

（2）留置，是指债权人按照合同约定占有债务人在合同中的动产，债务人不按照合同约定的期限履行其债务的，债权人有权依照法律规定留置该财产，以该财产折价或者以拍卖、变卖该财产的价款优先受偿的担保。

（3）定金的概念：

定金，是指当事人为了担保债权，在法律规定的范围内，约定一方向对方预先给付一定数额的金钱。债务人履行债务后，定金应当抵作价款或者收回。给付定金的一方不履行约定的债务的，无权要求返还定金。收受定金的一方不履行约定的债务的，应当双倍返还定金。

定金应当以书面形式约定。当事人在定金合同中应当约定交付定金期限。定金合同从实际交付定金之日起生效。交付定金时，主合同也即生效。

定金数额由当事人约定，但不得超过主合同标的额的 20%。

三、合同法律制度

1. 合同的形式

《合同法》规定："当事人订立合同，有书面形式、口头形式和其他形式。"

建设工程相关的合同均要求是书面合同。

订立书面合同时，经签字或盖章后，方可产生法律效力。

《合同法》规定："书面形式是指合同书、信件和数据电文（包括电报、电传、传真、电子数据交换和电子邮件）等可以有形地表现所载内容的形式。"

2. 要约、承诺

《合同法》规定："当事人订立合同，采用要约、承诺方式。"

要约与承诺，是当事人订立合同必经的程序，也即当事人双方就合同条款经过协商一致的过程。在法律程序上，把订立合同的全过程划分为要约与承诺两个阶段。要约与承诺属于法律行为，当事人双方一旦作出相应的意思表示，就要受到法律的约束，否则必须承担法律责任。

要约到达受要约人时生效。要约是一种法律行为。它表现在要约规定的有效期限内，要约人要受到要约的约束。受要约人若按时和完全接受要约条款时，要约人负有与受要约人签订合同的义务。否则，要约人对由此造成受要约人的损失应承担法律责任。

要约邀请是希望他人向自己发出要约的意思表示。寄送的价目表、拍卖公告、招标公告、招股说明书、商业广告等为要约邀请。

要约邀请，是当事人订立合同的预备行为。

要约邀请是当事人订立合同的预备行为。因此，要约邀请人无须对自己的行为承担法律责任。这是要约邀请与要约的关键区别点。但是：商业广告的内容符合要约规定的，视为要约。

承诺，是指合同当事人一方对另一方发来的要约，在要约有效期限内，作出完全同意要约条款的意思表示。

《合同法》规定："承诺到达要约人时生效"，"承诺生效时合同成立。"

3. 合同履行的原则

当事人应当按照约定全面履行自己的义务。

当事人应当遵循诚实信用原则，根据合同的性质、目的和交易习惯履行通知、协助、保密等义务。

（1）合同内容不明确，又不能达成补充协议时的适用规定

1）质量要求不明确的，按照国家标准、行业标准履行；没有国家标准、行业标准的，按照通常标准或者符合合同目的的特定标准履行。

2）价款或者报酬不明确的，按照订立合同时履行地市场价格履行；依法应当执行政

府定价或者政府指导价的，按照规定履行。

3）履行地点不明确，给付货币的，在接受货币一方所在地履行；交付不动产的，在不动产所在地履行；其他标的，在履行义务一方所在地履行。

4）履行期限不明确的，债务人可以随时履行，债权人也可以随时要求履行，但应当给对方必要的准备时间。

5）履行方式不明确的，按照有利于实现合同目的的方式履行。

6）履行费用的负担不明确的，由履行义务一方负担。

（2）合同中规定执行政府指导价的法律规定

《合同法》规定："执行政府定价或者政府指导价的，在合同约定的交付期限内政府价格调整时，按照交付时的价格计价。

逾期交付标的物的，遇价格上涨时，按照原价格执行；价格下降时，按照新价格执行。

逾期提取标的物或者逾期付款的，遇价格上涨时，按照新价格执行；价格下降时，按照原价格执行。

4. 合同的争议解决方式

合同的争议解决方式有四种：和解、调解、仲裁、诉讼。我国规定仲裁和诉讼只能二选一，一般不能仲裁后再提起诉讼。

第二节 监理合同当事人双方的权利、义务

一、委托合同的概念与特征

委托合同是委托人和受托人间的约定，由受托人处理委托人事务的合同。

委托合同的订立以当事人双方相互信任为基础，受托人既可以以委托人的名义处理事务，也可以以自己的名义处理事务。

受托人在处理委托事务中的法律关系、法律后果指向的都是委托人，受托人只是受托处理事务而已。处理事务中所花费费用也完全由委托人承担，委托事务处理所得收益也完全归委托人所有。

以下的委托合同特征，内容等以理解为主，以便理解监理的许多做法来源。

（一）委托合同的主要内容

1. 受托人义务与责任

（1）受托人应按照委托内容处理受托事务。受托人要根据委托人的指示行事，不得违反、变更、曲解委托人的指示。

（2）受托人应亲自处理受托事务。除特殊情况经委托人同意外，受托人不得擅自将受托事务转交他人处理。

（3）受托人应报告受托事务处理情况。受托人向委托人报告受托事务处理情况，一般是一种默示义务，即使合同中没有约定，受托人也应履行该义务。

（4）受托人应向委托人移交财产。受托人依照合同处理委托事务所取得的各种财产，包括自然和法定的孳息，要及时移交给委托人。

（5）受托人未履行以上义务或合同规定的其他义务，要承担违约责任。致使委托人受到经济损失的，有偿委托合同受托人要承担赔偿责任；无偿委托合同受托人故意或重大过

失造成委托人损失的，要承担赔偿责任。

2. 委托人义务与责任

(1) 支付费用；

(2) 支付报酬；

(3) 及时接受委托事务结果；

(4) 赔偿受托人损失。

（二）委托合同当事人与第三人的关系

委托合同的当事人是委托人和受托人，但委托合同履行中往往涉及第三人，《合同法》对委托合同当事人与第三人的关系作了明确的规定。

受托人以自己名义，在委托范围内与第三人订立合同，第三人同时知道受托人与委托人的代理关系的，该合同直接约束委托人和第三人。

受托人以自己名义与第三人订立合同时，第三人不知道受托人与委托人之间代理关系的，受托人因第三人原因对委托人不履行义务，受托人应向委托人披露第三人，委托人可以行使受托人对第三人的权利。

受托人因委托人的原因对第三人不履行义务，受托人应向第三人披露委托人，第三人可以选择受托人或委托人作为相对人主张其权利。

委托人行使受托人对第三人权利的，第三人可以向委托人主张其对受托人抗辩。第三人选定委托人作为其相对人的，委托人可以向第三人主张其对受托人的抗辩以及受托人对第三人的抗辩。

建设工程委托监理合同简称监理合同，是指委托人与监理人就委托的工程项目管理内容签订的明确双方权利、义务的协议。

监理合同是委托合同的一种，除具有委托合同的共同特点外，还具有以下特点：主体资格、内容合法、标的是服务。

建设工程实施阶段所签订的其他合同，如施工承包合同的标的物是产生新的物质成果或信息成果，而监理合同的标的是服务，即监理工程师凭据自己的知识、经验、技能受业主委托为其所签订其他合同的履行实施监督和管理。

二、建设工程委托监理合同示范文本

《建设工程委托监理合同示范文本》由"合同"、"标准条件"、"专用条件"三部分组成。

（一）工程建设委托监理合同

"合同"是一个总的协议，是纲领性的法律文件。对委托人和监理人有约束力的合同，除双方签署的"合同"协议外，还包括以下文件：

(1) 监理委托函或中标函；

(2) 建设工程委托监理合同标准条件；

(3) 建设工程委托监理合同专用条件；

(4) 在实施过程中双方共同签署的补充与修正文件。

（二）建设工程委托监理合同标准条件

内容有合同中所用词语定义，适用范围和法规，签约双方的责任，权利和义务，合同生效变更与终止，监理报酬，争议的解决等。它是委托监理合同的通用文件，适用于各类建设工程项目监理。各个委托人、监理人都应遵守。

（三）建设工程委托监理合同的专用条件

标准条件类似于施工合同示范文本的通用条款，适用于各种行业和专业项目的建设工程监理，专用条件类似于施工合同示范文本的专用条款，需要在签订时，结合工程特点，对标准条件中的某些条款进行补充、修正。

由此可见，专用条件的效力要比标准条件高。当然，在实施阶段双另行协商的协议也可以修改专用条件。

第三节　监理合同的订立和内容

一、委托的监理业务

1. 委托工作的范围

委托人委托监理业务的范围可以非常广泛。从工程建设各阶段来说，可以包括项目四阶段(决策阶段、设计阶段、施工阶段、保修阶段)的全部监理工作或某一阶段的监理工作。

施工阶段监理可包括：

（1）协助委托人选择承包人，组织设计、施工、设备采购等招标。

（2）技术监督和检查：检查工程设计，材料和设备质量；对操作或施工质量的监理和检查等。

（3）施工管理：三控。通常施工监理合同中"监理工作范围"条款，一般应与工程项目总概算、单位工程概算所涵盖的工程范围相一致，或与工程总承包合同、单项工程承包所涵盖的范围相一致。

2. 对监理工作的要求

在监理合同中明确约定的监理人执行监理工作的要求，应当符合《建设工程监理规范》的规定。

二、监理合同的履行期限、地点和方式

1. 订立监理合同时约定的履行期限、地点和方式是指合同中规定的当事人履行自己的义务完成工作的时间、地点以及结算酬金。

合同中注明的监理工作开始实施和完成日期是根据工程情况估算的时间，合同约定的监理酬金是根据这个时间估算的。如果委托人根据实际需要增加委托工作范围或内容，导致需要延长合同期限，双方可以通过协商，另行签订补充协议。

2. 监理酬金支付方式也必须明确。

首期支付多少，是每月等额支付还是根据工程形象进度支付，支付货币的币种等。

三、双方的权利

（一）委托人权利

1. 授予监理人权限的权利

在监理合同内除需明确委托的监理任务外，还应规定监理人的权限。监理合同内授予监理人的权限，在执行过程中可通过双方书面附加协议予以扩大或减小。

2. 对其他合同承包人的选定权

（1）委托人是建设资金的持有者和建筑产品的所有人，因此对设计合同、施工合同、

加工制造合同等的承包单位有选定权和订立合同的签字权。

（2）监理人在选定其他合同承包人的过程中仅有建议权而无决定权。监理人协助委托人选择承包人的工作可能包括：邀请招标时提供有资格和能力的承包人名录；帮助起草招标文件；组织现场考察；参与评标，以及接受委托代理招标等。

但标准条件中规定，监理人对设计和施工等总包单位所选定的分包单位，拥有批准权或否决权。

3. 委托监理工程重大事项的决定权

委托人有对工程规模、规划设计、生产工艺设计、设计标准和使用功能等要求的认定权；工程设计变更审批权。

4. 对监理人履行合同的监督控制权

（1）对监理合同转让和分包的监督

监理人所选择的监理工作分包单位必须事先征得委托人的认可。在没有取得委托人的书面同意前，监理人不得开始实行、更改或终止全部或部分服务的任何分包合同。

（2）对监理人员的控制监督

合同专用条款或监理人的投标书内，应明确总监理工程师人选，监理机构派驻人员计划。

合同开始履行时，监理人应向委托人报送委派的总监理工程师及其监理机构主要成员名单，以保证完成监理合同专用条件中约定的监理工作范围内的任务。

当监理人调换总监理工程师时，须经委托人同意。注意：必须书面通知。

（3）对合同履行的监督权

监理人有义务按期提交月、季、年度的监理报告，委托人也可以随时要求其对重大问题提交专项报告，这些内容应在专用条款中明确约定。

委托人按照合同约定检查监理工作的执行情况，如果发现监理人员不按监理合同履行职责或与承包方串通，给委托人或工程造成损失，有权要求监理人更换监理人员，直至终止合同，并承担相应赔偿责任。

（二）监理人权利（两项）

1. 委托监理合同中赋予监理人的权利

（1）完成监理任务后获得酬金的权利

酬金包括：正常酬金、工作或额外工作酬金以及适当的物质奖励。

正常酬金的支付程序和金额，以及附加与额外工作酬金的计算办法以及奖励办法应在专用条款内写明。

（2）终止合同的权利

如果由于委托人违约严重拖欠应付监理人的酬金，或由于非监理人责任而使监理暂停的期限超过半年以上，监理人可按照终止合同规定程序，单方面提出终止合同，以保护自己的合法权益。

2. 监理人执行监理业务可以行使的权力

（1）建设工程有关事项和工程设计计的建议权（非审批权）。

（2）对实施项目的质量、工期和费用的监督控制权。

（3）工程建设有关协作单位组织协调的主持权。

（4）在业务紧急情况下，为了工程和人身安全，尽管变更指令已超越了委托人授权而又不能事先得到批准时，也有权发布变更指令，但应尽快通知委托人。

审核承包人索赔的权利。

四、监理合同的履行

（一）监理人应完成的监理工作

监理工作包括正常工作、附加工作和额外工作。

1. 附加工作

"附加工作"是指与完成正常工作相关，在委托正常监理工作范围以外监理人应完成的工作。可能包括：

（1）由于委托人、第三方原因，使监理工作受到阻碍或延误，以致增加了工作量或延续时间；

（2）增加监理工作的范围和内容等。

如由于委托人或承包人的原因，承包合同不能按期竣工而必须延长的监理工作时间。

又如委托人要求监理人就施工中采用新工艺施工部分编制质量检测合格标准等都属于附加监理工作。

2. 额外工作

"额外工作"是指正常工作和附加工作以外的工作，即非监理人自己的原因而暂停或终止监理业务，其善后工作及恢复监理业务前不超过42天的准备工作时间。

如合同履行过程中发生不可抗力，承包人的施工被迫中断，监理工程师应完成的确认灾害发生前承包人已完成工程的合格和不合格部分、指示承包人采取应急措施等，以及灾害消失后恢复施工前必要的监理准备工作。

（二）合同有效期

双方签订《建设工程委托监理合同》中注明"本合同自×年×月×日开始实施，至×年×月×日完成"，但此期限仅指完成正常监理工作预定的时间，并不就一定是监理合同的有效期。监理合同的有效期即监理人的责任期，不是用约定的日历天数为准，而是以监理人是否完成了包括附加和额外工作的义务来判定。

开始：双方签订合同之日起；

终止：监理人向委托人办理完竣工验收或工程移交手续，承包人和委托人已签订工程保修责任书，监理收到监理报酬尾款之日止。

如果保修期间仍需监理人执行相应的监理工作，双方应在专用条款中另行约定。

五、双方的义务

（一）委托人义务

1. 委托人应负责建设工程的所有外部关系的协调工作，满足开展监理工作所需提供的外部条件。

2. 与监理人做好协调工作。委托人要授权一位熟悉建设工程情况，能迅速做出决定的常驻代表，负责与监理人联系。更换此人要提前书面通知监理人。

3. 为了不耽搁服务，委托人应在合理的时间内就监理人以书面形式提交并要求做出决定的一切事宜做出书面决定。——及时作出书面决定的义务。

4. 委托人为监理人顺利履行合同义务，做好协助工作。协助工作包括以下几方面内容：

(1) 将授予监理人的监理权利，以及监理人监理机构主要成员的职能分工、监理权限及时书面通知已选定的第三方，并在第三方签订的合同中予以明确。

(2) 在双方议定的时间内，被监理人免费向监理人提供与工程有关的监理服务所需的工程资料。

(3) 为监理人驻工地监理机构开展正常工作提供协助服务。服务内容包括信息服务、物质服务和人员服务3个方面。

(二) 监理人义务

1. 监理人在履行合同的义务期间，应运用合理的技能认真勤奋地工作，公正地维护有关方面的合法权益。

当委托人发现监理人员不按监理合同履行监理职责，或与承包人串通给委托人或工程造成损失时，委托人有权要求监理人更换监理人员，直到终止合同并要求监理人承担相应的赔偿责任或连带赔偿责任。注意，这里不再是"不超过监理费"的概念了。

2. 合同履行期间应按合同约定派驻足够的人员从事监理工作。开始执行监理业务前向委托人报送派往该工程项目的总监理工程师及该项目监理机构的人员情况。合同履行过程中如果需要调换总监理工程师，必须首先经过委托人同意，并派出具有相应资质和能力的人员。

3. 在合同期内或合同终止后，未征得有关方同意，不得泄露与本工程、合同业务有关的保密资料。

4. 任何由委托人提供的供监理人使用的设施和物品都属于委托人的财产，监理工作完成或中止时，应将设施和剩余物品归还委托人。

5. 非经委托人书面同意，监理人及其职员不应接受委托监理合同约定以外的与监理工程有关的报酬，以保证监理行为的公正性。

6. 监理人不得参与可能与合同规定的与委托人利益相冲突的任何活动。

7. 在监理过程中，不得泄露委托人申明的秘密，亦不得泄露设计、承包等单位申明的秘密。

8. 负责合同的协调管理工作。在委托工程范围内，委托人或承包人对对方的任何意见和要求(包括索赔要求)，均必须首先向监理机构提出，由监理机构研究处置意见，再同双方协商确定。

9. 当委托人和承包人发生争议时，监理机构应根据自己的职能，以独立的身份判断，公正地进行调解。当双方的争议由政府行政主管部门调解或仲裁机构仲裁时，应当提供作证的事实材料。

六、违约责任

(一) 违约赔偿

1. 在合同责任期内，如果监理人未按合同中要求的职责勤恳认真地服务；或委托人违背了他对监理人的责任时，均应向对方承担赔偿责任。

2. 任何一方对另一方负有责任时的赔偿原则是：

(1) 委托人违约应承担违约责任赔偿监理人的经济损失。

(2) 因监理人过失造成经济损失，应向委托人进行赔偿，累计赔偿额不应超出监理酬金总额(除去税金)。

(3) 当一方向另一方的索赔要求不成立时,提出索赔的一方应补偿由此所导致的对方各种费用支出。

(二) 监理人的责任限度

监理人在责任期内,如果因过失而造成经济损失,要负监理失职的责任;监理人不对责任期以外发生的任何事情所引起的损失或损害负责,也不对第三方违反合同规定的质量要求和完工(交图、交货)时限承担责任。

七、监理合同的酬金

(一) 正常监理工作的酬金

具体应包括直接成本、间接成本。

我国现行的监理计算方法主要有四种:

(1) 按照监理工程概预算的百分比计收:这种方法比较简便、科学,在国际上也是一种常用的方法,一般情况下,新建、改建、扩建的工程,都应采用这种方式。

(2) 按照参与监理工作的年度平均人数计算;主要适用于单工种或临时性,或不宜按工程概预算的百分比取监理费的监理项目。

(3) 不宜按(1)、(2)两项办法计收的,由委托人和监理人按商定的其他方法计收;

(4) 中外合资、合作、外商独资的建设工程,工程建设监理收费双方参照国际标准协商确定。

(二) 附加监理工作的酬金

1. 增加监理工作时间的补偿酬金:

报酬=附加工作天数×合同约定的报酬/合同中约定的监理服务天数

2. 增加监理工作内容的补偿酬金:

增加监理工作的范围或内容属于监理合同的变更,双方应另行签订补充协议,并具体商定报酬额或报酬的计算方法。

(三) 额外监理工作的酬金

额外监理工作酬金按实际增加工作的天数计算补偿金额,可参照下式计算。

报酬=额外工作天数×合同约定的报酬/合同中约定的监理服务天数

(四) 奖金

监理人在监理过程中提出的合理化建议使委托人得到了经济效益,有权按专用条款的约定获得经济奖励。奖金的计算办法是:

奖励金额=工程费用节省额×报酬比率

(五) 支付

在监理合同实施中,监理酬金支付方式可以根据工程的具体情况双方协商确定。一般采取首期支付多少,以后每月(季)等额支付,工程竣工验收后结算尾款。

支付过程中,如果委托人对监理人提交的支付通知书中酬金或部分酬金项目提出异议,应在收到支付通知书24小时内向监理人发出表示异议的通知,但不得拖延其他无异议酬金项目支付。

当委托人在议定的支付期限内未予支付的,自规定之日起向监理人补偿应支付酬金的利息。利息按规定支付期限最后1日银行贷款利息率乘以拖欠酬金时间计算。

八、协调双方关系条款

（一）合同的生效、变更与终止

1. 生效

自合同签字之日起生效。

2. 开始和完成

以专用条件中订明的监理准备工作开始和完成时间。如果合同履行过程中双方商定延期时间时，完成时间相应顺延。自合同生效时起至合同完成之间的时间为合同的有效期。

3. 变更

任何一方申请并经双方书面同意时，可对合同进行变更。

4. 延误

增加的工作量应视为附加的工作，完成监理业务的时间应相应延长，并得到附加工作酬金。

5. 情况的改变

如果在监理合同签订后，出现了不应由监理人负责的情况，导致监理人不能全部或部分执行监理任务时，监理人应立即通知委托人。在这种情况下，如果不得不暂停执行某些监理任务，则该项服务的完成期限应予以延长，直到这种情况不再持续。当恢复监理工作时，还应增加不超过42天的合理时间，用于恢复执行监理业务，并按双方约定的数量支付监理酬金。

6. 合同的暂停或终止

监理人向委托人办理完竣工验收或工程移交手续，承包人和委托人已签订工程保修合同，监理人收到监理酬金尾款结清监理酬金后，本合同即告终止。

当事人一方要求变更或解除合同时，应当在42日前通知对方，因变更或解除合同使一方遭受损失的，除依法可免除责任者外，应由责任方负责赔偿。

变更或解除合同的通知或协议必须采取书面形式，协议未达成之前，原合同仍然有效。

如果委托人认为监理人无正当理由而又未履行监理义务时，可向监理人发出指明其未履行义务的通知。若委托人在21天内没收到答复，可在第1个通知发出后35日内发出终止监理合同的通知，合同即行终止。

（二）争议的解决

因违反或终止合同而引起的对损失或损害的赔偿，委托人与监理人应协商解决。如协商未能达成一致，可提交主管部门协调。如仍不能达成一致时，根据双方约定提交仲裁机构仲裁或向人民法院起诉。

第二章 建设工程勘察设计、监理和施工招标

第一节 招标的基本知识

一、依法核查必须采用招标方式选择承包单位的建设项目（强制招标）

（一）《招标投标法》规定：

（1）大型基础设施、公用事业等关系社会公共利益、公众安全的项目。（工程性质决

定的）

（2）国家投资、融资的项目。（资金来源决定的）

（3）使用国际组织或者外国政府贷款、援助资金的项目。

（二）国家计委：《工程建设项目招标范围和规模标准规定》：

（1）施工单项合同估算价在 200 万元人民币以上；

（2）重要设备、材料等货物的采购，单项合同估算价在 100 万元人民币以上；

（3）勘察、设计、监理等服务的采购，单项合同估算价在 50 万元人民币以上；

（4）单项合同估算价低于上述第（1）、（2）、（3）项规定的标准，但项目总投资在 3000 万元人民币以上的勘察、设计、施工、监理以及与工程建设有关的重要设备、材料等的采购也必须采用招标方式委托工作任务。

（三）可以不进行招标的范围：

（1）涉及国家安全、国家秘密的工程；

（2）抢险救灾工程；

（3）利用扶贫资金实行以工代赈、需要使用农民工等特殊情况；

（4）建筑造型有特殊要求的设计；

（5）采用特定专利技术、专有技术进行勘察、设计或施工；

（6）停建或者缓建后恢复建设的单位工程，且承包人未发生变更的；

（7）施工企业自建自用的工程，且该施工企业资质等级符合工程要求的；

（8）在建工程追加的附属小型工程或主体加层工程，且承包人未发生变更的；

（9）法律、法规、规章规定的其他情形。

（四）招标备案

1. 前期准备应满足的要求

（1）建设工程已批准立项；

（2）向建设行政主管部门履行了报建手续，并取得批准；

（3）建设资金能满足建设工程的要求，符合规定的资金到位率；

（4）建设用地已依法取得，并领取了建设工程规划许可证；

（5）技术资料能满足招标投标的要求；

（6）法律、法规、规章规定的其他条件。

2. 对招标人的有招标能力可自行招投标，也可委托有资质的招标代理机构招投标

3. 依法必须招标的建筑工程项目，在发布招标公告或者发出招标邀请书前，持有关材料到县级以上地方人民政府建设行政主管部门备案。

（五）对招标有关文件的核查备案

1. 对投标人资格审查文件的核查

（1）不得以不合理条件限制或排斥潜在投标人；

（2）不得对潜在投标人实行歧视待遇；

（3）不得强制投标人组成联合体投标。

2. 对招标文件的核查

（1）招标文件的组成是否包括招标项目的所有实质性要求和条件，以及拟签订合同的主要条款，能使投标人明确承包工作范围和责任，并能够合理预见风险编制投标文件。

（2）招标项目需要划分标段时，承包工作范围的合同界限是否合理。

（3）招标文件是否有限制公平竞争的条件。在文件中不得要求或标明特定的生产供应者以及含有倾向或排斥潜在投标人的其他内容。主要核查是否有针对外地区或外系统设立的不公正评标条件。

二、招标方式

《招标投标法》规定招标方式分两类：公开招标和邀请招标。

	优　点	缺　点
公开招标	发布公告，招标范围广，投标竞争激烈，有利于将工程项目的建设交予可靠的中标人实施，并取得有竞争性的报价	由于申请投标人较多，一般要设置资格予审程序，评标的工作量较大，招标时间长，费用高
邀请招标	发邀请函，不需要发布招标公告和设置资格予审程序；节约招标费用和节省时间；由于对投标人业绩和履约能力的了解，减小了合同履行过程中承包方违约的风险	由于选择面窄（至少≥3家），可能排斥了某些在技术或报价上有竞争实力的潜在投标人；投标竞争的激烈程度相对较差

第二节　招　标　程　序

一、招标准备阶段主要工作

1. 选择招标方式

（1）确定发包范围；

（2）确定项目建设过程中的招标次数和每次招标的工作内容；

（3）按照每次招标前准备工作的完成情况，选择合同的计价方式；

（4）依据工程项目的特点、招标前准备工作的完成情况、合同类型等因素的影响程度，最终确定招标方式。

2. 办理招标备案

向建设行政主管部门备案。

3. 编制招标有关文件

招标广告、资格预审文件、招标文件、合同协议书、资格预审和评标办法。

二、招标阶段的主要工作内容

1. 发布招标广告

有关部门指定的报刊媒体。

2. 资格预审

（1）资格预审程序

1）招标人依据项目的特点编写资格预审文件。

2）资格预审表是以应答方式给出的调查文件。所有申请参加投标竞争的潜在投标人都可以购买资格预审文件，由其按要求填报后作为投标人的资格预审文件。

3）招标人依据工程项目特点和发包工作性质划分评审的几大方面，如资质条件、人员能力、设备和技术能力、财务状况、工程经验、企业信誉等，并分别给予不同权重。

4）资格预审合格的条件。

首先投标人必需满足资格预审文件规定的必要合格条件和附加合格条件，其次评定分必须在预先确定的最低分数线以上。目前采用的合格标准有两种方式：

一种是限制合格者数量，以便减小评标的工作量（如5家），招标人按得分高低次序向预定数量的投标人发出邀请招标函并请他予以确认，如果某1家放弃投标则由下1家递补维持预定数量；

另一种是不限制合格者数量，凡满足80％以上分的潜在投标人均视为合格，保证投标的公平性和竞争性。

（2）投标人必须满足的基本资格条件

资格预审须知中明确列出投标人必需满足的最基本条件，可分为必要合格条件和附加合格条件两类。

1）必要合格条件通常包括法人地位、资质等级、财务状况、企业信誉、分包计划等具体要求，是潜在投标人应满足的最低标准。

2）附加合格条件视招标项目是否对潜在投标人有特殊要求决定有无。普通工程项目可不设置附加合格条件，对于大型复杂项目，则应设置此类条件。

3. 招标文件

招标人根据招标项目特点和需要编制招标文件，它是投标人编制投标文件和报价的依据，因此应当包括招标项目的所有实质性要求和条件。招标文件通常分为投标须知、合同条件、技术规范、图纸和技术资料、工程量清单几大部分内容。

4. 现场考察（标前会议）

由招标人在投标须知规定的时间内组织，投标人自费参加。

现场考察的目的：一方面让投标人了解工程项目的现场情况、自然条件、施工条件以及周围环境条件，以便于编制投标书；另一方面也是要求投标人通过自己的实地考察确定投标的原则和策略，避免合同履行过程中投标人以不了解现场情况为理由推卸应承担的合同责任。

5. 解答投标人的质疑

对任何一位投标人以书面形式提出的质疑，招标人应及时给予书面解答并发送给每一位投标人，保证招标的公开和公平，但不必说明问题的来源。回答函件作为招标文件的组成部分，如果书面解答的问题与招标文件中的规定不一致，以函件的解答为准。

三、决标成交阶段的主要工作内容

1. 开标

《招标投标法》规定：开标应在招标文件确定的提交投标文件截止时间的同一时间公开进行；开标地点应当为招标文件中预先确定的地点。公开招标和邀请招标均应举行开标会议，所有投标人均应参加，并邀请项目建设有关部门代表出席。

在开标时，如果发现投标文件出现下列情形之一，应当作为无效投标文件，不再进入评标：

（1）投标文件未按照招标文件的要求予以密封；

（2）投标文件中的投标函未加盖投标人的企业及企业法定代表人印章，或者企业法定代表人委托代理人没有合法、有效的委托书（原件）及委托代理人印章；

（3）投标文件的关键内容字迹模糊、无法辨认；

（4）投标人未按照招标文件的要求提供投标保证金或者投标保函；

（5）组成联合体投标的，投标文件未附联合体各方共同投标协议。

2. 评标

（1）评标委员会

评标委员会由招标人的代表和有关技术、经济等方面的专家组成，成员人数为 5 人以上单数，其中招标人以外的专家不得少于成员总数的 2/3。

（2）评标程序

1）初评

投标书中有未作实质性响应的重大偏差应予与废标。

未作实质性响应的重大偏差包括：

（注：重大偏差要求理解记忆，考试经常出现）

① 没有按照招标文件要求提供投标担保或者所提供的投标担保有瑕疵；

② 没有按照招标文件要求由投标人授权代表签字并加盖公章；

③ 投标文件记载的招标项目完成期限超过招标文件规定的完成期限；

④ 明显不符合技术规格、技术标准的要求；

⑤ 投标文件记载的货物包装方式、检验标准和方法等不符合招标文件的要求；

⑥ 投标附有招标人不能接受的条件；

⑦ 不符合招标文件中规定的其他实质性要求。

评审结论：存在重大偏差的投标文件，该类投标书在此阶段淘汰。（废标）

细微偏差包括：

① 指投标文件基本上符合招标文件要求，但在个别地方存在漏项

② 提供了不完整的技术信息和数据等情况，并且补正这些遗漏或者不完整不会对其他投标人造成不公平的结果。

评审结论：

① 细微偏差不影响投标文件的有效性；

② 可以书面要求投标人在评标结束前予以澄清、说明或者补正，但不得超出投标文件的范围或者改变投标文件的实质性内容。

商务标中出现以下情况时，由评标委员会对投标书中的错误加以修正后请该标书的投标授权人予以签字确认，作为详评比较的依据。如果投标人拒绝签字，则按投标人违约对待，不仅投标无效，而且没收其投标保证金。

修正错误的原则是：投标文体中的大写金额和小写金额不一致的，以大写金额为准；总价金额与单价金额不一致的，以单价金额为准，但单价金额小数点明显错误的除外。

2）详评

① 综合评分法：以得分最高的投标书为最优。

综合评分法是指将评审内容分类后分别赋予不同权重，评标委员依据评分标准对各类内容细分的小项进行相应的打分，最后计算的累计分值反映投标人的综合水平。

② 评标价法：评标价最低的投标书为最优。

评标价法是指评审过程中以该标书的报价为基础，将报价之外需要评定的要素按预先规定的折算办法换算为货币价值，根据对招标人有利或不利的原则在投标报价上增加或扣

减一定金额，最终构成评标价格。

"评标价"既不是投标价也不是中标价，只是用价格指标作为评审标书优劣的衡量方法。定标签定合同时，仍以报价作为中标的合同价。

3）评审结论

评标报告是评标委员会经过对各投标书评审后向招标人提出的结论性报告，作为定标的主要依据。评标报告应包括评标情况说明；对各个合格投标书的评价；推荐合格的中标候选人等内容。

如果评标委员会经过评审，认为所有投标都不符合招标文件的要求，可以否决所有投标。出现这种情况后，招标人应对招标工作范围或招标文件的有关内容作出实质性修改后重新进行招标。

3. 定标

（1）定标程序

① 确定中标人前，招标人不得与投标人就投标价格、投标方案等实质性内容进行谈判。招标人应该根据评标委员会提出的评标报告和推荐的中标候选人确定中标人，也可以授权评标委员会直接确定中标人。

② 中标通知书发出后的30天内，双方应按照招标文件和投标文件订立书面合同，不得做实质性修改。

③ 招标人确定中标人后15天内，应向有关行政监督部门提交招标投标情况的书面报告。

（2）定标原则

《招标投标法》规定，中标人的投标应当符合下列条件之一：

① 能够最大限度地满足招标文件中规定的各项综合评价标准；

② 能够满足招标文件各项要求，并经评审的价格最低，但投标价格低于成本的除外。

四、招标投标的时间要求

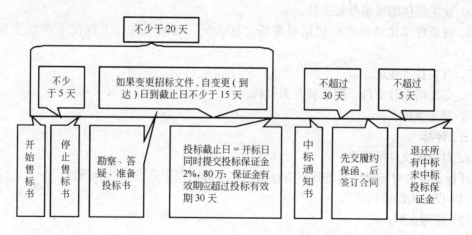

第三节　建设工程监理招标投标管理

一、建设监理招标

1. 基本概念

监理招标的标的是"监理服务"，与工程项目建设中其他各类招标的最大区别表现为监理单位不承担物质生产任务，只是受招标人委托对生产建设过程提供监督、管理、协调、咨询等服务。鉴于标的具有的特殊性，招标人选择中标人的基本原则是"基于能力的选择"：

(1) 招标宗旨是对监理单位能力的选择；

(2) 报价在选择中居于次要地位；

(3) 邀请投标人较少。

2. 委托监理工作的范围

监理招标发包的工作内容和范围，可以是整个工程项目的全过程，也可以只监理招标人与其他人签订的一个或几个合同的履行。划分合同包的工作范围时，通常考虑的因素包括：

(1) 工程规模；

(2) 工程项目的专业特点；

(3) 被监理合同的难易程度。

二、招标文件

1. 投标须知：

(1) 工程项目综合说明；

(2) 委托的监理范围和监理业务；

(3) 投标文件的格式、编制、递交；

(4) 无效投标文件的规定；

(5) 投标起止时间、开标、评标、定标时间和地点；

(6) 招标文件、投标文件的澄清与修改；

(7) 评标的原则等。

2. 合同条件。

3. 业主提供的现场办公条件。

4. 对监理单位的要求。包括对现场监理人员、检测手段、工程技术难点等方面的要求。

5. 有关技术规定。

6. 必要的设计文件、图纸和有关资料。

7. 其他事项。

三、评标

1. 对投标文件的评审

评标委员会对各投标书进行审查评阅，主要考察以下几方面的合理性：

(1) 投标人的资质；

(2) 监理大纲；

(3) 拟派项目的主要监理人员；

(4) 人员派驻计划和监理人员的素质；

(5) 监理单位提供用于工程的检测设备和仪器。或委托有关单位检测的协议；

(6) 近几年监理单位的业绩及奖惩情况；

(7) 监理费报价和费用组成；

（8）招标文件要求的其他情况。

2. 对投标文件的比较

监理评标的量化比较通常采用综合评分法对各投标人的综合能力进行对比。依据招标项目的特点设置评分内容和分值的权重。招标文件中说明的评标原则和预先确定的记分标准开标后不得更改．作为评标委员的打分依据。

监理招标的评标主要侧重于监理单位的资质能力、实施监理任务的计划和派驻现场监理人员的素质。

<h2>第四节　施工招标投标管理</h2>

一、招标准备工作

1. 合同数量的划分

全部施工内容只发一个合同包招标，招标人仅与一个中标人签定合同，施工过程中管理工作比较简单，但有能力参与的投标人较少。如果招标人有足够的管理能力，也可以将全部施工内容分解成若干个单位工程和特殊专业工程分别发包。

2. 编制招标文件

招标文件应尽可能完整、详细，不仅能使投标人对项目的招标有充分的了解有利于投标竞争，而且招标文件中的很多文件将作为未来合同的有效组成部分。

二、资格预审

1. 资格预审的主要内容

资格预审表的内容应根据招标工程项目对投标人的要求来确定。中小型工程的审查内容可适当简单，大型复杂工程则要对承包人的能力进行全面审查。

大型工业项目的资格预审表的主要内容：

（1）法人资格和组织机构。

（2）财务报表。

（3）人员报表。

（4）施工机械设备情况。

（5）分包计划。

（6）近5年完成同类工程项目调查，包括项目名称、类别、合同金额、投标人在项目中参与的百分比、合同是否圆满完成等。

（7）在建工程项目调查。

（8）近2年涉及的诉讼案件调查。

（9）其他资格证明。

2. 资格预审方法

（1）必须满足的条件（包括必要合格条件和附加合格条件）

1）必要合格条件

① 营业执照——允许承接施工工作范围符合招标工程要求；

② 资质等级——达到或超过项目要求标准；

③ 财务状况——通过开户银行的资信证明来体现；

④ 流动资金——不少于预计合同价的×％（例如5％）；

⑤ 分包计划——主体工程不能分包；

⑥ 履约情况——没有毁约被驱逐的历史。

2）附加合格条件

附加合格条件并非是每个招标项目都必须设置的条件。对于大型复杂工程或有特殊专业技术要求的施工招标，通常在资格预审阶段需考察申请投标人是否具有同类工程的施工经验和能力。附加合格条件根据招标工程的施工特点设定具体要求，该项条件不一定与招标工程的实施内容完全相同，只要与本项工程的施工技术和管理能力在同一水平即可。

（2）加权打分量化审查

对满足上述条件申请投标人的资格预审文件，采用加权打分法进行量化评定和比较。权重的分配依据招标工程特点和对承包人的要求配设。打分过程中应注意对承包人报送资料的分析。

三、评标

1. 综合评分法

施工招标需要评定比较的要素较多，且各项内容的单位又不一致，因此综合评分法可以较全面地反映投标人的素质。

报价部分的评分又分为用标底衡量、用复合标底衡量和无标底比较 3 大类。

（1）以标底衡量报价得分的综合评分法；

（2）以复合标底值作为报价评分衡量标准的综合评分法；

（3）无标底的综合评分法。

前两种方法在商务评标过程中对报价部分的评审都以预先设定的标底作为衡量条件，如果标底编制得不够合理，有可能对某些投标书的报价评分不公平。为了鼓励投标人的报价竞争，可以不预先制定标底，用反映投标人报价平均水平某一值作为衡量基准评定各投标书的报价部分得分。此种方法在招标文件中应说明比较的标准值和报价与标准值偏差的计分方法，视报价与其偏离度的大小确定分值高低。采用较多的方法包括：

（1）以最低报价为标准值

在所有投标书的报价中以报价最低者为标准（该项满分），其他投标人的报价按预先确定的偏离百分比计算相应得分。但应注意，最低的投标报价比次低投标人的报价如果相差悬殊（例如 20％以上），则应首先考察最低报价者是否有低于其企业成本的竞标，若报价的费用组成合理，才可以作为标准值。这种规则适用于工作内容简单，一般承包人采用常规方法都可以完成的施工内容，因此评标时更重视报价的高低。

（2）以平均报价为标准值

开标后，首先计算各主要报价项的标准值。可以采用简单的算数平均值或平均值下浮某一预先规定的百分比作为标准值。标准值确定后，再按预先确定的规则，视各投标书的报价与标准值的偏离程度，计算各投标书的该项得分。对于某些较为复杂的工作任务，不同的施工组织和施工方法可能产生不同效果的情况，不应过分追求报价，因此采用投标人的报价平均水平作为衡量标准。

2. 评标价法

采用评标价法评标时，应当遵循的原则包括：

（1）以评标价最低的标书为最优（不是投标报价最低）；

（2）评标价仅作为衡量投标人能力高低的量化比较方法，与中标人签订合同时仍以投标价格为准；

（3）投标书承诺的工期提前给项目可能带来的超前收益，以月为单位按预定计算规则折算为相应的货币值，从该投标人的报价内扣减此值；

（4）实施过程中必然发生而标书又属明显漏项部分，给予相应的补项，增加到报价上去；

（5）技术建议可能带来的实际经济效益，按预定的比例折算后，在投标价内减去该值；

（6）投标书内提出的优惠条件可能给招标人带来的好处，以开标日为准，按一定的方法折算后，作为评审价格因素之一；

（7）对其他可以折算为价格的要素，按照对招标人有利或不利的原则，减少或增加到投标报价上去。

第三章　施工合同管理

第一节　建设工程施工合同范本

一、建设工程施工合同范本简介

建设部和国家工商行政管理局于 1999 年 12 月 24 日印发了《建设工程施工合同（示范文本）》［GF—1999—0201］（以下简称示范文本）。由《协议书》、《通用条款》、《专用条款》三部分组成，并附有三个附件。

1. 协议书

合同协议书是施工合同的总纲性法律文件，经过双方当事人签字盖章后合同即成立。

2. 通用条款

"通用"的含义是，所列条款的约定不区分具体工程的行业、地域、规模等特点，只要属于建筑安装工程均可适用。

3. 专用条款

由于具体实施工程项目的工作内容各不相同，施工现场和外部环境条件各异，因此还必须有反映招标工程具体特点和要求的专用条款的约定。

具体工程项目编制专用条款的原则是，结合项目特点，针对通用条款的内容进行补充或修正，达到相同序号的通用条款和专用条款共同组成对某一方面问题内容完备的约定。

4. 附件

共有"承包人承揽工程项目一览表"、"发包人供应材料设备一览表"和"房屋建筑工程质量保修书"三个标准化附件，如果具体项目的实施为包工包料承包，则可以不使用发包人供应材料设备表。

二、合同管理涉及的有关各方

（一）合同当事人

1. 发包人

发包人指在协议书中约定，具有工程发包主体资格和支付工程价款能力的当事人以及取得该当事人资格的合法继承人。

2. 承包人

承包人指在协议书中约定，被发包人接受具有工程施工承包主体资格的当事人以及取得该当事人资格的合法继承人。

施工合同签订后，当事人任何一方均不允许转让合同。

（二）工程师

施工合同示范文本定义的工程师包括两种情况：监理单位委派的总监理工程师、发包人指定的履行合同的负责人。

1. 发包人委托的监理

发包人可以委托监理单位，全部或者部分负责合同的履行管理。监理单位委派的总监理工程师在施工合同中称为工程师。总监理工程师是经监理单位法定代表人授权，派驻施工现场监理组织的总负责人，行使监理合同赋予监理单位的权利和义务，全面负责受委托工程的监理工作。

发包人应当将委托的监理单位名称、工程师的姓名、监理内容及监理权限以书面形式通知承包人。除合同内有明确约定或经发包人同意外，负责监理的工程师无权解除承包人的任何义务。

2. 发包人派驻代表

对于国家未规定实施强制监理的工程施工，发包人也可以派驻代表自行管理。

发包人派驻施工场地履行合同的代表在施工合同中也称工程师。发包人代表是经发包人单位法定代表人授权，派驻施工现场的负责人，其姓名、职务、职责在专用条款内约定，但职责不得与监理单位委派的总监理工程师职责相互交叉。双方职责发生交叉或不明确时，由发包人明确双方职责，并以书面形式通知承包方。

3. 工程师易人

施工过程中，如果发包人需要撤换工程师，应至少于易人前7天以书面形式通知承包人。后任继续履行合同文件的约定及前任的权利和义务，不得更改前任作出的书面承诺。

三、建设行政主管部门及相关部门对施工合同的监督管理

（一）建设行政主管机关对施工合同的监督管理

建设行政主管机关对施工合同的监督管理主要从质量和安全的角度对工程项目进行管理。主要有以下职责。

1. 颁布规章

2. 批准工程项目的建设

工程项目的建设，发包人必须履行工程项目报建手续，获取施工许可证，以及取得规划许可和土地使用权的许可。建设项目申请施工许可证应具备以下条件：

（1）已经办理该建筑工程用地批准手续；

（2）在城市规划区的建筑工程，已经取得建设工程规划许可证；

（3）施工场地已经基本具备施工条件，需要拆迁的，其拆迁进度符合施工要求；

（4）已经确定施工企业。按照规定应该招标的工程没有招标，应该公开招标的工程没有公开招标，或者肢解发包工程，以及将工程发包给不具备相应资质条件的，所确定的施工企业无效；

（5）已满足施工需要的施工图纸及技术资料，施工图设计文件已按规定进行了审查；

（6）有保证工程质量和安全的具体措施；

（7）按照规定应该委托监理的工程已委托监理；

（8）建设资金已经落实。建设工期不足一年的，到位资金原则上不得少于工程合同价的50%，建设工期超过1年的，到位资金原则上不得少于工程合同价的30%。建设单位应当提供银行出具的到位资金证明，有条件的可以实行银行付款保函或者其他第三方担保；

（9）法律、行政法规规定的其他条件。

3. 对建设活动实施监督

（1）对招标申请报送材料进行审查；

（2）对中标结果和合同的备案审查；

（3）对工程开工前报送的发包人指定的施工现场总代表人和承包人指定的项目经理的备案材料审查；

（4）竣工验收程序和鉴定报告的备案审查；

（5）竣工的工程资料备案等。

（二）质量监督机构对合同履行的监督

工程质量监督机构是接受建设行政主管部门的委托，负责监督工程质量的中介组织。工程招标工作完成后，领取开工证之前，发包人应到工程所在地的质量监督机构办理质量监督登记手续。质量监督机构对合同履行的工作的监督，分为对工程参建各方质量行为的监督和对建设工程的实体质量监督两个方面。

四、建设工程施工合同的订立

（一）工期

在合同协议书内应明确注明开工日期、竣工日期和合同工期总日历天数。如果是招标选择的承包人，工期总日历天数应为投标书内承包人承诺的天数，不一定是招标文件要求的天数。

合同内如果有发包人要求分阶段移交的单位工程或部分工程时，在专用条款内还需明确约定中间交工工程的范围和竣工时间。此项约定也是判定承包人是否按合同履行了义务的标准。

（二）合同价款

1. 合同约定的合同价款

在合同协议书内同样要注明合同价款。虽然中标通知书中已写明了来源于投标书的中标合同价款，但考虑到某些工程可能不是通过招标选择的承包人，如合同价值低于法规要求必须招标的小型工程或出于保密要求直接发包的工程等，因此，标准化合同协议书内仍要求填写合同价款。非招标工程的合同价款，由当事人双方依据工程预算书协商后，填写在协议书内。

2. 追加合同价款

追加合同价款：合同履行中发生需要增加合同价款的情况，经发包人确认后，按照计算合同价款的方法，给承包人增加的合同价款。

3. 费用

不包含在合同价款之内的应当由发包人或承包人承担的经济支出。

4. 合同的计价方式

(1) 固定价格合同

双方在专用条款内约定合同价款包含的风险范围和风险费用的计算方法，在约定的风险范围内合同价款不再调整。风险范围以外的合同价款调整方法，应当在专用条款内约定。工程承包活动中采用的总价合同和单价合同均属于此类合同。

(2) 可调价格合同

是针对固定价格而言，通常用于工期较长的施工合同。合同价款可根据双方的约定而调整，双方在专用条款内约定合同价款调整方法。对于工期较短的合同，专用条款内也要约定因外部条件变化对施工产生成本影响可以调整合同价款的内容。

(3) 成本加酬金合同

是指发包人负担全部工程成本，对承包人完成的工作支付相应酬金的计价方式。合同价款包括成本和酬金两部分，双方在专用条款内约定成本构成和酬金的计算方法。这类计价方式通常用于紧急工程施工，如灾后修复工程；或采用新技术新工艺施工，双方对施工成本均心中无底，为了合理分担风险采用此种方式。

(三) 合同付款

1. 工程预付款的约定

一般预付款不低于合同价的 10%，不高于 30%，不能规定垫付资金施工。

2. 支付工程进度款的约定

在专用条款内约定工程进度款的支付时间和支付方式。工程进度款支付可以采用按月计量支付、按里程碑完成工程的进度分阶段支付或完成工程后一次性支付等方式。对合同内不同的工程部位或工作内容可以采用不同的支付方式，只要在专用条款中具体明确即可。

五、对双方有约束力的合同文件

(一) 签订合同时已形成的文件(合同的优先解释顺序)

(1) 施工合同协议书(最根本的文件，效力最高)；

(2) 中标通知书(形成承诺，效力也很高)；

(3) 投标书及其附件(要约文件)；

(4) 施工合同专用条款(可以对通用条款调整。在专用条款内必须明确规定本工程及主要部位应达到的质量要求，以及施工过程中需要进行质量检测和试验的时间、试验内容、试验地点和方式等具体约定)；

(5) 施工合同通用条款(行业通用但是不是法定必须这样)；

(6) 标准、规范及有关技术文件(合同约定的标准不得低于强制性标准)；

(7) 图纸；

(8) 工程量清单；

(9) 工程报价单或预算书。

上述合同文件原则上应能够互相解释、互相说明。但当合同文件中出现含糊不清或不一致时，上面各文件的序号就是合同的优先解释顺序。由于履行合同时双方达成一致的洽商、变更等书面协议发生时间在后，且经过当事人签署，因此作为协议书的组成部分，排序放在第一位。如果双方不同意这种次序安排，可以在专用条款内约定本合同的文件组成和解释次序。

（二）履行过程中构成对双方有约束力的文件

合同履行过程中，双方有关工程的洽商、变更等书面协议或文件也构成对双方有约束力的合同文件，将其视为协议书的组成部分。

六、发包人和承包人的工作

（一）发包人的义务

（1）办理土地征用、拆迁补偿、平整施工场地等工作，使施工场地具备施工条件，并在开工后继续解决以上事项的遗留问题。专用条款内需要约定施工场地具备施工条件的要求及完成的时间，以便承包人能够及时接收适用的施工现场，按计划开始施工	
（2）将施工所需水、电、电讯线路从施工场地外部接至专用条款约定地点，并保证施工期间需要。专用条款内需要约定三通的时间、地点和供应要求。如要求承包人自己从水源地（如附近的河中取水）或自己用柴油机发电解决施工用电，也应在专用条款内明确	场地内部条件问题
（3）开通施工场地与城乡公共道路的通道，以及专用条款约定的施工场地内的主要交通干道，保证施工期间的畅通，满足施工运输的需要。专用条款内需要约定开通时间和应满足的要求	
（4）向承包人提供施工场地的工程地质和地下管线资料，保证数据真实，位置准确。专用条款内需要约定提供工程地质和地下管线资料的时间	
（5）办理施工许可证和临时用地、停水、停电、中断道路交通、爆破作业以及可能损坏道路、管线、电力、通讯等公共设施法律、法规规定的申请批准手续及其他施工所需的证件（证明承包人自身资质的证件除外）。专用条款内需要约定发包人提供施工所需证件、批件的名称和时间	工程手续问题
（6）确定水准点与坐标控制点，以书面形式交给承包人，并进行现场交验。专用条款内需要约定分项明确约定放线依据资料的交验要求，以便合同履行过程中合理地区分放线错误的责任归属	场地内部条件问题
（7）组织承包人和设计单位进行图纸会审和设计交底。专用条款内需要约定具体的时间	技术保证问题
（8）协调处理施工现场周围地下管线和邻近建筑物、构筑物（包括文物保护建筑）、古树名木的保护工作，并承担有关费用。专用条款内需要约定具体的范围和内容	场地外部协调问题
（9）发包人应做的其他工作，双方在专用条款内约定	

（二）承包人义务

（1）根据发包人的委托，在其设计资质允许的范围内，完成施工图设计或与工程配套的设计，经工程师确认后使用，发生的费用由发包人承担。如果属于设计施工总承包合同或承包工作范围内包括部分施工图设计任务，则专用条款内需要约定承担设计任务单位的设计资质等级及设计文件的提交时间和文件要求（可能属于施工承包人的设计分包人）	完全履行合同问题
（2）向工程师提供年、季、月工程进度计划及相应进度统计报表。专用条款内需要约定应提供计划、报表的具体名称和时间	进度管理和协调

（3）按工程需要提供和维修非夜间施工使用的照明、围栏设施，并负责安全保卫。专用条款内需要约定具体的工作位置和要求	
（4）按专用条款约定的数量和要求，向发包人提供在施工现场办公和生活的房屋及设施，发生的费用由发包人承担。专用条款内需要约定设施名称、要求和完成时间	
（5）遵守有关部门对施工场地交通、施工噪音以及环境保护和安全生产等的管理规定，按管理规定办理有关手续，并以书面形式通知发包人，发包人承担由此发生的费用，因承包人责任造成的罚款除外。专用条款内需要约定需承包人办理的有关内容	
（6）已竣工工程未交付发包人之前，承包人按专用条款约定负责已完成工程的成品保护工作，保护期间发生损坏，承包人自费予以修复。要求承包人采取特殊措施保护的单位工程的部位和相应追加合同价款，在专用条款内约定	场地内部管理
（7）按专用条款的约定做好施工现场地下管线和邻近建筑物、构筑物（包括文物保护建筑）、古树名木的保护工作。在专用条款内约定需要保护的范围和费用	
（8）保证施工场地清洁符合环境卫生管理的有关规定。交工前清理现场达到专用条款约定的要求，承担因自身原因违反有关规定造成的损失和罚款。专用条款内需要根据施工管理规定和当地的环保法规，约定对施工现场的具体要求	
（9）承包人应做的其他工作，双方在专用条款内约定	

七、材料和设备的供应

1. 包工部分包料承包的合同

目前很多工程采用包工部分包料承包的合同，主材经常采用由发包人提供的方式。在专用条款中应明确约定发包人提供材料和设备的合同责任。施工合同范本附件提供了标准化的表格格式。

但是，包工包料中也可以由业主指定材料或者部分材料由业主供应这需要在招标文件和合同文本中约定。

2. 清包工合同

这是个不太规范的说法，但是，也常用。主要是材料全部由业主供应，施工单位只负责人工和机械。常用于一些分包工程。

3. 劳务合同

仅仅提供人工。常用于技术简单，施工简单的小规模工程。

八、解决合同争议的方式

1. 双方协商和解解决

简单高效，有利于进一步合作。

2. 请第三方调解解决；

便于解决比较尖锐的矛盾。

3. 仲裁或诉讼

最终解决方法。在专用条款内需要明确约定双方共同接受的调解人，以及最终解决合同争议是采用仲裁还是诉讼方式、仲裁委员会或法院的名称。

第二节　施工准备阶段的合同管理

一、施工图纸

（一）发包人提供的图纸

我国目前的建设工程项目通常由发包人委托设计单位负责，在工程准备阶段应完成施工图设计文件的审查。

1. 提供图纸的时间：在合同约定的日期前发放给承包人，以保证承包人及时编制施工进度计划和组织施工。

2. 提供图纸的方式：施工图纸可以一次提供，也可以各单位工程开始施工前分阶段提供，只要符合专用条款的约定，不影响承包人按时开工即可。

3. 图纸的费用承担：发包人应免费按专用条款约定的份数供应承包人图纸。承包人要求增加图纸套数时，发包人应代为复制，但复制费用由承包人承担。

发放承包人的图纸中，应在施工现场保留一套完整图纸供工程师及有关人员进行工程检查时使用。

（二）承包人负责设计的图纸

工程中需要使用承包人享有专利权的施工技术，若承包人具有设计资质和能力，可以由其完成部分施工图的设计，或由其委托设计分包人完成。

在承包工作范围内，部分由承包人负责设计的图纸，则应在合同约定的时间内将按规定的审查程序批准的设计文件提交工程师审核，经过工程师签认后才可以使用。

工程师对承包人设计的认可，不能解除承包人的设计责任。

二、施工进度计划

1. 施工进度计划经工程师认可的主要目的，是作为发包人和工程师依据计划进行协调和对施工进度控制的依据。

2. 承包人应当在专用条款约定的日期，将施工组织设计和施工进度计划提交工程师。

3. 工程师接到承包人提交的进度计划后，应当予以确认或者提出修改意见，时间限制则由双方在专用条款中约定。工程师逾期不确认也不提出书面意见，则视为已经同意。

工程师对进度计划和对承包人施工进度的认可，不免除承包人对施工组织设计和工程进度计划本身的缺陷所应承担的责任。

三、开工申请和延期

（一）承包人要求的延期开工（由工程师批准是否同意延期开工）

1. 承包人不能按时开工，应在不迟于协议书约定的开工日期前 7 天，以书面形式向工程师提出延期开工的理由和要求。

2. 如果承包人未在规定时间内提出延期开工要求，工期不予顺延。

3. 工程师在接到延期开工申请后的 48 小时内未予答复，视为同意承包人的要求，工期相应顺延。

4. 如果工程师不同意延期要求，工期不予顺延。

（二）发包人原因的延期开工

工程师以书面形式通知承包人推迟开工日期。发包人应当赔偿承包人因此造成的损失，相应顺延工期。

四、工程的分包和分包的付款

1. 施工合同范本的通用条件规定，未经发包人同意，承包人不得将承包工程的任何部分分包；发包人控制工程分包的基本原则是，主体工程的施工任务不允许分包，主要工程量必须由承包人完成	违反此条视为违法分包，可以指令改正，拒不改正，予以停工
2. 经过发包人同意的分包工程，承包人选择的分包人需要提请工程师同意。工程师主要审查分包人是否具备实施分包工程的资质和能力，未经工程师同意的分包人不得进入现场参与施工	即使合法的分包工程师也要审查分包人的资质和能力。未经审查不得入场，已入场的限期离场，且已施工的部分要重新检验，如果合格可以确认，如果不合格则需返工
3. 工程分包不能解除承包人对发包人应承担在该工程部位施工的合同义务	工程分包人对承包人负责，承包人就所有承包的工程（包括自己分包和发包人指定的分包的工程）对发包人负责
4. 为了保证分包合同的顺利履行，发包人未经承包人同意，不得以任何形式向分包人支付各种工程款项，分包人完成施工任务的报酬只能依据分包合同由承包人支付	注意这条，考试经常会考到，尤其是业主指定分包的，更容易出现

五、支付工程预付款

1. 合同约定有工程预付款的，预付时间应不迟于约定的开工日期前 7 天	目前法规规定一定要有预付款，不允许垫资施工
2. 发包人不按约定预付，承包人在约定预付时间 7 天后向发包人发出要求预付的通知。发包人收到通知后仍不能按要求预付，承包人可在发出通知后 7 天停止施工，发包人应从约定应付之日起向承包人支付应付款的贷款利息，并承担违约责任	容易在考试中出现，停工责任在发包方，应当给与工期补偿
3. 注意考试中工程量清单情况下的预付款支付问题	注意措施费

第三节　施工过程的合同管理

一、材料设备的到货检验

1. 发包人供应的材料设备

（1）发包人供应材料设备的现场接收：

1）发包人应当向承包人提供其供应材料设备的产品合格证明，并对这些材料设备的质量负责；

2）发包人在其所供应的材料设备到货前 24 小时，应以书面形式通知承包人，由承包人派人与发包人共同清点。清点的工作主要包括外观质量检查；对照发货单证进行数量清点（检斤、检尺）；大宗建筑材料进行必要的抽样检验（物理、化学试验）等。

（2）材料设备接收后移交承包人保管：

1）发包人支付相应的保管费用；

2）因承包人的原因发生损坏丢失，由承包人负责赔偿；

3）发包人不按规定通知承包人验收，发生的损坏丢失由发包人负责。

（3）发包人供应的材料设备与约定不符时，应当由发包人承担有关责任。视具体情况不同，按照以下原则处理：

1）材料设备单价与合同约定不符时，由发包人承担所有差价；

2）材料设备种类、规格、型号、数量、质量等级与合同约定不符时，承包人可以拒绝接收保管，由发包人运出施工场地并重新采购；

3）发包人供应材料的规格、型号与合同约定不符时，承包人可以代为调剂串换，发包方承担相应的费用；

4）到货地点与合同约定不符时，发包人负责运至合同约定的地点；

5）供应数量少于合同约定的数量时，发包人将数量补齐；多于合同约定的数量时，发包人负责将多出部分运出施工场地；

6）到货时间早于合同约定时间，发包人承担因此发生的保管费用；到货时间迟于合同约定的供应时间，由发包人承担相应的追加合同价款。发生延误，相应顺延工期，发包人赔偿由此给承包人造成的损失。

2. 承包人采购的材料设备

（1）承包人应按照合同专用条款约定及设计要求和有关标准采购，并提供产品合格证明，对材料设备质量负责。

（2）承包人在材料设备到货前 24 小时应通知工程师共同进行到货清点。

承包人采购的材料设备与设计或标准要求不符时，承包人应在工程师要求的时间内运出施工现场，重新采购符合要求的产品，承担由此发生的费用，延误的工期不予顺延。

二、材料和设备的使用前检验

1. 发包人供应材料设备

发包人供应的材料设备进入施工现场后需要在使用前检验或者试验的，由承包人负责检查试验，费用由发包人负责。按照合同对质量责任的约定，此次检查试验通过后，仍不能解除发包人供应材料设备存在的质量缺陷责任。即承包人检验通过之后，如果又发现材料设备有质量问题时，发包人仍应承担重新采购及拆除重建的追加合同价款，并相应顺延由此延误的工期。

2. 承包人负责采购的材料和设备

（1）采购的材料设备在使用前，承包人应按工程师的要求进行检验或试验，不合格的不得使用，检验或试验费用由承包人承担。

（2）工程师发现承包人采购并使用不符合设计或标准要求的材料设备时，应要求由承包人负责修复、拆除或重新采购，并承担发生的费用，由此延误的工期不予顺延。

（3）承包人需要使用代用材料时，应经工程师认可后才能使用，由此增减的合同价款双方以书面形式议定。

（4）由承包人采购的材料设备，发包人不得指定生产厂或供应商。

三、对施工质量的监督管理

工程师在施工过程中应采用巡视、旁站、平行检验等方式监督检查承包人的施工工艺和产品质量，对建筑产品的生产过程进行严格控制。

（一）工程质量标准

1. 工程师对质量标准的控制

（1）承包人施工的工程质量应当达到合同约定的标准。

（2）工程师依据合同约定的质量标准对承包人的工程质量进行检查，达到或超过约定标准的，给予质量认可（不评定质量等级）；达不到要求时，则予拒收。

2. 不符合质量要求的处理

不论何时，工程师一经发现质量达不到约定标准的工程部分，均可要求承包人返工。承包人应当按照工程师的要求返工，直到符合约定标准。

（1）因承包人的原因达不到约定标准，由承包人承担返工费用，工期不予顺延。

（2）因发包人的原因达不到约定标准，由发包人承担返工的追加合同价款，工期相应顺延。

（3）因双方原因达不到约定标准，责任由双方分别承担。

如果双方对工程质量有争议，由专用条款约定的工程质量监督部门鉴定，所需费用及因此造成的损失，由责任方承担。双方均有责任的，由双方根据其责任分别承担。

（二）施工过程中的检查和返工

1. 配合检验

承包人应认真按照标准、规范和设计要求以及工程师依据合同发出的指令施工，随时接受工程师及其委派人员的检查检验，并为检查检验提供便利条件。工程质量达不到约定标准的部分，工程师一经发现，可要求承包人拆除和重新施工，承包人应按工程师及其委派人员的要求拆除和重新施工，承担由于自身原因导致拆除和重新施工的费用，工期不予顺延。

2. 重新检验

经过工程师检查检验合格后，又发现因承包人原因出现的质量问题，仍由承包人承担责任，赔偿发包人的直接损失，工期不应顺延。

3. 监理责任

工程师的检查检验原则上不应影响施工正常进行。如果实际影响了施工的正常进行，其后果责任由检验结果的质量是否合格来区分合同责任。检查检验不合格时，影响正常施工的费用由承包人承担。除此之外，影响正常施工的追加合同价款由发包人承担，相应顺延工期。

因工程师指令失误和其他非承包人原因发生的追加合同价款，由发包人承担。

（三）使用专利技术及特殊工艺施工

1. 发包人提出

要求承包人使用专利技术或特殊工艺施工，应负责办理相应的申报手续，承担申报、试验、使用等费用。

2. 承包人提出

承包人提出使用专利技术或特殊工艺施工，应首先取得工程师认可，然后由承包人负责办理申报手续并承担有关费用。

不论哪一方要求使用他人的专利技术，一旦发生擅自使用侵犯他人专利权的情况时，由责任者依法承担相应责任。

四、隐蔽工程与重新检验

（一）正常检验程序

1. 承包人自检

工程具备隐蔽条件或达到专用条款约定的中间验收部位，承包人进行自检，并在隐蔽或中间验收前 48 小时以书面形式通知工程师验收。通知包括隐蔽和中间验收的内容、验收时间和地点。承包人准备验收记录。

2. 共同检验

（1）工程师接到承包人的请求验收通知后，应在通知约定的时间与承包人共同进行检查或试验。

（2）工程师不能按时进行验收，应在承包人通知的验收时间前 24 小时，以书面形式向承包人提出延期验收要求，但延期不能超过 48 小时。

（3）工程师未能按以上时间提出延期要求，又未按时参加验收，承包人可自行组织验收，工程师应承认验收记录的正确性。

（4）经工程师验收，工程质量符合标准、规范和设计图纸等要求，验收 24 小时后，工程师不在验收记录上签字，视为工程师已经认可验收记录，承包人可进行隐蔽或继续施工。

（二）重新检验

无论工程师是否参加了验收，当其对某部分的工程质量有怀疑，均可要求承包人对已经隐蔽的工程进行重新检验。承包人接到通知后，应按要求进行剥离或开孔，并在检验后重新覆盖或修复。

1. 检验质量合格，发包人承担由此发生的全部追加合同价款，赔偿承包人损失，并相应顺延工期。

2. 检验不合格，承包人承担发生的全部费用，工期不予顺延。

五、施工进度管理

（一）按计划施工

开工后，承包人应按照工程师确认的进度计划组织施工，接受工程师对进度的检查、监督。一般情况下，工程师每月均应检查一次承包人的进度计划执行情况，由承包人提交一份上月进度计划执行情况和本月的施工方案和措施。同时，工程师还应进行必要的现场实地检查。

（二）承包人修改进度计划

不管实际进度是超前还是滞后于计划进度，只要与计划进度不符时，工程师都有权通知承包人修改进度计划，以便更好地进行后续施工的协调管理。承包人应当按照工程师的要求修改进度计划并提出相应措施，经工程师确认后执行。

因承包人自身的原因造成工程实际进度滞后于计划进度，所有的后果都应由承包人自行承担。工程师不对确认后的改进措施效果负责，承包人仍应承担相应的违约责任。

（三）暂停施工

1. 工程师指示的暂停施工

在工程师认为确有必要时，可以根据现场的实际情况发布暂停施工的指示。

暂停施工的管理程序。

（1）工程师应当以书面形式通知承包人暂停施工，并在发出暂停施工通知后的 48 小时内提出书面处理意见。

（2）承包人应当按照工程师的要求停止施工，并妥善保护已完工工程。

（3）承包人实施工程师做出的处理意见后，可提出书面复工要求。

（4）工程师应当在收到复工通知后的 48 小时内给予相应的答复。如果工程师未能在规定的时间内提出处理意见，或收到承包人复工要求后 48 小时内未予答复，承包人可以自行复工。

（5）停工责任在发包人，由发包人承担所发生的追加合同价款，赔偿承包人由此造成的损失，相应顺延工期；如果停工责任在承包人，由承包人承担发生的费用，工期不予顺延。如果因工程师未及时作出答复，导致承包人无法复工．由发包人承担违约责任。

2．由于发包人不能按时支付的暂停施工

（1）延误支付预付款。发包人不按时支付预付款，承包人在约定时间 7 天后向发包人发出预付通知。发包人收到通知后仍不能按要求预付，承包人可在发出通知后 7 天停止施工。发包人应从约定应付之日起，向承包人支付应付款的贷款利息。

（2）拖欠工程进度款。发包人不按合同规定及时向承包人支付工程进度款且双方又未达成延期付款协议时，导致施工无法进行。承包人可以停止施工，由发包人承担违约责任。

（四）工期延误

1．可以顺延工期的条件

（1）发包人不能按专用条款的约定提供开工条件；

（2）发包人不能按约定日期支付工程预付款、进度款，致使工程不能正常进行；

（3）工程师未按合同约定提供所需指令、批准等，致使施工不能正常进行；

（4）设计变更和工程量增加；

（5）一周内非承包人原因停水、停电、停气造成停工累计超过 8 小时；

（6）不可抗力；

（7）专用条款中约定或工程师同意工期顺延的其他情况。

这些情况工期可以顺延的根本原因在于：这些情况属于发包人违约或者是应当由发包人承担的风险。反之，如果造成工期延误的原因是承包人的违约或者应当由承包人承担的风险，则工期不能顺延。

2．工期顺延的确认程序

承包人在工期可以顺延的情况发生后 14 天内，应将延误的工期向工程师提出书面报告。工程师在收到报告后 14 天内予以确认答复，逾期不予答复，视为报告要求已经被确认。

（五）发包人要求提前竣工

施工中如果发包人出于某种考虑要求提前竣工，应与承包人协商。双方达成一致后签订提前竣工协议，作为合同文件的组成部分。提前竣工协议应包括以下方面的内容：

（1）提前竣工的时间；

（2）发包人为赶工应提供的方便条件；

（3）承包人在保证工程质量和安全的前提下，可能采取的赶工措施；

（4）提前竣工所需的追加合同价款等。

六、设计变更管理

（一）工程师指示的设计变更

（1）更改工程有关部分的标高、基线、位置和尺寸；

（2）增减合同中约定的工程量；

（3）改变有关工程的施工时间和顺序；

（4）其他有关工程变更需要的附加工作。

（二）设计变更程序

1. 发包人要求的设计变更

（1）发包人需对原工程设计进行变更，应提前 14 天以书面形式向承包人发出变更通知。

（2）变更超过原设计标准或批准的建设规模时，发包人应报规划管理部门和其他有关部门重新审查批准，并由原设计单位提供变更的相应图纸和说明。

（3）承包人按照工程师发出的变更通知及有关要求，进行所需的变更。

（4）因设计变更导致合同价款的增减及造成的承包人损失由发包人承担，延误的工期相应顺延。

2. 承包人要求的设计变更

（1）施工中承包人不得因施工方便而要求对原工程设计进行变更。

（2）承包人在施工中提出的合理化建议被发包人采纳，若建议涉及到对设计图纸或施工组织设计的变更及对材料、设备的换用，则须经工程师同意。

（3）工程师同意采用承包人的合理化建议，所发生费用和获得收益的分担或分享，由发包人和承包人另行约定。

（4）未经工程师同意承包人擅自更改或换用，承包人应承担由此发生的费用，并赔偿发包人的有关损失，延误的工期不予顺延。

（三）变更价款的确定

1. 确定变更价款的程序

（1）承包人在工程变更确定后 14 天内，可提出变更涉及的追加合同价款要求的报告，经工程师确认后相应调整合同价款。如果承包人在双方确定变更后的 14 天内，未向工程师提出变更工程价款的报告，视为该项变更不涉及合同价款的调整。

（2）工程师应在收到承包人的变更合同价款报告后 14 天内，对承包人的要求予以确认或作出其他答复。工程师无正当理由不确认或答复时，自承包人的报告送达之日起 14 天后，视为变更价款报告已被确认。

（3）工程师确认增加的工程变更价款作为追加合同价款，与工程进度款同期支付。工程师不同意承包人提出的变更价款，按合同约定的争议条款处理。

（4）因承包人自身原因导致的工程变更，承包人无权要求追加合同价款。

2. 确定变更价款的原则

《建设工程施工合同示范文本》规定：

（1）合同中已有适用于变更工程的价格，按合同已有的价格变更合同价款；

（2）合同中只有类似于变更工程的价格，可以参照类似价格变更合同价款；

（3）合同中没有适用或类似于变更工程的价格，由承包人提出适当的变更价格，经工程师确认后执行。

七、工程量的确认

发包人支付工程进度款前应对承包人完成的实际工程量予以确认或核实，按照承包人实际完成永久工程的工程量进行支付。

（一）承包人提交工程量报告

承包人应按专用条款约定的时间，向工程师提交本阶段（月）已完工程量的报告，说明本期完成的各项工作内容和工程量。

（二）工程量计量

（1）工程师接到承包人的报告后7天内，按设计图纸核实已完工程量，并在现场实际计量前24小时通知承包人共同参加。

（2）承包人收到通知后不参加计量，工程师自行计量的结果有效，作为工程价款支付的依据。

（3）工程师不按约定时间通知承包人，致使承包人未能参加计量，工程师单方计量的结果无效。

（4）工程师收到承包人报告后7天内未进行计量，从第8天起，承包人报告中开列的工程量即视为已被确认，作为工程价款支付的依据。

（三）工程量的计量原则

（1）工程师只对承包人完成的永久工程合格工程量进行计量；

（2）承包人超出设计图纸范围（包括超挖、涨线）的工程量不予计量；

（3）因承包人原因造成返工的工程量不予计量。

八、支付管理

（一）允许调整合同价款的情况

（1）法律、行政法规和国家有关政策变化影响到合同价款，如施工过程中地方税的某项税费发生变化，按实际发生与订立合同时的差异进行增加或减少合同价款的调整；

（2）工程造价部门公布的价格调整，当市场价格浮动变化时，按照专用条款约定的方法对合同价款进行调整；

（3）一周内非承包人原因停水、停电、停气造成停工累计超过8小时；

（4）双方约定的其他因素。

（二）工程进度款的支付

1. 工程进度款的计算

（1）经过确认核实的完成工程量对应工程量清单或报价单的相应价格计算应支付的工程款；

（2）设计变更应调整的合同价款；

（3）本期应扣回的工程预付款；

（4）因调整合同价款，应补偿承包人的款项和应扣减的款项；

（5）经过工程师批准的承包人索赔款等。

2. 发包人的支付责任

发包人应在双方计量确认后14天内向承包人支付工程进度款。发包人超过约定的支付时间不支付工程进度款：

（1）承包人可向发包人发出要求付款的通知；

（2）协商延期支付，延期付款协议中须明确延期支付时间，以及从计量结果确认后第15天起计算应付款的贷款利息；

（3）停止施工，发包人不按合同约定支付工程款（进度款），双方又未达成延期付款协议，导致施工无法进行，承包人可停止施工，由发包人承担违约责任。

九、不可抗力

（一）不可抗力的范围

建设工程施工中的不可抗力包括因战争、动乱、空中飞行物坠落或其他非发包人和承包人责任造成的爆炸、火灾以及专用条款约定的风、雨、雪、洪水、地震等自然灾害。对于自然灾害形成的不可抗力，当事人双方订立合同时应在专用条款内予以约定，如多少级以上的地震、多少级以上持续多少天的大风等。

（二）不可抗力发生后的合同管理

不可抗力事件发生后，承包人应在力所能及的条件下迅速采取措施，尽量减少损失，并在不可抗力事件结束后 48 小时内向工程师通报受灾情况和损失情况，及预计清理和修复的费用。发包人应尽力协助承包人采取措施。

不可抗力事件继续发生．承包人应每隔 7 天向工程师报告一次受害情况，并于不可抗力事件结束后 14 天内，向工程师提交清理和修复费用的正式报告及有关资料。

（三）不可抗力事件的合同责任

1. 合同约定工期内发生的不可抗力

施工合同范本通用条款规定，因不可抗力事件导致的费用及延误的工期由双方按以下方法分别承担：

（1）工程本身的损害、因工程损害导致第三方人员伤亡和财产损失以及运至施工场地用于施工的材料和待安装的设备的损害，由发包人承担；

（2）承发包双方人员的伤亡损失，分别由各自负责；

（3）承包人机械设备损坏及停工损失，由承包人承担；

（4）停工期间，承包人应工程师要求留在施工场地的必要的管理人员及保卫人员的费用由发包人承担；

（5）工程所需清理、修复费用，由发包人承担；

（6）延误的工期相应顺延。

2. 迟延履行合同期间发生的不可抗力

按照合同法规定的基本原则，因合同一方迟延履行合同后发生不可抗力，不能免除迟延履行方的相应责任。

十、施工环境管理

（一）遵守法规对环境的要求

施工应遵守政府有关主管部门对施工场地、施工噪音以及环境保护和安全生产等的管理规定。承包人按规定办理有关手续，并以书面形式通知发包人，发包人承担由此发生的费用。

（二）保持现场的整洁

承包人应保证施工场地清洁，符合环境卫生管理的有关规定。交工前清理现场，达到专用条款约定的要求。

（三）重视施工安全

1. 承包人应遵守安全生产的有关规定，严格按安全标准组织施工，采取必要的安全防护措施，消除事故隐患。

2. 发包人应对其在施工场地的工作人员进行安全教育，并对他们的安全负责。

3. 发包人不得要求承包人违反安全管理规定进行施工。

4. 承包人在动力设备、输电线路、地下管道、密封防震车间、易燃易爆地段以及临街交通要道附近施工时，施工开始前应向工程师提出安全防护措施。经工程师认可后实施。防护措施费用，由发包人承担。

5. 实施爆破作业，在放射、毒害性环境中施工，及使用毒害性、腐蚀性物品施工时，承包人应在施工前14天内以书面形式通知工程师，并提出相应的防护措施。经工程师认可后实施，由发包人承担安全防护措施费用。

第四节　竣工阶段的合同管理

一、工程试车

（一）竣工前的试车

1. 试车的组织

（1）单机无负荷试车

由承包人组织试车。承包人应在试车前48小时向工程师发出要求试车的书面通知。承包人准备试车记录，发包人根据承包人要求为试车提供必要条件。试车合格，工程师在试车记录上签字。

工程师不能按时参加试车，须在开始试车前24小时以书面形式向承包人提出延期要求，延期不能超过48小时。工程师未能按以上时间提出延期要求，不参加试车，应承认试车记录。

（2）联动无负荷试车

由发包人组织试车。发包人在试车前48小时书面通知承包人做好试车准备工作。通知包括试车内容、时间、地点和对承包人的要求等。承包人按要求做好准备工作。试车合格，双方在试车记录上签字。

2. 试车中双方的责任

（1）由于设计原因试车达不到验收要求

发包人应要求设计单位修改设计，承包人按修改后的设计重新安装。发包人承担修改设计、拆除及重新安装的全部费用和追加合同价款，工期相应顺延。

（2）由于设备制造原因试车达不到验收要求

由该设备采购一方负责重新购置或修理，承包人负责拆除或重新安装。设备由承包人采购的，由承包人承担修理或重新购置、拆除及重新安装的费用，工期不予顺延；设备由发包人采购的，发包人承担上述各项追加合同价款，工期相应顺延。

（3）由于承包人施工原因试车达不到要求

承包人按工程师要求重新安装和试车，并承担重新安装和试车的费用，工期不予顺延。

3. 试车费用

除已包括在合同价款之内或专用条款另有约定外，均由发包人承担。一般单机无负荷试车费用均包含在合同价里，无须单独支付。

4. 试车结果

工程师在试车合格后不在试车记录上签字，试车结束 24 小时后，视为工程师已经认可试车记录，承包人可继续施工或办理竣工手续。

（二）竣工后的试车

投料试车属于竣工验收后的带负荷试车，不属于承包的工作范围，一般情况下承包人不参与此项试车。如果发包人要求在工程竣工验收前进行或需要承包人在试车时予以配合，应征得承包人同意，另行签订补充协议。试车组织和试车工作由发包人负责。

二、竣工验收

工程未经竣工验收或竣工验收未通过的，发包人不得使用。发包人强行使用时，由此发生的质量问题及其他问题，由发包人承担责任。

（一）竣工验收需满足的条件

（1）完成工程设计和合同约定的各项内容。

（2）施工单位在工程完工后对工程质量进行了检查，确认工程质量符合有关工程建设强制性标准，符合设计文件及合同要求，并提出工程竣工报告。工程竣工报告应经项目经理和施工单位有关负责人审核签字。

（3）对于委托监理的工程项目，监理单位对工程进行了质量评价，具有完整的监理资料，并提出工程质量评价报告。工程质量评价报告应经总监理工程师和监理单位有关负责人审核签字。

（4）勘察、设计单位对勘察、设计文件及施工过程中由设计单位签署的设计变更通知书进行了确认。

（5）有完整的技术档案和施工管理资料。

（6）有工程使用的主要建筑材料、建筑构配件和设备合格证及必要的进场试验报告。

（7）有施工单位签署的工程质量保修书。

（8）有公安消防、环保等部门出具的认可文件或准许使用文件。

（9）建设行政主管部门及其委托的工程质量监督机构等有关部门责令整改的问题全部整改完毕。

（二）竣工验收程序

1. 承包人申请验收

工程具备竣工验收条件，承包人向发包人申请工程竣工验收，递交竣工验收报告并提供完整的竣工资料。实行监理的工程，工程竣工报告必须经总监理工程师签署意见。

2. 发包人组织验收组

对符合竣工验收要求的工程，发包人收到工程竣工报告后 28 天内，组织勘察、设计、施工、监理、质量监督机构和其他有关方面的专家组成验收组，制定验收方案。

3. 验收步骤

由发包人组织工程竣工验收。验收过程主要包括：

（1）发包人、承包人、勘察、设计、监理单位分别向验收组汇报工程合同履约情况和在工程建设各个环节执行法律、法规和工程建设强制性标准的情况；

（2）验收组审阅建设、勘察、设计、施工、监理单位提供的工程档案资料；

（3）查验工程实体质量；

（4）验收组通过查验后，对工程施工、设备安装质量和各管理环节等方面作出总体评价，形成工程竣工验收意见（包括基本合格对不符合规定部分的整改意见）。参与工程竣工验收的发包人、承包人、勘察、设计、施工、监理等各方不能形成一致意见时，应报当地建设行政主管部门或监督机构进行协调，待意见一致后，重新组织工程竣工验收。

4. 验收后的管理

（1）发包人在验收后 14 天内给予认可或提出修改意见。竣工验收合格的工程移交给发包人运行使用，承包人不再承担工程保管责任。需要修改缺陷的部分，承包人应按要求进行修改，并承担由自身原因造成修改的费用。

（2）发包人收到承包人送交的竣工验收报告后 28 天内不组织验收，或验收后 14 天内不提出修改意见，视为竣工验收报告已被认可。同时，从第 29 天起，发包人承担工程保管及一切意外责任。

（3）因特殊原因，发包人要求部分单位工程或工程部位甩项竣工的，双方另行签订甩项竣工协议，明确双方责任和工程价款的支付方法。

（4）中间竣工工程的范围和竣工时间，由双方在专用条款内约定，其验收程序与上述规定相同。

（三）竣工时间的确定

1. 工程竣工验收通过，承包人送交竣工验收报告的日期为实际竣工日期。

2. 工程按发包人要求修改后通过竣工验收的，实际竣工日期为承包人修改后提请发包人验收的日期。

合同约定的工期指协议书中写明的时间与施工过程中遇到合同约定可以顺延工期条件情况后，经过工程师确认应给予承包人顺延工期之和。

承包人的实际施工期限，从开工日起到上述确认为竣工日期之间的日历天数。开工日正常情况下为专用条款内约定的日期，也可能是由于发包人或承包人要求延期开工，经工程师确认的日期。

三、工程保修

1. 质量保修书的主要内容

质量保修书的主要内容包括工程质量保修范围和内容、质量保修期、质量保修责任、保修费用和其他约定 5 部分。

2. 最低保修期限

国务院颁布的《建设工程质量管理条例》明确规定，在正常使用条件下的最低保修期限为：

（1）基础设施工程、房屋建筑的地基基础工程和主体工程：设计文件规定的该工程的合理使用年限。

（2）屋面防水工程、有防水要求的卫生间、房间和外墙面的防渗漏：5 年。

（3）供热与供冷系统：2 个采暖期、供冷期。

（4）电气管线、给排水管道、设备安装和装修工程：2 年。

3. 质量保修责任

（1）属于保修范围、内容的项目，承包人应在接到发包人的保修通知起 7 天内派人保修。承包人不在约定期限内派人保修，发包人可以委托其他人修理。

（2）发生紧急抢修事故时，承包人接到通知后应当立即到达事故现场抢修。

（3）涉及结构安全的质量问题，应当按照《房屋建筑工程质量保修办法》的规定，立即向当地建设行政主管部门报告，采取相应的安全防范措施。由原设计单位或具有相应资质等级的设计单位提出保修方案，承包人实施保修。

（4）质量保修完成后，由发包人组织验收。

4. 保修费用

《建设工程质量管理条例》颁布后，由于保修期限较长，为了维护承包人的合法利益，竣工结算时不再扣留质量保修金。保修费用，由造成质量缺陷的责任方承担。

四、竣工结算

（一）竣工结算程序

1. 承包人递交竣工结算报告

工程竣工验收报告经发包人认可后，承发包双方应当按协议书约定的合同价款及专用条款约定的合同价款调整方式，进行工程竣工结算。

工程竣工验收报告经发包人认可后 28 天，承包人向发包人递交竣工结算报告及完整的结算资料。

2. 发包人的核实和支付

发包人自收到竣工结算报告及结算资料后 28 天内进行核实，给予确认或提出修改意见。发包人认可竣工结算报告后，及时办理竣工结算价款的支付手续。

3. 移交工程

承包人收到竣工结算价款后 14 天内将竣工工程交付发包人，施工合同即告终止。

（二）竣工结算的违约责任

1. 发包人的违约责任

（1）发包人收到竣工结算报告及结算资料后 28 天内无正当理由不支付工程竣工结算价款，从第 29 天起按承包人同期向银行贷款利率支付拖欠工程价款的利息，并承担违约责任。

（2）发包人收到竣工结算报告及结算资料后 28 天内不支付工程竣工结算价款，承包人可以催告发包人支付结算价款。发包人在收到竣工结算报告及结算资料后 56 天内仍不支付，承包人可以与发包人协议将该工程折价，也可以由承包人申请人民法院将该工程依法拍卖，承包人就该工程折价或者拍卖的价款优先受偿。

2. 承包人的违约责任

工程竣工验收报告经发包人认可后 28 天内，承包人未能向发包人递交竣工结算报告及完整的结算资料，造成工程竣工结算不能正常进行或工程竣工结算价款不能及时支付时，如果发包人要求交付工程，承包人应当交付；发包人不要求交付工程，承包人仍应承担保管责任。

第四章　FIDIC 合同条件下的施工管理

一、FIDIC(国际咨询工程师联合会)**《施工合同条件》的部分概念**

（一）合同文件

通用条件的条款规定，构成对业主和承包商有约束力的合同文件包括以下几方面的内容：

1. 合同协议书；

2. 中标函；

3. 投标函，承包商填写并签字的法律性投标函和投标函附录，包括报价和对招标文件及合同条款的确认文件；

4. 合同专用条件；

5. 合同通用条件；

6. 规范；

7. 图纸；

8. 资料表以及其他构成合同一部分的文件。

（二）合同担保

1. 承包商提供的担保

合同条款中规定，承包商签订合同时应提供履约担保，接受预付款前应提供预付款担保。在范本中给出了担保书的格式，分为企业法人提供的保证书和金融机构提供的保函两类格式。

2. 业主提供的担保

业主提供的支付保函担保金额可以按总价或分项合同价的某一百分比计算，担保期限至缺陷通知期满后6个月，并且为无条件担保，使合同双方的担保义务对等。

（三）几个期限概念

1. 合同工期

合同工期在合同条件中用"竣工时间"的概念，指所签合同内注明的完成全部工程的时间，加上合同履行过程中因非承包商应负责原因导致变更和索赔事件发生后，经工程师批准顺延工期之和。

2. 施工期

从工程师按合同约定发布的"开工令"中指明的应开工之日起，至工程接收证书注明的竣工日止的日历天数为承包商的施工期。用施工期与合同工期比较，判定承包商的施工是提前竣工，还是延误竣工。

3. 缺陷通知期

缺陷通知期即国内施工文本所指的工程保修期，自工程接收证书中写明的竣工日开始，至工程师颁发履约证书为止的日历天数。

4. 合同有效期

自合同签字日起至承包商提交给业主的"结清单"生效日止，施工承包合同对业主和承包商均具有法律约束力。结清单生效指业主已按工程师签发的最终支付证书中的金额付款，并退还承包商的履约保函。结清单一经生效，承包商在合同内享有的索赔权利也自行终止。

（四）合同价格

"接受的合同款额"指业主在"中标函"中对实施、完成和修复工程缺陷所接受的金额，来源于承包商的投标报价并对其确认。

"合同价格"则指按照合同各条款的约定，承包商完成建造和保修任务后，对所有合格工程有权获得的全部工程款。最终结算的合同价可能与中标函中注明的接受的合同款额不一定相等。

1. 合同类型特点

《施工合同条件》适用于大型复杂工程采用单价合同的承包方式。

2. 可调价合同

大型复杂工程的施工期较长，通用条件中包括合同工期内因物价变化对施工成本产生影响后计算调价费用的条款，每次支付工程进度款时均要考虑约定可调价范围内项目当地市场价格的涨落变化。而这笔调价款没有包含在中标价格内，仅在合同条款中约定了调价原则和调价费用的计算方法。

3. 发生应由业主承担责任的事件

合同履行过程中，可能因业主的行为或他应承担风险责任的事件发生后，导致承包商增加施工成本，合同相应条款都规定应对承包商受到的实际损害给予补偿。

4. 承包商的质量责任

合同履行过程中，如果承包商没有完全地或正确地履行合同义务，业主可凭工程师出具的证明，从承包商应得工程款内扣减该部分给业主带来损失的款额。

1) 不合格材料和工程的重复检验费用由承包商承担；

2) 承包商没有改正忽视质量的错误行为；

3) 折价接收部分有缺陷工程。

5. 承包商延误工期或提前竣工

(1) 因承包商责任的延误竣工

签订合同时双方需约定日拖期赔偿额和最高赔偿限额。专用条款中的日拖期赔偿额视合同金额的大小，可在 0.03%～0.2%合同价的范围内约定具体数额或百分比，最高赔偿限额一般不超过合同价的 10%。

$$折减的误期损害赔偿金/天＝合同约定的误期损害赔偿金/天×拖期部分工程的$$
$$合同金额/合同工程总金额$$

误期损害赔偿总金额＝折减的误期损害赔偿金/天×延误天数(≤最高赔偿限额)

(2) 提前竣工

承包商通过自己的努力使工程提前竣工是否应得到奖励，在施工合同条件中列入可选择条款一类。业主要看提前竣工的工程或区段是否能让其得到提前使用的收益，而决定该条款的取舍。如果招标工作内容仅为整体工程中的部分工程且这部分工程的提前不能单独发挥效益，则没有必要鼓励承包商提前竣工，可以不设奖励条款。若选用奖励条款，则需在专用条件中具体约定奖金的计算办法。

6. 包含在合同价格之内的暂列金额

某些项目的工程量清单中包括有"暂列金额"款项，尽管这笔款额计入在合同价格内，但其使用却归工程师控制。暂列金额实际上是一笔业主方的备用金，用于招标时对尚未确定或不可预见项目的储备金额。施工过程中工程师有权依据工程进展的实际需要经业主同意后，用于施工或提供物资、设备，以及技术服务等内容的开支，也可以作为供意外用途的开支。他有权全部使用、部分使用或完全不用。

二、指定分包商

1. 指定分包商的概念

指定分包商是由业主(或工程师)指定、选定，完成某项特定工作内容并与承包商签订分包合同的特殊分包商。合同条款规定，业主有权将部分工程项目的施工任务或涉及提供材料、设备、服务等工作内容发包给指定分包商实施。

由于指定分包商是与承包商签订分包合同，因而在合同关系和管理关系方面与一般分包商处于同等地位，对其施工过程中的监督、协调工作纳入承包商的管理之中。指定分包工作内容可能包括部分工程的施工；供应工程所需的货物、材料、设备；设计；提供技术服务等。

2. 指定分包商的特点

指定分包商与一般分包商的主要差异：

1) 选择分包单位的权利不同：承担指定分包工作任务的单位由业主或工程师选定；一般分包商由承包商选择。

2) 分包合同的工作内容不同：指定分包工作属于承包商无力完成，不属于合同约定应由承包商必须完成范围之内的工作，即承包商投标报价时没有摊入间接费、管理费、利润、税金的工作，因此不损害承包商的合法权益；一般分包商的工作则为承包商承包工作范围的一部分。

3) 工程款的支付开支项目不同：给指定分包商的付款应从暂列金额内开支；对一般分包商的付款，则从工程量清单中相应工作内容项内支付。

4) 业主对分包商利益的保护不同：在合同条件内列有保护指定分包商的条款。如通用条件规定，承包商在每个月末报送工程进度款支付报表时，工程师有权要求他出示以前已按指定分包合同给指定分包商付款的证明。如果承包商没有合法理由而扣押了指定分包商上个月应得工程款的话，业主有权按工程师出具的证明从本月应得款内扣除这笔金额直接付给指定分包商；对于一般分包商则无此类规定，业主和工程师不介入一般分包合同履行的监督。

5) 承包商对分包商违约行为承担责任的范围不同：除非由于承包商向指定分包商发布了错误的指示要承担责任外，对指定分包商的任何违约行为给业主或第三者造成损害而导致索赔或诉讼，承包商不承担责任；如果一般分包商有违约行为，业主将其视为承包商的违约行为，按照主合同的规定追究承包商的责任。

3. 指定分包商的选择

1) 特殊专项工作的实施要求指定分包商拥有某方面的专业技术或专门的施工设备、独特的施工方法。

2) 业主和工程师往往通过议标方式选择指定分包商或采用招标方式。

3) 某项工作将由指定分包商负责实施是招标文件规定，因此他不能反对该项工作由指定分包商完成，并负责协调管理工作。

4) 当承包商有合法理由时，有权拒绝某一单位作为指定分包商。

第五章　监理规范的规定

规 范 内 容	复 习 提 示
6　施工合同管理的其他工作	
6.1　工程暂停及复工	

规 范 内 容	复 习 提 示
6.1.1 总监理工程师在签发工程暂停令时，应根据暂停工程的影响范围和影响程度，按照施工合同和委托监理合同的约定签发。 6.1.2 在发生下列情况之一时，总监理工程师可签发工程暂停令： 1 建设单位要求暂停施工、且工程需要暂停施工； 2 为了保证工程质量而需要进行停工处理； 3 施工出现了安全隐患，总监理工程师认为有必要停工以消除隐患； 4 发生了必须暂时停止施工的紧急事件； 5 承包单位未经许可擅自施工，或拒绝项目监理机构管理。 6.1.3 总监理工程师在签发工程暂停令时，应根据停工原因的影响范围和影响程度，确定工程项目停工范围。 6.1.4 由于非承包单位且非6.1.2中2、3、4、5款原因时，总监理工程师在签发工程暂停令之前，应就有关工期和费用等事宜与承包单位进行协商。 6.1.5 由于建设单位原因，或其他非承包单位原因导致工程暂停时，项目监理机构应如实记录所发生的实际情况。总监理工程师应在施工暂停原因消失，具备复工条件时，及时签署工程复工报审表，指导承包单位继续施工。 6.1.6 由于承包单位原因导致工程暂停，在其具备恢复施工条件时，项目监理机构应审查承包单位报送的复工申请及有关材料，同意后由总监理工程师签署工程复工报审表，指导承包单位继续施工。 6.1.7 总监理工程师在签发工程暂停令到签发工程复工报审表之间的时间内，宜会同有关各方按照施工合同的约定，处理因工程暂停引起的与工期、费用等有关的问题	6.1.2：规定了暂停令的签发条件，这5条需要记忆。 质量教材也列出了需要停工处理的情况（理解为主，不需要背下来）： （1）施工作业活动存在重大隐患，可能造成质量事故或已经造成质量事故。 （2）承包单位未经许可擅自施工或拒绝项目监理机构管理。 （3）下列情况下，总监理工程师有权下达停工令： 1）施工中出现质量异常情况，经提出后，承包单位未采取有效措施，或措施不力未能扭转异常情况者； 2）隐蔽作业未经依法验收确认合格，而擅自封闭者； 3）已发生质量问题迟迟不按监理工程师要求进行处理，或者是已发生质量缺陷或问题，如不停工则质量缺陷或问题将继续发展的情况下； 4）未经监理工程师审查同意，而擅自变更设计或修改图纸进行施工者； 5）未经技术资质审查的人员或不合格人员进入现场施工； 6）使用的原材料、构配件不合格或未经检查确认者；或擅自采用未经审查认可的代用材料者； 7）擅自使用未经项目监理机构审查认可的分包单位进场施工； 注意：总监下达停工令及复工指令，宜事先向建设单位报告
6.2 工程变更的管理	
6.2.1 项目监理机构应按下列程序处理工程变更： 1 设计单位对原设计存在的缺陷提出的工程变更，应编制设计变更文件；建设单位或承包单位提出的工程变更，应提交总监理工程师，由总监理工程师组织专业监理工程师审查。审查同意后，应由建设单位转交原设计单位编制设计变更文件。当工程变更涉及安全、环保等内容时，应按规定经有关部门审定。 2 项目监理机构应了解实际情况和收集与工程变更有关的资料。 3 总监理工程师必须根据实际情况、设计变更文件和其他有关资料，按照施工合同的有关条款，在指定专业监理工程师完成下列工作后，对工程变更的费用和工期作出评估： 1）确定工程变更项目与原工程项目之间的类似程度和难易程度； 2）确定工程变更项目的工程量； 3）确定工程变更的单价或总价。 4 总监理工程师应就工程变更费用及工期的评估情况与承包单位和建设单位进行协调。 5 总监理工程师签发工程变更单。 工程变更应符合附录C2表的格式，并应包括工程变更要求、工程变更说明、工程变更费用和工期、必要的附件等内容，有设计变更文件的工程变更应附设计变更文件。 6 项目监理机构应根据工程变更单监督承包单位实施	6.2.1：描述了变更的程序： 1.设计单位可以提出变更，交建设单位，建设单位交给总监，总监审查后签发给总承包商，总承包商转给分包商。 2.建设单位提出变更，先交给总监审核，总监认可后，由建设单位转交设计单位，设计单位变更后按照上面第一条程序执行。 3.监理机构提出变更，由总监审核后报建设单位，建设单位同意后交给设计单位，设计单位变更后按照上面第一条程序执行。 4.总承包商提出变更，报监理机构，由总监审核后报建设单位，建设单位同意后交给设计单位，设计单位变更后按照上面第一条程序执行。 5.分包商提出变更，报总包单位，总承包商给监理机构，由总监审核后报建设单位，建设单位同意后交给设计单位，设计单位变更后按照上面第一条程序执行。 注意：（1）中间任何步骤不能跳跃。 （2）所有程序，总监是个枢纽站。 （3）变更的最终决定权在于建设单位，总监有审核权

规 范 内 容	复 习 提 示
6.2.2 项目监理机构处理工程变更应符合下列要求： 1 项目监理机构在工程变更的质量、费用和工期方面取得建设单位授权后，总监理工程师应按施工合同规定与承包单位进行协商，经协商达成一致后，总监理工程师将协商结果向建设单位通报，并由建设单位与承包单位在变更文件上签字； 2 在项目监理机构未能就工程变更的质量、费用和工期方面取得建设单位授权时，总监理工程师应协助建设单位和承包单位进行协商，并达成一致； 3 在建设单位和承包单位未能就工程变更的费用等方面达成协议时，项目监理机构应提出一个暂定的价格，作为临时支付工程进度款的依据。该项工程款最终结算时，应以建设单位和承包单位达成的协议为依据。 6.2.3 在总监理工程师签发工程变更单之前，承包单位不得实施工程变更。 6.2.4 未经总监理工程师审查同意而实施的工程变更，项目监理机构不得予以计量。	6.2.2：变更后的费用处理，一般应在变更前监理协调双方达成一致意见。达不成一致意见，项目监理机构应提出一个暂定的价格，作为临时支付工程进度款的依据。最终结算时，应以建设单位和承包单位达成的协议为依据。 6.2.3、6.2.4：是确定监理权力的。关键是：未经监理的变更不予计量。自然也就不予结算付款。
6.3 费用索赔的处理	
6.3.1 项目监理机构处理费用索赔应依据下列内容： 1 国家有关的法律、法规和工程项目所在地的地方法规； 2 本工程的施工合同文件； 3 国家、部门和地方有关的标准、规范和定额； 4 施工合同履行过程中与索赔事件有关的凭证。 6.3.2 当承包单位提出费用索赔的理由同时满足以下条件时，项目监理机构应予以受理： 1 索赔事件造成了承包单位直接经济损失； 2 索赔事件是由于非承包单位的责任发生的； 3 承包单位已按照施工合同规定的期限和程序提出费用索赔申请表，并附有索赔凭证材料。 费用索赔申请表应符合附录A8表的格式。 6.3.3 承包单位向建设单位提出费用索赔，项目监理机构应按下列程序处理： 1 承包单位在施工合同规定的期限内向项目监理机构提交对建设单位的费用索赔意向通知书； 2 总监理工程师指定专业监理工程师收集与索赔有关的资料； 3 承包单位在承包合同规定的期限内向项目监理机构提交对建设单位的费用索赔申请表； 4 总监理工程师初步审查费用索赔申请表，符合本规范第6.3.2条所规定的条件时予以受理； 5 总监理工程师进行费用索赔审查，并在初步确定一个额度后，与承包单位和建设单位进行协商； 6 总监理工程师应在施工合同规定的期限内签署费用索赔审批表，或在施工合同规定的期限内发出要求承包单位提交有关索赔报告的进一步详细资料的通知，待收到承包单位提交的详细资料后，按本条的第4、5、6款的程序进行。 费用索赔审批表应符合附录B6表的格式。 6.3.4 当承包单位的费用索赔要求与工程延期要求相关联时，总监理工程师在作出费用索赔的批准决定时，应与工程延期的批准联系起来，综合作出费用索赔和工程延期的决定。	6.3.1：索赔处理依据中，合同9个组成的次序要掌握： (1) 施工合同协议书； (2) 中标通知书； (3) 投标书及附件； (4) 施工合同专用条款； (5) 施工合同通用条款； (6) 标准、规范及有关技术文件； (7) 图纸； (8) 工程量清单； (9) 工程报价单或预算书。 双方有关工程的洽商、变更等书面协议或文件视为协议书的组成部分。 6.3.2：索赔条件： (1) 只计算直接经济损失； (2) 非承包商责任指：业主责任和业主应承担的风险（例：不可抗力）。 6.3.3：承包单位向监理机构提出索赔意向，不是向建设单位提出。总监要在一定时间内答复。 6.3.4：工期和费用要兼顾。施工单位为赶工期而自己赶工的，不管费用多少，一般不给，只给按合同约定的工期奖罚。但是，如果甲方要求赶工期，就要考虑赶工费和赶工后收益的比较

规 范 内 容	复 习 提 示
6.3.5 由于承包单位的原因造成建设单位的额外损失,建设单位向承包单位提出费用索赔时,总监理工程师在审查索赔报告后,应公正地与建设单位和承包单位进行协商,并及时作出答复	
6.4 工程延期及工程延误的处理	
6.4.1 当承包单位提出工程延期要求符合施工合同文件的规定条件时,项目监理机构应予以受理。 6.4.2 当影响工期事件具有持续性时,项目监理机构可在收到承包单位提交的阶段性工程延期申请表并经过审查后,先由总监理工程师签署工程临时延期审批表并通报建设单位。当承包单位提交最终的工程延期申请表后,项目监理机构应复查工程延期及临时延期情况,并由总监理工程师签署工程最终延期审批表。 工程延期申请表应符合附录 A7 表的格式;工程临时延期审批表应符合附录 B4 表的格式;工程最终延期审批表应符合附录 B5 表的格式。 6.4.3 项目监理机构在作出临时工程延期批准或最终的工程延期批准之前,均应与建设单位和承包单位进行协商。 6.4.4 项目监理机构在审查工程延期时,应依下列情况确定批准工程延期的时间: 1 施工合同中有关工程延期的约定; 2 工期拖延和影响工期事件的事实和程度; 3 影响工期事件对工期影响的量化程度。 6.4.5 工程延期造成承包单位提出费用索赔时,项目监理机构应按本规范第 6.3 节的规定处理。 6.4.6 当承包单位未能按照施工合同要求的工期竣工交付造成工期延误时,项目监理机构应按施工合同规定从承包单位应得款项中扣除误期损害赔偿费	6.4.1:一般有以下条件: (1)业主未提供合格的场地或图纸; (2)业主未提供预付款或工程进度款; (3)业主和监理的错误指令; (4)变更和增加了工程量; (5)不可抗力事件影响; (6)1 周累计停电 8 小时以上; (7)其他约定。 6.4.2:这个临时延期和最终处理要记住,经常考试。 6.4.4:主要在于应用: (1)合同文本中有 7 条; (2)事实发生及影响程度; (3)是否关键线路或超过总时差等。 6.4.5:按照费用和工期综合索赔处理
6.5 合同争议的调解	
6.5.1 项目监理机构接到合同争议的调解要求后应进行以下工作: 1 及时了解合同争议的全部情况,包括进行调查和取证; 2 及时与合同争议的双方进行磋商; 3 在项目监理机构提出调解方案后,由总监理工程师进行争议调解; 4 当调解未能达成一致时,总监理工程师应在施工合同规定的期限内提出处理该合同争议的意见; 5 在争议调解过程中,除已达到了施工合同规定的暂停履行合同的条件之外,项目监理机构应要求施工合同的双方继续履行施工合同。 6.5.2 在总监理工程师签发合同争议处理意见后,建设单位或承包单位在施工合同规定的期限内未对合同争议处理决定提出异议,在符合施工合同的前提下,此意见应成为最后的决定,双方必须执行。 6.5.3 在合同争议的仲裁或诉讼过程中,项目监理机构接到仲裁机关或法院要求提供有关证据的通知后,应公正地向仲裁机关或法院提供与争议有关的证据	6.5.1:这个合同争议解决程序很重要,要记忆。 (1)只有总监才能进行调解。其他人不可以; (2)协商不成,总监可提出处理方案,双方无异议,就按总监意见执行; (3)不能随意停工和停止合同履行。 6.5.3:监理机构这时候要本着公正原则提供证据

规 范 内 容	复 习 提 示
6.6 合同的解除	
6.6.1 施工合同的解除必须符合法律程序。 6.6.2 当建设单位违约导致施工合同最终解除时，项目监理机构应就承包单位按施工合同规定应得到的款项与建设单位和承包单位进行协商，并应按施工合同的规定从下列应得的款项中确定承包单位应得到的全部款项，并书面通知建设单位和承包单位： 1 承包单位已完成的工程量表中所列的各项工作所应得的款项； 2 按批准的采购计划订购工程材料、设备、构配件的款项； 3 承包单位撤离施工设备至原基地或其他目的地的合理费用； 4 承包单位所有人员的合理遣返费用； 5 合理的利润补偿； 6 施工合同规定的建设单位应支付的违约金。 6.6.3 由于承包单位违约导致施工合同终止后，项目监理机构应按下列程序清理承包单位的应得款项，或偿还建设单位的相关款项，并书面通知建设单位和承包单位： 1 施工合同终止时，清理承包单位已按施工合同规定实际完成的工作所应得的款项和已经得到支付的款项； 2 施工现场余留的材料、设备及临时工程的价值； 3 对已完工程进行检查和验收、移交工程资料、该部分工程的清理、质量缺陷修复等所需的费用； 4 施工合同规定的承包单位应支付的违约金； 5 总监理工程师按照施工合同的规定，在与建设单位和承包单位协商后，书面提交承包单位应得款项或偿还建设单位款项的证明。 6.6.4 由于不可抗力或非建设单位、承包单位原因导致施工合同终止时，项目监理机构应按施工合同规定处理合同解除后的有关事宜	6.6.2：建设单位违约导致合同解除（合同文本第 44 条）6 项费用补偿要记住，要能计算。 （1）已完工程和已采购材料设备等要归建设单位。 （2）一般按照已完工程合同产值占总合同产值的百分比来分摊人员、机械遣散费。 （3）利润补偿和违约金按合同约定。 6.6.3：承包单位违约导致合同解除（合同文本第 44 条），6 项费用补偿要记住。 （1）和上面不同的是没有利润补偿和遣散费补偿。 （2）还要建设单位的清理修复费用。 （3）给建设单位的违约金。

📖 答疑解析

1. 监理工程师在招标过程中能决定中标人吗？

答：这要看发包方对监理工程师的委托是否有此权利。一般来说监理工程师对承包方只有建议权没有决策权，从招标投标角度上看一般来说，发包方会将中标人的推荐权交给评标委员会，一般评标委员会也只是推荐出前三名供发包方选择。

2. 为什么施工合同也是监理的依据之一？

答：监理单位能够对工程进行监理主要来源于业主的委托，监理单位和承包人没有合同关系，但是业主和承包人之间的合同一般有监理方面的约定，也正是因为有此约定，所以承包人才能够接受监理单位对工程建设过程进行监理。所以施工合同也是监理工作的依据之一。

3. 监理工程师是否一定会对招标投标进行监理？

答：不一定，要看业主的委托范围是否包括对招标投标过程的监理。如果委托范围内没有委托对招标投标过程的监理，那么监理工程师不能对招标投标过程进行监理。

4. "保证"中，哪些单位或部门不可以做保证人？

答：保证，是指保证人和债权人约定，当债务人不履行债务时，保证人按照约定履行债务或者承担责任的行为。《担保法》对以下单位的保证人资格进行了限制：

（1）国家机关不得为保证人，但经国务院批准为使用外国政府或者国际经济组织贷款进行转贷的除外。

（2）学校、幼儿园、医院等以公益为目的的事业单位、社会团体不得为保证人。

（3）企业法人的分支机构、职能部门不得为保证人。企业法人的分支机构有法人的书面授权的，可以在授权范围内提供保证。

5. 怎么理解总分包中的"保证"，连带责任？

答：在连带责任保证中，保证人没有先诉抗辩权，即债务人在主合同规定的债务履行期限届满没有履行债务的，债权人可以要求债务人履行债务，也可以要求保证人在其保证范围内承担保证责任。

当事人对保证方式没有约定或者约定不明确的，保证人按照连带责任保证方式承担保证责任。

总承包商对分包商的保证责任就是连带责任的保证。当分包商的行为对业主造成损失时，业主可以直接找总承包商负责。

6. 在施工过程中由于承包商原因造成的工期延误，承包商向业主和总监提出口头申请希望能将合同工期顺延，业主和总监也口头答应了不再追究工期延误的问题，但是当竣工时总监又提出按合同进行罚款，这样做是否合理？

答：在工程建设中一贯强调要书面合同，任何口头合同和约定未经事后书面进行确认一律无效。所以总监理工程师的做法是合理的。

7. 订合同经过多次谈判，怎么定义"邀请和承诺"？

答：合同的订立需经过的方式有要约和承诺，但是其过程是要约、新要约、再要约、直至承诺不断循环的过程，也即是谈判的过程。最终合同才告成立。

8. 对方已经签好的合同，我方签字盖章后通过邮寄，是不是邮寄出去就开始生效了？

答：我国的要约、承诺采用的是"到达主义"，不是"邮递主义"。也就是说如果要约或承诺没有送达到对方，要约或承诺均不生效，常在案例中出现的有：投标文件已经于投标截止日前10天寄送出，按规定3天内即可到达，但是到投标截止日后才到达，这时投标文件属于无效的。

9. 监理是一种代理行为吗？

答：严格来说监理一种委托与被委托的关系。

10. 监理合同属于建设合同吗？

答：不是，监理合同不属于建设合同范畴，监理合同是委托合同。

11. 业主可以将招标投标委托给监理吗？

答：可以，但是如果业主是委托监理单位代理招标，那么监理单位必须要有招标投标有关资质。注意：委托监理招标过程和委托监理招标不是一回事。

12. 工程中的口头允许、口头协议有效吗？

答：凡是口头的，都是无效的，除非是约定情况，还要在一定时间确认。书面形式有哪些也要注意记忆,比如发了电子邮件算不算书面合同。另外书面合同签字或盖章后有法律效力。这里需要说明的是仅有签字有法律效力,仅有盖章也有法律效力。

13. 监理单位可以做保证人吗?

答:监理单位是独立的法人,所以能够做保证人。

14. 某建设工程钢材约定 10 月 8 号到场,但是供货单位到 10 月 20 号才将钢材运到现场,此时钢材比 10 月 8 号已经涨价,供货商要求按新价格结算,是否合理?

答:不合理,应按照 10 月 8 号价格或合同约定的价格执行。

15. 招标投标部分考试中会出现什么"歧视待遇"吗?

答:招标的原则是公开、公平、公正,公平竞争包括不含歧视性条款,只有这样才能吸引真正感兴趣、有竞争力的投标人投标,通过竞争达到招标目的,也才能真正维护建设单位利益。

招标文件中的歧视性条款往往会写成"对省内、省外投标人提出不同的资格要求","外地施工单位不同意参加投标","外系统队伍要求垫资"等,有的歧视性条款会描述得比较好,让人一听似乎很有道理,如"本系统内施工单位对这类工程施工经验多,有利于保证工程质量,应多加 2 分"等等,评标时考虑到这些因素,可以多加 2 分,但是不能在招标文件中直接加 2 分,这不利于竞争,仍然是歧视性条款。

注意,合理的要求投标企业资质等级或类似工程业绩的不属于歧视待遇和不合理条件。

16. 公开招标和邀请招标有哪些异同?

答:两种不同招标方式相比有以下不同:

(1)邀请的对象不同:邀请招标是向特定的法人或组织邀请,没有受到邀请的不能参加投标。公开招标没有特定的法人或组织,所有符合要求资质的均可申请参加投标。

(2)信息公布方式不同:邀请招标只向特定的法人或组织公布信息,发出的是邀请函。公开招标向社会完全公开,在指定的媒体上发出招标公告。

(3)竞争程度不同:邀请招标只在特定的法人和组织中竞争,竞争不充分。价格可能偏高。公开招标参加投标者比较多,属于公开竞争,竞争比较充分有利于优选中标人,价格比较合理,甚至最低。

(4)邀请招标至少要向三家以上法人和组织发出邀请函,公开招标要求有效的投标书不低于三家。

(5)工作强度不同,邀请招标工作相对比较少,而公开招标资格预审和评标工作量较大。

(6)耗费时间不同,邀请招标时间相对比较少,而公开招标资格预审和评标工时间较长。

(7)消耗费用不同,邀请招标费用相对比较少,而公开招标资格预审和评标工费用较大。

17. 招标程序需要掌握吗?

答:投标程序十分重要,经常出现在考试题目中让考生做程序挑错。注意这是公开招标的程序不是邀请招标的程序。考试一般也会考公开招标程序,注意和前面所说的有些时间的规定联系起来一起记忆。

18. 评标委员会由招标人的代表和有关技术、经济等方面的专家组成，成员人数为 5 人以上单数，其中招标人以外的专家不得少于成员总数的 2/3。怎样理解这个 2/3？

答：评标委员会不能只由招标人单位人员组成，要聘请相关技术、经济专家，而且总人数不得少于 5 人，且为单数，比如可以是 7 人、9 人等，但是技术经济专家不少于 2/3，例如 5 人时不少于 4 人，7 人时不少于 5 人，9 人时不少于 6 人。

19. 在计算评标的一道题目中："报价评分原则是：以标底的±3% 为有效标，超过认为废标，计分是－3% 为 100 分，标价每上升 1% 扣 10 分。比如 A 单位报价 5970 万元，标底是 6000 万元。计算 A 的报价得分，如何计算。

答：比如 A 报价 5970，标底 6000。

$5970/6000=0.995$ 也就是说是标底的 -0.5%

因为计分是 -3% 为 100 分，标价每上升 1% 扣 10 分。

而 A 相对来 -3% 来说是上升了 2.5%。所以 A 得 75 分。

20. 投标有效期与投标准备时间有什么不同？

答：投标有效期是招标人在招标文件中规定的一个日历日，在这个日历日之前，投标人应该保证投标文件有效，即承诺受投标文件的约束。招标人原则上应该在投标有效期内完成招标工作，如果来不及完成，应该要求投标人同意延长投标有效期。

投标准备时间，是指从取得招标文件到规定的投标截止日之间的时间。

21. 有这样一道题目，为什么选 E？撤销投标书应该属于违约吧？该题标准答案：A、B、E。

公开开标体现了招标的公平、公开和公正原则。开标后，任何投标人不得(　　)。

A. 更改投标书的报价

B. 不得再增加优惠条件

C. 更改评标方法

D. 更改定标办法

E. 撤消投标书

答：正确答案必须有 E。首先是因为在投标有效期内撤销标书是要没收投标金的，如果不影响公平，又何必没收他的投标保证金呢？我们举例来说明一下好了，某工程公开招标有五家单位投标，在开标时四家单位撤销投标书，则只能确定剩余的一家为中标单位了。那四家单位就是"托儿"了，如此一来市场必然混乱，专家也不用评标了，这对建设单位极不公平，因为允许撤销标书的话，剩下的一家中标单位，建设单位用也得用，不用也得用了。撤销投标书不能算违约，因为在投标阶段双方根本就没有订立合同。

22. 成立招标工作小组与确定招标人一样吗？

答：有了招标人才能成立招标小组。招标人一般是指一个单位、组织，招标小组是该单位成立的用于组织招投标活动的临时机构。

23. 资格预审文件是招标文件的一部分，还是在招标文件发出之后另外编制发放的文件？

答：需要资格预审时才有此程序，是另外编制发放的文件。先预审，预审合格后才发给标书。

24. 招标开标会议是否只能由招标人主持？开标会议可否由招标代理机构主持？

答：招标开标会议只能由招标人或其委托的代理人(常是具有资格的招标代理机构)主

持。考题常出现的是：招标办主任、公证员等政府机构领导主持，让考生挑错。

25. 我国工程勘察、设计单位都有那些资质类别和等级？

答：建设工程勘察设计资质分为工程勘察资质和工程设计资质两大类。

工程勘察资质分综合类、专业类、劳务类三类。其中综合类包括工程勘察所有专业，其资质只设甲级；专业类是指岩土工程、水文地质工程、工程测量等专业中某一项或全部，其资质一般设甲、乙两个级别；劳务类不分级别，指岩土工程治理、工程钻探、凿井等。

工程设计资质分综合资质、行业资质、专项资质三类。其中综合类资质不设级别；行业类资质除建筑工程、市政公用、水利和公路等行业设甲、乙、丙三个级别外，其他一般只设甲、乙两级；专项类资质一般也设甲、乙、丙三个级别。

26. 在什么情况下可以没收投标人的投标保证金？

答：没收招标保证金的只有3种情况：

（1）投标人在投标有效期内撤销投标书。

（2）投标人在业主已正式通知他的投标已被接受中标后，在投标有效期内未能或拒绝按"投标人须知"规定，签订合同协议或递交履约保函。

（3）商务标由评标委员会对投标中的错误加以修正后请标书的投标授权人予以签字确认，作为详评比较依据。如果投标人拒绝签字，则按投标人违约对待，不仅投标无效，而且没收其投标保证金。

27. "定标后要给未中标的监理单位以一定补偿"，为什么要给予补偿？

答：在设计招标和监理招标中，对未中标的单位应由发包人给予一定的补偿。

设计招标时，往往要的是设计的构思和初步方案，监理招标要的是监理人的知识、技能和经验等方面综合能力。这些单位在投标时，已经有了发包方需要的实质性投入，即使这些单位没有中标，其投入的构思、方案或建议、思路等，都有可能被发包方接受或采用。而施工虽然也在投标时有一定投入，但发包方需要施工方实质性内容是建造工程实体，这在投标阶段施工方是无法投入的。所以，发包方应给未中标的设计单位和监理单位一定的补偿。而施工单位若未中标则不会有任何补偿。或者说，这是对设计和监理单位的一种保护。

28. 承包单位与施工单位有何区别？业主、甲方和建设方有何区别？

答：承包单位范围更广一些，例如设计承包，总承包等。施工单位仅指施工阶段施工承包。

同样，也存在业主、甲方和建设方的一定区别，但是，一般可以理解为业主等于甲方，等于建设方。

29. "全部使用国有资金投资或者国有资金投资占控股或者主导地位，依法必须进行施工招标的工程项目，应当进入有形建筑市场进行招标投标活动"，能解析一下"有形建筑市场"的含义吗？

答：有形建筑市场即建设工程交易中心，是指各地区(一般是县级以上)建设行政主管部门设立的为建设工程施工、监理、材料设备采购和专业劳务分包等交易活动提供服务的场所。该场所公示有各种招投标及中标信息等。

30. 甲单位招标，违反规定没能在投标截止同一时间开标，之间间隔了3天，乙单位投标，在投标截止时间后，开标时间之前要求撤标，问乙单位递交的投标保证金可以退回吗？

答：对该问题应从以下几个方面理解：

（1）投标截止时间与开标时间实质上是两个时间，我国《招投标法》在立法时考虑到种种因素为尽量杜绝招标中的舞弊行为而规定两个时间必须一致。

（2）甲单位没有在投标时间开标，是其违法，甲单位应承担法律责任。

（3）乙单位在投标截止时间后3天才递交投标文件，甲单位应拒收。因为投标人必须在投标截止时间前递交投标文件，而非开标前。

投标保证金或投标保函是与投标文件同时递交招标人。如果甲单位拒收投标文件，则意味着也没有收到乙单位的投标保函，则不存在没收问题；如甲单位违法接受乙单位的投标文件，则甲单位自始至终违法，应承担法律责任。也不应没收乙单位的投标保函。

31. 关于无效投标文件"投标人未按照招标文件要求提供投标保证金或投标保函"与重大偏差"没有按照招标文件要求提供投标担保"，均为没有按要求提供投标保证，究竟是重大偏差还是无效投标文件？

答：现在基本不再说"无效标"这个概念了。大多说"废标"，就全覆盖了。不用区分着两个名词了。

32. 某建设项目业主与甲乙施工单位签订了施工总包合同，合同中保函手续费为20万元，合同工期200天，合同履行过程中，因不可抗力事件致使开工日期推迟30天，因异常恶劣天气停工10天，因季节性大雨停工5天，因设计单位延期交图7天，上述事件没有发生在同一时间，则甲施工总包单位可索赔的保函手续费为多少元。请问，这道题怎么算？

答：结合题目条件，一定要分清楚哪些事件造成的延误属于保函的范围。这里不可抗力及异常恶劣天气造成的延误都是不可预料的。其中只有设计分包单位延期交图造成的停工属于保函范围。

所以保函手续费为：$7 \times 200000/200 = 7000$ 元。

33. 投标有效期是指的什么意思？

答：一般在招标文件的投标人须知中，都有一个关于投标有效期的规定。投标人的投标要在投标有效期内保持有效。

招标投标法等有关法规没有对投标有效期的天数作出具体的规定，一般由招标人根据项目情况、自身能力和评标工作的复杂程度确定投标有效期。另外，投标有效期还可以延长的，在投标有效期届满前由招标人以书面形式通知所有投标人。

投标有效期的规定，一方面起到了约束投标人在投标有效期内不能随意更改和撤回投标的作用，另一方面也促使招标方加快评标、定标和签约过程，从而保证投标人的投标不至于由于招标方无限期拖下去而增加投标人的风险，因为投标人的报价是在考虑一定时期内的物价波动风险，超过投标人考虑的时间段，他的风险将大大增大。

34. 招标人应当在投标有效期截止期时限30日前确定中标人，这指的是什么意思？

答：招标人原则上应在投标有效期截止30日前确定中标人，如果来不及的，应当通知有关人员部门延长期限。

35. 专家可以指定吗？

答：专家应随机抽取，特殊招标项目(指专业性比较强，熟悉该专业的专家不多)可以直接指定。

36. 评标标准可以在评标过程中完善吗？

答：按照有关规定凡是在招标文件中所列明的评标标准和评标方法在评标过程中要得到切实的应用，评标过程中不得改变原招标文件所列明的评标标准和评标方法，也不能采用招标文件中未列出的评标方法进行评标。

37. 某单位投标报价 1000 万，按照招标文件要求的评审方案，经评审后的价格为 1200 万，中标后合同价为多少？

答：对于评审过程可以将那些非价格因素考虑到评审价中，例如：工期、业绩、资质等，将这些非价格因素按照招标文件中的转换标准转换为价格，考虑到最终的综合报价中，并在评标时作为评标标准进行评标。但是确定中标单位后，中标单位的中标价依然是投标文件中的中标价，而不是考虑非价格因素以后的评审价格。

38.《招标投标法》规定，中标人的投标应当符合下列条件之一：

(1) 能够最大限度地满足招标文件中规定的各项综合评价标准；

(2) 能够满足招标文件各项要求，并经评审的价格最低，但投标价格低于成本的除外。

这里的"低于成本的除外"，怎么理解？

答："低于成本的除外"的成本是指企业个体成本而不是社会平均成本。在评标过程中如果发现某投标单位的报价远远低于标底或其他投标单位的报价，不能直接作为废标处理，要进行询标。在询标过程中应要求投标人提交充分的书面文件和资料来证明自己的报价不是低于自己成本的报价，最终目的要让评标委员会专家相信其报价不低于企业个体成本，这时可以作为有效标书进行评比，一般也就直接确定为中标单位，如果不能让评标委员会相信，就会被当作废标处理。

39. 关于必须招标的内容中有一条是：勘察、设计、监理等服务的采购，单项合同估算价在 50 万人民币以上的必须招标。这里是指采购为勘察，设计，监理部门所用的物品、工具、设备等设施费用的数额，还是这三个部门承包工程的服务价款的数额呢？

答：指的是服务价款的数额。之所以用了"采购"这个词，是将勘察、设计、监理等服务看做一个产品来进行采购。所以应当是指每一种"服务的价格"。

40. 教材中的招标方式只有"公开招标"和"邀请招标"，为什么没有"议标"？

答：《招标投标法》规定招标方式分两类：公开招标和邀请招标。

议标就是在不公开的场合下，通过双方协商而达成的一种招投标方式。这种方式简单，成本低，目标明确，双方合作空间大，合作气氛友好，沟通充分，但是在中国国情中也引发了很多问题，不公开、不透明，被称为"暗箱操作"，有助于腐败的发生，在中国目前是不能用的，此前也发生过许多腐败案例。即所谓"大楼盖起来，干部倒下去"的现象。

为体现招标活动应当遵循的"公开、公平、公正和诚实信用"原则，招标应普遍应采用公开招标，特别情况采用邀请招标，议标则不宜采用。这也是中国国情决定的，国外许多工程是通过议标签订合同的。

41. 招标人采用邀请招标方式的应当向三个以上具备承担招标项目的能力、资信良好的特定的法人或者其他组织发出投标邀请书。我认为三个以上应是大于三个，对吗？

答：应理解为：要求 3 个及 3 个以上。

42."在确定中标人前，招标人不得与投标人就投标价格、投标方案的实质性内容进行谈判"。确定中标人后和发出中标通知书前是不是还可以就价格进行谈判？

答：不可以。合同不能更改招标文件的主要内容。这些主要内容指的是：工期、合同价、质量标准、验收标准、包装标准等实质性内容

43. 招标中的投标有效期怎样理解？

答：投标有效期是招标人在招标文件中规定的一个日历日，在这个日历日之前，投标人应该保证投标文件有效，即承诺受投标文件的约束。

招标人原则上应该在投标有效期内完成招标工作，如果来不及完成，应该要求投标人同意延长投标有效期。

44. 公开招标工程招标失败应按原程序进行重新招标，原招标文件是否应改动（实质性的）？比如标底泄漏，原评标原则、定标标准是否要就更改？

答：重新招标可以改动原招标文件。

45. 如果在评标过程中，评标委员会要求 B、D 两投标人分别对其施工方案做详细说明，并对若干技术要点和难点提出具体可靠的实施措施。这是否属于对投标方案的实质性内容进行谈判？

答：不属于，所谓实质内容主要是价格、主要质量标准、进度等影响较大的内容。

46. 监理合同学习中需要注意哪些问题？

答：（1）合同当事人双方的权利。重点是监理的权利和义务。

（2）在案例中，要注意审查题目的条件，没有委托的工作不能监理，最常见的是题目条件只说："对施工阶段进行监理"，但是在"以下事件"中会发生有关设计的问题，监理就无权直接找设计单位。但是如果是题目条件只说："对实施阶段进行监理"，但是在"以下事件"中发生有关设计的问题，监理就有权直接找设计单位，因为设计也是"实施阶段"。

（3）在每一阶段内，又可以进行三控两管一协调（投资、进度、质量控制；合同、信息管理；组织和协调）。另外根据《建设工程安全生产管理条例》还有"安全监理"。

47. 监理对于选择承包单位仅仅是协助，不能决策？

答：注意，监理对于选择承包单位仅仅是协助，只能建议，不能否定，不能决策。监理人对设计和施工等总包单位所选定的分包单位，拥有批准权或否决权。

48. 变更的最终决定权在那个单位？

答：工程设计变更最终审批权在于委托人，而不在于监理，但是所有变更、签证等必须经由总监理工程师签发。

49. 工地上涉及监理的，都是监理主持吗？

答：除了第一次工地会议是由委托人主持外，工程建设有关协作单位组织协调的主持权都是监理的。

50. 监理单位的过失责任和与乙方"串通"，有何结果不同？

答：仅仅是过失，累计赔偿额不应超出监理酬金总额（除去税金）。但是，如果是串通施工单位，就是：连带责任，不再是"不超过监理费"的概念了。

51. 怎么理解"监理人在责任期内，如果因过失而造成经济损失，要负监理失职的责任；监理人不对责任期以外发生的任何事情所引起的损失或损害负责，也不对第三方违反合同规定的质量要求和完工（交图、交货）时限承担责任"？

答：这点应理解为：监理单位不承包和保证工期、质量、投资、安全。任何合同条款、协议不能将监理的报酬和被监理的工程的工期、质量、投资、安全相挂钩。

52. 监理人执行监理业务过程中，发生哪些情况不应承担责任？

答：建设工程监理合同的标的是服务，以监理人向委托人提供技术服务为特性，在服务过程中，监理人主要凭借自身知识、经验、技能，向委托人提供咨询、服务替委托人管理工程。同时，在工程项目的建设过程中，会受到多方面因素限制，鉴于上述情况，在责任方面作了如下规定：

监理人不对责任期以外发生的任何事情所引起的损失或损害负责。

不对第三方违反合同规定的质量要求和完工(交图、交货)时限承担责任。

53. 监理合同要求监理人必须完成的工作包括哪几类？

答：包括三类：

（1）正常工作。监理合同的专用条款内注明的委托监理工作范围和内容。

（2）附加工作。与完成正常工作相关，在委托正常监理工作范围以外监理人应完成的工作。可能包括：由于委托人、第三方原因，使监理工作受到阻碍或延误，以致增加了工作量或延续时间；增加监理工作的范围和内容等。

（3）额外工作。指服务内容和附加工作以外的工作，即非监理人自己的原因而暂停或终止监理业务，其善后工作及恢复监理业务前不超过 42 天的准备工作时间。

由于附加工作和额外工作是委托正常工作之外要求监理人必须履行的义务，因此委托人在其完成工作后应另行支付附加监理工作酬金和额外监理工作酬金，但酬金的计算办法应在专用条款内予以约定。

54. "委托人有对工程设计变更的审批权"，那么监理人在工程设计变更处理上有什么权？

答：根据《监理规范》第 3.2.2 条规定，总监理工程师对工程变更有审查和处理权，监理工程师对工程变更进行审查，并向总监理工程师提出报告。

55. 什么叫监理见证、旁站、巡视？

答：见证是指由监理工程师现场监督承包单位某工序全过程完成情况的活动。

旁站是指在关键部位或关键工序施工过程中由监理人员在现场进行的监督活动。

巡视是指监理人员对正在施工的部位或工序现场进行的定期或不定期的监督活动，巡视是一种"面"上的活动，它不限于某一部位或过程，而旁站则是"点"的活动，它是针对某一部位或工序。

56. 固定价格合同、可调价格合同、成本加酬金合同应如何理解？

答：对于三种计价方式应根据合同内容灵活采用，单独使用，或采用组合计价方式。如工期较长的施工合同，主体工程部分采用可调价的单价合同；而某些较简单的施工部位采用不可调价的固定总价承包；涉及使用新工艺施工部位或某项工作，用成本加酬金方式结算该部分的工程款。考试时会给出某工程的工程的具体条件，让你推荐合同形式，并且说明理由。

57. 监理审核许多文件，假如监理审查过的文件也有错误，造成损失，应免除施工单位一定的责任吗？

答：许多程序要求工程师要审核，认可一些必要的文件，这是程序上的规定，但是工程师的签发和认可不免除承包人的责任，因为承包人有义务，有责任保质保量保时地提供合格的产品。

58. 关于分包，主要考点在哪里？

答：关于分包，案例考试中主要会考核：

（1）违法分包：即未经发包人同意承包人将部分工程分包。

（2）违法转包：即分包人将分包工程再次分包或承包人将工程整体分包或转包。

（3）即使合法的分包工程师也要审查分包人的资质和能力。未经审查不得入场，已入场的限期离场，且已施工的部分要重新检验，如果合格可以确认，如果不合格则需返工。

（4）工程分包人对承包人负责，承包人就所有承包的工程（包括自己分包和发包人指定的分包的工程）对发包人负责。

（5）为了保证承包人对分包人的管理，发包人不得向任何承包人（包括发包人指定的分包人）支付工程款。

59. 对于材料，是否是谁买负责？

答：材料和设备本着"谁购买谁负责"的原则处理。不管是谁购买都需要对方进行验收（发包方的验收一般由监理工程师代理验收）。但是无论是否验收合格均不能免除购买者的责任。

60. 合同示范文本是必须使用的吗？是不是法定的？是不是属于法规？

答：合同示范文本不是法定的，也不是法规。合同示范文本是属于推荐使用的合同格式。一般来说应结合具体工程的特点加以取舍、补充、最终形成责任明确、操作性强的合同。

61. 工期是指工作天数还是什么？

答：合同工期一般是指日历天数，包括法定节日（如春节，十一放假），也包括法定假日（如周六、周日休假）。但是有的地方约定如果说明是"工作日"，那么就是按照正常工作的时间来计算，除法定节日外，每周工作五天。

62. 工程施工中为什么要设置工程预付款？

答：施工合同的支付程序中是否有预付款，取决于工程的性质、承包工程量的大小以及发包人在招标文件中的规定。预付款是发包人为了帮助承包人解决工程施工前期资金紧张的困难，提前给付的一笔款项。所以在我国又叫预付备料款。

根据《建设工程施工合同示范文本》，实行工程预付款的，应在专用条款内应约定预付款总额、一次或分阶段支付的时间及每次付款的比例（或金额）、扣回的时间及每次扣回的计算方法、是否需要承包人提供预付款保函等相关内容。

63. 可调价格合同包括哪些调整因素？

答：（1）法律、行政法规和国家有关政策变化影响合同价款；

（2）工程造价管理部门公布的价格调整；

（3）一周内非承包人原因停水、停电、停气造成停工累计超过 8 小时；

（4）双方约定的其他因素。

64. 合同内是如何约定已完工程量的确认程序？

答：承包人应按专用条款约定的时间，向工程师提交已完工程量的报告。工程师接到报告后 7 天内按设计图纸核实已完工程量（以下称计量），并在计量前 24 小时通知承包人，承包人为计量提供便利条件并派人参加。承包人收到通知后不参加计量，计量结果有效，作为工程价款支付的依据。

65. 什么情况下工程师计量无效?

答：工程师不按合同约定时间通知承包人，致使承包人未能参加计量，计量结果无效。

66. 哪些原因工程师不予计量?

答：承包人超出设计图纸范围和因承包人原因造成返工的工程量，工程师不予计量。

67. 什么叫隐蔽工程?

答：凡被后续施工所覆盖的分项分部工程，称之为隐蔽工程，如桩基工程、基础工程、钢筋混凝土中的钢筋工程、预埋管道工程等。因隐蔽工程在项目竣工时不易被检查，为确保工程质量，隐蔽工程施工过程应及时进行质量检查，并在其施工结果被覆盖前做好隐蔽工程验收，办理验收签证手续。

68. 哪些合同价款应与工程进度款同期支付?

答：已发生的可调价格合同约定的调价因素的调整合同价款和工程变更调整的合同价款及合同中其他条款中约定的追加合同价款，都应与工程进度款同期调整支付。

69. 发包人超过约定的支付时间不支付工程进度款，承包人应如何处理?

答：承包人可向发包人发出要求付款的通知，发包人收到承包人通知后仍不能按要求付款，可与承包人协商签订延期付款协议，经承包人同意后可延期支付。协议应明确延期支付的时间和从计量结果确认后第 15 天起应付款的贷款利息。

70. 发包人不按合同约定支付工程进度款，双方又未达成延期付款协议，导致施工无法进行，承包人如何处理，发包人承担什么责任?

答：承包人可以停止施工。发包人承担违约责任。

71. 什么是里程碑事件?

答：设立项目里程碑是施工进度计划工作中很重要的一部分。里程碑事件是项目中关键的事件及关键的目标时间，是项目成功的重要因素，控制整个工程施工进度。比如在项目中可以将完成总包管理单位招标，钢结构部分制作和吊装施工，地坪以上装饰工程完工等关键任务确定为里程碑事件。

72. 施工合同文件优先解释顺序中，将"施工合同专用条款"放在"投标书及其附件"之后，不大符合时间在后优先的原则，因为"专用条款"是在合同协议签订的同时产生的，怎么理解?

答：合同文件的相互解释顺序，决不能按"在后优先"的原则来记，这与不同补充协议之间和图纸变更顺序等不同。至于理解上，我们应这样理解，"合同协议书"是按"中标书"内容约定的，"中标书"是以中标的"投标书"为准的，而合同的"专用条款"是对"通用条款"的补充和修正，是在"通用条款"的基础上生成的。还有"工程量清单"编制的时间要早于"工程报价单"，但后编制的工程报价单解释顺序也同样不符合"在后优先"的原则。

73. "工程师对工程质量标准的控制"中"工程师依据合同约定的质量标准对承包人的工程质量进行检查，达到或超过约定标准的，给予质量认可(不评定质量等级)；达不到要求时，则予拒收"。这里的质量认可不评定等级，质量标准具体指的是什么?

答：监理方不对工程质量进行等级评定，是因为监理方不是工程的自控主体，工程质量评定是由承包方做出的，这同时也体现了现行规范"验评分离，强化验收，完善手段，过程控制"的十六字方针。工程师对工程质量的认可，是在承包方工程评定的基础上作出的，是对工程质量符合规定的认可，也是对承包商评定结果的认可。

74. 实行"量价分离"后，合同管理中越来越重视"工程量清单"了，能讲一下它的重要性吗？

答：工程量清单是建设工程招标文件的重要组成部分。是指由建设工程招标人发出的，对招标工程的全部项目，按统一的工程量计算规则、项目划分和计量单位计算出的工程数量列出的表格。

工程量清单是一份由招标人提供的文件，可以由招标人自行编制，也可以由其委托的有资质的招标代理机构或工程价格咨询单位制度。工程量清单是招标文件的组成部分，一经中标且签订合同，即成为合同的组成部分，因此，无论招标人还是投标人都应该慎重对待。

75. 施工中需要使用专利技术及特殊工艺时，按照施工合同示范文本的规定，应如果处理？

答：发包人要求使用，由发包人办理相应手续，发包人承担相应费用。记住一个原则：谁提出，谁负责。

76. 施工合同示范文本通用条款规定，施工中，发包人供应的材料由承包人负责检查试验后用于工程，但随后又发现材料有质量问题，此时应由谁来负责？工期和费用应如何处理？

答：应由发包人追加合同价款，相应顺延工期。如果是承包人的提供的材料则不予以费用工期补偿。发包人或承包人供应的材料应对其质量负责，检查试验也不能解除供应人的质量缺陷责任。

77. 为了保证工程质量，对发包人采购的大宗建筑材料用于施工前，需要进行合同约定的物理和化学抽样检验；对于此项检验应由谁来检验？谁承担费用？

答：发包人采购的材料设备，应由承包人负责检验，费用由发包人负责。

78. 对于 FIDIC 条款，案例会考到吗？

答：对于 FIDIC 条款，案例考试中经常会考到。在考试中会明确说明采用 FIDIC 条款。对 FIDIC 条款的理解要和我国的《施工合同示范文本》进行对比分析，大多数是一致的。有少数的责任化分不一致，两者不要混淆。

📖 实战练习题

【案例 1】

背景：

业主与施工单位按《建设工程施工合同文本》对某项工程建设项目签订了工程施工合同，工程未进行投保。在工程施工过程中，遭受 20 年不遇的暴风雨不可抗力的袭击，造成了相应的损失，施工单位及时向监理工程师提出索赔要求，并附索赔有关的资料和证据。索赔报告的基本要求如下：

1. 遭暴风雨袭击是非施工单位原因造成的损失，故应由业主承担赔偿责任。

2. 给已建分部工程造成破坏，损失计 18 万元人民币，应由业主承担修复的经济责任，施工单位不承担修复的经济责任。

3. 施工单位人员因此灾害使数人受伤，处理伤病医疗费用和补偿金总计 3 万元人民币，业主应给予赔偿。

4. 施工单位进场的在使用的机械、设备受到损坏，造成损失 8 万元人民币，由于现场停工造成台班费损失 4.2 万元人民币，业主应负担赔偿和修复的经济责任。工人窝工费 3.8 万元人民币，业主应予支付。

5. 因暴风雨造成现场停工 8 天，要求合同工期顺延 8 天。

问题：

1. 监理工程师接到施工单位提交的索赔申请后，应进行哪些工作？

2. 不可抗力发生风险承担的原则是什么？对施工单位提出的要求如何处理？

答案：

1. 监理工程师接到索赔申请通知后应进行以下主要工作：

(1) 进行调查、取证；

(2) 审查索赔成立条件，确定索赔是否成立；

(3) 分清责任，认可合理索赔；

(4) 与施工单位协商，统一意见；

(5) 签发索赔报告，处理意见报业主核准。

2. 不可抗力风险承担责任的原则：

(1) 工程本身的损害由业主承担；

(2) 人员伤亡由其所属单位负责，并承担相应费用；

(3) 造成施工单位机械、设备的损坏及停工等损失，由施工单位承担；

(4) 所需清理、修复工作的费用，由双方协商承担；

(5) 工期给予顺延。

处理方法按索赔报告的基本要求顺序分别为：

(1) 经济损失由双方分别承担，工期延误应予签证顺延；

(2) 工程修复、重建 18 万元人民币工程款应由业主支付；

(3) 索赔不予认可，由施工单位承担；

(4) 索赔不予认可，由施工单位承担；

(5) 认可顺延合同工期 8 天。

【案例 2】 （2000 年考题）

背景：

某高速公路项目利用世界银行贷款修建，施工合同采用 FIDIC 合同条件，业主委托监理单位进行施工阶段的监理。该工程在施工过程中，陆续发生了如下索赔事件（索赔工期与费用数据均符合实际）：

（一）施工期间，承包方发现施工图纸有误，需设计单位进行修改，由于图纸修改造成停工 20 天。承包方提出工期延期 20 天与费用补偿 2 万元的要求。

（二）施工期间因下雨，为保证路基工程填筑质量，总监理工程师下达了暂停施工指令，共停工 10 天，其中连续 4 天出现低于工程所在地雨季平均降雨量的雨天气候和连续 6 天出现 50 年一遇特大暴雨。承包方提出工程延期 10 天与费用补偿 2 万元的要求。

（三）施工过程中，现场周围居民称承包方施工噪声对他们有干扰，阻止承包方的混凝土浇筑工作。承包方提出工期延期5天与费用补偿1万元的要求。

（四）由于业主要求，在原设计中的一座互通式立交桥设计长度增加了5m，监理工程师向承包方下达了变更指令，承包方收到变更指令后及时向该桥的分包单位发出了变更通知。

分包单位及时向承包方提出了索赔报告，报告内容包括：

1. 由于增加立交桥长度，需增加费用20万元和分包合同工期延期30天的索赔；

2. 此设计变更前因承包方使用而未按分包合同约定提供施工场地，导致工程材料到场 二次倒运增加的费用1万元和分包合同工期延期10天的索赔。

承包方以已向分包单位支付索赔款21万元的凭证为索赔证据，向监理工程师提出要求 补偿该笔费用21万元和延长工期40天的要求。

（五）由于某路段路基基底是淤泥，根据设计文件要求，需进行换填，在招标文件中已提供了地质的技术资料。承包方原计划使用隧道出碴作为填料换填，但施工中发现隧道出碴级配不符合设计要求，需要进一步破碎以达到级配要求，承包方认为施工费用高出合同单价，如仍按原价支付不合理，需另行给予延期20天与费用补偿20万元的要求。

问题：

针对承包方提出的上述索赔要求，监理工程师应如何签署意见？

答案及评分标准（20分）：

1. 这是非承包方原因造成的，（1.0分）故监理工程师应批准工期补偿（1.0分）和费用补偿。（1.0分）

2. 由于异常恶劣气候造成的6天停工是承包方不可预见的，（1.0分）应签证给予工期补偿6天，（1.0分）而不应给费用补偿。（1.0分）

对于低于雨季正常雨量造成的4天停工，是承包方应该预见的，（1.5分）故不应该签证给：产工期补偿（0.5分）和费用补偿。（0.5分）

3. 这是承包方自身原因造成的，（1.0分）故不应给预费用补偿（1.0分）和工期补偿。（1.0分）

4. 监理工程师应批准由于设计变更导致的费用补偿20万元（1.0分）和工期补偿30天，（1.0分）因其属于业主责任（或不属于承包方责任）；（0.5分）不应批准材料倒运增加的费用补偿1万元（1.0分）和工期补偿10天，（1.0分）因其属于承包方责任。（0.5分）

5. 这是承包方应合理预见的，（1.5分）故监理工程师不应签证给予费用补偿（1.0分）和工期补偿。（1.0分）

【案例3】（2000年考题）

背景：

某幢高层写字楼建设项目，业主委托某监理单位进行施工阶段（包括施工招标）监理。

该工程邀请甲、乙、丙三家施工企业进行总价投标。评标采用四项指标综合评分法。四项指标及权数分别为：投标单位的业绩与信誉0.10，施工管理能力0.15，施工组织设计合理性0.25，投标报价0.50。各项指标均以100分为满分。

其中，投标报价的评定方法是：

（一）计算投标企业报价的平均值

$$C_平 = \sum 投标企业的报价/投标企业个数$$

（二）计算评标基准价格 $C = 0.6C_。 + 0.4C_平$（式中 $C_。$ 为项目标底价格）

（三）计算投标企业报价偏差 $X = \{[投标企业报价 - C]/C\} \times 100\%$

（四）按下式确定投标企业的投标报价得分 P：

$$P = \begin{cases} 100 - 400|X| & 当 X > 3\% 时 \\ 100 - 300|X| & 当 0 < X \leqslant 3\% 时 \\ 100 & 当 X = 0 时 \\ 100 - 100|X| & 当 -5\% \leqslant X < 0 时 \\ 100 - 200|X| & 当 X < -5\% 时 \end{cases}$$

根据开标结果已知该工程标底为 5760 万元。甲企业投标报价 5689 万元，乙企业投标报价 5828 万元，丙企业投标报价 5709 万元。

已知投标企业的其他指标得分如下表所示：

评标指标 \ 投标企业	甲投标企业	乙投标企业	丙投标企业
业绩与信誉	92	90	85
施工管理能力	96	90	80
施工组织设计	90	92	78
投标报价			99.24

问题：

1. 计算甲、乙两家投标企业的投标报价得分，并填入上表中。

2. 计算各投标企业的综合评分，并确定第一中标企业。

答案及评分标准（20 分）（计算结果保留一位小数即可）：

1. 甲、乙两家投标企业的报价得分：

（1）投标企业报价的平均值为

$$C = [5689 + 5828 + 5709]/3 (1.0 分)$$
$$= 5742 (万元)(0.5 分)$$

（2）评标基准价格为

$$C = 0.6 \times 5760 + 0.4 \times 5742 (1.0 分)$$
$$= 5752.8 (万元)(0.5 分)$$

（3）甲、乙两家投标企业报价离差为

$$X_甲 = [5689 - 5752.8]/5752.8 \times 100\% (1.5 分)$$
$$= -1.11\% (0.5 分)$$

$$X_乙 = [5852 - 5752.8]/5752.8 \times 100\% (1.5 分)$$
$$= 1.31\% (0.5 分)$$

（4）报价得分

$$P_甲 = 100 - 100 \times 1.11\% (1.5 分)$$
$$= 98.89 (分)(0.5 分)$$

$$P_Z = 100 - 300 \times 1.31\% \,(1.5 \text{分})$$
$$= 96.07 \,(\text{分})\,(0.5 \text{分})$$

（5）报价得分填入表中数据正确者各 0.5 分，共 1.0 分。

2. 各投标企业的综合评分如下：

甲企业为 $0.10 \times 92 + 0.15 \times 96 + 0.25 \times 90 + 0.5 \times 98.89\,(1.5 \text{分}) = 95.55\,(\text{分})\,(1.0 \text{分})$

乙企业为 $0.10 \times 90 + 0.15 \times 90 + 0.25 \times 92 + 0.5 \times 96.07\,(1.5 \text{分}) = 93.54\,(\text{分})\,(1.0 \text{分})$

丙企业为 $0.10 \times 85 + 0.15 \times 80 + 0.25 \times 78 + 0.5 \times 99.24\,(1.5 \text{分}) = 89.62\,(\text{分})\,(1.0 \text{分})$

第一中标企业为甲投标企业（0.5 分）。

【案例 4】

背景：

有一招标工程，经研究考察确定邀请五家具备资质等级的施工企业参加投标。各投标企业按技术、经济分别装订报送，经招标领导小组研究确定评标原则为：

1. 技术标占总分为 30%。

2. 经济标占总分为 70%（其中报价占 30%，工期 20%，企业信誉 10%，施工经验占 10%）。

3. 各单项评分满分均为 100 分，计算中小数点后取一位。

4. 报价评分原则是：以标底的 ±3% 为有效标，超过认为废标，计分是 −3% 为 100 分，标价每上升 1% 扣 10 分。

5. 工期评分原则是：以定额工期为准提前 15% 为 100 分，每延后 5% 扣 10 分，超过规定工期为废标。

6. 企业信誉评分原则是：企业近三年工程优良率为准，100% 为满分，如有国家级获奖工程，每项加 20 分，如有省市奖优良工程每项加 10 分；项目班子施工经验评分原则是以近三年来承建类似工程与承建总工程百分比计算 100% 为 100 分。下面是五家投标单位投标报表情况：

（1）技术方案标：经专家对各家所报方案，针对总平面布置，施工组织，施工技术方法及工期、质量、安全、文明施工措施，机具设备配置，新技术、新工艺、新材料推广应用等项综合评定打分为：A 单位 95 分；B 单位 87 分；C 单位 93 分；D 单位 85 分；E 单位 95 分。

（2）经济标各项指标见汇总表。

经 济 标 汇 总 表

投标项目单位	报价（万元）	工期（月）	企业信誉近三年优良工程率及获奖工程	项目班子施工经验（承建类似工程百分比）
A	5970	36	50%获省优工程一项	30%
B	5880	37	40%	30%
C	5850	34	55%获鲁班奖工程一项	40%
D	6150	38	40%	50%
E	6090	35	50%	20%
标底	6000	40		

问题：

试对各投标单位按评标原则进行评分，以最高分为中标单位，确定中标单位。

答案：

解：1. 计算各投标单位相对报价及得分见下表。

各投标单位相对报价及得分

项目 \ 投标单位	A	B	C	D	E
标 底	6000	6000	6000	6000	6000
报 价	5970	5880	5850	6150	6090
相对报价	99.5%	98%	97.5%	102.5%	101.5%
得 分	75	90	95	45	55

2. 计算各投标单位工期提前率及得分见下表。

各投标单位工期提前率及得分

投标单位	A	B	C	D	E
定额工期（月）	40	40	40	40	40
投标工期（月）	36	37	34	38	35
工期提前率	10%	7.5%	15%	5%	12.5%
得 分	90	85	100	80	95

3. 计算各投标单位企业信誉得分见下表。

各投标单位企业信誉得分

项目 \ 投标单位	A	B	C	D	E
工程保障及获奖	50%省优项	40%	55%鲁班奖项	40%	50%
得 分	60	40	75	40	50

4. 计算各投标单位各项得分及总分见下表。

各投标单位各项得分及总分

投标单位	A	B	C	D	E
技术标综合得分	28.5	26.1	27.9	25.5	24
报价综合得分	22.5	27	28.5	13.5	16.5
工期综合评分	18	17	20	16	19
企业信誉综合评分	6	4	7.5	4	5
施工经验综合评分	3	3	4	5	2
综合评分	78	77.1	87.9	64	66.5

5. 因为 C 单位综合评分最高，故 C 单位中标。

【案例5】

背景：

某建设单位投资拟建设一工业项目。项目立项批准后，业主委托一家建设工程监理公司对工程的实施阶段进行监理。双方在拟订设计方案竞赛、设计招标和设计过程各阶段的监理任务时，项目业主提出了初步的委托意见，其部分内容如下：

1. 编制设计方案竞赛文件；

2. 发布设计竞赛公告；

3. 对参加竞赛单位进行资格审查；

4. 组织对参赛设计方案的评审；

5. 决定工程设计方案；

6. 编制设计招标文件；

7. 对投标单位进行资格审查；

8. 协助业主选择设计单位；

9. 签订工程设计合同；

10. 工程设计合同实施过程中的管理。

问题：

从监理工作的性质和监理工程师的责权角度出发，监理单位在与业主进行合同委托内容磋商时，对上述内容应提出哪些修改建议？

答案：

1. 第5条不妥。因"决定工程设计方案"关系到项目的功能、投资和最终效益，对工程项目影响重大，故设计方案的最终确定应由项目业主决定。但监理工程师可以通过组织专家进行综合评审，提出推荐意见，由项目业主决策。因此，监理单位在与项目业主进行合同委托内容磋商时，应向项目业主讲明事关投资方切身利益、对项目有重大影响的内容，必须由项目业主决策确定。

2. 第9条不妥。工程设计合同应由业主与设计单位签订。设计合同的甲方——项目业主作为当事人一方承担合同中甲方的责、权、利，监理工程师无法代替。监理工程师可以通过设计招标，协助业主择优选择设计单位，提出推荐意见；协助项目业主起草设计委托合同，但不能替代项目业主签订设计合同。

【案例6】（2002年考题）

背景：

某监理公司承担了一体育馆施工阶段（包括施工招标）的监理任务。经过施工招标，业主选下A工程公司为中标单位。在施工合同中双方约定，A工程公司将设备安装、配套工程和桩基工程的施工分别分包给B、C和D三家专业工程公司，业主负责采购设备。

该工程在施工招标和合同履行过程中发生了下述事件：

事件1：施工招标过程中共有6家公司竞标。其中F工程公司的投标文件在招标文件要求提交投标文件的截止时间后半小时送达；C工程公司的投标文件示密封。

问题1：评标委员会是否应该对这两家公司的投标文件进行评审？为什么？

事件2：桩基工程施工完毕，已按国家有关规定和合同约定作了检测验收。监理工程师对其中 5 号桩的混凝土质量有怀疑，建议业主采用钻孔取样方法进一步检验。D 公司不配合，总监理工程师要求 A 公司给予配合，A 公司以桩基为 D 公司施工为由拒绝。

问题 2：A 公司的作法妥当否？为什么？

事件 3：若桩钻孔取样检验合格，A 公司要求该监理公司承担由此发生的全部费用，赔偿其窝工损失，并顺延所影响的工期。

问题 3：A 公司的要求合理吗？为什么？

事件 4：业主采购的配套工程设备提前进场，A 公司派人参加刀箱清点，并向监理工程师提交因此增加的保管费支付申请。

问题 4：监理工程师是否应予以签认？为什么？

事件 5：C 公司在配套工程设备安装过程中发现附属工程设备材料库中部分配件丢失，要求业主重新采购供货。

问题 5：C 公司的要求是否合理？为什么？

答案及评分标准（20 分）：

1. 对 F 不评定（1.0 分），按《招标投标法》，对逾期送达的投标文件视为废标，应予拒收（2.0 分）。

对 G 不评定（1.0 分），按《招标投标法》，对未密封的投标文件视为废标（2.0 分）。

2. 不妥（1.0 分），因 A 公司与 D 公司是总分包关系（2.0 分），A 公司对 D 公司的施工质量问题承担连带责任（0.5 分），故 A 公司有责任配合监理工程师的检验要求（1.0 分）。

3. 不合理（1.0 分），由业主而非监理公司承担由此发生的全部费用，并顺延所影响的工期（2.0 分）。

4. 应予签认（1.0 分），业主供应的材料设备提前进场，导致保管费用增加，属发包人责任，由业主承担因此发生的保管费用（2.0 分）。

5. C 公司提出的要求不合理（1.0 分），C 公司不应直接向业主提出采购要求（1.5 分），业主供应的材料设备经清点移交，配件丢失责任在承包方（1.0 分）。

【案例 7】（2004 年考题）

背景：

某工程项目，建设单位通过招标选择了一具有相应资质的监理单位承担施工招标代理和施工阶段监理工作，并在监理中标通知书发出后第 45 天，与该监理单位签订了委托监理合同。之后双方又另行签订了一份监理酬金比监理中标价降低 10% 的协议。

在施工公开招标中，有 A、B、C、D、E、F、C、H 等施工单位报名投标，经监理单位资格预审均符合要求，但建设单位以 A 施工单位是外地企业为由不同意其参加投标，而监理单位坚持认为 A 施工单位有资格参加投标。

评标委员会由 5 人组成，其中当地建设行政管理部门的招投标管理办公室主任 1 人、建设单位代表 1 人、政府提供的专家库中抽取的技术经济专家 3 人。

评标时发现，B 施工单位投标报价明显低于其他投标单位报价且未能合理说明理由；D 施工单位投标报价大写金额小于小写金额；F 施工单位投标文件提供的检验标准和方法不符合招标文件的要求；H 施工单位投标文件中某分项工程的报价有个别漏项；其他施工单位的投标文件均符合招标文件要求。

建设单位最终确定 G 施工单位中标，并按照《建设工程施工合同（示范文本）》与该施工单位签订了施工合同。

工程按期进入安装调试阶段后，由于雷电引发了一场火灾。火灾结束后48小时内，G施工单位向项目监理机构通报了火灾损失情况：工程本身损失150万元；总价值100万元的待安装设备彻底报废；G施工单位人员烧伤所需医疗费及补偿费预计15万元，租赁的施工设备损坏赔偿10万元；其他单位临时停放在现场的一辆价值25万元的汽车被烧毁。另外，大火扑灭后G施工单位停工5天，造成其他施工机械闲置损失2万元以及必要的管理保卫人员费用支出1万元，并预计工程所需清理、修复费用200万元。损失情况经项目监理机构审核属实。

问题：

1. 指出建设单位在监理招标和委托监理合同签订过程中的不妥之处，并说明理由。

2. 在施工招标资格预审中，监理单位认为A施工单位有资格参加投标是否正确？说明理由。

3. 指出施工招标评标委员会组成的不妥之处，说明理由，并写出正确作法。

4. 判别B、D、F、H四家施工单位的投标是否为有效标？说明理由。

5. 安装调试阶段发生的这场火灾是否属于不可抗力？指出建设单位和G施工单位应各自承担哪些损失或费用(不考虑保险因素)？

答案：

1. 在监理中标通知书发出后第45天签订委托监理合同不妥，依照招投标法，应于30天内签订合同。

在签订委托监理合同后双方又另行签订了一份监理酬金比监理中标价降低10%的协议不妥。依照招投标法，招标人和中标人不得再行订立背离合同实质性内容的其他协议。

2. 监理单位认为A施工单位有资格参加投标是正确的。以所处地区作为确定投标资格的依据是一种歧视性的依据；这是招投标法明确禁止的；

3. 评标委员会组成不妥，不应包括当地建设行政管理部门的招投标管理办公室主任，正确组成应为：

评标委员会由招标人或其委托的招标代理机构熟悉相关业务的代表以及有关技术、经济等方面的专家组成，成员人数为五人以上单数，其中。技术、经济等方面的专家不得少于成员总数的三分之二。

4. B、F两家施工单位的投标不是有效标。D单位的情况可以认定为低于成本，F单位的情况可以认定为是明显不符合技术规格和技术标准的要求，属重大偏差。D、H两家单位的投标是有效标，他们的情况不属于重大偏差。

5. 安装调试阶段发生的火灾属于不可抗力。建设单位应承担的费用包括工程本身损失150万元，其他单位临时停放在现场的汽车损失25万元，待安装的设备的损失100万元，工程所需清理、修复费用200万元。施工单位应承担的费用包括G施工单位人员烧伤所需医疗费及补偿费预计15万元，租赁的施工设备损坏赔偿10万元，大火扑灭后G施工单位停工5天，造成其他施工机械闲置损失2万元以及必要的管理保卫人员费用支出1万元。

【案例8】（2004年考题）

背景：

某实施监理的工程项目，在基础施工时，施工人员发现了有研究价值的古墓，监理机构及时采取措施并按有关程序处理了该事件。

设备安装工程开始前，施工单位依据总进度计划的要求编制了如下图所示的设备安装双代号网络进度计划（时间单位：天），并得到了总监理工程师批准。

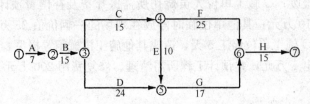

依据施工合同的约定，设备安装完成后应进行所有单机无负荷试车和整个设备系统的无负荷联动试车。本工程共有6台设备，主机由建设单位采购，配套辅机由施工单位采购，各台设备采购者和试车结果见下表。

工作	工作内容	采购者	设备安装及第一次试车结果	第二次试车结果
A	设备安装工程准备工作		正常，按计划进行	
B	1号设备安装及单机无负荷试车	建设单位	安装质量事故初次试车没通过，费用增加1万元，时间增加1天	通过
C	2号设备安装及单机无负荷试车	施工单位	安装工艺原因初次试车没通过，费用增加3万元，时间增加1天	通过
D	3号设备安装及单机无负荷试车	建设单位	设计原因初次试车没通过，费用增加2万元，时间增加4天	通过
E	4号设备安装及单机无负荷试车	施工单位	设备原材料原因初次试车没通过，费用增加4万元，时间增加1天	通过
F	5号设备安装及单机无负荷试车	建设单位	设备制造原因初次试车没通过，费用增加5万元，时间增加3天	通过
G	6号设备安装及单机无负荷试车	施工单位	一次试车通过	
H	整个设备系统无负荷联动试车		建设单位指令错误初次试车没通过，费用增加6万元，时间增加1天	通过

问题：

1. 简述项目监理机构处理古墓事件的程序。并分析由此事件导致的费用增加由谁承担？工期可否顺延？

2. 设备安装工程具备试车条件时单机无负荷试车和无负荷联动试车应分别由谁组织试车？

3. 请对B、C、D、E、F、H六项工作的设备安装及试车结果没通过的责任进行界定。

4. 设备安装工程的计划工期和应批准顺延工期各是多少？应补偿施工单位多少费用？

答案：

1. 在施工中发现古墓、古建筑遗址等文物及化石或其他有考古、地质研究等价值的物品时，承包人应立即保护好现场并于 4 小时内以书面形式通知监理工程师，监理工程师应于收到书面通知后 24 小时内报告当地文物管理部门，发包人、承包人按文物管理部门的要求采取妥善保护措施。发包人承担由此发生的费用，顺延延误的工期。

2. 设备安装工程具备试车条件时由承包商组织单机无负荷试车，由发包人组织联动无负荷试车。

3. B、C、E 三项工作没通过的责任者是施工单位，其他几项工作没通过的责任者是建设单位。

4. 应批准工期顺延 4 天，应补偿施工单位 13 万元。

【案例 9】（2004 年考题）

背景：

某监理单位承担了一工业项目的施工监理工作。经过招标，建设单位选择了甲、乙施工单位分别承担 A、B 标段工程的施工，并按照《建设工程施工合同（示范文本）》分别和甲、乙施工单位签订了施工合同。建设单位与乙施工单位在合同中约定，B 标段所需的部分设备由建设单位负责采购。乙施工单位按照正常的程序将 B 标段的安装工程分包给丙施工单位。在施工过程中，发生了如下事件：

事件 1：建设单位在采购 B 标段的锅炉设备时，设备生产厂商提出由自己的施工队伍进行安装更能保证质量，建设单位便与设备生产厂商签订了供货和安装合同并通知了监理单位和乙施工单位。

事件 2：总监理工程师根据现场反馈信息及质量记录分析，对 A 标段某部位隐蔽工程的质量有怀疑，随即指令甲施工单位暂停施工，并要求剥离检验。甲施工单位称：该部位隐蔽工程已经专业监理工程师验收，若剥离检验，监理单位需赔偿由此造成的损失并相应延长工期。

事件 3：专业监理工程师对 B 标段进场的配电设备进行检验时，发现由建设单位采购的某设备不合格，建设单位对该设备进行了更换，从而导致丙施工单位停工。因此，丙施工单位致函监理单位，要求补偿其被迫停工所遭受的损失并延长工期。

问题：

1. 请画出建设单位开始设备采购之前该项目各主体之间的合同关系图。

2. 在事件 1 中，建设单位将设备交由厂商安装的作法是否正确？为什么？

3. 在事件 1 中，若乙施工单位同意由该设备生产厂商的施工队伍安装该设备，监理单位应该如何处理？

4. 在事件 2 中，总监理工程师的作法是否正确？为什么？试分析剥离检验的可能结果及总监理工程师相应的处理方法。

5. 在事件 3 中，丙施工单位的索赔要求是否应该向监理单位提出？为什么？对该索赔事件应如何应处理。

答案：

1. 见下图。

2. 不正确，因为违反了合同约定。

3. 监理单位应该对厂商的资质进行审查。若符合要求，可以由该厂安装。如乙单位接受该厂作为其分包单位，监理单位应协助建设单位变更与设备厂的合同，如乙单位接受

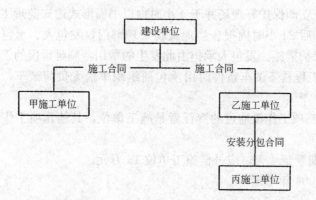

厂商直接从建设单位承包，监理单位应该协助建设单位变更与乙单位的合同；如不符合要求，监理单位应该拒绝由该厂商施工。

4. 总监理工程师的做法是正确的。无论工程师是否参加了验收，当工程师对某部分的工程质量有怀疑，均可要求承包人对已经隐蔽的工程进行重新检验。

重新检验质量合格，发包人承担由此发生的全部追加合同价款，赔偿施工单位的损失，并相应顺延工期；检验不合格，施工单位承担发生的全部费用，工期不予顺延。

5.（1）不应该，因为建设单位和丙施工单位没有合同关系。

（2）处理：

A. 丙向乙提出索赔，乙向监理单位提出索赔意向书。

B. 监理单位收集与索赔有关的资料。

C. 监理单位受理乙单位提交的索赔意向书。

D. 总监工程师对索赔申请进行审查，初步确定费用额度和延期时间，与乙施工单位和建设单位协商。

E. 总监理工程师对索赔费用和工程延期作出决定。

第三部分　建设工程质量控制

第一章 建设工程质量控制和准备阶段质量控制

第一节 基 本 概 念

一、施工质量控制的依据

1. 工程合同文件

是最根本文件要严格按照合同约定的质量标准和检验方法执行。

2. 设计文件

"按图施工"是施工阶段质量控制的一项重要原则。因此经过批准的设计图纸和技术说明书等设计文件,无疑是质量控制的重要依据。

3. 法规

国家及政府有关部门颁布的有关质量管理方面的法律、法规性文件。

4. 有关质量检验与控制的专门技术法规性文件

(1) 工程项目施工质量验收标准。

(2) 有关工程材料、半成品和构配件质量控制方面的专门技术法规性依据。

1) 有关工程材料及其制品质量的技术标准。

2) 有关材料或半成品等的取样、试验等方面的技术标准或规程等。

3) 有关材料验收、包装、标识及质量证明书的一般规定等。

(3) 控制施工作业活动质量的技术规程。

(4) 凡采用新工艺、新技术、新材料的工程,事先应进行试验,并应有权威性技术部门的技术鉴定书及有关的质量数据、指标,在此基础上制定有关的质量标准和施工工艺规程,以此作为判断与控制质量的依据。

二、施工质量控制的工作程序

1. 开工前

在每项工程开始前,承包单位须做好施工准备工作,然后填报《工程开工/复工报审表》及附件,报送监理工程师审查。若审查合格,则由总监理工程师批复准予施工。

2. 开工后

在施工过程中,监理工程师应督促承包单位加强内部质量管理,严格质量控制。施工作业过程均应按规定工艺和技术要求进行。在每道工序完成后,承包单位应进行自检,自检合格后,填报《____报验申请表》交监理工程师检验。监理工程师收到检查申请后应在合同规定的时间内到现场检验,检验合格后予以确认。

三、施工承包单位资质的核查

(一) 施工承包单位资质的分类

1. 施工总承包企业

获得施工总承包资质的企业,可以对工程实行施工总承包或者对主体工程实行施工承包，施工总承包企业可以将承包的工程全部自行施工，也可以将非主体工程或者劳务作业分包给具有相应专业承包资质或者劳务分包资质的其他建筑业企业。施工总承包企业的资质按专业类别共分为 12 个资质类别，每一个资质类别又分成特级、一级、二级、三级。

2. 专业承包企业

获得专业承包资质的企业，可以承接施工总承包企业分包的专业工程或者建设单位按照规定发包的专业工程。专业承包企业可以对所承接的工程全部自行施工，也可以将劳务作业分包给具有相应劳务分包资质的劳务分包企业。专业承包企业资质按专业类别共分为 60 个资质类别，每一个资质类别又分为一级、二级、三级。

3. 劳务分包企业获得劳务分包资质的企业

可以承接施工总承包企业或者专业承包企业分包的劳务作业。劳务承包企业有十三个资质类别，如木工作业、砌筑作业、钢筋作业、架线作业等。有的资质类别分成若干级，有的则不分级，如木工、砌筑、钢筋作业劳务分包企业资质分为一级、二级。油漆、架线等作业劳务分包企业则不分级。

（二）监理工程师对施工承包单位资质的审核

1. 招标投标阶段对承包单位资质的审查

（1）根据工程的类型、规模和特点，确定参与投标企业的资质等级，并取得招投标管理部门的认可。

（2）对符合参与投标承包企业的考核。

1）查对《营业执照》及《建筑业企业资质证书》。并了解其实际的建设业绩、人员素质、管理水平、资金情况、技术装备等。

2）考核承包企业近期的表现，查对年检情况，资质升降级情况，了解其有否工程质量、施工安全、现场管理等方面的问题，企业管理的发展趋势，质量是否是上升趋势，选择向上发展的企业。

3）查对近期承建工程，实地参观考核工程质量情况及现场管理水平。在全面了解的基础上，重点考核与拟建工程类型、规模和特点相似或接近的工程。优先选取创出名牌优质工程的企业。

2. 对中标进场从事项目施工的承包企业质量管理体系的核查

（1）了解企业的质量意识，质量管理情况，重点了解企业质量管理的基础工作、工程项目管理和质量控制的情况。

（2）贯彻 ISO 9000 标准、体系建立和通过认证的情况。

（3）企业领导班子的质量意识及质量管理机构落实、质量管理权限实施的情况等。

（4）审查承包单位现场项目经理部的质量管理体系。

承包单位健全的质量管理体系，对于取得良好的施工效果具有重要作用，因此，监理工程师做好承包单位质量管理体系的审查，是搞好监理工作的重要环节，也是取得好的工程质量的重要条件。

1）承包单位向监理工程师报送项目经理部的质量管理体系的有关资料，包括组织机构、各项制度、管理人员、专职质检员、特种作业人员的资格证、上岗证、工地试验室。实施"贯标"的承包单位，应提交质量计划。

2）监理工程师对报送的相关资料进行审核，并进行实地检查。

3）经审核，承包单位的质量管理体系满足工程质量管理的需要，总监理工程师予以确认；对于不合格人员，总监理工程师有权要求承包单位予以撤换，不健全、不完善之处要求承包单位尽快整改。

四、施工组织设计（质量计划）的审查

对工程建设而言，质量计划主要是针对特定的工程项目为完成预定的质量控制目标，编制专门规定的质量措施、资源和活动顺序的文件。根据质量管理的基本原理，质量计划包含为达到质量目标、质量要求的计划、实施、检查及处理这四个环节的相关内容，即PDCA循环。

1. 质量计划与施工组织设计的异同

质量计划与现行施工管理中的施工组织设计有相同的地方，又存在着差别：

（1）对象相同。质量计划和施工组织设计都是针对某一特定工程项目而提出的。

（2）形式相同。二者均为文件形式。

（3）作用既相同又存在区别。投标时，投标单位向建设单位提供的施工组织设计或质量计划的作用是相同的，都是对建设单位作出工程项目质量管理的承诺；施工期间承包单位编制的详细的施工组织设计仅供内部使用，用于具体指导工程项目的施工，而质量计划的主要作用是向建设单位作出保证。

（4）编制的原理不同。质量计划的编制是以质量管理标准为基础的，从质量职能上对影响工程质量的各环节进行控制；而施工组织设计则是从施工部署的角度，着重于技术质量形成规律来编制全面施工管理的计划文件。

（5）在内容上各有侧重点。质量计划的内容按其功能包括：质量目标、组织结构和人员培训、采购、过程质量控制的手段和方法；而施工组织设计是建立在对这些手段和方法结合工程特点具体而灵活运用的基础上。

2. 施工组织设计的审查程序

施工组织设计已包含了质量计划的主要内容，因此，监理工程师对施工组织设计的审查也同时包括了对质量计划的审查。

（1）在工程项目开工前约定的时间内，承包单位必须完成施工组织设计的编制及内部自审批准工作，填写《施工组织设计（方案）报审表》报送项目监理机构。

（2）总监理工程师在约定的时间内，组织专业监理工程师审查，提出意见后，由总监理工程师审核签认。需要承包单位修改时，由总监理工程师签发书面意见，退回承包单位修改后再报审，总监理工程师重新审查。

（3）已审定的施工组织设计由项目监理机构报送建设单位。

（4）承包单位应按审定的施工组织设计文件组织施工。如需对其内容做较大的变更，应在实施前将变更内容书面报送项目监理机构审核。

（5）规模大、结构复杂或属新结构、特种结构的工程，项目监理机构对施工组织设计审查后，还应报送监理单位技术负责人审查，提出审查意见后由总监理工程师签发，必要时与建设单位协商，组织有关专业部门和有关专家会审。

（6）规模大，工艺复杂的工程、群体工程或分期出图的工程，经建设单位批准可分阶段报审施工组织设计；技术复杂或采用新技术的分项、分部工程，承包单位还应编制该分项、分部工程的施工方案，报项目监理机构审查。

3. 审查施工组织设计时应掌握的原则

（1）施工组织设计的编制、审查和批准应符合规定的程序。

（2）施工组织设计应符合国家的技术政策，充分考虑承包合同规定的条件、施工现场条件及法规条件的要求，突出"质量第一、安全第一"的原则。

（3）施工组织设计的针对性。

（4）施工组织设计的可操作性。

（5）技术方案的先进性。

（6）质量管理和技术管理体系，质量保证措施是否健全且切实可行。

（7）安全、环保、消防和文明施工措施是否切实可行并符合有关规定。

（8）在满足合同和法规要求的前提下，对施工组织设计的审查，应尊重承包单位的自主技术决策和管理决策。

第二节 现场施工准备的质量控制

1. 工程定位及标高基准控制

（1）监理工程师应要求施工承包单位，对建设单位（或其委托的单位）给定的原始基准点、基准线和标高等测量控制点进行复核，并将复测结果报监理工程师审核，经批准后施工承包单位始能据以进行准确的测量放线，建立施工测量控制网，并应对其正确性负责，同时做好基桩的保护。

（2）复测施工测量控制网。

2. 施工平面布置的控制

监理工程师要检查施工现场总体布置是否合理，是否有利于保证施工的正常、顺利地进行，是否有利于保证质量，特别是要对场区的道路、防洪排水、器材存放、给水及供电、混凝土供应及主要垂直运输机械设备布置等方面予以重视。

3. 材料构配件采购订货的控制

（1）凡由承包单位负责采购的原材料、半成品或构配件，在采购订货前应向监理工程师申报；对于重要的材料，还应提交样品，供试验或鉴定，有些材料则要求供货单位提交理化试验单（如预应力钢筋的硫、磷含量等），经监理工程师审查认可后，方可进行订货采购。

（2）对于半成品或构配件，应按经过审批认可的设计文件和图纸要求采购订货，质量应满足有关标准和设计的要求，交货期应满足施工及安装进度安排的需要。

（3）供货厂家是制造材料、半成品、构配件主体，所以通过考查优选合格的供货厂家，是保证采购、订货质量的前提。为此，大宗的器材或材料的采购应当实行招标采购的方式。

（4）对于半成品和构配件的采购、订货，监理工程师应提出明确的质量要求，质量检测项目及标准；出厂合格证或产品说明书等质量文件的要求，以及是否需要权威性的质量认证等。

（5）某些材料，诸如瓷砖等装饰材料，订货时最好一次订齐和备足货源，以免由于分批而出现色泽不一的质量问题。

（6）供货厂方应向需方（订货方）提供质量文件，用以表明其提供的货物能够完全达到需方提出的质量要求。

4. 施工机械配置的控制

（1）施工机械设备的选择，除应考虑施工机械的技术性能、工作效率，工作质量，可靠性及维修难易、能源消耗，以及安全、灵活等方面对施工质量的影响与保证外，还应考虑其数量配置对施工质量的影响与保证条件。此外，要注意设备型式应与施工对象的特点及施工质量要求相适应。在选择机械性能参数方面，也要与施工对象特点及质量要求相适应。

（2）审查施工机械设备的数量是否足够。

（3）审查所需的施工机械设备，是否按已批准的计划备妥；所准备的机械设备是否与监理工程师审查认可的施工组织设计或施工计划中所列者相一致；所准备的施工机械设备是否都处于完好的可用状态，等等。

5. 分包单位资格的审核确认

（1）分包单位提交《分包单位资质报审表》内容一般应包括以下几方面：

1）关于拟分包工程的情况。说明拟分包工程名称（部位）、工程数量、拟分包合同额，分包工程占全部工程额的比例。

2）关于分包单位的基本情况，包括：该分包单位的企业简介；资质材料；技术实力；企业过去的工程经验与业绩；企业的财务资本状况等；施工人员的技术素质和条件。

3）分包协议草案。包括总承包单位与分包单位之间责、权、利、分包项目的施工工艺、分包单位设备和到场时间、材料供应；总包单位的管理责任等。

（2）监理工程师审查总承包单位提交的《分包单位资质报审表》。

审查时，主要是审查施工承包合同是否允许分包，分包的范围和工程部位是否可进行分包，分包单位是否具有按工程承包合同规定的条件完成分包工程任务的能力。审查、控制的重点一般是分包单位施工组织者、管理者的资格与质量管理水平，特殊专业工种和专业工种和关键施工工艺或新技术、新工艺、新材料等应用方面操作者的素质与能力。

（3）对分包单位进行调查。调查的目的是核实总承包单位申报的分包单位情况是否属实。

6. 设计交底与施工图纸的现场核对

施工阶段，设计文件是监理工作的依据。因此，监理工程师应认真参加由建设单位主持的设计交底工作，以透彻地了解设计原则及质量要求；同时，要督促承包单位认真做好审核及图纸核对工作，对于审图过程中发现的问题，及时以书面形式报告给建设单位。

7. 严把开工关

监理工程师应事先检查建设单位和施工单位的施工准备情况，合格后发布书面的开工令。工程新开工和停工后的复工均需要施工单位提交《工程开工报审表》，监理工程师审查，由总监理工程师签发。

8. 监理组织的内部监控的准备工作

建立完善的监理工作体系做好质量监控工作。

第二章　施工过程质量控制

第一节　作业技术准备

一、作业技术准备状态的控制

（一）质量控制点的设置

1. 质量控制点的概念

质量控制点是指为了保证作业过程质量而确定的重点控制对象、关键部位或薄弱环节。设置质量控制点是保证达到施工质量要求的必要前提，监理工程师在拟定质量控制工作计划时，应予以详细地考虑，并以制度来保证落实。对于质量控制点，一般要事先分析可能造成质量问题的原因，再针对原因制定对策和措施进行预控。

承包单位在工程施工前应根据施工过程质量控制的要求，列出质量控制点明细表，提交监理工程师审查批准后，在此基础上实施质量预控。

2. 选择质量控制点的一般原则

应当选择那些保证质量难度大的、对质量影响大的或者是发生质量问题时危害大的对象作为质量控制点。

（1）施工过程中的关键工序或环节以及隐蔽工程，例如预应力结构的张拉工序，钢筋混凝土结构中的钢筋架立。

（2）施工中的薄弱环节，或质量不稳定的工序、部位或对象，例如地下防水层施工。

（3）对后续工程施工或对后续工序质量或安全有重大影响的工序、部位或对象，例如预应力结构中的预应力钢筋质量、模板的支撑与固定等。

（4）采用新技术、新工艺、新材料的部位或环节。

（5）施工上无足够把握的、施工条件困难的或技术难度大的工序或环节，例如复杂曲线模板的放样等。

是否设置为质量控制点，主要是视其对质量特性影响的大小、危害程度以及其质量保证的难度大小而定。

3. 作为质量控制点重点控制的对象

（1）人的行为：对某些作业或操作，应以人为重点进行控制。

（2）物的质量与性能：施工设备和材料是直接影响工程质量和安全的主要因素，对某些工程尤为重要，常作为控制的重点。

（3）关键的操作。

（4）施工技术参数。

（5）施工顺序。

（6）技术间歇。

（7）新工艺、新技术、新材料的应用。

（8）产品质量不稳定、不合格率较高及易发生质量通病的工序应列为重点，仔细分析、严格控制。

（9）易对工程质量产生重大影响的施工方法。

（10）特殊地基或特种结构。

4. 质量预控对策的检查

所谓工程质量预控，就是针对所设置的质量控制点或分部、分项工程，事先分析施工中可能发生的质量问题和隐患，分析可能产生的原因，并提出相应的对策，采取有效的措施进行预先控制，以防在施工中发生质量问题。

质量预控及对策的表达方式主要有：（1）文字表达；（2）用表格形式表达；（3）解析图形式表达。

（二）作业技术交底的控制

每一分项工程开始实施前均要进行交底。作业技术交底是对施工组织设计或施工方案的具体化，是更细致、明确、更加具体的技术实施方案，是工序施工或分项工程施工的具体指导文件。为做好技术交底，项目经理部必须由主管技术人员编制技术交底书，并经项目总工程师批准。技术交底的内容包括施工方法、质量要求和验收标准，施工过程中需注意的问题，可能出现意外的措施及应急方案。

关键部位，或技术难度大，施工复杂的检验批，分项工程施工前，承包单位的技术交底书（作业指导书）要报监理工程师。经监理工程师审查后，如技术交底书不能保证作业活动的质量要求，承包单位要进行修改补充。没有做好技术交底的工序或分项工程，不得进入正式实施。

（三）进场材料构配件的质量控制

（1）凡运到施工现场的原材料、半成品或构配件，进场前应向项目监理机构提交《工程材料/构配件/设备报审表》，同时附有产品出厂合格证及技术说明书，由施工承包单位按规定要求进行检验的检验或试验报告，经监理工程师审查并确认其质量合格后，方准进场。凡是没有产品出厂合格证明及检验不合格者，不得进场。如果监理工程师认为承包单位提交的有关产品合格证明的文件以及施工承包单位提交的检验和试验报告，仍不足以说明到场产品的质量符合要求时，监理工程师可以再行组织复检或见证取样试验，确认其质量合格后方允许进场。

（2）进口材料的检查、验收，应会同国家商检部门进行。

（3）材料构配件存放条件的控制。

（4）对于某些当地材料及现场配制的制品，一般要求承包单位事先进行试验，达到要求的标准方准施工。

（四）环境状态的控制

1. 施工作业环境的控制

所谓作业环境条件主要是指诸如：水、电或动力供应、施工照明、安全防护设备、施工场地空间条件和通道以及交通运输和道路条件等。这些条件是否良好，直接影响到施工能否顺利进行，以及施工质量。

2. 施工质量管理环境的控制

施工质量管理环境主要是指：施工承包单位的质量管理体系和质量控制自检系统是否处于良好的状态；系统的组织结构、管理制度、检测制度、检测标准、人员配备等方面是

142

否完善和明确；质量责任制是否落实；监理工程师做好承包单位施工质量管理环境的检查，并督促其落实，是保证作业效果的重要前提。

3. 现场自然环境条件的控制

监理工程师应检查施工承包单位，对于未来的施工期间，自然环境条件可能出现对施工作业质量的不利影响时，是否事先已有充分的认识并已做好充足的准备和采取了有效措施与对策以保证工程质量。

（五）进场施工机械设备性能及工作状态的控制

（1）施工机械设备的进场检查。

（2）机械设备工作状态的检查。

（3）特殊设备安全运行的审核。对于现场使用的塔吊及有关特殊安全要求的设备，进入现场后在使用前，必须经当地劳动安全部门鉴定，符合要求并办好相关手续后方允许承包单位投入使用。

（4）大型临时设备的检查。

（六）施工测量及计量器具性能、精度的控制

1. 监理工程师对工地试验室的检查

（1）工程作业开始前，承包单位应向项目监理机构报送工地试验室（或外委试验室）的资质证明文件，列出本试验室所开展的试验、检测项目、主要仪器、设备；法定计量部门对计量器具的标定证明文件；试验检测人员上岗资质证明；试验室管理制度等。

（2）监理工程师的实地检查。监理工程师应检查工地试验室资质证明文件、试验设备、检测仪器能否满足工程质量检查要求，是否处于良好的可用状态；精度是否符合需要；法定计量部门标定资料，合格证是否在标定的有效期内；试验室管理制度是否齐全，符合实际；试验、检测人员的上岗资质等。经检查，确认能满足工程质量检验要求，则予以批准，同意使用，否则，承包单位应进一步完善，补充，在没得到监理工程师同意之前，工地试验室不得使用。

2. 工地测量仪器的检查

施工测量开始前，承包单位应向项目监理机构提交测量仪器的型号、技术指标、精度等级、法定计量部门的标定证明，测量工的上岗证明，监理工程师审核确认后，方可进行正式测量作业。在作业过程中监理工程师也应经常检查了解计量仪器、测量设备的性能、精度状况，使其处于良好的状态之中。

（七）施工现场劳动组织及作业人员上岗资格的控制

1. 现场劳动组织的控制

劳动组织涉及从事作业活动的操作者及管理者，以及相应的各种管理制度。

（1）操作人员。

（2）管理人员到位：作业活动的直接负责人（包括技术负责人），专职质检人员，安全员，与作业活动有关的测量人员、材料员、试验员必须在岗。

（3）相关制度要健全。

2. 作业人员上岗资格

从事特殊作业的人员（如电焊工、电工、起重工、架子工、爆破工），必须持证上岗。对此监理工程师要进行检查与核实。

第二节 作业技术活动运行过程的控制

一、承包单位自检与专检工作的监控

1. 承包单位的自检系统

监理工程师的质量监督与控制就是使承包单位建立起完善的质量自检体系并运转有效。

承包单位的自检体系表现在以下几点：

(1) 作业活动的作业者在作业结束后必须自检；

(2) 不同工序交接、转换必须由相关人员交接检查；

(3) 承包单位专职质检员的专检。

为实现上述三点，承包单位必须有整套的制度及工作程序；具有相应的试验设备及检测仪器，配备数量满足需要的专职质检人员及试验检测人员。

2. 监理工程师的检查

监理工程师的质量检查与验收，是对承包单位作业活动质量的复核与确认；监理工程师的检查决不能代替承包单位的自检，而且，监理工程师的检查必须是在承包单位自检并确认合格的基础上进行的。专职质检员没检查或检查不合格不能报监理工程师，不符合上述规定，监理工程师一律拒绝进行检查。

二、技术复核工作监控

凡涉及施工作业技术活动基准和依据的技术工作，都应该严格进行专人负责的复核性检查，以避免基准失误给整个工程质量带来难以补救的或全局性的危害。技术复核是承包单位应履行的技术工作责任，其复核结果应报送监理工程师复验确认后，才能进行后续相关的施工。监理工程师应把技术复验工作列入监理规划及质量控制计划中，并看作是一项经常性工作任务，贯穿于整个的施工过程中。

三、见证取样送检工作的监控

见证是指由监理工程师现场监督承包单位某工序全过程完成情况的活动。见证取样则是指对工程项目使用的材料、半成品、构配件的现场取样、工序活动效果的检查实施见证。

为确保工程质量，建设部规定，在市政工程及房屋建筑工程项目中，对工程材料、承重结构的混凝土试块，承重墙体的砂浆试块、结构工程的受力钢筋(包括接头)实行见证取样。

见证取样的工作程序是：

(1) 工程项目施工开始前，项目监理机构要督促承包单位尽快落实见证取样的送检试验室。对于承包单位提出的试验室，监理工程师要进行实地考察。试验室一般是和承包单位没有行政隶属关系的第三方。试验室要具有相应的资质，经国家或地方计量、试验主管部门认证，试验项目满足工程需要，试验室出具的报告对外具有法定效果。

(2) 项目监理机构要将选定的试验室到负责本项目的质量监督机构备案并得到认可，同时要将项目监理机构中负责见证取样的监理工程师在该质量监督机构备案。

(3) 承包单位在对进场材料、试块、试件、钢筋接头等实施见证取样前要通知负责见证取样的监理工程师，在该监理工程师现场监督下，承包单位按相关规范的要求，完成材

料、试块、试件等的取样过程。

（4）完成取样后，承包单位将送检样品装入木箱，由监理工程师加封，不能装入箱中的试件，如钢筋样品，钢筋接头，则贴上专用加封标志，然后送往试验室。

四、工程变更的监控

不同情况下，工程变更的实施、设计图纸的澄清、修改，具有不同的工作程序。

1. 施工承包单位的要求及处理

在施工过程中承包单位提出的工程变更要求可能是：（1）要求作某些技术修改；（2）要求作设计变更。

（1）对技术修改要求的处理。所谓技术修改，这里是指承包单位根据施工现场具体条件和自身的技术、经验和施工设备等条件，在不改变原设计图纸和技术文件的原则前提下，提出的对设计图纸和技术文件的某些技术上的修改要求。

承包单位提出技术修改的要求时，应向项目监理机构提交《工程变更单》，在该表中应说明要求修改的内容及原因或理由，并附图和有关文件。

技术修改问题一般可以由专业监理工程师组织承包单位和现场设计代表参加，经各方同意后签字并形成纪要，作为工程变更单附件，经总监批准后实施。

（2）工程变更的要求。这种变更是指施工期间，对于设计单位在设计图纸和设计文件中所表达的设计标准状态的改变和修改。

首先，承包单位应就要求变更的问题填写《工程变更单》，送交项目监理机构。总监理工程师根据承包单位的申请，经与设计、建设、承包单位研究并作出变更的决定后，签发《工程变更单》，并应附有设计单位提出的变更设计图纸。承包单位签收后按变更后的图纸施工。

总监理工程师在签发《工程变更单》之前，应就工程变更引起的工期改变及费用的增减分别与建设单位和承包单位进行协商，力求达成双方均能同意的结果。

这种变更，一般均会涉及到设计单位重新出图的问题。如果变更涉及到结构主体及安全，该工程变更还要按有关规定报送施工图原审查单位进行审批，否则变更不能实施。

2. 设计单位提出变更的处理

（1）设计单位首先将"设计变更通知"及有关附件报送建设单位。

（2）建设单位会同监理、施工承包单位对设计单位提交的"设计变更通知"进行研究，必要时设计单位尚需提供进一步的资料，以便对变更作出决定。

（3）总监理工程师签发《工程变更单》。并将设计单位发出的"设计变更通知"作为该《工程变更单》的附件，施工承包单位按新的变更图实施。

3. 建设单位(监理工程师)要求变更的处理

（1）建设单位(监理工程师)将变更的要求通知设计单位，如果在要求中包括有相应的方案或建议，则应一并报送设计单位；否则，变更要求由设计单位研究解决。在提供审查的变更要求中，应列出所有受该变更影响的图纸、文件清单。

（2）设计单位对《工程变更单》进行研究。如果在"变更要求"中附有建议或解决方案时，设计单位应对建议或解决方案的所有技术方面进行审查，并确定它们是否符合设计要求和实际情况，然后书面通知建设单位，说明设计单位对该解决方案的意见，并将与该修改变更有关的图纸、文件清单返回给建设单位，说明自己的意见。

如果该《工程变更单》未附有建议的解决方案，则设计单位应对该要求进行详细的研究，并准备出自己对该变更的建议方案，提交建设单位。

（3）根据建设单位的授权，监理工程师研究设计单位所提交的建议设计变更方案或其对变更要求所附方案的意见，必要时会同有关的承包单位和设计单位一起进行研究，也可进一步提供资料，以便对变更作出决定。

（4）建设单位作出变更的决定后由总监理工程师签发《工程变更单》，指示承包单位按变更的决定组织施工。

需注意的是在工程施工过程中，无论是建设单位或者施工及设计单位提出的工程变更或图纸修改，都应通过监理工程师审查并经有关方面研究，确认其必要性后，由总监理工程师发布变更指令方能生效予以实施。

五、见证点的实施控制

1. 见证点的概念

见证点监督，也称为 W 点监督。凡是列为见证点的质量控制对象，在规定的关键工序施工前，承包单位应提前通知监理人员在约定的时间内到现场进行见证和对其施工实施监督。如果监理人员未能在约定的时间内到现场见证和监督，则承包单位有权进行该 W 点的相应的工序操作和施工。

2. 见证点的监理实施程序

（1）承包单位应在某见证点施工之前一定时间，书面通知监理工程师，说明该见证点准备施工的日期与时间，请监理人员届时到达现场进行见证和监督。

（2）监理工程师收到通知后，应注明收到该通知的日期并签字。

（3）监理工程师应按规定的时间到现场见证。

（4）如果监理人员在规定的时间不能到场见证；承包单位可以认为已获监理工程师默认。可有权进行该项施工。

（5）如果在此之前监理人员已到过现场检查，并将有关意见写在"施工记录"上，则承包单位应在该意见旁写明他根据该意见已采取的改进措施，或者写明他的某些具体意见。

六、级配管理质量监控

建设工程中，由于不同原材料的级配，配合及拌制后的产品对最终工程质量有重要的影响。因此，监理工程师要做好相关的质量控制工作。

七、计量工作质量监控

监理工程师对计量工作的质量监控包括以下内容：

（1）施工过程中使用的计量仪器，检测设备、称重衡器的质量控制。

（2）从事计量作业人员技术水平资质的审核：尤其是现场从事施工测量的测量工，从事试验、检验的试验工。

（3）现场计量操作的质量控制。作业者的实际作业质量直接影响到作业效果，计量作业现场的质量控制主要是检查其操作方法是否得当。

八、质量记录资料的监控

质量资料是施工承包单位进行工程施工或安装期间，实施质量控制活动的记录，还包括监理工程师对这些质量控制活动的意见及施工承包单位对这些意见的答复，他详细地记录了工程施工阶段质量控制活动的全过程。

质量记录资料包括以下三方面内容：

（1）施工现场质量管理检查记录资料；

（2）工程材料质量记录；

（3）施工过程作业活动质量记录资料。

施工或安装过程可按分项、分部、单位工程建立相应的质量记录资料。施工质量记录资料应真实、齐全、完整，相关各方人员的签字齐备、字迹清楚、结论明确，与施工过程的进展同步。在对作业活动效果的验收中，如缺少资料和资料不全，监理工程师应拒绝验收。

九、工地例会的管理

工地例会是施工过程中参加建设项目各方沟通情况，解决分歧，形成共识，做出决定的主要渠道，也是监理工程师进行现场质量控制的重要场所。

通过工地例会，监理工程师检查分析施工过程的质量状况，指出存在的问题，承包单位提出整改的措施，并做出相应的保证。

十、停、复工令的实施

1. 工程暂停指令的下达

为了确保作业质量。根据委托监理合同中建设单位对监理工程师的授权，出现下列情况需要停工处理时，应下达停工指令：

（1）施工作业活动存在重大隐患，可能造成质量事故或已经造成质量事故。

（2）承包单位未经许可擅自施工或拒绝项目监理机构管理。

（3）在出现下列情况下，总监理工程师有权行使质量控制权，下达停工令，及时进行质量控制：

1）施工中出现质量异常情况，经提出后，承包单位未采取有效措施，或措施不力未能扭转异常情况者。

2）隐蔽作业未经依法查验确认合格，而擅自封闭者。

3）已发生质量问题迟迟未按监理工程师要求进行处理，或者是已发生质量缺陷或问题，如不停工则质量缺陷或问题将继续发展的情况下。

4）未经监理工程师审查同意，而擅自变更设计或修改图纸进行施工者。

5）未经技术资质审查的人员或不合格人员进入现场施工。

6）使用的原材料、构配件不合格或未经检查确认者；或擅自采用未经审查认可的代用材料者。

7）擅自使用未经项目监理机构审查认可的分包单位进场施工。

总监理工程师在签发工程暂停令时，应根据停工原因的影响范围和影响程度，确定工程项目停工范围。总监下达停工令，宜事先向建设单位报告。

2. 恢复施工指令的下达

承包单位经过整改具备恢复施工条件时，承包单位向项目监理机构报送复工申请及有关材料，证明造成停工的原因已消失。经监理工程师现场复查，认为已符合继续施工的条件，造成停工的原因确已消失，总监理工程师应及时签署工程复工报审表，指令承包单位继续施工。

总监下达复工指令，宜事先向建设单位报告。

第三节　作业技术活动结果的控制

一、作业技术活动结果的控制内容

作业技术活动结果的控制是施工过程中间产品及最终产品质量控制的方式，只有作业活动的中间产品质量都符合要求，才能保证最终单位工程产品的质量。

1. 基槽（基坑）验收

基槽开挖是基础施工中的一项内容，由于其质量状况对后续工程质量影响大，故均需作为一个关键工序或一个检验批进行质量验收。

2. 隐蔽工程验收

隐蔽工程是指将被其后工程施工所隐蔽的分项、分部工程，在隐蔽前所进行的检查验收。它是对一些已完分项、分部工程质量的最后一道检查，由于检查对象就要被其他工程覆盖，给以后的检查整改造成障碍，故显得尤为重要，它是质量控制的一个关键过程。工作程序如下：

（1）隐蔽工程施工完毕，承包单位按有关技术规程、规范、施工图纸先进行自检，自检合格后，填写《报验申请表》，附上相应的工程检查证（或隐蔽工程检查记录）及有关材料证明，试验报告，复试报告等，报送项目监理机构。

（2）监理工程师收到报验申请后首先对质量证明资料进行审查，并在合同规定的时间内到现场检查（检测或核查），承包单位的专职质检员及相关施工人员应随同一起到现场。

（3）经现场检查，如符合质量要求，监理工程师在《报验申请表》及工程检查证（或隐蔽工程检查记录）上签字确认，准予承包单位隐蔽、覆盖，进入下一道工序施工。如经现场检查发现不合格，监理工程师签发"不合格项目通知"，指令承包单位整改，整改后自检合格再报监理工程师复查。

3. 工序交接验收

工序是专业活动的必要的技术停顿，通过工序的交接检使工序间和专业间形成有机整体。

4. 检验批、分项、分部工程的验收

检验批（分项、分部工程）完成后，承包单位应首先自行检查验收，确认符合设计文件，相关验收规范的规定，然后向监理工程师提交申请，由监理工程师予以检查、确认。如确认其质量符合要求，则予以确认验收。如有质量问题则指令承包单位进行处理，待质量合乎要求后在予以检查验收。对涉及结构安全和使用功能的重要分部工程应进行抽样检测。

5. 连动试车或设备的试运转

按照合同约定由施工单位或业主组织。

6. 单位工程或整个工程项目的竣工验收

在一个单位工程完工后或整个工程项目完成后，施工承包单位应先进行竣工自检，自检合格后，向项目监理机构提交《工程竣工报验单》，总监理工程师组织专业监理工程师进行竣工初验，其主要工作包括以下几个方面：

（1）审查施工承包单位提交的竣工验收所需的文件资料，包括各种质量控制资料、试验报告以及各种有关的技术性文件等。

（2）审核施工承包单位提交竣工图，并与已完工程、有关的技术文件对照进行核查。

（3）总监理工程师组织专业监理工程师对拟验收工程项目的现场进行检查，如发现质量问题应指令承包单位进行处理。

（4）对拟验收项目初验合格后，总监理工程师对承包单位的《工程竣工报验单》予以签认，并上报建设单位。同时提出"工程质量评估报告"。"工程质量评估报告"是工程验收中的重要资料，它由项目总监理工程师和监理单位技术负责人签署。

（5）参加由建设单位组织的正式竣工验收。

7. 不合格的处理

上道工序不合格，不准进入下道工序施工，不合格的材料、构配件、半成品不准进入施工现场且不允许使用，已经进场的不合格品应及时做出标识、记录，指定专人看管，避免用错，并限期清除出现场；不合格的工序或工程产品，不予计价。

8. 成品保护

所谓成品保护一般是指在施工过程中，有些分项工程已经完成，而其他一些分项工程尚在施工；或者是在其分项工程施工过程中，某些部位已完成，而其他部位正在施工。因此，监理工程师应对承包单位所承担的成品保护的质量与效果进行经常性的检查。

二、作业技术活动结果检验程序与方法

1. 检验程序

作业活动结束，应先由承包单位的作业人员按规定进行自检，自检合格后与下一工序的作业人员互检，如满足要求择优承包单位专职质检员进行检查，以上自检、互检、专检均符合要求后则由承包单位向监理工程师提交"报验申请表"，监理工程师接到通知后，应在合同规定的时间内及时对其质量进行检查，确认其质量合格后予以签认验收。

2. 质量检验的主要方法

对于现场所用原材料、半成品、工序过程或工程产品质量进行检验的方法，一般可分为三类，即：目测法、检测工具量测法以及试验法。

（1）目测法

即凭借感官进行检查，也可以叫做观感检验。这类方法主要是根据质量要求，采用看、摸、敲、照等手法对检查对象进行检查。

（2）量测法

就是利用量测工具或计量仪表，通过实际量测结果与规定的质量标准或规范的要求相对照，从而判断质量是否符合要求。量测的手法可归纳为：靠、吊、量、套。

（3）试验法

指通过进行现场试验或试验室试验等理化试验手段，取得数据，分析判断质量情况。包括：1)理化试验；2)无损测试或检验。

3. 质量检验程度的种类

（1）全数检验。

（2）抽样检验。

（3）免检：就是在某种情况下，可以免去质量检验过程。对于已有足够证据证明有质量保证的一般材料或产品；或实践证明其产品质量长期稳定、质量保证资料齐全者；或是某些施工质量只有通过对施工过程的严格质量监控，而质量检验人员很难对内在质量再作检验的，均可考虑采取免检。

第四节　施工过程质量控制手段

一、审核技术文件、报告和报表

这是对工程质量进行全面监督、检查与控制的重要手段。审核的具体内容包括以下几方面。

(1) 审查进入施工现场的分包单位的资质证明文件，控制分包单位的质量。

(2) 审批施工承包单位的开工申请书，检查、核实与控制其施工准备工作质量。

(3) 审批承包单位提交的施工方案、质量计划、施工组织设计或施工计划，控制工程施工质量有可靠的技术措施保障。

(4) 审批施工承包单位提交的有关材料、半成品和构配件质量证明文件(出厂合格证、质量检验或试验报告等)，确保工程质量有可靠的物质基础。

(5) 审核承包单位提交的反映工序施工质量的动态统计资料或管理图表。

(6) 审核承包单位提交的有关工序产品质量的证明文件(检验记录及试验报告)、工序交接检查(自检)、隐蔽工程检查、分部分项工程质量检查报告等文件、资料，以确保和控制施工过程的质量。

(7) 审批有关工程变更、修改设计图纸等，确保设计及施工图纸的质量。

(8) 审核有关应用新技术、新工艺、新材料、新结构等的技术鉴定书，审批其应用申请报告，确保新技术应用的质量。

(9) 审批有关工程质量问题或质量问题的处理报告，确保质量问题或质量问题处理的质量。

(10) 审核与签署现场有关质量技术签证、文件等。

二、指令文件与一般管理文书

指令文件是监理工程师运用指令控制权的具体形式。所谓指令文件是表达监理工程师对施工承包单位提出指示或命令的书面文件，属要求强制性执行的文件。监理工程师的各项指令都应是书面的或有文件记载方为有效，并作为技术文件资料存档。一般管理文书，如监理工程师函、备忘录、会议纪要、发布有关信息、通报等，主要是对承包商工作状态和行为，提出建议、希望和劝阻等，不属强制性要求执行，仅供承包人自主决策参考。

三、现场监督和检查

1. 现场监督检查的内容

(1) 开工前的检查。主要是检查开工前准备工作的质量，能否保证正常施工及工程施工质量。

(2) 工序施工中的跟踪监督、检查与控制。主要是监督、检查在工序施工过程中，人员、施工机械设备、材料、施工方法及工艺或操作以及施工环境条件等是否均处于良好的状态，是否符合保证工程质量的要求，若发现有问题及时纠偏和加以控制。

(3) 对于重要的和对工程质量有重大影响的工序和工程部位，还应在现场进行施工过程的旁站监督与控制，确保使用材料及工艺过程质量。

2. 现场监督检查的方式

（1）旁站与巡视

旁站是指在关键部位或关键工序施工过程中由监理人员在现场进行的监督活动。旁站的部位或工序要根据工程特点，也应根据承包单位内部质量管理水平及技术操作水平决定。一般而言，混凝土灌注、预应力张拉过程及压浆、基础工程中的软基处理、复合地基施工(如搅拌桩、悬喷桩、粉喷桩)、路面工程的沥青拌和料摊铺、沉井过程、桩基的打桩过程、防水施工、隧道衬砌施工中超挖部分的回填、边坡喷锚、打锚杆等要实施旁站。

巡视是指监理人员对正在施工的部位或工序现场进行的定期或不定期的监督活动，巡视是一种"面"上的活动，它不限于某一部位或过程，而旁站则是"点"的活动，它是针对某一部位或工序。

（2）平行检验

监理工程师利用一定的检查或检测手段在承包单位自检的基础上，按照一定的比例独立进行检查或检测的活动。

四、规定质量监控工作程序

规定双方必须遵守的质量监控工作程序，按规定的程序进行工作，这也是进行质量监控的必要手段。

五、利用支付手段

这是国际上较通用的一种重要的控制手段，也是建设单位或合同中赋予监理工程师的支付控制权。所谓支付控制权就是：对施工承包单位支付任何工程款项，均需由总监理工程师审核签认支付证明书，没有总监理工程师签署的支付证书，建设单位不得向承包单位进行支付工程款。

第三章　工程施工质量验收

第一节　基　本　知　识

一、施工质量验收的有关术语和基本规定

（一）施工质量验收的有关术语

《建筑工程施工质量验收统一标准》（GB 50300—2001)中共给出 17 个术语，下面列出几个较重要的质量验收相关术语。

1. 验收

建筑工程在施工单位自行质量检查评定的基础上，参与建设活动的有关单位共同对检验批、分项、分部、单位工程的质量进行抽样复验，根据相关标准以书面形式对工程质量达到合格与否做出确认。

2. 检验批

按同一的生产条件或按规定的方式汇总起来供检验用的，由一定数量样本组成的检验体。检验批是施工质量验收的最小单位，是分项工程乃至整个建筑工程质量验收的基础。

3. 主控项目

建筑工程中的对安全、卫生、环境保护和公众利益起决定性作用的检验项目。

4. 一般项目

除主控项目以外的项目都是一般项目。

5. 观感质量

通过观察和必要的量测所反映的工程外在质量。

6. 返修

对工程不符合标准规定的部位采取整修等措施。

7. 返工

对不合格的工程部位采取的重新制作、重新施工等措施。

（二）施工质量验收的基本规定

（1）施工现场质量管理应有相应的施工技术标准，健全的质量管理体系、施工质量检验制度和综合施工质量水平评价考核制度，并做好施工现场质量管理检查记录。

施工现场质量管理检查记录应由施工单位填写，总监理工程师（建设单位项目负责人）进行检查，并做出检查结论。

（2）建筑工程施工质量应按下列要求进行验收：

1）建筑工程施工质量应符合建筑工程施工质量验收统一标准和相关专业验收规范的规定。

2）建筑工程施工应符合工程勘察、设计文件的要求。

3）参加工程施工质量验收的各方人员应具备规定的资格。

4）工程质量的验收应在施工单位自行检查评定的基础上进行。

5）隐蔽工程在隐蔽前应由施工单位通知有关方进行验收，并应形成验收文件。

6）涉及结构安全的试块、试件以及有关材料，应按规定进行见证取样检测。

7）检验批的质量应按主控项目和一般项目验收。

8）对涉及结构安全和使用功能的分部工程应进行抽样检测。

9）承担见证取样检测及有关结构安全检测的单位应具有相应资质。

10）工程的观感质量应由验收人员通过现场检查，并应共同确认。

二、建筑工程施工质量验收的划分

（一）施工质量验收划分的层次

可将建筑规模较大的单体工程和具有综合使用功能的综合性建筑物工程划分为若干个子单位工程进行验收。在分部工程中，按相近工作内容和系统划分为若干个子分部工程。每个子分部工程中包括若干个分项工程。每个分项工程中包含若干个检验批，检验批是工程施工质量验收的最小单位。

（二）单位工程的划分

单位工程的划分应按下列原则确定：

（1）具备独立施工条件并能形成独立使用功能的建筑物及构筑物为一个单位工程。

（2）规模较大的单位工程，可将其能形成独立使用功能的部分划分为一个子单位工程。

子单位工程的划分一般可根据工程的建筑设计分区、使用功能的显著差异、结构缝的设置等实际情况，在施工前由建设、监理、施工单位自行商定，并据此收集整理施工技术资料和验收。

（3）室外工程可根据专业类别和工程规模划分单位（子单位）工程。

（三）分部工程的划分

分部工程的划分应按下列原则确定：

（1）分部工程的划分应按专业性质、建筑部位确定。如建筑工程划分为地基与基础、主体结构、建筑装饰装修、建筑屋面、建筑给水排水及采暖、建筑电气、智能建筑、通风与空调、电梯等九个分部工程。

（2）当分部工程较大或较复杂时，可按施工程序、专业系统及类别等划分为若干个子分部工程。如智能建筑分部工程中就包含了火灾及报警消防联动系统、安全防范系统、综合布线系统、智能化集成系统、电源与接地、环境、住宅（小区）智能化系统等子分部工程。

（四）分项工程的划分

分项工程应按主要工种、材料、施工工艺、设备类别等进行划分。如混凝土结构工程中按主要工种分为模板工程、钢筋工程、混凝土工程等分项工程；按施工工艺又分为预应力、现浇结构、装配式结构等分项工程。

建筑工程分部（子分部）工程、分项工程的具体划分见《建筑工程施工质量验收统一标准》GB 50300—2001。

（五）检验批的划分

分项工程可由一个或若干个检验批组成，检验批可根据施工及质量控制和专业验收需要按楼层、施工段、变形缝等进行划分。建筑工程的地基基础分部工程中的分项工程一般划分为一个检验批；有地下层的基础工程可按不同地下层划分检验批；屋面分部工程中的分项工程不同楼层屋面可划分为不同的检验批；单层建筑工程中的分项工程可按变形缝等划分检验批，多层及高层建筑工程中主体分部的分项工程可按楼层或施工段来划分检验批；其他分部工程中的分项工程一般按楼层划分检验批；对于工程量较少的分项工程可统一划分为一个检验批。安装工程一般按一个设计系统或组别划分为一个检验批。室外工程统一划分为一个检验批。散水、台阶、明沟等含在地面检验批中。

第二节　建筑工程施工质量验收层次和结果处理

一、检验批的质量验收

（一）检验批合格质量规定

1. 主控项目和一般项目的质量经抽样检验合格。

2. 具有完整的施工操作依据、质量检验记录。

（二）检验批按规定验收

1. 资料检查

质量控制资料反映了检验批从原材料到验收的各施工工序的施工操作依据，检查情况以及保证质量所必需的管理制度等。对其完整性的检查，实际是对过程控制的确认，这是检验批合格的前提。

2. 主控项目和一般项目的检验

为确保工程质量，使检验批的质量符合安全和使用功能的基本要求，各专业质量验收规范对各检验批的主控项目和一般项目的子项合格质量都给予明确规定。检验批的合格质量主要取决于对主控项目和一般项目的检验结果。主控项目是对检验批的基本质量起决定性影响的检验项目，因此必须全部符合有关专业工程验收规范的规定。这意味着主控项目不允许有不符合要求的检验结果，即这种项目的检查具有否决权。鉴于主控项目对基本质量的决定性影响，从严要求是必须的。

3. 检验批的抽样方案

合理的抽样方案的制定对检验批的质量验收有十分重要的影响。在制定检验批的抽样方案时，应考虑合理分配生产方风险（或错判概率 α）和使用方风险（或漏判概率 β），主控项目，对应于合格质量水平的 α 和 β 均不宜超过 5%；对于一般项目，对应于合格质量，α 不宜超过 5%，β 不宜超过 10%。检验批的质量检验，应根据检验项目的特点在下列抽样方案中进行选择。

（1）计量、计数或计量-计数等抽样方案。

（2）一次、二次或多次抽样方案。

（3）根据生产连续性和生产控制稳定性等情况，尚可采用调整型抽样方案。

（4）对重要的检验项目当可采用简易快速的检验方法时，可选用全数检验方案。

（5）经实践检验有效的抽样方案。如砂石料、构配件的分层抽样。

4. 检验批的质量验收记录

检验批的质量验收记录由施工项目专业质量检查员填写，监理工程师（建设单位技术负责人）组织项目专业质量检查员等进行验收，并记录。

二、分项工程质量验收

分项工程的验收在检验批的基础上进行。一般情况下，两者具有相同或相近的性质，只是批量的大小不同而已。因此，将有关的检验批汇集构成分项工程。分项工程合格质量的条件比较简单，只要构成分项工程的各检验批的验收资料文件完整，并且均已验收合格，则分项工程验收合格。

1. 分项工程质量验收合格应符合的规定

（1）分项工程所含的检验批均应符合合格质量规定。

（2）分项工程所含的检验批的质量验收记录应完整。

2. 分项工程质量验收记录

分项工程质量应由监理工程师（建设单位项目专业技术负责人）组织项目专业技术负责人等进行验收，并记录。

三、分部（子分部）工程质量验收

1. 分部（子分部）工程质量验收合格应符合的规定

（1）分部（子分部）工程所含分项工程的质量均应验收合格。

（2）质量控制资料应完整。

（3）地基与基础、主体结构和设备安装等分部工程有关安全及功能的检验和抽样检测结果应符合有关规定。

（4）观感质量验收应符合要求。

分部工程的验收在其所含各分项工程验收的基础上进行。首先，分部工程的各分项工程必须已验收且相应的质量控制资料文件必须完整，这是验收的基本条件。此外，由于各分项工程的性质不尽相同，因此作为分部工程不能简单的组合而加以验收，尚须增加以下两类检查。

涉及安全和使用功能的地基基础、主体结构、有关安全及重要使用功能的安装分部工程，应进行有关见证取样送样试验或抽样检测。如建筑物垂直度、标高、全高测量记录，建筑物沉降观测测量记录，给水管道通水试验记录，暖气管道、散热器压力试验记录，照明动力全负荷试验记录等。关于观感质量验收，这类检查往往难以定量，只能以观察、触摸或简单量测的方式进行，并由各个人的主观印象判断，检查结果并不给出"合格"或"不合格"的结论，而是综合给出质量评价。评价的结论为"好"、"一般"和"差"三种。对于"差"的检点应通过返修处理等进行补救。

2. 分部（子分部）工程质量验收记录

分部（子分部）工程质量应由总监理工程师（建设单位项目专业负责人）组织施工项目经理和有关勘察、设计单位项目负责人进行验收，并记录。

四、单位（子单位）工程质量验收

1. 单位（子单位）工程质量验收合格应符合的规定

（1）单位（子单位）工程所含分部（子分部）工程的质量应验收合格。

（2）质量控制资料应完整。

（3）单位（子单位）工程所含分部工程有关安全和功能的检验资料应完整。

（4）主要功能项目的抽查结果应符合相关专业质量验收规范的规定。

（5）观感质量验收应符合要求。

2. 验收合格的条件

单位工程质量验收也称质量竣工验收，是建筑工程投入使用前的最后一次验收，也是最重要的一次验收。验收合格的条件有五个：除构成单位工程的各分部工程应该合格，并且有关的资料文件应完整以外，还应进行以下三方面的检查。

（1）涉及安全和使用功能的分部工程应进行检验资料的复查。不仅要全面检查其完整性（不得有漏检缺项），而且对分部工程验收时补充进行的见证抽样检验报告也要复核。这种强化验收的手段体现了对安全和主要使用功能的重视。

（2）对主要使用功能还须进行抽查。使用功能的检查是对建筑工程和设备安装工程最终质量的综合检查，也是用户最为关心的内容。因此，在分项、分部工程验收合格的基础上，竣工验收时再作全面检查。抽查项目是在检查资料文件的基础上由参加验收的各方人员商定，并用计量、计数的抽样方法确定检查部位。检查要求按有关专业工程施工质量验收标准的要求进行。

（3）还须由参加验收的各方人员共同进行观感质量检查。检查的方法、内容、结论等应在分部工程的相应部分中阐述，最后共同确定是否通过验收。

3. 单位（子工程）工程质量竣工验收记录

单位（子单位）工程质量验收应按单位工程质量验收的汇总表记录。

（1）本表与分部（子分部）工程验收记录、单位（子单位）工程质量控制资料核查记录、单位（子单位）工程安全和功能检验资料核查及主要功能抽查记录、单位（子单位）工程观感质量检查记录配合使用。

（2）单位工程质量验收的汇总表验收记录由施工单位填写，验收结论由监理（建设）单位填写。综合验收结论由参加验收各方共同商定，建设单位填写，应对工程质量是否符合设计和规范要求及总体质量水平做出评价。

五、工程施工质量不符合要求时的处理

一般情况下，不合格现象在检验批的验收时就应发现并及时处理，所有质量隐患必须尽快消灭在萌芽状态，否则将影响后续检验批和相关的分项工程、分部工程的验收。但非正常情况可按下述规定进行处理：

(1) 经返工重做或更换器具、设备检验批，应重新进行验收。

这种情况是指主控项目不能满足验收规范规定或一般项目超过偏差限制的子项不符合检验规定的要求时，应及时进行处理的检验批。其中，严重的缺陷应推倒重来；一般的缺陷通过返修或更换器具、设备予以解决，应允许施工单位在采取相应的措施后重新验收。如能够符合相应的专业工程质量验收规范，则应认为该检验批合格。

(2) 经有资质的检测单位鉴定达到设计要求的检验批，应予以验收。

这种情况是指个别检验批发现试块强度等不满足要求等问题，难以确定是否验收时，应请具有资质的法定检测单位检测，当鉴定结果能够达到设计要求时，该检验批应允许通过验收。

(3) 经有资质的检测单位鉴定达不到设计要求但经原设计单位核算认可能满足结构安全和使用功能的检验批，可予以验收。

这种情况是指，一般情况下，规范标准给出了满足安全和功能的最低限度要求，而设计往往在此基础上留有一些余量。不满足设计要求和符合相应规范标准的要求，两者并不矛盾。

(4) 经返修或加固的分项、分部工程，虽然改变外形尺寸但仍能满足安全使用要求，可按技术处理方案和协商文件进行验收。

这种情况是指更为严重缺陷或范围超过检验批的更大范围内的缺陷可能影响结构的安全性和使用功能。如经法定检测单位检测鉴定以后认为达不到规范标准的相应要求，即不能满足最低限度的安全储备和使用功能，则必须按一定的技术方案进行加固处理，使之能保证其满足安全使用的基本要求。这样会造成一些永久性的缺陷，如改变结构的外形尺寸，影响一些次要的使用功能等。为了避免社会财富更大的损失，在不影响安全和主要使用功能条件下可按处理技术方案和协商文件进行验收，但不能作为轻视质量而回避责任的一种出路，这是应该特别注意的。

(5) 通过返修或加固仍不能满足安全使用要求的分部工程、单位(子单位)工程，严禁验收。

六、建筑工程施工质量验收的程序和组织

(一) 检验批及分项工程的验收程序与组织

检验批由专业监理工程师组织项目专业质量检验员等进行验收；分项工程由专业监理工程师组织项目专业技术负责人等进行验收。

所有检验批和分项工程均应由监理工程师或建设单位项目技术负责人组织验收。验收前，施工单位先填好"检验批和分项工程的验收记录"(有关监理记录和结论不填)，并由项目专业质量检查员和项目专业技术负责人分别在检验批和分项工程质量检验记录中相关栏目中签字，然后由监理工程师组织，严格按规定程序进行验收。

(二) 分部工程的验收程序与组织

分部工程应由总监理工程师(建设单位项目负责人)组织施工单位项目负责人和项目技术、质量负责人等进行验收。

由于地基基础、主体结构技术性能要求严格,技术性强,关系到整个工程的安全,因此规定与地基基础、主体结构分部工程相关的勘察、设计单位工程项目负责人和施工单位技术、质量部门负责人也应参加相关分部工程验收。

(三) 单位(子单位)工程的验收程序与组织

1. 竣工初验收的程序

当单位工程达到竣工验收条件后,施工单位应在自查、自评工作完成后,填写工程竣工报验单,并将全部竣工资料报送项目监理机构,申请竣工验收。总监理工程师应组织各专业监理工程师对竣工资料及各专业工程的质量情况进行全面检查,对检查出的问题,应督促施工单位及时整改。对需要进行功能试验的项目(包括单机试车和无负荷试车),监理工程师应督促施工单位及时进行试验,并对重要项目进行监督、检查,必要时请建设单位和设计单位参加;监理工程师应认真审查试验报告单并督促施工单位搞好成品保护和现场清理。

经项目监理机构对竣工资料及实物全面检查、验收合格后,由总监理工程师签署工程竣工报验单,并向建设单位提出质量评估报告。

2. 正式验收

建设单位收到工程验收报告后,应由建设单位(项目)负责人组织施工(含分包单位)、设计、监理等单位(项目)负责人进行单位(子单位)工程验收。单位工程由分包单位施工时,分包单位对所承包的工程项目应按规定的程序检查评定,总包单位应派人参加。分包工程完成后,应将工程有关资料交总包单位。建设工程经验收合格的,方可交付使用。建设工程竣工验收应当具备下列条件:

(1) 完成建设工程设计和合同约定的各项内容;

(2) 有完整的技术档案和施工管理资料;

(3) 有工程使用的主要建筑材料、建筑构配件和设备的进场试验报告;

(4) 有勘察、设计、施工、工程监理等单位分别签署的质量合格文件;

(5) 有施工单位签署的工程保修书。

在竣工验收时,对某些剩余工程和缺陷工程,在不影响交付的前提下,经建设单位、设计单位、施工单位和监理单位协商,施工单位应在竣工验收后的限定时间内完成。

参加验收各方对工程质量验收意见不一致时,可请当地建设行政主管部门或工程质量监督机构协调处理。

七、单位工程竣工验收备案

1. 归档文件的质量要求

(1) 图纸一般采用蓝晒图,竣工图应是新蓝图。计算机出图必须清晰,不得使用计算机所出图纸的复印件。

(2) 所有竣工图均应加盖竣工图章。

(3) 利用施工图改绘竣工图,必须标明变更修改依据;凡施工图结构、工艺、平面布置等有重大改变,或变更部分超过图面1/3的,应当重新绘制竣工图。

2. 建设工程档案验收与移交

（1）验收

列入城建档案管理部门档案接收范围的工程，建设单位在组织工程竣工验收前，应提请城建档案管理部门对工程档案进行预验收。建设单位未取得城建档案管理部门出具的认可文件，不得组织工程竣工验收。

（2）移交

1）列入城建档案管理部门接收范围的工程，建设单位在工程竣工验收后 3 个月内向城建档案管理部门移交一套符合规定的工程档案。

2）停建、缓建工程的工程档案，暂由建设单位保管。

3）对改建、扩建和维修工程，建设单位应当组织设计单位、监理单位、施工单位据实修改、补充和完善工程档案。对改变的部位，应当重新编写工程档案，并在工程竣工验收后 3 个月内向城建档案管理部门移交。

4）建设单位向城建档案管理部门移交工程档案时，应办理移交手续，填写移交目录，双方签字、盖章后交接。

5）施工单位、监理单位等有关单位应在工程竣工验收前将工程档案按合同或协议规定的时间、套数移交给建设单位，办理移交手续。

第四章　工程质量问题和质量事故的处理

第一节　工程质量问题及处理

一、工程质量问题的成因

（一）常见质量问题的成因

1. 违背建设程序；

2. 违反法规行为；

3. 地质勘察失真；

4. 设计差错；

5. 施工与管理不到位；

6. 使用不合格的原材料、制品及设备；

7. 自然环境因素；

8. 使用不当。

（二）质量问题成因分析方法

1. 基本步骤

（1）进行细致的现场调查研究，观察记录全部实况，充分了解与掌握引发质量问题的现象和特征。

（2）收集调查与质量问题有关的全部设计和施工资料，分析摸清工程在施工或使用过程中所处的环境及面临的各种条件和情况。

（3）找出可能产生质量问题的所有因素。

（4）分析、比较和判断，找出最可能造成质量问题的原因。

（5）进行必要的计算分析或模拟试验予以论证确认。

2. 分析要领

分析的要领是逻辑推理法，其基本原理是：

（1）确定质量问题的初始点，即所谓原点，它是一系列独立原因集合起来形成的爆发点。因其反映出质量问题的直接原因，而在分析过程中具有关键性作用。

（2）围绕原点对现场各种现象和特征进行分析，区别导致同类质量问题的不同原因，逐步揭示质量问题萌生、发展和最终形成的过程。

（3）综合考虑原因复杂性，确定诱发质量问题的起源点即真正原因。

二、工程质量问题的处理

（一）处理方式

（1）当施工而引起的质量问题在萌芽状态，应及时制止，并要求施工单位立即更换不合格材料设备或不称职人员，或要求施工单位立即改变不正确的施工方法和操作工艺。

（2）当因施工而引起的质量问题已出现时，应立即向施工单位发出《监理通知》；要求其对质量问题进行补救处理，并采取足以保证施工质量的有效措施后，填报《监理通知回复单》报监理单位。

（3）当某道工序或分项工程完工以后，出现不合格项，监理工程师应填写《不合格项处置记录》，要求施工单位及时采取措施予以整改。监理工程师应对其补救方案进行确认，跟踪处理过程，对处理结果进行验收，否则不允许进行下道工序或分项的施工。

（4）在交工使用后的保修期内发现的施工质量问题，监理工程师应及时签发《监理通知》，指令施工单位进行修补、加固或返工处理。

（二）处理程序

（1）当发生工程质量问题时，监理工程师首先应判断其严重程度。

对可以通过返修或返工弥补的质量问题可签发《监理通知》，责成施工单位写出质量问题调查报告，提出处理方案，填写《监理通知回复单》报监理工程师审核后，批复承包单位处理，必要时应经建设单位和设计单位认可，处理结果应重新进行验收。

（2）对需要加固补强的质量问题，或质量问题的存在影响下道工序和分项工程的质量时。

应签发《工程暂停令》，指令施工单位停止有质量问题部位和与其有关联部位及下道工序的施工。必要时，应要求施工单位采取防护措施，责成施工单位写出质量问题调查报告，由设计单位提出处理方案，并征得建设单位同意，批复承包单位处理。处理结果应重新进行验收。

（3）施工单位接到《监理通知》后，在监理工程师的组织参与下，尽快进行质量问题调查并完成报告编写。

调查的主要目的是明确质量问题的范围、程度、性质、影响和原因，为问题处理提供依据，调查应力求全面、详细、客观准确。调查报告主要内容应包括：

1）与质量问题相关的工程情况；

2）质量问题发生的时间、地点、部位、性质、现状及发展变化等详细情况；

3）调查中的有关数据和资料；

4）原因分析与判断；

5）是否需要采取临时防护措施；

6）质量问题处理补救的建议方案；

7）涉及的有关人员和责任及预防该质量问题重复出现的措施。

（4）监理工程师审核、分析质量问题调查报告，判断和确认质量问题产生的原因。

必要时，监理工程师应组织设计、施工、供货和建设单位各方共同参加分析。

（5）在原因分析的基础上，认真审核签认质量问题处理方案。

监理工程师审核确认处理方案应牢记：安全可靠，不留隐患，满足建筑物的功能和使用要求，技术可行，经济合理原则。针对确认不需专门处理的质量问题，应能保证它不构成对工程安全的危害，且满足安全和使用要求，并必须征得设计和建设单位的同意。

（6）指令施工单位按既定的处理方案实施处理并进行跟踪检查。

发生的质量问题不论是否由于施工单位原因造成，通常都是先由施工单位负责实施处理。对因设计单位原因等非施工单位责任引起的质量问题，应通过建设单位要求设计单位或责任单位提出处理方案，处理质量问题所需的费用或延误的工期，由责任单位承担，若质量问题属施工单位责任，施工单位应承担各项费用损失和合同约定的处罚，工期不予顺延。

（7）质量问题处理完毕，监理工程师应组织有关人员对处理的结果进行严格的检查、鉴定和验收，写出质量问题处理报告，报建设单位和监理单位存档。

主要内容包括：

1）基本处理过程描述；

2）调查与核查情况，包括调查的有关数据、资料；

3）原因分析结果；

4）处理的依据；

5）审核认可的质量问题处理方案；

6）实施处理中的有关原始数据、验收记录、资料；

7）对处理结果的检查、鉴定和验收结论；

8）质量问题处理结论。

第二节　工程质量事故处理的依据和程序

一、工程质量事故处理的依据

进行工程质量事故处理的主要依据有四个方面：质量事故的实况资料；具有法律效力的，得到有关当事各方认可的工程承包合同、设计委托合同、材料或设备购销合同以及监理合同或分包合同等合同文件；有关的技术文件、档案和相关的建设法规。

（一）质量事故的实况资料

1. 施工单位的质量事故调查报告

质量事故发生后，施工单位有责任就所发生的质量事故进行周密的调查、研究掌握情况，并在此基础上写出调查报告，提交监理工程师和业主。在调查报告中首先就与质量事故有关的实际情况做详尽的说明，其内容应包括：

（1）质量事故发生的时间、地点；

（2）质量事故状况的描述；

（3）质量事故发展变化的情况；

（4）有关质量事故的观测记录、事故现场状态的照片或录像。

2. 监理单位调查研究所获得的第一手资料

其内容大致与施工单位调查报告中有关内容相似，可用来与施工单位所提供的情况对照、核实。

（二）有关合同及合同文件

（1）所涉及的合同文件可以是：工程承包合同；设计委托合同；设备与器材购销合同；监理合同等。

（2）有关合同和合同文件在处理质量事故中的作用是：确定在施工过程中有关各方是否按照合同有关条款实施其活动，借以探寻产生事故的可能原因。

（三）有关的技术文件和档案

1. 有关的设计文件

如施工图纸和技术说明等。它是施工的重要依据。在处理质量事故中，其作用一方面是可以对照设计文件，核查施工质量是否完全符合设计的规定和要求；另一方面是可以根据所发生的质量事故情况，核查设计中是否存在问题或缺陷，成为导致质量事故的一方面原因。

2. 与施工有关的技术文件、档案和资料

（1）施工组织设计或施工方案、施工计划。

（2）施工记录、施工日志等。

（3）有关建筑材料的质量证明资料。

（4）现场制备材料的质量证明资料。

（5）质量事故发生后，对事故状况的观测记录、试验记录或试验报告等。

（6）其他有关资料。

（四）相关的建设法规

1. 勘察、设计、施工、监理等单位资质管理方面的法规

这类法规主要内容涉及：勘察、设计、施工和监理等单位的等级划分；明确各级企业应具备的条件；确定各级企业所能承担的任务范围；以及其等级评定的申请、审查、批准、升降管理等方面。

2. 从业者资格管理方面的法规

这类法规主要涉及建筑活动的从业者应具有相应的执业资格；注册等级划分；考试和注册办法；执业范围；权利、义务及管理等。

3. 建筑市场方面的法规

这类法律、法规、文件主要是为了维护建筑市场的正常秩序和良好环境，充分发挥竞争机制，保证工程项目质量，提高建设水平。

4. 建筑施工方面的法规

这类法律、法规文件涉及的内容十分广泛，其特点是大多与现场施工有直接关系。例如《建设工程监理规范》明确了现场监理工作的内容、深度、范围、程序、行为规范和工作制度。

特别是国务院颁布的《建设工程质量管理条例》，以《建筑法》为基础，全面系统地对与建设工程有关的质量责任和管理问题，做了明确的规定，可操作性强。它不但对建设

工程的质量管理具有指导作用，而且是全面保证工程质量和处理工程质量事故的重要依据。

5. 关于标准化管理方面的法规

这类法规主要涉及技术标准(勘察、设计、施工、安装、验收等)、经济标准和管理标准(如建设程序、设计文件深度、企业生产组织和生产能力标准、质量管理与质量保证标准等)。

二、工程质量事故处理的程序

监理工程师应熟悉各级政府建设行政主管部门处理工程质量事故的基本程序，特别是应把握在质量事故处理过程中如何履行自己的职责。

1. 工程质量事故发生后，监理工程师工作程序和质量事故报告的内容：

工程质量事故发生后，总监理工程师应签发《工程暂停令》，并要求停止进行质量缺陷部位和与其有关联部位及下道工序施工，应要求施工单位采取必要的措施，防止事故扩大并保护好现场。同时，要求质量事故发生单位迅速按类别和等级向相应的主管部门上报，并于 24h 内写出书面报告。

质量事故报告应包括以下主要内容：

(1) 事故发生的单位名称，工程(产品)名称、部位、时间、地点；

(2) 事故概况和初步估计的直接损失；

(3) 事故发生原因的初步分析；

(4) 事故发生后采取的措施；

(5) 相关各种资料(有条件时)。

2. 工程质量事故调查由事故发生地的市、县以上建设行政主管部门或国务院有关主管部门组织成立。各级主管部门处理权限及组成调查组权限如下：

特别重大质量事故由国务院按有关程序和规定处理；重大质量事故由国家建设行政主管部门归口管理；严重质量事故由省、自治区、直辖市建设行政主管部门归口管理；一般质量事故由市、县级建设行政主管部门归口管理。

特别重大质量事故调查组组成由国务院批准；一、二级重大质量事故由省、自治区、直辖市建设行政主管部门提出组成意见，人民政府批准；三、四级重大质量事故由市、县级行政主管部门提出组成意见，相应级别人民政府批准；严重质量事故，调查组由省、自治区、直辖市建设行政主管部门组织；一般质量事故，调查组由市、县级建设行政主管部门组织；事故发生单位属国务院部委的，由国务院有关主管部门或其授权部门会同当地建设行政主管部门组织调查组。

3. 监理工程师在事故调查组展开工作后，应积极协助，客观地提供相应证据。

若监理方无责任，监理工程师可应邀参加调查组，参与事故调查；若监理方有责任，则应予以回避，但应配合调查组工作。

质量事故调查组的职责是：

(1) 查明事故发生的原因、过程、事故的严重程度和经济损失情况；

(2) 查明事故的性质、责任单位和主要责任人；

(3) 组织技术鉴定；

(4) 明确事故主要责任单位和次要责任单位，承担经济损失的划分原则；

（5）提出技术处理意见及防止类似事故再次发生应采取的措施；

（6）提出对事故责任单位和责任人的处理建议；

（7）写出事故调查报告。

4. 当监理工程师接到质量事故调查组提出的技术处理意见后，可组织相关单位研究，并责成相关单位完成技术处理方案，并予以审核签认。质量事故技术处理方案，一般应委托原设计单位提出，由其他单位提供的技术处理方案，应经原设计单位同意签认。技术处理方案的制订，应征求建设单位意见。

5. 技术处理方案核签后，监理工程师应要求施工单位制定详细的施工方案设计，必要时应编制监理实施细则，对工程质量事故技术处理施工质量进行监理，技术处理过程中的关键部位和关键工序应进行旁站，并会同设计、建设等有关单位共同检查认可。

6. 对施工单位完工自检后的报验结果，组织有关各方进行检查验收，必要时应进行处理结果鉴定。要求事故单位整理编写质量事故处理报告，并审核签认，组织将有关技术资料归档。

7. 工程质量事故处理报告主要内容：

（1）工程质量事故情况、调查情况、原因分析（选自质量事故调查报告）；

（2）质量事故处理的依据；

（3）质量事故技术处理方案；

（4）实施技术处理施工中的有关问题和资料；

（5）对处理结果的检查鉴定和验收；

（6）质量事故处理结论。

8. 签发《工程复工令》

签发《工程复工令》，恢复正常施工。

第三节　工程质量事故处理方案的确定及鉴定验收

一、工程质量事故处理方案的确定

一般处理原则是：

（1）正确确定事故性质，是表面性还是实质性、是结构性还是一般性、是迫切性还是可缓性；

（2）正确确定处理范围，除直接发生部位，还应检查处理事故相邻影响作用范围的结构部位或构件；

（3）处理基本要求是：安全可靠，不留隐患；满足建筑物的功能和使用要求；技术上可行，经济上合理原则。

（一）工程质量事故处理方案类型

1. 修补处理

这是最常用的一类处理方案。通常当工程的某个检验批、分项或分部的质量虽未达到规定的规范、标准或设计要求，存在一定缺陷，但通过修补或更换器具、设备后还可达到要求的标准，又不影响使用功能和外观要求，在此情况下，可以进行修补处理。

2. 返工处理

当工程质量未达到规定的标准和要求，存在着严重质量问题，对结构的使用和安全构成重大影响，且又无法通过修补处理的情况下，可对检验批、分项、分部甚至整个工程返工处理。

3. 不做处理

某些工程质量问题虽然不符合规定的要求和标准构成质量事故，但视其严重情况，经过分析、论证、法定检测单位鉴定和设计等有关单位认可，对工程或结构使用及安全影响不大，也可不做专门处理。通常不用专门处理的情况有以下几种：

(1) 不影响结构安全和正常使用。

(2) 有些质量问题，经过后续工序可以弥补。

(3) 经法定检测单位鉴定合格。

例如，某检验批混凝土试块强度值不满足规范要求，强度不足，在法定检测单位，对混凝土实体采用非破损检验等方法测定其实际强度已达到规范允许和设计要求值时，可不做处理。对经检测未达要求值，但相差不多，经分析论证，只要使用前经再次检测达到设计强度，也可不做处理，但应严格控制施工荷载。

(4) 出现的质量问题，经检测鉴定达不到设计要求，但经原设计单位核算，仍能满足结构安全和使用功能。

监理工程师应牢记，不论哪种情况，特别是不做处理的质量问题，均要备好必要的书面文件，对技术处理方案、不做处理结论和各方协商文件等有关档案资料认真组织签认。对责任方应承担的经济责任和合同中约定的罚则应正确判定。

（二）选择最适用工程质量事故处理方案的辅助方法

1. 实验验证

即对某些有严重质量缺陷的项目，可采取合同规定的常规试验以外的试验方法进一步进行验证，以便确定缺陷的严重程度。监理工程师可根据对试验验证结果的分析、论证，再研究选择最佳的处理方案。

2. 定期观测

有些有缺陷的工程，短期内其影响可能不十分明显，需要较长时间的观测才能得出结论。对此，监理工程师应与建设单位及施工单位协商，是否可以留待责任期解决或采取修改合同，延长责任期的办法。

3. 专家论证

对于某些工程质量问题，可能涉及的技术领域比较广泛，或问题很复杂，有时仅根据合同规定难以决策，这时可提请专家论证。实践证明，采取这种方法，对于监理工程师正确选择重大工程质量缺陷的处理方案十分有益。

4. 方案比较

这是比较常用的一种方法。同类型和同一性质的事故可先设计多种处理方案，然后结合当地的资源情况、施工条件等逐项给出权重，做出对比，从而选择具有较高处理效果又便于施工的处理方案。

二、工程质量事故处理的鉴定验收

（一）检查验收

工程质量事故处理完成后，监理工程师在施工单位自检合格报验的基础上，应严格按施工验收标准及有关规范的规定进行，结合监理人员的旁站、巡视和平行检验结果，依据质量事故技术处理方案设计要求，通过实际量测，检查各种资料数据进行验收，并应办理交工验收文件，组织各有关单位会签。

（二）必要的鉴定

为确保工程质量事故的处理效果，凡涉及结构承载力等使用安全和其他重要性能的处理工作，常需做必要的试验和检验鉴定工作。或质量事故处理施工过程中建筑材料及构配件保证资料严重缺乏，或对检查验收结果各参与单位有争议时。检测鉴定必须委托政府批准的有资质的法定检测单位进行。

（三）验收结论

对所有质量事故无论经过技术处理，通过检查鉴定验收还是不需专门处理的，均应有明确的书面结论。若对后续工程施工有特定要求，或对建筑物使用有一定限制条件，应在结论中提出。

验收结论通常有以下几种：

（1）事故已排除，可以继续施工。

（2）隐患已消除，结构安全有保证。

（3）经修补处理后，完全能够满足使用要求。

（4）基本上满足使用要求，但使用时应有附加限制条件，例如限制荷载等。

（5）对耐久性的结论。

（6）对建筑物外观影响的结论。

（7）对短期内难以作出结论的，可提出进一步观测检验意见。

对于处理后符合《建筑工程施工质量验收统一标准》的规定的，监理工程师应予以验收、确认，并应注明责任方主要承担的经济责任。对经加固补强或返工处理仍不能满足安全使用要求的分部工程、单位(子单位)工程，应拒绝验收。

第五章　工程质量控制的统计分析方法

第一节　工程质量控制统计的概念

一、总体、样本及统计推断工作过程

1. 总体

总体也称母体，是所研究对象的全体。个体，是组成总体的基本元素。总体中含有个体的数目通常用 N 表示。在对一批产品质量检验时，该批产品是总体，其中的每件产品是个体，这时 N 是有限的数值，则称之为有限总体。若对生产过程进行检测时，应该把整个生产过程过去、现在以及将来的产品视为总体。随着生产的进行 N 是无限的，称之为无限总体。实践中一般把从每件产品检测得到的某一质量数据(强度、几何尺寸、重量等)即质量特性值视为个体，产品的全部质量数据的集合即为总体。

2. 样本

样本也称子样，是从总体中随机抽取出来，并根据对其研究结果推断总体质量特征的那部分个体。被抽中的个体称为样品，样品的数目称样本容量，用 n 表示。

3. 统计推断工作过程

质量统计推断工作是运用质量统计方法在生产过程中或一批产品中，随机抽取样本，通过对样品进行检测和整理加工，从中获得样本质量数据信息，并以此为依据，以概率数理统计为理论基础，对总体的质量状况作出分析和判断。

二、质量数据的收集方法

（一）全数检验

全数检验是对总体中的全部个体逐一观察、测量、计数、登记，从而获得对总体质量水平评价结论的方法。

（二）随机抽样检验

抽样检验是按照随机抽样的原则，从总体中抽取部分个体组成样本，根据对样品进行检测的结果，推断总体质量水平的方法。

抽样检验抽取样品不受检验人员主观意愿的支配，每一个体被抽中的概率都相同，从而保证了样本在总体中的分布比较均匀，有充分的代表性；同时它还具有节省人力、物力、财力、时间和准确性高的优点；它又可用于破坏性检验和生产过程的质量监控，完成全数检测无法进行的检测项目，具有广泛的应用空间。抽样的具体方法有：

1. 简单随机抽样

简单随机抽样又称纯随机抽样、完全随机抽样，是对总体不进行任何加工，直接进行随机抽样，获取样本的方法。

2. 分层抽样

分层抽样又称分类或分组抽样，是将总体按与研究目的有关的某一特性分为若干组，然后在每组内随机抽取样品组成样本的方法。

3. 等距抽样

等距抽样又称机械抽样、系统抽样，是将个体按某一特性排队编号后均分为 n 组，这时每组有 $K=N/n$ 个个体，然后在第一组内随机抽取第一件样品，以后每隔一定距离（K号）抽选出其余样品组成样本的方法。如在流水作业线上每生产 100 件产品抽出一件产品做样品，直到抽出 n 件产品组成样本。

4. 整群抽样

整群抽样一般是将总体按自然存在的状态分为若干群，并从中抽取样品群组成样本，然后在中选群内进行全数检验的方法。如对原材料质量进行检测，可按原包装的箱、盒为群随机抽取，对中选箱、盒做全数检验；每隔一定时间抽出一批产品进行全数检验等。

由于随机性表现在群间，样品集中，分布不均匀，代表性差，产生的抽样误差也大，同时在有周期性变动时，也应注意避免系统偏差。

5. 多阶段抽样

多阶段抽样又称多级抽样。上述抽样方法的共同特点是整个过程中只有一次随机抽样，因而统称为单阶段抽样。但是当总体很大时，很难一次抽样完成预定的目标。多阶段抽样是将各种单阶段抽样方法结合使用，通过多次随机抽样来实现的抽样方法。如检验钢材、水泥等质量时，可以对总体按不同批次分为 R 群，从中随机抽取 r 群，而后在中选的 r 群中的 M 个个体中随机抽取 m 个个体，这就是整群抽样与分层抽样相结合的二阶段抽样，它的随机性表现在群间和群内有两次。

三、质量数据的分类

质量数据是指由个体产品质量特性值组成的样本(总体)的质量数据集,在统计上称为变量;个体产品质量特性值称变量值。根据质量数据的特点,可以将其分为计量值数据和计数值数据。

1. 计量值数据

计量值数据是可以连续取值的数据,属于连续型变量。其特点是在任意两个数值之间都可以取精度较高一级的数值。它通常由测量得到,如重量、强度、几何尺寸、标高、位移等。此外,一些属于定性的质量特性,可由专家主观评分、划分等级而使之数量化,得到的数据也属于计量值数据。

2. 计数值数据

计数值数据是只能按 0,1,2,…数列取值计数的数据,属于离散型变量。它一般由计数得到。计数值数据又可分为计件值数据和计点值数据。

(1)计件值数据,表示具有某一质量标准的产品个数。如总体中合格品数、一级品数。

(2)计点值数据,表示个体(单件产品、单位长度、单位面积、单位体积等)上的缺陷数、质量问题点数等。如检验钢结构构件涂料涂装质量时,构件表面的焊渣、焊疤、油污、毛刺数量等。

四、质量数据的特征值

样本数据特征值是由样本数据计算的描述样本质量数据波动规律的指标。统计推断就是根据这些样本数据特征值来分析、判断总体的质量状况。常用的有描述数据分布集中趋势的算术平均数、中位数和描述数据分布离散趋势的极差、标准偏差、变异系数等。

(一)描述数据集中趋势的特征值

1. 算术平均数

算术平均数又称均值,是消除了个体之间个别偶然的差异,显示出所有个体共性和数据一般水平的统计指标,它由所有数据计算得到,是数据的分布中心,对数据的代表性好。其计算公式为:

(1)总体算术平均数 μ

$$\mu = \frac{1}{N}(X_1 + X_2 + \cdots + X_N) = \frac{1}{N}\sum X_i$$

式中　N——总体中个体数;

　　　X_i——总体中第 i 个的个体质量特性值。

(2)样本算术平均数(略)

2. 样本中位数

样本中位数是将样本数据按数值大小有序排列后,位置居中的数值。当样本数 n 为奇数时,数列居中的一位数即为中位数;当样本数 n 为偶数时,取居中两个数的平均值作为中位数。

(二)描述数据离散趋势的特征值

1. 极差 R

极差是数据中最大值与最小值之差,是用数据变动的幅度来反映其分散状况的特征值。极差计算简单、使用方便，但粗略，数值仅受两个极端值的影响，损失的质量信息多，不能反映中间数据的分布和波动规律，仅适用于小样本。其计算公式为：

$$R = X_{\max} - X_{\min}$$

2. 标准偏差

标准偏差简称标准差或均方差，是个体数据与均值离差平方和的算术平均数的算术根，是大于 0 的正数。总体的标准差用 σ 表示；样本的标准差用 S 表示。标准差值小说明分布集中程度高，离散程度小，均值对总体（样本）的代表性好；标准差的平方是方差，有鲜明的数理统计特征，能确切说明数据分布的离散程度和波动规律，是最常用的反映数据变异程度的特征值。

（1）总体的标准偏差 σ

（2）样本的标准偏差 S

样本的标准偏差 S 是总体标准差 σ 的无偏估计。

（3）变异系数 C_v

变异系数又称离散系数，是用标准差除以算术平均数得到的相对数。它表示数据的相对离散波动程度。变异系数小，说明分布集中程度高，离散程度小，均值对总体（样本）的代表性好。由于消除了数据平均水平不同的影响，变异系数适用于均值有较大差异的总体之间离散程度的比较，应用更为广泛。其计算公式为：

$$C_v = \sigma / \mu \text{（总体）}$$

五、质量数据的分布特征

（一）质量数据波动的原因

影响产品质量主要有五方面因素，即人，包括质量意识、技术水平、精神状态等；材料，包括材质均匀度、理化性能等；机械设备，包括其先进性、精度、维护保养状况等；方法，包括生产工艺、操作方法等；环境，包括时间、季节、现场温湿度、噪声干扰等；同时这些因素自身也在不断变化中。个体产品质量的表现形式的千差万别就是这些因素综合作用的结果，质量数据也因此具有了波动性。

质量特性值的变化在质量标准允许范围内波动称之为正常波动，是由偶然性原因引起的；若是超越了质量标准允许范围的波动则称之为异常波动，是由系统性原因引起的。

1. 偶然性原因

在实际生产中，影响因素的微小变化具有随机发生的特点，是不可避免、难以测量和控制的，或者是在经济上不值得消除，它们大量存在但对质量的影响很小，属于允许偏差、允许位移范畴，引起的是正常波动，一般不会因此造成废品，生产过程正常稳定。通常把 4M1E 因素的这类微小变化归为影响质量的偶然性原因、不可避免原因或正常原因。

2. 系统性原因

当影响质量的 4M1E 因素发生了较大变化，如工人未遵守操作规程、机械设备发生故障或过度磨损、原材料质量规格有显著差异等情况发生时，没有及时排除，生产过程则不正常，产品质量数据就会离散过大或与质量标准有较大偏离，表现为异常波动，次品、废品产生。这就是产生质量问题的系统性原因或异常原因。由于异常波动特征明显，容易识别和避免，特别是对质量的负面影响不可忽视，生产中应该随时监控，及时识别和处理。

（二）质量数据分布的规律性

1. 对于每件产品来说，众多因素交织在一起，共同起作用的结果，使各因素引起的差异大多互相抵消，最终表现出来的误差具有随机性。对于在正常生产条件下的大量产品，误差接近零的产品数目要多些，具有较大正负误差的产品要相对少，偏离很大的产品就更少了，同时正负误差绝对值相等的产品数目非常接近。于是就形成了一个能反映质量数据规律性的分布，即以质量标准为中心的质量数据分布，它可用一个"中间高、两端低、左右对称"的几何图形表示，即一般服从正态分布。

2. 概率数理统计在对大量统计数据研究中，归纳总结出许多分布类型，但是，在样本容量较大时，其样本均值也将服从或近似服从正态分布。因而，正态分布最重要、最常见、应用最广泛。正态分布概率密度曲线如下图所示。

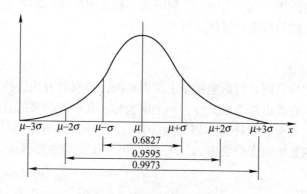

正态分布概率密度曲线

第二节　常用的质量分析方法

一、统计调查表法

统计调查表法又称统计调查分析法，它是利用专门设计的统计表对质量数据进行收集、整理和粗略分析质量状态的一种方法。

在质量控制活动中，利用统计调查表收集数据，简便灵活，便于整理，实用有效。它没有固定格式，可根据需要和具体情况，设计出不同统计调查表。

常用的有：

（1）分项工程作业质量分布调查表；

（2）不合格项目调查表；

（3）不合格原因调查表；

（4）施工质量检查评定用调查表等。

应当指出，统计调查表往往同分层法结合起来应用，可以更好、更快地找出问题的原因，以便采取改进的措施。

二、分层法

分层法又叫分类法，是将调查收集的原始数据，根据不同的目的和要求，按某一性质进行分组、整理的分析方法。分层的结果使数据各层间的差异突出地显示出来，层内的数据差异减少了。在此基础上再进行层间、层内的比较分析，可以更深入地发现和认识质量问题的原因。由于产品质量是多方面因素共同作用的结果，因而对同一批数据，可以按不同性质分层，使我们能从不同角度来考虑、分析产品存在的质量问题和影响因素。

常用的分层标志有：

(1) 按操作班组或操作者分层；

(2) 按使用机械设备型号分层；

(3) 按操作方法分层；

(4) 按原材料供应单位、供应时间或等级分层；

(5) 按施工时间分层；

(6) 按检查手段、工作环境等分层。

分层法是质量控制统计分析方法中最基本的一种方法。其他统计方法一般都要与分层法配合使用，如排列图法、直方图法、控制图法、相关图法等，常常是首先利用分层法将原始数据分门别类，然后再进行统计分析的。

三、排列图法

1. 排列图法的概念

排列图法是利用排列图寻找影响质量主次因素的一种有效方法。排列图又叫帕累托图或主次因素分析图，它是由两个纵坐标、一个横坐标、几个连起来的直方形和一条曲线所组成。实际应用中，通常按累计频率划分为(0%～80%)、(80%～90%)、(90%～100%)三部分，与其对应的影响因素分别为A、B、C三类。A类为主要因素，B类为次要因素，C类为一般因素。

2. 排列图的作法

(1) 收集整理数据。

(2) 排列图的绘制：

1) 画横坐标。将横坐标按项目数等分，并按项目频数由大到小顺序从左至右排列，将横坐标分为等份。

2) 画纵坐标。左侧的纵坐标表示项目不合格点数即频数，右侧纵坐标表示累计频率。要求总频数对应累计频率100%。

3) 画频数直方形。以频数为高画出各项目的直方形。

4) 画累计频率曲线。从横坐标左端点开始，依次连接各项目直方形右边线及所对应的累计频率值的交点，所得的曲线即为累计频率曲线。

5) 记录必要的事项。如标题、收集数据的方法和时间等。

3. 排列图的观察与分析

(1) 观察直方形，大致可看出各项目的影响程度。排列图中的每个直方形都表示一个质量问题或影响因素。影响程度与各直方形的高度成正比。

(2) 利用 ABC 分类法，确定主次因素。将累计频率曲线按(0%～80%)、(80%～90%)、(90%～100%)分为三部分，各曲线下面所对应的影响因素分别为 A、B、C 三类因素。A类即主要因素，B类即次要因素，C类即一般因素，今后所做的工作应是重点解决 A 类质量问题。

4. 排列图的应用

排列图可以形象、直观地反映主次因素。其主要应用有：

（1）按不合格点的内容分类，可以分析出造成质量问题的薄弱环节；

（2）按生产作业分类，可以找出生产不合格品最多的关键过程；

（3）按生产班组或单位分类，可以分析比较各单位技术水平和质量管理水平；

（4）将采取提高质量措施前后的排列图对比，可以分析措施是否有效；

（5）此外还可以用于成本费用分析、安全问题分析等。

四、因果分析图法

1. 因果分析图的概念

因果分析图法是利用因果分析图来系统整理分析某个质量问题（结果）与其产生原因之间关系的有效工具。因果分析图也称特性要因图，又因其形状常被称为树枝图或鱼刺图。

因果分析图由质量特性（即质量结果指某个质量问题）、要因（产生质量问题的主要原因）、枝干（指一系列箭线表示不同层次的原因）、主干（指较粗的直接指向质量结果的水平箭线）等所组成。

2. 绘制和使用因果分析图时应注意的问题

（1）集思广益。绘制时要求绘制者熟悉专业施工方法技术，调查、了解施工现场实际条件和操作的具体情况。要以各种形式，广泛收集现场工人、班组长、质量检查员、工程技术人员的意见，集思广益，相互启发、相互补充，使因果分析更符合实际。

（2）制订对策。绘制因果分析图不是目的，而是要根据图中所反映的主要原因，制订改进的措施和对策，限期解决问题，保证产品质量。具体实施时，一般应编制一个对策计划表。

五、直方图法

（一）直方图的用途

直方图法即频数分布直方图法，它是将收集到的质量数据进行分组整理，绘制成频数分布直方图，用以描述质量分布状态的一种分析方法，所以又称质量分布图法。

通过直方图的观察与分析，可了解产品质量的波动情况，掌握质量特性的分布规律，以便对质量状况进行分析判断。同时可通过质量数据特征值的计算，估算施工生产过程总体的不合格品率，评价过程能力等。

（二）直方图的绘制方法

1. 收集整理数据

用随机抽样的方法抽取数据，一般要求数据在 50 个以上。

2. 计算极差 R

极差 R 是数据中最大值和最小值之差。

3. 对数据分组

包括确定组数、组距和组限。

（1）确定组数 k。确定组数的原则是分组的结果能正确地反映数据的分布规律。组数应根据数据多少来确定。组数过少，会掩盖数据的分布规律；组数过多，使数据过于零乱分散，也不能显示出质量分布状况。一般可参考下表的经验数值确定。

数据分组参考值

数据总数 n	数据总数 n	数据总数 n
50～100	100～250	250 以上
分组数 k	分组数 k	分组数 k
6～10	7～12	10～20

（2）确定组距 h，组距是组与组之间的间隔，也即一个组的范围。各组距应相等，于是有：

级差≈组距×组数

即 $$R \approx h \cdot k$$

因而组数、组距的确定应结合级差综合考虑，适当调整，还要注意数值尽量取整，使分组结果能包括全部变量值，同时也便于以后的计算分析。

（3）确定组限。每组的最大值为上限，最小值为下限，上、下限统称组限。确定组限时应注意使各组之间连续，即较低组上限应为相邻较高组下限，这样才不致使有的数据被遗漏。对恰恰处于组限值上的数据，其解决的办法有二：一是规定每组上（或下）组限不计在该组内，而计入相邻较高（或较低）组内；二是将组限值较原始数据精度提高半个最小测量单位。

4. 编制数据频数统计表

统计各组频数，可采用唱票形式进行，频数总和应等于全部数据个数。

5. 绘制频数分布直方图

在频数分布直方图中，横坐标表示质量特性值，本例中为混凝土强度，并标出各组的组限值。

（三）直方图的观察与分析

1. 观察直方图的形状、判断质量分布状态

作完直方图后，首先要认真观察直方图的整体形状，看其是否是属于正常型直方图。正常型直方图就是中间高，两侧底，左右接近对称的图形。

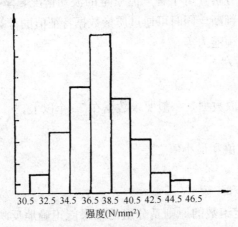

强度(N/mm²)

2. 出现非正常型直方图时，表明生产过程或收集数据作图有问题。这就要求进一步分析判断，找出原因，从而采取措施加以纠正。

172

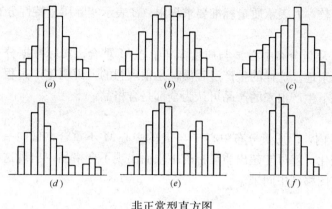

非正常型直方图

（1）折齿型（b）

是由于分组组数不当或者组距确定不当出现的直方图。

（2）左（或右）缓坡型（c）

主要是由于操作中对上限（或下限）控制太严造成的。

（3）孤岛型（d）

是原材料发生变化，或者临时他人顶班作业造成的。

（4）双峰型（e）

是由于用两种不同方法或两台设备或两组工人进行生产，然后把两方面数据混在一起整理产生的。

（5）绝壁型（f）

是由于数据收集不正常，可能有意识地去掉下限以下的数据，或是在检测过程中存在某种人为因素所造成的。

3. 将直方图与质量标准比较，判断实际生产过程能力

作出直方图后，除了观察直方图形状，分析质量分布状态外，再将正常型直方图与质量标准比较，从而判断实际生产过程能力。正常型直方图与质量标准相比较。如下图实际

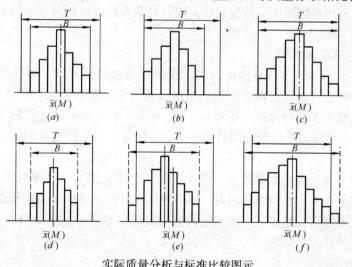

实际质量分析与标准比较图示

质量分析与标准比较，T 表示质量标准要求界限；B 表示实际质量特性分布范围。

(1) 图(a)

B 在 T 中间，质量分布中心 $\bar{x}$ 与质量标准中心 M 重合，实际数据分布与质量标准相比较两边还有一定余地。这样的生产过程质量是很理想的，说明生产过程处于正常的稳定状态。在这种情况下生产出来的产品可认为全都是合格品。

(2) 图(b)

B 虽然落在 T 内，但质量分布中心 $\bar{x}$ 与 T 的中心 M 不重合，偏向一边。这样如果生产状态一旦发生变化，就可能超出质量标准下限而出现不合格品。出现这样情况时应迅速采取措施，使直方图移到中间来。

(3) 图(c)

B 在 T 中间，且 B 的范围接近了 T 的范围，没有余地，生产过程一旦发生小的变化，产品的质量特性值就可能超出质量标准。出现这种情况时，必须立即采取措施，以缩小质量分布范围。

(4) 图(d)

B 在 T 中间，但两边余地太大，说明加工过于精细，不经济。在这种情况下，可以对原材料、设备、工艺、操作等控制要求适当放宽些，有目的地使 B 扩大，从而有利于降低成本。

(5) 图(e)

质量分布范围 B 已超出标准下限之外，说明已出现不合格品。此时必须采取措施进行调整，使质量分布位于标准之内。

(6) 图(f)

质量分布范围完全超出了质量标准上、下界限，散差太大，产生许多废品，说明过程能力不足，应提高过程能力，使质量分布范围 B 缩小。

六、控制图法

(一) 控制图的基本形式及其用途

控制图又称管理图。它是在直角坐标系内画有控制界限，描述生产过程中产品质量波动状态的图形。利用控制图区分质量波动原因，判明生产过程是否处于稳定状态的方法称为控制图法。

1. 控制图的基本形式

横坐标为样本(子样)序号或抽样时间，纵坐标为被控制对象，即被控制的质量特性值。控制图上一般有三条线：在上面的一条虚线称为上控制界限，用符号 UCL 表示；在下面的一条虚线称为下控制界限，用符号 LCL 表示；中间的一条实线称为中心线，用符号 CL 表示。中心线标志着质量特性值分布的中心位置，上下控制界限标志着质量特性值允许波动范围。

在生产过程中通过抽样取得数据，把样本统计量描在图上来分析判断生产过程状态。如果点子随机地落在上、下控制界限内，则表明生产过程正常处于稳定状态，不会产生不合格品；如果点子超出控制界限，或点子排列有缺陷，则表明生产条件发生了异常变化，生产过程处于失控状态。

2. 控制图的用途

控制图是用样本数据来分析判断生产过程是否处于稳定状态的有效工具。它的用途主要有两个：

(1) 过程分析，即分析生产过程是否稳定。为此，应随机连续收集数据，绘制控制图，观察数据点分布情况并判定生产过程状态。

(2) 过程控制，即控制生产过程质量状态。为此，要定时抽样取得数据，将其变为点子描在图上，发现并及时消除生产过程中的失调现象，预防不合格品的产生。

3. 控制图的特点

前面讲述的排列图、直方图法是质量控制的静态分析法，在质量控制中还必须有动态分析法。控制图就是典型的动态分析法。

(二) 控制图的原理

影响生产过程和产品质量的原因，可分为系统性原因和偶然性原因。在生产过程中，如果仅仅存在偶然性原因影响，而不存在系统性原因，这时生产过程是处于稳定状态，或称为控制状态。其产品质量特性值的波动是有一定规律的，即质量特性值分布服从正态分布。控制图就是利用这个规律来识别生产过程中的异常原因，控制系统性原因造成的质量波动，保证生产过程处于控制状态。一定状态下的生产的产品质量是具有一定分布的，过程状态发生变化，产品质量分布也随之改变。观察产品质量分布情况，一是看分布中心位置(μ)；二是看分布的离散程度(σ)。这可通过下面质量数据分布图所示的四种情况来说明。

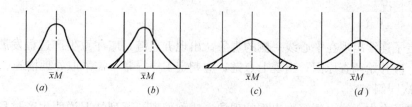

质量数据分布图

1. 图(a)

反映产品质量分布服从正态分布，其分布中心与质量标准中心 M 重合，散差分布在质量控制界限之内，表明生产过程处于稳定状态，这时生产的产品基本上都是合格品，可继续生产。

2. 图(b)

反映产品质量分布散差没变，而分布中心发生偏移。

3. 图(c)

反映产品质量分布中心虽然没有偏移，但分布的散差变大。

4. 图(d)

反映产品质量分布中心和散差都发生了较大变化，即 μ 值偏离标准中心，$\sigma(s)$ 值增大。

后三种情况都是由于生产过程中存在异常原因引起的，都出现了不合格品，生产过程处于不稳定状态，应及时分析，消除异常原因的影响。

综上所述，我们可依据描述产品质量分布的集中位置和离散程度的统计特征值，随时间（生产进程）的变化情况来分析生产过程是否处于稳定状态。在控制图中，只要样本质量数据的特征值是随机地落在上、下控制界限之内，就表明产品质量分布的参数 μ 和 σ 基本保持不变，生产中只存在偶然原因，生产过程是稳定的。而一旦发生了质量数据点飞出控制界限之外，或排列有缺陷，则说明生产过程中存在系统原因，使 μ 和 σ 发生了改变，生产过程出现异常情况。

（三）控制图的观察与分析

绘制控制图的目的是分析判断生产过程是否处于稳定状态。这主要是通过对控制图上点子的分布情况的观察与分析进行。因为控制图上点子作为随机抽样的样本，可以反映出生产过程（总体）的质量分布状态。

当控制图同时满足以下两个条件：一是点子几乎全部落在控制界限之内；二是控制界限内的点子排列没有缺陷。我们就可以认为生产过程基本上处于稳定状态。如果点子的分布不满足其中任何一条，都应判断生产过程为异常。

（1）点子几乎全部落在控制界线内，是指应符合下述三个要求：

1）连续 25 点以上处于控制界限内。

2）连续 35 点中仅有 1 点超出控制界限。

3）连续 100 点中不多于 2 点超出控制界限。

（2）点子排列没有缺陷，是指点子的排列是随机的，而没有出现异常现象。这里的异常现象是指点子排列出现了"链"、"多次同侧"、"趋势或倾向"、"周期性变动"、"接近控制界限"等情况。

1）链

是指点子连续出现在中心线一侧的现象。出现五点链，应注意生产过程发展状况；出现六点链，应开始调查原因；出现七点链，应判定工序异常，需采取处理措施。

2）多次同侧

是指点子在中心线一侧多次出现的现象，或称偏离。下列情况说明生产过程已出现异常：在连续 11 点中有 10 点在同侧。在连续 14 点中有 12 点在同侧。在连续 17 点中有 14 点在同侧。在连续 20 点中有 16 点在同侧。

3）趋势或倾向

是指点子连续上升或连续下降的现象。连续 7 点或 7 点以上上升或下降排列，就应判定生产过程有异常因素影响，要立即采取措施。

4）周期性变动

即点子的排列显示周期性变化的现象。这样即使所有点子都在控制界限内，也应认为生产过程为异常。

5）点子排列接近控制界限

是指点子落在了 $\mu \pm 2\sigma$ 以外和 $\mu \pm 3\sigma$ 以内。如属下列情况的判定为异常：连续 3 点至少有 2 点接近控制界限。连续 7 点至少有 3 点接近控制界限。连续 10 点至少有 4 点接近控制界限。

以上是分析用控制图判断生产过程是否正常的准则。如果生产过程处于稳定状态，则把分析用控制图转为管理用控制图。分析用控制图是静态的，而管理用控制图是动态的。随着生产过程的进展，通过抽样取得质量数据把点描在图上，随时观察点子的变化，一是

176

点子落在控制界限外或界限上，即判断生产过程异常，点子即使在控制界限内，也应随时观察其有无缺陷，以对生产过程正常与否做出判断。

七、相关图法

（一）相关图法的用途

相关图又称散布图。在质量控制中它是用来显示两种质量数据之间关系的一种图形。质量数据之间的关系多属相关关系。一般有三种类型：一是质量特性和影响因素之间的关系；二是质量特性和质量特性之间的关系；三是影响因素和影响因素之间的关系。

我们可以用 y 和 x 分别表示质量特性值和影响因素，通过绘制散布图，计算相关系数等，分析研究两个变量之间是否存在相关关系，以及这种关系密切程度如何，进而对相关程度密切的两个变量，通过对其中一个变量的观察控制，去估计控制另一个变量的数值，以达到保证产品质量的目的。这种统计分析方法，称为相关图法。

（二）相关图的绘制方法

1. 收集数据

要成对地收集两种质量数据，数据不得过少。

2. 绘制相关图

在直角坐标系中，一般 x 轴用来代表原因的量或较易控制的量，y 轴用来代表结果的量或不易控制的量，然后将数据中相应的坐标位置上描点，便得到散布图。

（三）相关图的观察与分析

相关图中点的集合，反映了两种数据之间的散布状况，根据散布状况我们可以分析两个变量之间的关系。归纳起来，有以下六种类型。

（1）正相关

散布点基本形成由左至右向上变化的一条直线带，即随 x 增加，y 值也相应增加，说明 x 与 y 有较强的制约关系。此时，可通过对 x 控制而有效控制 y 的变化。

（2）弱正相关

散布点形成向上较分散的直线带。随 x 值的增加，y 值也有增加趋势，但 x、y 的关系不像正相关那么明确。说明 y 除受 x 影响外，还受其他更重要的因素影响。需要进一步利用因果分析图法分析其他的影响因素。

（3）不相关

散布点形成一团或平行于 x 轴的直线带。说明 x 变化不会引起 y 的变化或其变化无规律，分析质量原因时可排除 x 因素。

（4）负相关

散布点形成由左向右向下的一条直线带。说明 x 对 y 的影响与正相关恰恰相关。

（5）弱负相关

散布点形成由左至右向下分布的较分散的直线带。说明 x 与 y 的相关关系较弱，且变化趋势相反，应考虑寻找影响 y 的其他更重要的因素。

（6）非线性相关

散布点呈一曲线带，即在一定范围内 x 增加，y 也增加；超过这个范围 x 增加，y 则有下降趋势，或改变变动的斜率呈曲线形态。

第六章 监理规范有关规定

规 范 内 容	复 习 提 示
5.4 工程质量控制工作	
5.4.1 在施工过程中，当承包单位对已批准的施工组织设计进行调整、补充或变动时，应经专业监理工程师审查，并应由总监理工程师签认。 5.4.2 专业监理工程师应要求承包单位报送重点部位、关键工序的施工工艺和确保工程质量的措施，审核同意后予以签认。 5.4.3 当承包单位采用新材料、新工艺、新技术、新设备时，专业监理工程师应要求承包单位报送相应的施工工艺措施和证明材料，组织专题论证，经审定后予以签认。 5.4.4 项目监理机构应对承包单位在施工过程中报送的施工测量放线成果进行复验和确认	5.4.1：谁批准，谁修改。是一贯做法。 5.4.2：工程项目的重点部位、关键工序应由项目监理机构与承包单位协商后共同确认。措施由专业工程师签认。 5.4.3："四新"也是专业工程师签认。 5.4.4：承包单位测量放线——自检——填写施工测量放线报验申请表，并附上放线的依据材料及放线成果表——报送项目监理机构——专业监理工程师应实地查验放线精度，施工轴线控制桩的位置、轴线和高程的控制标志——签认施工测量报验申请表
5.4.5 专业监理工程师应从以下五个方面对承包单位的试验室进行考核： 1 试验室的资质等级及其试验范围； 2 法定计量部门对试验设备出具的计量检定证明； 3 试验室的管理制度； 4 试验人员的资格证书； 5 本工程的试验项目及其要求	5.4.5：对外委的试验室（包括平行检验用的）也要从这5个方面考核。这5个方面要求记忆
5.4.6 专业监理工程师应对承包单位报送的拟进场工程材料、构配件和设备的工程材料/构配件/设备报审表及其质量证明资料进行审核，并对进场的实物按照委托监理合同约定或有关工程质量管理文件规定的比例采用平行检验或见证取样方式进行抽检。 对未经监理人员验收或验收不合格的工程材料、构配件、设备，监理人员应拒绝签认，并应签发监理工程师通知单，书面通知承包单位限期将不合格的工程材料、构配件、设备撤离现场。 工程材料/构配件/设备报审表应符合附录A9表的格式；监理工程师通知单应符合附录B1表的格式。 5.4.7 项目监理机构应定期检查承包单位的直接影响工程质量的计量设备的技术状况	5.4.6：验收进场材料属于专业监理师的权力，不用总监批准。 1. 要求施工单位进场前提供《报审表》和出厂合格证以及技术说明书。凡是没有出厂合格证的，一律不准进入现场。进口的还应报进口商检证明文件（可代替合格证） 2. 对于见证取样，注意以下程序和做法： （1）施工前，承包单位落实见证取样的送检试验室。监理工程师对试验室实地考察。 （2）监理机构要将选定的试验室报到负责本项目的质量监督机构备案并得到认可，同时要将项目监理机构中负责见证取样的监理工程师在该质量监督机构备案。 （3）见证取样要在指定的监理工程师现场监督下，由承包单位完成取样过程。 （4）承包单位将送检样品装入木箱，由指定的监理工程师加封，不能装入箱中的试件，则贴上专用加封标志。施工单位要报"送验单"，在"送验单"上要盖上"见证取样"专用章，有指定的监理工程师签字，承包单位送往试验室。 （5）见证取样的频率和数量包括施工单位自检范围内，一般所占比例为30%。 （6）见证取样费由施工单位负责。见证取样不能替代自检
5.4.8 总监理工程师应安排监理人员对施工过程进行巡视和检查。对隐蔽工程的隐蔽过程、下道工序施工完成后难以检查的重点部位，专业监理工程师应安排监理员进行旁站	5.4.8：关于旁站，注意： 1. 监理企业在编制监理规划时，应当制定旁站监理方案，送建设单位和施工企业、建设行政主管部门。 2. 旁站监理人员应在施工现场跟班监督，做好旁站监理记录。 3. 凡旁站监理人员和施工企业现场质检人员未在旁站监理记录（见附件）上签字的，不得进行下一道工序施工。对于需要旁站的施工，没有旁站或没有旁站监理记录的，监理工程师或者总监理工程师不得在相应文件上签字

规 范 内 容	复 习 提 示
5.4.9 专业监理工程师应根据承包单位报送的隐蔽工程报验申请表和自检结果进行现场检查，符合要求予以签认。 对未经监理人员验收或验收不合格的工序，监理人员应拒绝签认，并要求承包单位严禁进行下一道工序的施工。 隐蔽工程报验申请表应符合附录 A4 表的格式。 5.4.10 专业监理工程师应对承包单位报送的分项工程质量验评资料进行审核，符合要求后予以签认；总监理工程师应组织监理人员对承包单位报送的分部工程和单位工程质量验评资料进行审核和现场检查，符合要求后予以签认	5.4.9：关于隐蔽工程，施工单位自检——报隐蔽工程报验申请表(附自检结果)——监理验收——施工单位覆盖——监理可要求再验——施工单位配合(分包不配合找总包)——验收合格补偿工期费用，验收不合格不补偿工期费用。 5.4.10：关于验收： 1. 验收的权限： (1) 专业监理师——分项工程验收签认。 (2) 总监——分部工程和单位工程验收和签认。 (3) 基槽基坑的验收勘察设计单位和政府有关部门参加。 2. 施工质量不符合要求的处理： (1) 返工后重新验收。 (2) 有资质检测单位鉴定达设计要求的，可验收(例：试块强度有问题，鉴定后可验收)。 (3) 经原设计单位核算，满足结构安全和使用功能的，可验收(设计有时有安全余量)。 (4) 返修或加固的分部分项，改变了外形尺寸，满足安全使用要求的，按处理方案验收
5.4.11 对施工过程中出现的质量缺陷，专业监理工程师应及时下达监理工程师通知，要求承包单位整改，并检查整改结果。 5.4.12 监理人员发现施工存在重大质量隐患，可能造成质量事故或已经造成质量事故，应通过总监理工程师及时下达工程暂停令，要求承包单位停工整改。整改完毕并经监理人员复查，符合规定要求后，总监理工程师应及时签署工程复工报审表。总监理工程师下达工程暂停令和签署工程复工报审表，宜事先向建设单位报告。 5.4.13 对需要返工处理或加固补强的质量事故，总监理工程师应责令承包单位报送质量事故调查报告和经设计单位等相关单位认可的处理方案，项目监理机构应对质量事故的处理过程和处理结果进行跟踪检查和验收。 总监理工程师应及时向建设单位及本监理单位提交有关质量事故的书面报告，并应将完整的质量事故处理记录整理归档	5.4.11：专业工程师只能下监理通知，不能下暂停令，口头暂停令也不能下。 5.4.12：只有总监才可以下达暂停令(总监代表也不行)。以下情况可下暂停令： (1) 施工作业活动存在重大隐患，可能造成质量事故或已经造成质量事故。 (2) 承包单位未经许可可擅自施工或拒绝项目监理机构管理。 (3) 下列情况下，总监理工程师有权下达停工令： 1) 施工中出现质量异常情况，经提出后，承包单位未采取有效措施，或措施不力未能扭转异常情况者。 2) 隐蔽作业未经依法查验确认合格，而擅自封闭者。 3) 已发生质量问题迟迟未按监理工程师要求进行处理，或者是已发生质量缺陷或问题，如不停工则质量缺陷或问题将继续发展的情况下。 4) 未经监理工程师审查同意，而擅自变更设计或修改图纸进行施工者。 5) 未经技术资质审查的人员或不合格人员进入现场施工。 6) 使用的原材料、构配件不合格或未经检查确认者；或擅自采用未经审查认可的代用材料者。 7) 擅自使用未经项目监理机构审查认可的分包单位进场施工。 5.4.13：质量事故的处理： (1) 考试一般会明确按照《监理规范》做答。 (2) 教材的质量事故分类和处理所依据的文件已经废止
	对于质量缺陷的分析，可以采用直方图和排列图方法，考试常见的是排列图

第七章　建设工程质量管理条例(节选)

第一章　总　则

第一条　为了加强对建设工程质量的管理,保证建设工程质量,保护人民生命和财产安全,根据《中华人民共和国建筑法》,制定本条例。

第二条　凡在中华人民共和国境内从事建设工程新建、扩建、改建等有关活动及实施对建设工程质量监督管理的,必须遵守本条例。

本条例所称建设工程,是指土木工程、建筑工程、线路管道和设备安装工程及装修工程。

第三条　建设单位、勘察单位、设计单位、施工单位、工程监理单位依法对建设工程质量负责。

第四条　县级以上人民政府建设行政主管部门和其他有关部门应当加强对建设工程质量的监督管理。

第五条　从事建设工程活动,必须严格执行基本建设程序,坚持先勘察、后设计、再施工的原则。

县级以上人民政府及其有关部门不得超越权限审批建设项目或者擅自简化基本建设程序。

第六条　国家鼓励采用先进的科学技术和管理方法,提高建设工程质量。

第二章　建设单位的质量责任和义务

第七条　建设单位应当将工程发包给具有相应资质等级的单位。

建设单位不得将建设工程肢解发包。

第八条　建设单位应当依法对工程建设项目的勘察、设计、施工、监理以及与工程建设有关的重要设备、材料等的采购进行招标。

第九条　建设单位必须向有关的勘察、设计、施工、工程监理等单位提供与建设工程有关的原始资料。原始资料必须真实、准确、齐全。

第十条　建设工程发包单位,不得迫使承包方以低于成本的价格竞标,不得任意压缩合理工期。

建设单位不得明示或者暗示设计单位或者施工单位违反工程建设强制性标准,降低建设工程质量。

第十一条　建设单位应当将施工图设计文件报县级以上人民政府建设行政主管部门或者其他有关部门审查。施工图设计文件审查的具体办法,由国务院建设行政主管部门会同国务院其他有关部门制定。

施工图设计文件未经审查批准的,不得使用。

第十二条　实行监理的建设工程,建设单位应当委托具有相应资质等级的工程监理单位进行监理,也可以委托具有工程监理相应资质等级并与监理工程的施工承包单位没有隶属关系或者其他利害关系的该工程的设计单位进行监理。

下列建设工程必须实行监理：

（一）国家重点建设工程；

（二）大中型公用事业工程；

（三）成片开发建设的住宅小区工程；

（四）利用外国政府或者国际组织贷款、援助资金的工程；

（五）国家规定必须实行监理的其他工程。

第十三条 建设单位在领取施工许可证或者开工报告前，应当按照国家有关规定办理工程质量监督手续。

第十四条 按照合同约定，由建设单位采购建筑材料、建筑构配件和设备的，建设单位应当保证建筑材料、建筑构配件和设备符合设计文件和合同要求。

建设单位不得明示或者暗示施工单位使用不合格的建筑材料、建筑构配件和设备。

第十五条 涉及建筑主体和承重结构变动的装修工程，建设单位应当在施工前委托原设计单位或者具有相应资质等级的设计单位提出设计方案；没有设计方案的，不得施工。

房屋建筑使用者在装修过程中，不得擅自变动房屋建筑主体和承重结构。

第十六条 建设单位收到建设工程竣工报告后，应当组织设计、施工、工程监理等有关单位进行竣工验收。

建设工程竣工验收应当具备下列条件：

（一）完成建设工程设计和合同约定的各项内容；

（二）有完整的技术档案和施工管理资料；

（三）有工程使用的主要建筑材料、建筑构配件和设备的进场试验报告；

（四）有勘察、设计、施工、工程监理等单位分别签署的质量合格文件；

（五）有施工单位签署的工程保修书。

建设工程经验收合格的，方可交付使用。

第十七条 建设单位应当严格按照国家有关档案管理的规定，及时收集、整理建设项目各环节的文件资料，建立、健全建设项目档案，并在建设工程竣工验收后，及时向建设行政主管部门或者其他有关部门移交建设项目档案。

第三章 勘察、设计单位的质量责任和义务

第十八条 从事建设工程勘察、设计的单位应当依法取得相应等级的资质证书，并在其资质等级许可的范围内承揽工程。

禁止勘察、设计单位超越其资质等级许可的范围或者以其他勘察、设计单位的名义承揽工程。禁止勘察、设计单位允许其他单位或者个人以本单位的名义承揽工程。

勘察、设计单位不得转包或者违法分包所承揽工程。

第十九条 勘察、设计单位必须按照工程建设强制性标准进行勘察、设计，并对其勘察、设计的质量负责。

注册建筑师、注册结构工程师等注册执业人员应当在设计文件上签字，对设计文件负责。

第二十条 勘察单位提供的地质、测量、水文等勘察成果必须真实、准确。

第二十一条 设计单位应当根据勘察成果文件进行建设工程设计。

设计文件应当符合国家规定的设计深度要求，注明工程合理使用年限。

第二十二条 设计单位在设计文件中选用的建筑材料、建筑构配件和设备，应当注明规格、型号、性能等技术指标，其质量要求必须符合国家规定的标准。

除有特殊要求的建筑材料、专用设备、工艺生产线等外，设计单位不得指定生产厂、供应商。

第二十三条 设计单位应当就审查合格的施工图设计文件向施工单位作出详细说明。

第二十四条 设计单位应当参与建设工程质量事故分析，并对因设计造成的质量事故，提出相应的技术处理方案。

第四章　施工单位的质量责任和义务

第二十五条 施工单位应当依法取得相应等级的资质证书，并在其资质等级许可的范围内承揽工程。

禁止施工单位超越本单位资质等级许可的业务范围或者以其他施工单位的名义承揽工程。禁止施工单位允许其他单位或者个人以本单位的名义承揽工程。施工单位不得转包或者违法分包工程。

第二十六条 施工单位对建设工程的施工质量负责。

施工单位应当建立质量责任制，确定工程项目的项目经理、技术负责人和施工管理负责人。

建设工程实行总承包的，总承包单位应当对全部建设工程质量负责；建设工程勘察、设计、施工、设备采购的一项或者多项实行总承包的，总承包单位应当对其承包的建设工程或者采购的设备的质量负责。

第二十七条 总承包单位依法将建设工程分包给其他单位的，分包单位应当按照分包合同的约定对其分包工程的质量向总承包单位负责，总承包单位与分包单位对分包工程的质量承担连带责任。

第二十八条 施工单位必须按照工程设计图纸和施工技术标准施工，不得擅自修改工程设计，不得偷工减料。

施工单位在施工过程中发现设计文件和图纸有差错的，应当及时提出意见和建议。

第二十九条 施工单位必须按照工程设计要求、施工技术标准和合同约定，对建筑材料、建筑构配件、设备和商品混凝土进行检验，检验应当有书面记录和专人签字；未经检验或者检验不合格的，不得使用。

第三十条 施工单位必须建立、健全施工质量的检验制度，严格工序管理，作好隐蔽工程的质量检查和记录。隐蔽工程在隐蔽前，施工单位应当通知建设单位和建设工程质量监督机构。

第三十一条 施工人员对涉及结构安全的试块、试件以及有关材料，应当在建设单位或者工程监理单位监督下现场取样，并送具有相应资质等级的质量检测单位进行检测。

第三十二条 施工单位对施工中出现质量问题的建设工程或者竣工验收不合格的建设工程，应当负责返修。

第三十三条 施工单位应当建立、健全教育培训制度，加强对职工的教育培训；未经教育培训或者考核不合格的人员，不得上岗作业。

第五章　工程监理单位的质量责任和义务

第三十四条　工程监理单位应当依法取得相应等级的资质证书，并在其资质等级许可的范围内承担工程监理业务。

禁止工程监理单位超越本单位资质等级许可的范围或者以其他工程监理单位的名义承担工程监理业务。禁止工程监理单位允许其他单位或者个人以本单位的名义承担工程监理业务。

工程监理单位不得转让工程监理业务。

第三十五条　工程监理单位与被监理工程的施工承包单位以及建筑材料、建筑构配件和设备供应单位有隶属关系或者其他利害关系的，不得承担该项建设工程的监理业务。

第三十六条　工程监理单位应当依照法律、法规以及有关技术标准、设计文件和建设工程承包合同，代表建设单位对施工质量实施监理，并对施工质量承担监理责任。

第三十七条　工程监理单位应当选派具备相应资格的总监理工程师和监理工程师进驻施工现场。

未经监理工程师签字，建筑材料、建筑构配件和设备不得在工程上使用或者安装，施工单位不得进行下一道工序的施工。未经总监理工程师签字，建设单位不拨付工程款，不进行竣工验收。

第三十八条　监理工程师应当按照工程监理规范的要求，采取旁站、巡视和平行检验等形式，对建设工程实施监理。

第六章　建设工程质量保修

第三十九条　建设工程实行质量保修制度。

建设工程承包单位在向建设单位提交工程竣工验收报告时，应当向建设单位出具质量保修书。质量保修书中应当明确建设工程的保修范围、保修期限和保修责任等。

第四十条　在正常使用条件下，建设工程的最低保修期限为：

（一）基础设施工程、房屋建筑的地基基础工程和主体结构工程为设计文件规定的该工程的合理使用年限；

（二）屋面防水工程、有防水要求的卫生间、房间和外墙面的防渗漏，为5年；

（三）供热与供冷系统，为2个采暖期、供冷期；

（四）电气管线、给排水管道、设备安装和装修工程，为2年。

其他项目的保修期限由发包方与承包方约定。

建设工程的保修期，自竣工验收合格之日起计算。

第四十一条　建设工程在保修范围和保修期限内发生质量问题的，施工单位应当履行保修义务，并对造成的损失承担赔偿责任。

第四十二条　建设工程在超过合理使用年限后需要继续使用的，产权所有人应当委托具有相应资质等级的勘察、设计单位鉴定，并根据鉴定结果采取加固、维修等措施，重新界定使用期。

第七章 监 督 管 理

（省略部分内容）

第四十八条 县级以上人民政府建设行政主管部门和其他有关部门履行监督检查职责时，有权采取下列措施：

（一）要求被检查的单位提供有关工程质量的文件和资料；

（二）进入被检查单位的施工现场进行检查；

（三）发现有影响工程质量的问题时，责令改正。

第四十九条 建设单位应当自建设工程竣工验收合格之日起 15 日内，将建设工程竣工验收报告和规划、公安消防、环保等部门出具的认可文件或者准许使用文件报建设行政主管部门或者其他有关部门备案。

建设行政主管部门或者其他有关部门发现建设单位在竣工验收过程中有违反国家有关建设工程质量管理规定行为的，责令停止使用，重新组织竣工验收。

第五十二条 建设工程发生质量事故，有关单位应当在 24 小时内向当地建设行政主管部门和其他有关部门报告。对重大质量事故，事故发生地的建设行政主管部门和其他有关部门应当按照事故类别和等级向当地人民政府和上级建设行政主管部门和其他有关部门报告。

特别重大质量事故的调查程序按照国务院有关规定办理。

第八章 罚 则

（省略部分内容）

第六十七条 工程监理单位有下列行为之一的，责令改正，处 50 万元以上 100 万元以下的罚款，降低资质等级或者吊销资质证书；有违法所得的，予以没收；造成损失的，承担连带赔偿责任：

（一）与建设单位或者施工单位串通，弄虚作假、降低工程质量的；

（二）将不合格的建设工程、建筑材料、建筑构配件和设备按照合格签字的。

第七十二条 违反本条例规定，注册建筑师、注册结构工程师、监理工程师等注册执业人员因过错造成质量事故的，责令停止执业 1 年；造成重大质量事故的，吊销执业资格证书，5 年以内不予注册；情节特别恶劣的，终身不予注册。

第九章 附 则

（省略部分内容）

第七十八条 本条例所称肢解发包，是指建设单位将应当由一个承包单位完成的建设工程分解成若干部分发包给不同的承包单位的行为。

本条例所称违法分包，是指下列行为：

（一）总承包单位将建设工程分包给不具备相应资质条件的单位的；

（二）建设工程总承包合同中未有约定，又未经建设单位认可，承包单位将其承包的部分建设工程交由其他单位完成的；

（三）施工总承包单位将建设工程主体结构的施工分包给其他单位的；

（四）分包单位将其承包的建设工程再分包的。

本条例所称转包，是指承包单位承包建设工程后，不履行合同约定的责任和义务，将其承包的全部建设工程转给他人或者将其承包的全部建设工程肢解以后以分包的名义分别转给其他单位承包的行为。

第七十九条 本条例规定的罚款和没收的违法所得，必须全部上缴国库。

第八十条 抢险救灾及其他临时性的房屋建筑和农民自建低层住宅的建设活动，不适用本条例。

第八十一条 军事建设工程的管理，按照中央军事委员会的有关规定执行。

第八十二条 本条例自发布之日起施行。

📖 答疑解析

1. 质量保修期限在合同里面可不可以更长些？

答：可以，文件里说的都是最低期限。

2. 总包单位依法将建设工程分包时，分包工程发生的质量问题，责任应由谁负担？

答：实行总承包的工程，总承包单位应对全部建设工程质量负责。建设工程勘察、设计、施工、设备采购的一项或多项实行总承包的，总承包单位应对其承包的建设工程或采购的设备的质量负责；实行总分包的工程，分包应按照分包合同约定对其分包工程的质量向总承包单位负责，总承包单位与分包单位对分包工程的质量承担连带责任。

3. 怎么理解分包的连带责任？

答：简单的说，就是总包商和分包商变成一个绳上的蚂蚱，都对工程负责，分包商跑了，总包商也要负责。总包商跑了，分包商也要负责任，当然界限是分包合同范围内。

4. 对施工单位资质的审核，都要记忆吗？

答：在施工的质量控制中要注意监理工程师对施工单位资质的审核，尤其注意审核哪些方面和对分包单位资质的确认，对分包单位的审查经常会出现在案例考试中。

5. 总监理工程师签认了施工组织设计，要负什么责任？

答：监理工程师对施工组织设计的审查是程序性的审查，施工组织设计的审查必须由总监理工程师来签认，需要承包单位修改，由总监理工程师发出书面意见。但是总监理工程师的签认并不免除施工单位对施工组织设计的瑕疵的责任。也就是说虽然总监理工程师签认了，但是如果施工单位按照施工组织设计进行施工，发生了质量、安全、进度、投资问题、仍由施工单位负责。

6. 监理机构对总承包有否定权吗？对分包商呢？

答：监理机构对总包商没有否定权，只有建议权。但是，对分包商有否定权。

7. 施工单位的自检包括什么？监理如何控制？

答：尤其注意承包单位首先要自检然后要交接检查，在进行专检。施工单位自检体系运转完以后，才能提交监理工程师进行检查和验收，没有经过专检的监理工程师应拒绝进行检验。

8. 变更手续，施工单位提出来变更，应怎么办？

答：承包单位提出的工程变更应首先填报《工程变更单》提交给项目监理机构，总监经与建设单位研究后签发《工程变更单》。这里注意承包单位不能直接向建设单位或设计单位提交《工程变更单》。

9. 设计单位可不可以直接发变更图？

答：无论是建设单位、设计单位、承包单位谁提出的变更或图纸修改均应有总监理工程师发布变更指令《工程变更单》方能生效施实。

10. 什么是检验批？

答：检验批是个质量管理的基本概念，后来引入到工程质量管理中。

（1）为实施抽样检查的需要而划分的基本单位，称为单位产品，他们是构成总体的基本单位。对其有时可以自然划分。例如：一批灯泡中的每只灯泡，一批电视机中的每台电视机可以作为一个单位产品，一双鞋也可以作为一批鞋中的一个单位产品。它们的抽样检查可参见相关计数型抽样标准的规定。有时则不可能自然划分，而应根据抽样检查的需要划分。例如：作为连续体的棉布，可以 1m 布、10m 布甚至一匹布作为单位。对于液态产品（如硫酸）和散状产品（如糖、盐、化肥），则可按包装单位划分，例如：一瓶硫酸、一袋糖等。有时对一件件生产出来的小型产品，也可按包装单位划分，例如：一箱螺丝钉。但对有些产品，诸如液体、气体、固体的化工产品以及煤炭等散装货物，则很难划分为单位产品。对它们的抽样检查可参见相关计量型抽样标准的规定。

（2）为实施抽样检查而汇集起来的单位产品，称为检验批或批，它是抽样检查和判定的对象。一个检验批通常是由在基本稳定的生产条件下，在同一生产周期内生产出来的同形式、同等级、同尺寸以及同成分的单位产品构成的。即一个检验批应由基本相同的制造条件、一定时间内制造出来的同种单位产品构成。该检验批包含的单位产品数目，称为批量，通常用符号 N 表示。提交的检验批可以和投产批、销售批、运输批相同，也可不同。

从检验批中抽取用于检查的单位产品，称为样本单位，有时也称为样品。样本单位的全体，称为样本。样本中所包含的样本单位数目，称为样本大小或样本量，通常用符号 φ 表示。

（3）工程建设中的概念。如果一个分项工程需要验评多次，那么每一次验评就叫一个检验批，行业规定：每个检验批的检验部位必须完全相同。检验批只做检验，不作评定。检验批是建筑工程组成中的最基本的小单元，做好检验批验收，是监理工作中极为重要、极为关键的根本性工作，是工程质量得到保证的基础。

（4）检验批验收，一定要仔细、慎重，对照规范，验收标准，设计图纸等一系列文件，全面地细致的检查，对主控项目，一般项目中所有要求核查施工过程中的施工记录，隐蔽工程检查记录，材料/构配件/设备复验记录等，通过检验批验收，消除发现的不合格项，避免遗留质量隐患。

检验批质量验收资料应包括如下资料：

1）检验批质量报验表；

2）检验批质量验收记录表；

3）隐蔽工程验收记录表（如发生）；

4）施工记录（如需要）；

5）材料/构配件/设备出厂合格证及进场复验单；

6）验收结论及处理意见；

7）检验批验收，不合格项要有处理记录，监理工程师签署验收意见。

11. 见证和旁站有何区别？见证取样可以理解为到现场取样，对吗？

答：（1）见证是指由监理工程师现场监督承包单位某工序全过程完成情况的活动。

（2）见证取样则是指对工程项目使用的材料、半成品、构配件的现场取样、工序活动效果的检查实施见证。

（3）旁站是指在关键部位或关键工序施工过程中由监理人员在现场进行的监督活动。

（4）见证取样是指在负责见证取样的监理工程师现场监督下，承包单位按相关规范的要求，完成材料、试块、试件等的取样过程。

12."如经现场检查发现不合格，监理工程师签发'不合格项目通知'，指令承包单位整改，"而在监理规范中没有"不合格项目通知"的表式，请问老师这里是不是'监理通知单'表式？

答：应针对情况的严重程度，签发监理通知或监理整改通知等。总监则可以发监理通知单，也可以发出《暂停令》、《复工令》等。

13. 在何时审查分包的资质？

答：现场施工准备的质量控制中要对分包单位资质的审查确认，一般在总包提出具体分包单位后审核。

14. 见证取样的频率与数量，包括在"承包单位自检范围"内，请问"自检范围"的百分比是多少？"一般所占比例为30%"，是指"承包单位自检范围"还是指"见证取样"占"承包单位自检范围"的百分比？

答：（1）自检范围应是按照工程的实际分部、分项，以及检验批所含的内容以及规范规定的检查内容所说。

（2）见证取样是在承包单位自检的时候一同取样，不是全部，而是一定比率，一般为30%，指的是"承包单位自检范围"的30%。

15. 当隐蔽工程已经验收并进行到下一个工序，监理工程师发现质量疑点需要对隐蔽工程进行部分开挖复验，程序如何，此费用该由谁承担？

答：程序可以看合同教材或合同文本，一般是监理提出复检，总包单位配合。关键看检查后的结论：如不合格，则由施工单位承担；如合格，则由建设单位承担。

16. 对监理机构指定送检的试验室有什么要求？

答：项目监理机构要将选定的试验室到负责本项目的质量监督机构备案并得到认可，同时要将项目监理机构中负责见证取样的监理工程师在该质量监督机构备案。

17. 监理工程师对施工质量的检查与验收的前提是什么？

答：监理工程师对施工质量的检查与验收的前提是承包单位必须自检，交接检，专检完成后开始。因为监理工程师对施工质量的检查与验收是对承包单位作业活动质量的复核与确认；监理工程师的检查决不能代替承包单位的自检，而且，监理工程师的检查必须是在承包单位自检并确认合格的基础上进行的。专职质检员没检查或检查不合格不能报监理工程师，不符合上述规定，监理工程师一律拒绝进行检查。

18. 隐蔽工程验收程序有哪些？

答：（1）隐蔽工程施工完毕，承包单位按有关技术规程、规范、施工图纸先进行自检，自检合格后，填写《报验申请表》，附上相应的工程检查证（或隐蔽工程检查记录）及有关材料证明，试验报告，复试报告等，报送项目监理机构。

（2）监理工程师收到报验申请后首先对质量证明资料进行审查，并在合同规定的时间内到现场检查（检测或核查），承包单位的专职质检员及相关施工人员应随同一起到现场。

（3）经现场检查，如符合质量要求，监理工程师在《报验申请表》及工程检查证（或隐蔽工程检查记录）上签字确认，准予承包单位隐蔽、覆盖，进入下一道工序施工。如经现场检查发现不合格，监理工程师签发"不合格项目通知"，指令承包单位整改，整改后自检合格再报监理工程师复查。

19. 审查施工组织设计是施工准备阶段监理工程师进行质量控制的重要工作，这项工作的内容应包括哪些？

答：（1）总监理工程师在约定的时间内，组织专业监理工程师审查，提出意见后，由总监理工程师审核签认。需要承包单位修改时，由总监理工程师签发书面意见，退回承包单位修改后再报审，总监理工程师重新审查。

（2）已审定的施工组织设计由项目监理机构报送建设单位。

（3）承包单位应按审定的施工组织设计文件组织施工。如需对其内容做较大的变更，应在实施前将变更内容书面报送项目监理机构审核。

（4）规模大，工艺复杂的工程、群体工程或分期出图的工程，经建设单位批准可分阶段报审施工组织设计；技术复杂或采用新技术的分项、分部工程，承包单位还应编制该分项、分部工程的施工方案，报项目监理机构审查。

20. 分包工程开工前，总包单位向监理工程师提交的《分包单位资质报审表》，其内容一般应包括哪些？

答：分包单位提交《分包单位资质报审表》内容一般应包括以下几方面：

（1）关于拟分包工程的情况。说明拟分包工程名称（部位）、工程数量、拟分包合同额，分包工程占全部工程额的比例；

（2）关于分包单位的基本情况，包括：该分包单位的企业简介；资质材料；技术实力；企业过去的工程经验与业绩；企业的财务资本状况等，施工人员的技术素质和条件；

（3）分包协议草案。包括总承包单位与分包单位之间责、权、利、分包项目的施工工艺、分包单位设备和到场时间、材料供应；总包单位的管理责任等。

21. 考试中会给出排列图框架还是让自己全部画出来？

答：考试中一般给出排列图框架，也即给出横坐标。但是要立足于不给，完全由自己来画。如果自己画不出来，说明对这个知识点没有掌握。

22. 如果在排列图中计算某项影响因素累计频率为 79 或 81，应如何分类？是分成主要因素还是次要因素？

答：考试中一般不会出现类似情况。如果出现那么严格按照 80％的分界线分类，79就应为主要因素，81 则为次要因素。这一点在 2009 年的考试中体现出来了。由此类推，此类的数据均需要记忆。

23. 排列图中两个纵坐标数据是否应一一对应？必须都计算吗？

答：按照教材两个数值应成比例一一对应。考试应以教材为准。必须一一对应。有的辅导书上也不对应，理解就可以了。

**24. 排列图中有时最后一个因素"其他"比前一个因素出现的频率还要高，是否应将

"其他"向左移动？

答：不管是多高都要放到最后。因为这些因素每一个都不会很高。

25. 因果分析图考试中会让画吗？

答：因果图应能看懂即可。画图难度比较大，最多让你补充一些很明显的分支。

26. 直方图考试中会让计算哪些，需要怎么掌握？

答：这个考点要注意，应根据题目中的条件整理有关数据，找出最大值，最小值，然后计算极差，对数据进行分组，填写频数统计表，绘制直方图，并能够根据有关要求画出质量标准要求的界线，从而对比实际质量分析和标准的比较，并能做出正确判断。另外还要对常见的直方图形做出形成原因的判断。

27. 有关质量问题和质量事故内容会考到吗？

答：具体要看什么内容，关于哪些分类，不会考了，都已经过时了。但是，有些步骤还可能考到。一般应以《监理规范》为主来学这部分内容。

28. 工程质量事故处理完成后，由谁来整理编写质量事故处理报告？

答：工程质量事故处理完成后，监理工程师要对施工单位完工自检后报验结果，组织有关各方进行检查验收，必要时应进行处理结果鉴定。要求事故单位整理编写质量事故处理报告，并审核签认，组织将有关技术资料归档。

29. 在教材中有的地方说监理工程师，有的地方说专业监理工程师，有的地方说总监理工程师，请问监理工程师指的是什么？

答：我们讲的专业监理工程师就是监理工程师，而不是总监理工程师，主要是区别监理工程师与总监理工程师。工作的划分应以《监理规范》中的描述为准。

30. 检验批验收应有专业监理工程师组织。答案却是由监理工程师组织。按常规理解，如果监理工程师没有限定应是指合同中确定的总监理工程师。

答：请记住检验批和分项需要监理工程师组织，分部以上需要总监组织。

如果在检验批的验收中有监理和专业监理两个选项可供选择时，应选专业监理。

31. 工程质量的检验批、分项、分部、单位工程的质量合格的确认与否决权是否由监理工程师决定。如果参加检验的各方有分歧，是否由当地质量监督站最终确定。单位工程的外观质量评定的确定权是否为监理工程师，其最终确认权是否经各方综合协商确定后由建设方填写。检验批、分部、分项、单位工程的评定等级现阶段如何评定？

答：工程质量的检验批、分项、质量合格由监理工程师签字认可。

工程质量的分部、单位工程质量合格由总监理工程师代表监理单位签字认可。其他参建单位的有关项目负责人或企业负责人签字认可。

如果参加验收各方对工程质量验收意见不一致时，可请当地建设行政主管部门或工程质量监督机构协调处理。

待各分部工程评定后，还须由参加验收的各方人员共同进行观感质量检查。最后共同确定是否通过验收。

现阶段工程质量评定为合格或不合格。

32. 如果《监理规范》和 监理教材有冲突，应该以哪个为准？

答：应当以监理规范为准。监理教材已经有很多年没有更新了，所以要以新的文件为准。

📖 实战练习题

【案例1】 （2000年考题）

背景：

某单位工程为单层钢筋混凝土排架结构，共有60根柱子，32m空腹屋架，监理工程师批准的网格计划如下图所示（图中工作持续时间以月为单位）：

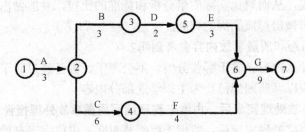

该工程施工合同工期为18个月，质量标准要求为优良。施工合同中规定，土方工程单价为16元/m³，土方估算工程量为22000m³，混凝土工程单价为320元/m³，混凝土估算工程量为1800m³。当土方工程和混凝土工程的工程量任何一项增加超出该项原估算工程量的15％时，该项超出部分结算单价可进行调整，调整系数为0.9。

在施工过程中监理工程师发现刚拆模的钢筋混凝土柱子中有10根存在工程质量问题。其中6根蜂窝、露筋较严重；4根柱子蜂窝、麻面轻微，且截面尺寸小于设计要求。截面尺寸小于设计要求的4根柱子经设计单位验算，可以满足结构安全和使用功能要求，可不加固补强。在监理工程师组织的质量事故分析处理会议上，承包方提出了如下几个处理方案：

方案一：6根柱子加固补强，补强后不改变外形尺寸，不造成永久性缺陷；4根柱子不加固补强。

方案二：10根柱子全部砸掉重做。

方案三：6根柱子砸掉重做；4根柱子不加固补强。

在工程按计划进度进行到第4个月时，业主、监理工程师与承包方协商同意增加一项工作K，其持续时间为2个月，该工作安排在C工作结束以后开始（K是C的紧后工作），E工作开始前结束（K是E的紧前工作）。由于K工作的增加，增加了土方工程量3500m³，增加了混凝土工程量200m³。

工程竣工后，承包方组织了该单位工程的预验收，在组织正式竣工验收前，业主已提前使用该工程。业主使用中发现房屋屋面漏水，要求承包方修理。

问题：

1. 承包方要保证主体结构分部工程质量达到优良标准，以上对柱子工程质量问题的三种处理方案中，哪种处理方案能满足要求？为什么？

2. 由于增加了K工作，承包方提出了顺延工期2个月的要求，该要求是否合理？监理工程师应该签证批准的顺延工期应是多少？

3. 由于增加了K工作，相应的工程量有所增加，承包方提出对增加工程量的结算费用为：

土方工程 3500m³×16 元/m³＝56000 元

混凝土工程 200m³×320 元/m³＝64000 元

合计 120000 元

你认为该费用是否合理？监理工程师对这笔费用应签证多少？

4. 在工程未正式验收前，业主提前使用是否可认为该单位工程已验收？对出现的质量问题，承包方是否承担保修责任？

答案及评分标准(20 分)：

1. (1) 方案二可满足要求，应选择方案二；(2.0 分)(多答方案一、方案三者，此问不给分)

(2) 合同要求质量目标为优良，(1.0 分)主体分部工程必须优良。(1.0 分)

采取方案二，所在分部工程可评为优良，此方案可行。(1.0 分)

方案一所在主体分部工程不能评为优良，不能实现合同目标。(1.0 分)

方案三所在主体分部工程不能评为优良，不能实现合同目标。(1.0 分)

2. 承包方提出顺延工期 2 个月不合理，(1.0 分)因为增加了 K 工作，增加工期 1 个月，(1.0 分)所以监理工程师应签证顺延工期 1 个月。(1.0 分)

3. 增加结算费用 120000 元不合理，(1.0 分)因为增加了 K 工作，使土方工程量增加了 3500m³，已超过了原估计工程量 22000m³ 的 15%，(1.0 分)故应进行价格调整，新增土方工程款为 3300×16＋200×16×0.9＝55680 元。(1.0 分)混凝土工程量增加了 200m³，没有超过原估计工程量 1800m³ 的 15%，(1.0 分)故仍用原单价计算，新增混凝土工程款为 200×320＝64000(元)。(1.0 分)监理工程师应签证的费用为 55680＋64000＝119680(元)。(2.0 分)

4. 工程未经验收，业主提前使用，按现行法规是不允许的，不能视为该单位工程已验收 (1.0 分)。

对出现的质量问题：

(1) 如果属于业主强行使用直接产生的质量问题，业主承担责任；(1.0 分)

(2) 如果属于施工质量问题，承包方承担保修责任。(1.0 分)

【案例 2】（2001 年考题）

背景：

某工程项目，业主与监理单位签订了施工阶段监理合同，与承包方签订了工程施工合同。施工合同规定：设备由业主供应，其他建筑材料由承包方采购。

施工过程中，承包方未经监理工程师事先同意，订购了一批钢材，钢材运抵施工现场后，监理工程师进行了检验，检验中监理工程师发现承包方未能提交该批材料的产品合格证、质量保证书和材质化验单，且这批材料外观质量不好。

业主经与设计单位商定，对主要装饰石料指定了材质、颜色和样品，并向承包方推荐厂家，承包方与生产厂家签订了购货合同。厂家将石料按合同采购量送达现场，进场时经检查该批材料颜色有部分不符合要求，监理工程师通知承包方该批材料不得使用。承包方要求厂家将不符合要求的石料退换，厂家要求承包方支付退货运费，承包方不同意支付，厂家要求业主在应付承包方工程款中扣除上述费用。

问题:

1. 对上述钢材质量问题监理工程师应如何处理? 为什么?

2. (1) 业主指定石料材质、颜色和样品是否合理?

(2) 监理工程师进行现场检查,对不符合要求的石料通知不许使用是否合理? 为什么?

(3) 承包方要求退换不符合要求的石料是否合理? 为什么?

(4) 厂家要求承包方支付退货运费,业主代扣退货运费款是否合理? 为什么?

(5) 石料退货的经济损失应由谁负担? 为什么?

答案及评分标准(20分):

1. 监理工程师应通知承包方该批钢材暂停使用,(1.0分)因无三证。(1.0分)通知承包方提交合法的钢材三证,(1.0分)若限期不能提交,通知承包方钢材退场;(1.0分)若能提交合法的钢材三证,并经检验合格,方可用于工程。(2.0分)若检验不合格,应书面通知承包方该材料不得使用。(2.0分)

2. (1) 业主指定材质、颜色和样品是合理的;(1.0分)

(2) 合理,(1.0分)这是监理工程师的职责与职权;(1.0分)

(3) 要求厂家退货是合理的,(1.0分)因厂家供货不符合购货合同质量要求;(1.0分)

(4) 厂家要求承包方支付退货运费不合理,(1.0分)退货是因厂家违约,故厂家应承担责任;(1.0分)

业主代扣退货费款不合理,(1.0分)因购货合同关系与业主无关;(1.5分)

(5) 应由厂家承担,(1.0分)因责任在厂家。(1.5分)

【案例3】 (2001年考题)

背景:

某工业厂房工程于1998年3月12日开工,1998年10月27日竣工验收合格。该厂房供热系统于2001年2月出现部分管道漏水,业主检查发现原施工单位所用管材与其向监理工程师报验的不符。全部更换厂房供热管道需人民币30万元,将造成该厂部分车间停产损失人民币20万元。

业主就此事件提出如下要求:

1. 要求施工单位全部返工更换厂房供热管道,并赔偿停产损失的60%(计人民币12万元)。

2. 要求监理公司对全部返工工程免费监理,并对停产损失承担连带赔偿责任,赔偿停产损失的40%(人民币8万元)。

施工单位答复如下:

该厂房供热系统已超过国家规定的保修期,不予保修,也不同意返工,更不同意赔偿停产损失。

监理单位答复如下:

监理工程师已对施工单位报验的管材进行了检查,符合质量标准,已履行了监理职责。施工单位擅自更换管材,由施工单位负责,监理单位不承担任何责任。

问题:

1. 依据现行法律和行政法规,请指出业主的要求和施工单位、监理单位的答复中各有哪些错误，为什么？

2. 简述施工单位和监理单位各应负何责任，为什么？

答案及评分标准(20分)：

1. (共 14.5 分)

业主要求：

(1)施工单位"赔偿停产损失的 60%(计人民币 12 万元)"错误，(0.5 分)应由施工单位赔偿全部损失(计人民币 20 万元)。(2.0 分)

(2)监理单位"承担连带赔偿责任"错误，(0.5 分)对施工单位的责任引起的损失不负连带赔偿责任。(2.0 分)

(3)监理单位"赔偿停产损失的 40%(计人民币 8 万元)"计算方法错误。(1.0 分)监理单位赔偿总额累计不应超过监理报酬总额(扣除税金)。[或赔偿金＝直接经济损失×监理报酬比率(扣除税金)]。(1.0 分)

施工单位答复：

(1)"不予保修"错误。(0.5 分)因施工单位使用不合格材料造成的工程质量不合格，应负责返工、修理，该工程不受保修期期限限制。(1.0 分)

(2)"不予返工"错误。(0.5 分)按现行法律规定对不合格工程应予返工。(1.0 分)

(3)"更不同意支付停产损失"错误。(0.5 分)按现行法律，工程质量不合格造成的损失应由责任方赔偿。(1.0 分)

监理单位答复：

(1)"已履行了职责"错误。(0.5 分)监理单位在监理过程中失职。(1.0 分)

(2)"不承担任何责任"错误。(0.5 分)应承担相应的监理失职责任。(1.0 分)

2. (共 5.5 分)

(1)依据现行法律、法规施工单位应承担全部责任。(0.5 分)因施工单位故意违约。(1.0 分)造成工程质量不合格。(1.0 分)

(2)依据现行法律、法规，监理单位应承担失职责任。(0.5 分)因监理单位未能及时发现管道施工过程中的质量问题，(0.5 分)但监理未与施工单位故意串通、(1.0 分)也未将不合格材料按照合格材料签字。(1.0 分)

(考生答题若未按本题答案顺序回答，但原因分析正确的可按相应的采分点给分)。

【案例 4】(2002 年考题)

背景：

某桥梁工程，其基础为钻孔桩。该工程的施工任务由甲公司总承包，其中桩基础施工分包给乙公司，建设单位委托丙公司监理，丙公司任命的总监理工程师具有多年桥梁设计工作经验。

施工前甲公司复核了该工程的原始基准点、基准线和测量控制点，并经专业监理工程师审核批准。

该桥 1 号桥墩桩基础施工完毕后，设计单位发现：整体桩位(桩的中心线)沿桥梁中线偏移，偏移量超出规范允许的误差。经检查发现，造成桩位偏移的原因是桩位施工图尺寸与总平面图尺寸不一致。因此，甲公司向项目监理机构报送了处理方案，要点如下：

(1) 补桩；

(2) 承台的结构钢筋适当调整，外形尺寸做部分改动。

总监理工程师根据自己多年的桥梁设计工作经验，认为甲公司的处理方案可行，因此予以批准。乙公司随即提出索赔意向通知，并在补桩施工完成后第5天向项目监理机构提交了索赔报告：

(1) 要求赔偿整改期间机械、人员的窝工损失；

(2) 增加的补桩应予以计量、支付。

理由是：

(1) 甲公司负责桩位测量放线，乙公司按给定的桩位负责施工，桩体没有质量问题；

(2) 桩位施工放线成果已由现场监理工程师签认。

问题：

1. 总监理工程师批准上述处理方案，在工作程序方面是否妥当？说明理由。并简述监理工程师处理施工过程中工程质量问题工作程序的要点。

2. 专业监理工程师在桩位偏移这一质量问题中是否有责任？说明理由。

3. 写出施工前专业监理工程师对A公司报送的施工测量成果检查、复核什么内容。

4. 乙公司提出的索赔要求，总监理工程师应如何处理？说明理由。

答案及评分标准(20分)：

1. 工作程序不妥(1.0分)；理由：该项目总监理工程师批准处理方案时，既没有取得建设单位同意(1.5分)，也没有取得设计单位的认可(1.5分)；

处理质量问题工作程序要点：

(1) 发出质量问题通知单，责令承包单位报送质量问题调查报告(1.5分)；

(2) 审查质量问题处理方案(1.5分)；

(3) 跟踪检查承包单位对已批准处理方案的实施情况(1.5分)；

(4) 验收处理结果(1.0分)；

(5) 向建设单位提交有关质量问题的处理报告(1.0分)；

(6) 将完整的处理记录整理归档(0.5分)。

2. 测量专业监理工程师在这一质量问题上没有责任(2.0分)；理由：设计图纸标注有误，责任单位在设计院(2分)。

3. 施工过程测量放线质量控制要点(2.0分)。

承包单位在测量放线完毕，应进行自检，合格后填写施工测量放线报验申请表，并附上放线的依据材料及放线成果表报送项目监理机构。专业监理工程师应实地查验放线精度是否符合规范及标准要求，施工轴线控制桩的位置、轴线和高程的控制标志是否牢靠、明显等。经审核、查验合格，签认施工测量报验申请表。

4. 总监理工程师应不予受理(1.0分)；理由：分包单位与建设单位没有合同关系(1.0分)，总监理工程师只受理总承包单位提出的索赔(1.0分)。

【案例5】

背景：

某工程，监理公司承担施工阶段监理任务，建设单位采用公开招标方式选定承包单位。在招标文件中对省内与省外投标人提出了不同的资格要求，并规定2002年10月30

日为投标截止时间。甲、乙等多家承包单位参加投标，乙承包单位 11 月 5 日方提交投标保证金。11 月 3 日由招标办主持举行了开标会。但本次招标由于招标人原因导致招标失败。

建设单位重新招标后确定甲承包单位中标，并签订了施工合同。施工开始后，建设单位要求提前竣工，并与甲承包单位协商签订了书面协议，写明了甲承包单位为保证施工质量采取的措施和建设单位应支付的赶工费用。

施工过程中发生了混凝土工程质量事故。经调查组技术鉴定，认为是甲承包单位为赶工拆模过早，混凝土强度不足造成。该事故未造成人员伤亡，但导致直接经济损失 4.8 万。

质量事故发生后，建设单位以甲承包单位的行为与投标书中的承诺不符，不具备履约能力，又不可能保证提前竣工为由，提出终止合同。甲承包单位认为事故是因建设单位要求赶工引起，不同意终止合同。建设单位按合同约定提请仲裁，仲裁机构裁定终止合同，甲承包单位决定向具有管辖权的法院提起诉讼。

问题：

1. 指出该工程招投标过程中的不妥之处，并说明理由。招标人招标失败造成投标单位损失是否应给予补偿？说明理由。

2. 上述质量事故发生后，在事故调查前，总监理工程师应做哪些工作？

3. 上述质量事故的调查组应由谁组织？监理单位是否应参加调查组？说明理由。

4. 上述质量事故的技术处理方案应由谁提出？技术处理方案核签后，总监理工程师应完成哪些工作？该质量事故处理报告应由谁提出？

5. 建设单位与甲承包单位所签协议是否具有与施工合同相同的法律效力？说明理由。具有管辖权的法院是否可依法受理甲承包单位的诉讼请求？为什么？

答案：

1.（1）

不妥之处：对省内与省外投标人提出了不同的资格要求。

理由：公开招标应当平等地对待所有的投标人。

不妥之处：投标截止时间与开标时间不同。

理由：《招标投标法》规定开标应当在提交投标文件截止时间的同一时间公开进行。

不妥之处：招标办主持开标会。

理由：开标会应由招标人或其代理人主持。

不妥之处：乙承包单位提交保证金晚于规定时间。

理由：投标保证金是投标书的组成部分，应在投标截止日前提交。

（2）不予补偿。

理由：招标对招标人不具有合同意义上的约束力，不能保证投标人中标。

2.（1）签发《工程暂停令》，指令承包单位停止相关部位及下道工序施工。

（2）要求承包单位防止事故扩大，保护现场。

（3）要求承包单位在规定时间内写出书面报告。

3.（1）应由市、县级建设行政主管部门组织。

理由：属一般质量事故。

（2）监理单位应该参加。

理由：该事故是由于甲承包单位为赶工拆模过早造成的。

4.（1）由甲承包单位提出。

（2）签发《工程复工令》；

监督技术处理方案的实施；

组织检查、验收。

（3）该质量事故处理报告应由甲承包单位提出。

5.（1）是。

理由：合同履行中，双方所签书面协议是合同的组成部分。

（2）不予受理。

理由：仲裁与诉讼两者只可选其一。

【案例 6】

背景：

某工程项目，建设单位与施工总承包单位按《建设工程施工合同（示范文本）》签订了施工承包合同，并委托某监理公司承担施工阶段的监理任务。施工总承包单位将桩基工程分包给一家专业施工单位。

开工前：（1）总监理工程师组织监理人员熟悉设计文件时发现部分图纸设计不当，即通过计算修改了该部分图纸，并直接签发给施工总承包单位；（2）在工程定位放线期间，总监理工程师又指派测量监理员复核施工总承包单位报送的原始基准点、基准线和测量控制点；（3）总监理工程师审查了分包单位直接报送的资格报审表等相关资料；（4）在合同约定开工日期的前 5 天，施工总承包单位书面提交了延期 10 天的开工申请，总监理工程师不予批准。

钢筋混凝土施工过程中监理人员发现：（1）按合同约定由建设单位负责采购的一批钢筋虽供货方提供了质量合格证，但在使用前的抽检试验中材质检验不合格；（2）在钢筋绑扎完毕后，施工总承包单位未通知监理人员检查就准备浇筑混凝土；（3）该部位施工完毕后，混凝土浇筑时留置的混凝土试块试验结果没有达到设计要求的强度。

竣工验收时：总承包单位完成了自查、自评工作，填写了工程竣工报验单，并将全部竣工资料报送项目监理机构，申请竣工验收。总监理工程师认为施工过程中均按要求进行了验收，即签署了竣工报验单，并向建设单位提交了质量评估报告。建设单位收到监理单位提交的质量评估报告后，即将该工程正式投入使用。

问题：

1. 对总监理工程师在开工前所处理的几项工作是否妥当进行评价，并说明理由。如果有不妥当之处，写出正确做法。

2. 对施工过程中出现的问题，监理人员应分别如何处理？

3. 指出工程竣工验收时，总监理工程师在执行验收程序方面的不妥之处，写出正确做法。

4. 建设单位收到监理单位提交的质量评估报告，即将该工程正式投入使用的做法是否正确？说明理由。

答案：

1.（1）修改该部分图纸及签发给施工总包单位不妥。

无权修改图纸；对图纸中存在的问题通过建设单位向设计单位提出书面意见和建议。

(2) 指派测量监理员进行复核不妥。

测量复核不属于测量监理员的工作职责；应指派专业监理工程师进行。

(3) 审查分包单位直接报送的资格报审表等相关资料，不妥。

应对施工总承包单位报送的分包单位资质情况审查、签认。

(4) 正确；

施工总承包单位应在开工前 7 日提出延期开工申请。

2. (1) 指令承包单位停止使用该批钢筋；

如该批钢筋可降级使用，应与建设、设计、总承包单位共同确定处理方案；

如不能用于工程则指令退场。

(2) 指令施工单位不得进行混凝土的浇筑；

要求施工单位报验，收到施工单位报验单后按验收标准检查验收。

(3) 指令停止相关部位继续施工；

请具有资质的法定检测单位进行该部分混凝土结构的检测；

如能够达到设计要求，予以验收；否则要求返修或加固处理。

3. (1) 不妥之处：未组织竣工预验收（初验）。

(2) 收到工程竣工申请后，应组织专业监理工程师对竣工资料及各专业工程的质量情况全面检查，对检查出的问题，应督促承包单位及时整改，对竣工资料和工程实体验收合格后，签署工程竣工报验单，并向建设单位提交质量评估报告。

4. (1) 不正确。

(2) 建设单位在收到工程竣工验收报告后，应组织设计、施工、监理等单位进行工程验收；验收合格后方可使用。

【案例 7】（2005 年考题）

背景：

某工程，建设单位与甲施工单位按照《建设工程施工合同（示范文本）》签订了施工合同。经建设单位同意，甲施工单位选择了乙施工单位作为分包单位。在合同履行中，发生了如下事件。

事件 1：在合同约定的工程开工日前，建设单位收到甲施工单位报送的《工程开工报审表》后即予处理：考虑到施工许可证已获政府主管部门批准且甲施工单位的施工机具和施工人员已经进场，便审核签认了《工程开工报审表》并通知了项目监理机构。

事件 2：在施工过程中，甲施工单位的资金出现困难，无法按分包合同约定支付乙施工单位的工程款。乙施工单位向项目监理机构提出了支付申请。项目监理机构受理并征得建设单位同意后，即向乙施工单位签发了付款凭证。

事件 3：专业监理工程师在巡视中发现，乙施工单位施工的某部位存在质量隐患，专业监理工程师随即向甲施工单位签发了整改通知。甲施工单位回函称，建设单位已直接向乙施工单位付款，因而本单位对乙施工单位施工的工程质量不承担责任。

事件 4：甲施工单位向建设单位提交了工程竣工验收报告后，建设单位于 2003 年 9 月 20 日组织勘察、设计、施工、监理等单位竣工验收，工程竣工验收通过，各单位分别签署了质量合格文件。建设单位于 2004 年 3 月办理了工程竣工备案。因使用需要，建设单位于 2003 年 10 月初要求乙施工单位按其示意图在已验收合格的承重墙上开车库门洞，并于 2003 年 10 月底正式将该工程投入使用。2005 年 2 月该工程给排水管道大量漏水，经监理单位组织检查，确认是因开车库门洞施工时破坏了承重结构所致。建设单位认为工程还在保修期，要求甲施工单位无偿修理。建设行政主管部门对责任单位进行了处罚。

问题：

1. 指出事件 1 中建设单位做法的不妥之处，说明理由。

2. 指出事件 2 中项目监理机构做法的不妥之处，说明理由。

3. 在事件 3 中甲施工单位的说法是否正确？为什么？

4. 根据《建设工程质量管理条例》，指出事件 4 中建设单位做法的不妥之处，说明理由。

5. 根据《建设工程质量管理条例》，建设行政主管部门是否应该对建设单位、监理单位、甲施工单位和乙施工单位进行处罚？并说明理由。

答案及评分标准（20 分）：

1. 不妥之处：建设单位接受并签发甲施工单位报送的开工报审表（1 分）；

理由：开工报审表应报项目监理机构（1 分），由总监理工程师签发（1 分），并报建设单位（1 分）。

2. 不妥之处：项目监理机构受理乙施工单位的支付申请（1 分），并签发付款凭证（1 分）；

理由：乙施工单位和建设单位没有合同关系（1 分）。

3. 不正确（1 分），分包单位的任何违约行为或疏忽影响了工程质量（1 分），总承包单位承担连带责任（1 分）。

4. （1）不妥之处：未按时限备案（0.5 分）；

理由：应在验收合格后 15 日内（1.5 分）备案。

（2）不妥之处：要求乙施工单位在承重墙上按示意图开车库门洞（0.5 分）；

理由：开车库门洞应经原设计单位或具有相应资质等级的设计单位提出设计方案（1.5 分）。

5. （1）对建设单位应予处罚（0.5 分）；

理由：未按时备案（1 分），擅自在承重墙上开车库门洞（1 分）。

（2）对监理单位不应处罚（0.5 分）；

理由：监理单位无过错（0.5 分）。

（3）对甲施工单位不应处罚（0.5 分）；

理由：甲施工单位无过错（0.5 分）。

（4）对乙施工单位应予处罚（0.5 分）；

理由：无设计方案施工（1 分）。

第四部分　建设工程投资控制

📖 **考纲分解**

第一章　建设工程投资控制概述

一、投资控制概述

1. 投资控制的目标

投资控制目标的设置应是随着工程建设实践的不断深入而分阶段设置，具体来讲，投资估算应是建设工程设计方案选择和进行初步设计的投资控制目标；设计概算应是进行技术设计和施工图设计的投资控制目标；施工图预算或建安工程承包合同价则应是施工阶段投资控制的目标。有机联系的各个阶段目标相互制约，相互补充，前者控制后者，后者补充前者，共同组成建设工程投资控制的目标系统。

2. 投资控制的重点

项目投资控制的重点在于施工以前的投资决策和设计阶段，而在项目做出投资决策后，控制项目投资的关键就在于设计。

3. 投资控制的动态原理

投资控制是项目控制的主要内容之一。这种控制是动态的，并贯穿于项目建设的始终。

这个流程应每两周或一个月循环一次，其表达的含义如下：

(1) 项目投入；

(2) 在工程进展过程中，必定存在各种各样的干扰；

(3) 收集实际数据；

(4) 把投资目标的计划值与实际值进行比较；

(5) 检查实际值与计划值有无偏差；

(6) 如果有偏差，则需要分析产生偏差的原因，采取控制措施。

4. 投资控制的措施

要有效地控制项目投资，应从组织、技术、经济、合同与信息管理等多方面采取措施。

二、我国项目监理机构在建设工程投资控制中的主要任务

投资控制贯穿于工程建设的各个阶段，也贯穿于监理工作的各个环节。

1. 建设前期阶段

(1) 工程项目的机会研究、初步可行性研究、编制项目建议书，进行可行性研究；

(2) 对拟建项目进行市场调查和预测；

(3) 编制投资估算，进行环境影响评价、财务评价、国民经济评价和社会评价。

2. 设计阶段

(1) 协助业主提出设计要求，组织设计方案竞赛或设计招标，用技术经济方法组织评选设计方案；

(2) 协助设计单位开展限额设计工作，编制本阶段资金使用计划，并进行付款

控制；

（3）进行设计挖潜，用价值工程等方法对设计进行技术经济分析、比较、论证，在保证功能的前提下进一步寻找节约投资的可能性；

（4）审查设计概预算，尽量使概算不超估算，预算不超概算。

3. 施工招标阶段

（1）在施工招标阶段，准备与发送招标文件，编制工程量清单和招标工程标底；

（2）协助评审投标书，提出评标建议；

（3）协助业主与承包单位签订承包合同。

4. 施工阶段

（1）在施工阶段，依据施工合同有关条款、施工图、对工程项目造价目标进行风险分析，并制定防范性对策；

（2）从造价、项目的功能要求、质量和工期方面审查工程变更的方案，并在工程变更实施前与建设单位、承包单位协商确定工程变更的价款；

（3）按施工合同约定的工程量计算规则和支付条款进行工程量计算和工程款支付；

（4）建立月完成工程量和工作量统计表，对实际完成量与计划完成量进行比较、分析，制定调整措施；

（5）收集、整理有关的施工和监理资料，为处理费用索赔提供证据；

（6）按施工合同的有关规定进行竣工结算，对竣工结算的价款总额与建设单位和承包单位进行协商。

因监理工作过失而造成重大事故的监理企业，要对事故的损失承担一定的经济补偿责任，补偿办法由监理合同事先约定。

第二章　建设工程投资构成和计算

第一节　建设工程投资构成的概述

一、建设工程总投资和建设投资

1. 建设工程总投资

（1）生产性建设工程总投资包括建设投资和铺底流动资金两部分；

（2）非生产性建设工程总投资则只包括建设投资。

2. 建设投资

设备工器具购置费、建筑安装工程费、工程建设其他费用(土地使用费；与项目建设有关；与未来生产经营有关)、预备费(包括基本预备费和涨价预备费)、建设期利息(注意：与《建设项目经济评价方法与参数》(第三版)区别，不包括建设期利息)

设备工器具投资是建设工程投资中的积极部分，它占工程投资比重的提高，意味着生产技术的进步和资本有机构成的提高。

二、静态投资部分和动态投资部分

建设投资可以分为静态投资部分和动态投资部分。

1. 静态投资

静态投资部分由建筑安装工程费、设备工器具购置费、工程建设其他费和基本预备费组成。

2. 动态投资

动态投资部分，因国家新批准的税费、汇率、利率变动以及建设期价格变动引起的建设投资增加额，包括涨价预备费(建设期利息和固定资产投资方向调节税在总投资里面也算是动态的)。

第二节 设备、工器具购置费的构成

一、设备购置费的构成和计算

(一) 构成

设备购置费是指为建设工程购置或自制的达到固定资产标准的设备、工具、器具的费用。所谓固定资产标准，是指使用年限在一年以上，单位价值在国家或各主管部门规定的限额以上。新建项目和扩建项目的新建车间购置或自制的全部设备、工具、器具，不论是否达到固定资产标准，均计入设备、工器具购置费中。

(二) 计算

设备购置费＝设备原价或进口设备抵岸价＋设备运杂费

设备原价系指国产标准设备、非标准设备的原价。

设备运杂费系指设备原价中未包括的包装和包装材料费、运输费、装卸费、采购费及仓库保管费、供销部门手续费等。

1. 国产标准设备原价

(1) 定义

按标准图纸制造。

(2) 计算

国产标准设备原价一般指的是设备制造厂的交货价，即出厂价。如设备系由设备成套公司供应，则以订货合同价为设备原价。在计算设备原价时，一般按带有备件的出厂价计算。

2. 国产非标准设备原价

(1) 定义

非标准设备是指国家尚无定型标准，只能按一次订货，制造的设备。

(2) 计算

非标准设备原价有多种不同的计算方法，如成本计算估价法、系列设备插入估价法、分部组合估价法、定额估价法等。

不管什么方法，都要接近实际出厂价。

3. 进口设备抵岸价的构成及其计算

进口设备抵岸价是指抵达买方边境港口或边境车站，且交完关税以后的价格。

(1) 进口设备的交货方式

进口设备的交货方式可分为内陆交货类、目的地交货类、装运港交货类。

1) 内陆交货类

内陆交货类即卖方在出口国内陆的某个地点完成交货任务。

2）目的地交货类

目的地交货类即卖方要在进口国的港口或内地交货，包括目的港船上交货价，目的港船边交货价(FOS)和目的港码头交货价(关税已付)及完税后交货价(进口国目的地的指定地点)。这类交货价对卖方来说承担的风险较大。

3）装运港交货类

装运港交货类即卖方在出口国装运港完成交货任务。主要有装运港船上交货价(FOB)，习惯称为离岸价；运费在内价(CFR)；运费、保险费在内价(CIF)；习惯称为到岸价。

装运港船上交货价(FOB)。卖方的责任是：负责在合同规定的装运港口和规定的期限内，将货物装上买方指定的船只，并及时通知买方；负责货物装船前的一切费用和风险；负责办理出口手续；提供出口国政府或有关方面签发的证件；负责提供有关装运单据。买方的责任是：负责租船或订舱，支付运费，并将船期、船名通知卖方；承担货物装船后的一切费用和风险；负责办理保险及支付保险费，办理在目的港的进口和收货手续；接受卖方提供的有关装运单据，并按合同规定支付货款。

（2）进口设备抵岸价的构成

进口设备如果采用装运港船上交货价(FOB)，其抵岸价构成可概括为：

进口设备抵岸价＝货价＋国外运费＋国外运输保险费＋银行财务费＋外贸手续费

＋进口关税＋增值税＋消费税＋海关监管手续费

1）进口设备的货价

离岸价(FOB价)×人民币外汇牌价

2）国外运费

离岸价×运费率　或　国外运费＝运量×单位运价

3）国外运输保险费

（离岸价＋国外运费）×国外保险费率

（注意：在计算进口设备抵岸价时，再将国外运费和国外运输保险费换算成人民币。）

4）银行财务费

离岸价(FOB价)×人民币外汇牌价×银行财务费率(一般为4%～5%)

5）外贸手续费

到岸价(CIF)×人民币外汇牌价×外贸手续费率(一般为1.5%)

到岸价CIF＝离岸价FOB＋国外运费＋国外运输保险费

6）进口关税

到岸价(关税完税价格)×人民币外汇牌价×进口关税率

7）增值税

组成计税价格×增值税率(17%)

组成计税价格＝到岸价×人民币外汇牌价＋进口关税＋消费税

8）消费税

对部分进口产品(如轿车等)征收。计算公式为：

$$[(到岸价 \times 人民币外汇牌价 + 关税)/(1 - 消费税率)] \times 消费税率$$

9) 海关监管手续费

$$到岸价 CIF \times 人民币外汇牌价 \times 海关监管手续费率$$

全额收取关税的设备，不收取海关监管手续费。

4. 设备运杂费

(1) 构成

1) 国产标准设备由设备制造厂交货地点起至工地仓库(或施工组织设计指定的需要安装设备的堆放地点)止所发生的运费和装卸费；

进口设备则由我国到岸港口、边境车站起至工地仓库(或施工组织设计指定的需要安装设备的堆放地点)止所发生的运费和装卸费；(注意与国际运费的区别)

2) 在设备出厂价格中没有包含的设备包装和包装材料器具费；

3) 供销部门的手续费；

4) 建设单位(或工程承包公司)的采购与仓库保管费。

(2) 计算

$$设备运杂费 = 设备原价 \times 设备运杂费率$$

二、工具、器具及生产家具购置费的构成及计算

1. 构成

必须购置的不够固定资产标准的设备、仪器、工卡模具、器具、生产家具和备品备件的费用。

2. 计算

$$工、器具及生产家具购置费 = 设备购置费 \times 定额费率$$

第三节 建筑安装工程费用构成

一、建筑安装工程费用构成概述

1. 建筑安装工程费用的构成和计算方法

按照建设部 2003 年 10 月制定的《建筑安装工程费用项目组成》(建标〔2003〕206号)中规定，我国现行建筑安装工程费用由直接费、间接费、利润和税金组成，具体构成和参考计算方法见表。

费用项目			参考计算方法
(一) 直接费	直接工程费	人工费 材料费 施工机械使用费	人工费=∑(工日消耗量×日工资单价) 材料费=∑(材料消耗量×材料基价)+检验试验费 施工机械使用费=∑(施工机械台班消耗量×机械台班单价)
	措施费		按规定标准计算
(二) 间接费	规费 企业管理费		① 以直接费为计取基础： 间接费=直接费合计×间接费费率(%) ② 以人工费(含措施费中的人工费)为计取基础： 间接费=人工费合计×间接费费率(%) ③ 以人工费和机械费合计(含措施费中的人工费和机械费)为计取基础： 间接费=人工费和机械费合计×间接费费率(%)

费用项目	参考计算方法
（三）利润	① 以直接费与间接费之和为计取基础： 利润＝直接费与间接费合计×相应利润率(%) ② 以人工费(含措施费中的人工费)为计取基础： 利润＝人工费合计×相应利润率(%) ③ 以人工费和机械费合计(含措施费中的人工费和机械费)为计取基础： 利润＝人工费和机械费合计×相应利润率(%)
（四）税金(含营业税、城市维护建设税、教育费附加)	税金＝(直接费＋间接费＋利润)×综合税率(%)

2. 我国现行建筑安装工程费用构成

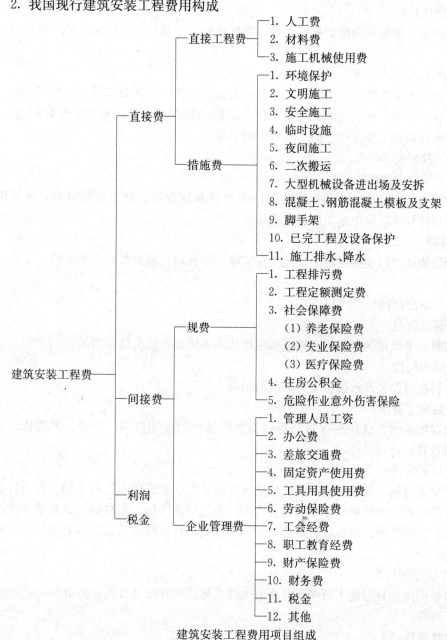

建筑安装工程费用项目组成

二、直接费

由直接工程费和措施费组成。

(一) 直接工程费

是指施工过程中耗费的构成工程实体的各项费用，包括人工费、材料费、施工机械使用费。

1. 人工费

人工费是指直接从事建筑安装工程施工的生产工人开支的各项费用。

(1) 基本工资

(2) 工资性补贴

是指按规定标准发放的物价补贴，煤、燃气补贴，交通补贴，住房补贴，流动施工津贴等。

(3) 生产工人辅助工资

是指生产工人年有效施工天数以外非作业天数的工资，包括职工学习、培训期间的工资，调动工作、探亲、休假期间的工资，因气候影响的停工工资，女工哺乳时间的工资，病假在六个月以内的工资及产、婚、丧假期的工资。

(4) 职工福利费

(5) 生产工人劳动保护费

是指按规定标准发放的劳动保护用品的购置费及修理费，徒工服装补贴，防暑降温费，在有碍身体健康环境中施工的保健费用等。

2. 材料费

材料费是指施工过程中耗费的构成工程实体的原材料、辅助材料、构配件、零件、半成品的费用。

(1) 材料原价(或供应价格)

(2) 材料运杂费

是指材料自来源地运至工地仓库或指定堆放地点所发生的全部费用。

(3) 运输损耗费

是指材料在运输装卸过程中不可避免的损耗。

(4) 采购及保管费

是指为组织采购、供应和保管材料过程中所需要的各项费用，包括：采购费、仓储费、工地保管费、仓储损耗。

(5) 检验试验费

是指对建筑材料、构件和建筑安装物进行一般鉴定、检查所发生的费用，包括自设试验室进行试验所耗用的材料和化学药品等费用。不包括新结构、新材料的试验费和建设单位对具有出厂合格证明的材料进行检验，对构件做破坏性试验及其他特殊要求检验试验的费用。

3. 施工机械使用费

施工机械使用费是指施工机械作业所发生的机械使用费以及机械安拆费和场外运费。

(1) 折旧费

(2) 大修理费

（3）经常修理费

（4）安拆费及场外运费

安拆费指施工机械在现场进行安装与拆卸所需的人工、材料、机械和试运转费用以及机械辅助设施的折旧、搭设、拆除等费用；场外运费指施工机械整体或分体自停放地点运至施工现场或由一施工地点运至另一施工地点的运输、装卸、辅助材料及架线等费用。

（5）人工费

指机上司机（司炉）和其他操作人员的工作日人工费及上述人员在施工机械规定的年工作台班以外的人工费。

（6）燃料动力费

（7）养路费及车船使用税

指施工机械按照国家规定和有关部门规定应缴纳的养路费、车船使用税、保险费及年检费等。

（二）措施费

是指为完成工程项目施工，发生于该工程施工前和施工过程中非工程实体项目的费用，一般包括下列项目：

1. 环境保护费

是指施工现场为达到环保部门要求所需要的各项费用。

2. 文明施工费

是指施工现场文明施工所需要的各项费用。

3. 安全施工费

是指施工现场安全施工所需要的各项费用。

4. 临时设施费

是指施工企业为进行建筑工程施工所必须搭设的生活和生产用的临时建筑物、构筑物和其他临时设施费用等。

临时设施包括：临时宿舍、文化福利及公用事业房屋与构筑物，仓库、办公室、加工厂以及规定范围内道路、水、电、管线等临时设施和小型临时设施。

临时设施费用包括：临时设施的搭设、维修、拆除费或摊销费。

5. 夜间施工费

是指因夜间施工所发生的夜班补助费、夜间施工降效、夜间施工照明设备摊销及照明用电等费用。

6. 二次搬运费

是指因施工场地狭小等特殊情况而发生的二次搬运费用。

7. 大型机械设备进出场及安拆费

指列入目录的，大型机械进出场运输及转移费用及机械在施工现场进行安装、拆卸所需的人工费、材料费、机械费、试运转费和安装所需的辅助设施的费用。

8. 混凝土、钢筋混凝土模板及支架费

是指混凝土施工过程中需要的各种钢模板、木模板、支架等的支、拆、运输费用及模板、支架的摊销（或租赁）费用。

9. 脚手架费

是指施工需要的各种脚手架搭、拆、运输费用及脚手架的摊销（或租赁）费用。

10. 已完工程及设备保护费

是指竣工验收前，对已完工程及设备进行保护所需费用。

11. 施工排水、降水费

是指为确保工程在正常条件下施工，采取各种排水、降水措施所发生的各种费用。

三、间接费

间接费由规费、企业管理费组成。

（一）规费

1. 规费的内容：规费是指政府和有关权力部门规定必须缴纳的费用（简称规费）。

（1）工程排污费

是指施工现场按规定缴纳的工程排污费。

（2）工程定额测定费

是指按规定支付工程造价（定额）管理部门的定额测定费。

（3）社会保障费

包括养老保险费、失业保险费、医疗保险费。

（4）住房公积金

是指企业按规定标准为职工缴纳的住房公积金。

（5）危险作业意外伤害保险

是指按照建筑法规定，企业为从事危险作业的建筑安装施工人员支付的意外伤害保险费。

2. 规费的计算公式

$$规费＝计算基础×规费费率$$

可采用以"直接费"、"人工费和机械费合计"或"人工费"为计算基数。

（二）企业管理费

1. 企业管理费

企业管理费是指建筑安装企业组织施工生产和经营管理所需费用。包括：

（1）管理人员工资

是指管理人员的基本工资、工资性补贴、职工福利费、劳动保护费等。

（2）办公费

是指企业管理办公用的文具、纸张、账表、印刷、邮电、书报、会议、水电、烧水和集体取暖（包括现场临时宿舍取暖）用煤等费用。

（3）差旅交通费

是指职工因公出差、调动工作的差旅费、住勤补助费，市内交通费和误餐补助费，职工探亲路费，劳动力招募费，职工离退休、退职一次性路费，工伤人员就医路费，工地转移费以及管理部门使用的交通工具的油料、燃料、养路费及牌照费。

（4）固定资产使用费

是指管理和试验部门及附属生产单位使用的属于固定资产的房屋、设备仪器等的折旧、大修、维修或租赁费。

（5）工具用具使用费

是指管理使用的不属于固定资产的生产工具、器具、家具、交通工具和检验、试验、测绘、消防用具等的购置、维修和摊销费。

（6）劳动保险费

是指由企业支付离退休职工的易地安家补助费、职工退职金、六个月以上的病假人员工资、职工死亡丧葬补助费、抚恤费、按规定支付给离休干部的各项经费。

（7）工会经费

是指企业按职工工资总额计提的工会经费。

（8）职工教育经费

是指企业为职工学习先进技术和提高文化水平，按职工工资总额计提的费用。

（9）财产保险费

是指施工管理用财产、车辆保险。

（10）财务费

是指企业为筹集资金而发生的各种费用。

（11）税金

是指企业按规定缴纳的房产税、车船使用税、土地使用税、印花税等。

（12）其他

包括技术转让费、技术开发费、业务招待费、绿化费、广告费、公证费、法律顾问费、审计费、咨询费等。

2. 企业管理费的计算：公式计算法和费用分析法。

（1）公式计算法

$$企业管理费＝计算基数×企业管理费费率$$

其中企业管理费费率的计算因计算基数不同，分为三种：以"直接费"、"人工费和机械费合计"或"人工费"为计算基础。

（2）费用分析法

用费用分析法计算企业管理费就是根据企业管理费的构成，结合具体的工程项目确定各项费用的发生额。

四、利润

利润是指施工企业完成所承包工程获得的盈利。按照不同的计价程序，利润的计算方法有所不同。

$$利润＝计算基数×利润率$$

计算基数可以采用：以"直接费和间接费合计"、"人工费和机械费合计"、"人工费"为计算基础。

五、税金

税金是指国家税法规定的应计入建筑安装工程造价内的营业税、城市维护建设税及教育费附加等。

（一）营业税

营业税的税额为营业额的3％。计算公式为：

$$营业税＝营业额×3％$$

其中营业额是指从事建筑、安装、修缮、装饰及其他工程作业收取的全部收入，还包括建筑、修缮、装饰工程所用原材料及其他物资和动力价款，当安装设备的价值作为安装工程产值时，亦包括所安装设备的价款。但建筑业的总承包人将工程分包或转包给他人的，其营业额中不包括付给分包或转包人的价款。

（二）城市维护建设税

计算公式为：

$$应纳税额＝应纳营业税额×适用税率$$

城市维护建设税的纳税人所在地为市区的，按营业税的7％征收；所在地为县镇的，按营业税的5％征收；所在地为农村的，按营业税的1％征收。

（三）教育费附加

教育费附加税额为营业税的3％。计算公式为：

$$应纳税额＝应纳营业税额×3\%$$

$$税金＝营业税＋城市维护建设税＋教育费附加$$
$$＝营业税×(1＋城市维护建设税税率＋教育费附加率)$$
$$＝营业额×营业税税率×(1＋城市维护建设税税率＋教育费附加率)$$
$$＝(直接费＋间接费＋利润＋税金)×营业税税率$$
$$×(1＋城市维护建设税税率＋教育费附加率)$$

等号左右都存在未知量税金，根据以上公式，通过移项，求得税金为：

$$税金＝(直接费＋间接费＋利润)$$
$$×\left[\frac{营业税税率×(1＋城市维护建设税税率＋教育费附加率)}{1－营业税税率×(1＋城市维护建设税税率＋教育费附加率)}\right]$$
$$＝(直接费＋间接费＋利润)$$
$$×\left[\frac{1}{1－营业税税率×(1＋城市维护建设税税率＋教育费附加率)}－1\right]$$

为了计算上的方便，可将营业税、城市维护建设税和教育费附加合并在一起计算，以工程成本加利润为基数计算税金。即：

$$税金＝(直接费＋间接费＋利润)×税率$$

因此

$$税率(计税系数)＝\left[\frac{1}{1－营业税税率×(1＋城市维护建设税税率＋教育费附加率)}－1\right]×100\%$$

如果纳税人所在地为市区的，则

$$税率(计税系数)＝\left[\frac{1}{1－3\%×(1＋7\%＋3\%)}－1\right]×100\%＝3.41\%$$

如果纳税人所在地为县镇的，则

$$税率(计税系数)＝\left[\frac{1}{1－3\%×(1＋5\%＋3\%)}－1\right]×100\%＝3.35\%$$

如果纳税人所在地为农村的，则

$$税率(计税系数)＝\left[\frac{1}{1－3\%×(1＋1\%＋3\%)}－1\right]×100\%＝3.22\%$$

六、建筑安装工程计价程序

根据建设部第107号部令《建筑工程施工发包与承包计价管理办法》的规定，发包与承包价的计算方法分为工料单价法和综合单价法，其计价程序如下：

（一）工料单价法计价程序

工料单价法是计算出分部分项工程量后乘以工料单价，合计得到直接工程费，直接工程费汇总后再加措施费、间接费、利润和税金生成工程发承包价，其计算程序分为 3 种。

1. 以直接费为计算基础

序号	费用项目	计算方法	备注
1	直接工程费	按预算表	
2	措施费	按规定标准计算	
3	直接费小计	(1)+(2)	
4	间接费	(3)×相应费率	
5	利润	[(3)+(4)]×相应利润率	
6	合计	(3)+(4)+(5)	
7	含税造价	(6)×(1+相应税率)	

2. 以人工费和机械费为计算基础

序号	费用项目	计算方法	备注
1	直接工程费	按预算表	
2	其中人工费和机械费	按预算表	
3	措施费	按规定标准计算	
4	其中人工费和机械费	按规定标准计算	
5	直接费小计	(1)+(3)	
6	人工费和机械费小计	(2)+(4)	
7	间接费	(6)×相应费率	
8	利润	(6)×相应利润率	
9	合计	(5)+(7)+(8)	
10	含税造价	(9)×(1+相应税率)	

3. 以人工费为计算基础

序号	费用项目	计算方法	备注
1	直接工程费	按预算表	
2	直接工程费中人工费	按预算表	
3	措施费	按规定标准计算	
4	措施费中人工费	按规定标准计算	
5	直接费小计	(1)+(3)	
6	人工费小计	(2)+(4)	
7	间接费	(6)×相应费率	
8	利润	(6)×相应利润率	
9	合计	(5)+(7)+(8)	
10	含税造价	(9)×(1+相应税率)	

（二）综合单价法计价程序

综合单价法分为全费用综合单价和部分费用综合单价，全费用综合单价其单价内容包括直接工程费、措施费、间接费、利润和税金。由于大多数情况下措施费由投标人单独报价，而不包括在综合单价中，此时综合单价仅包括直接工程费、间接费、利润和税金。

综合单价如果是全费用综合单价，则综合单价乘以各分项工程量汇总后，就生成工程承发包价格。如果综合单价是部分费用综合单价，如综合单价不包括措施费，则综合单价乘以各分项工程量汇总后，还需加上措施费才得到工程承发包价格。

由于各分部分项工程中的人工、材料、机械含量的比例不同，各分项工程可根据其材料费占人工费、材料费、机械费合计的比例（以字母"C"代表该项比值），在以下 3 种计算程序中选择一种计算不含措施费的综合单价。

（1）当 $C > C_0$（C_0 为本地区原费用定额测算所选典型工程材料费占人工费、材料费和机械费合计的比例）时，可采用以人工费、材料费、机械费合计为基数计算该分项的间接费和利润。

以直接工程费为计算基础的综合单价法计价程序

序号	费用项目	计算方法	备注
1	分项直接工程费	人工费＋材料费＋机械费	
2	间接费	(1)×相应费率	
3	利润	[(1)＋(2)]×相应利润率	
4	合计	(1)＋(2)＋(3)	
5	含税造价	(4)×(1＋相应税率)	

（2）当 $C < C_0$ 值时，可采用以人工费和机械费合计为基数计算该分项的间接费和利润。

以人工费和机械费为计算基础的综合单价法计价程序

序号	费用项目	计算方法	备注
1	分项直接工程费	人工费＋材料费＋机械费	
2	其中人工费和机械费	人工费＋机械费	
3	间接费	(2)×相应费率	
4	利润	(2)×相应利润率	
5	合计	(1)＋(3)＋(4)	
6	含税造价	(5)×(1＋相应税率)	

（3）如该分项的直接费仅为人工费，无材料费和机械费时，可采用以人工费为基数计算该分项的间接费和利润。

序号	费用项目	计算方法	备注
1	分项直接工程费	人工费＋材料费＋机械费	
2	直接工程费中人工费	人工费	
3	间接费	(2)×相应费率	
4	利润	(2)×相应利润率	
5	合计	(1)＋(3)＋(4)	
6	含税造价	(5)×(1＋相应税率)	

第四节 工程建设其他费用的构成

一、定义

工程建设其他费用是指从工程筹建到工程竣工验收交付使用止的整个建设期间，除建筑安装工程费用和设备、工器具购置费以外的，为保证工程建设顺利完成和交付使用后能够正常发挥效用而发生的一些费用。

二、构成

工程建设其他费用，按其内容大体可分为三类。第一类为土地使用费；第二类是与项目建设有关的费用；第三类是与未来企业生产和经营活动有关的费用。

（一）土地使用费

1. 农用土地征用费	农用土地征用费由土地补偿费、安置补助费、土地投资补偿费、土地管理费、耕地占用税等组成，并按被征用土地的原用途给予补偿。 征用耕地的补偿费用包括土地补偿费、安置补助费以及地上附着物和青苗的补偿费
2. 取得国有土地使用费	取得国有土地使用费包括：土地使用权出让金、城市建设配套费、拆迁补偿与临时安置补助费等

（二）与项目建设有关的其他费用

1. 建设单位管理费	包括建设单位开办费和建设单位经费。建设单位经费不包括应计入设备、材料预算价格的建设单位采购及保管设备材料所需的费用。 （1）建设单位开办费指新建项目为保证筹建和建设工作正常进行所需办公设备、生活家具、用具、交通工具等购置费用。 （2）建设单位经费包括：工作人员的基本工资、工资性补贴、职工福利费、劳动保护费、劳动保险费、办公费、差旅交通费、工会经费、职工教育经费、固定资产使用费、工具用具使用费、技术图书资料费、生产人员招募费、工程招标费、合同契约公证费、工程质量监督检测费、工程咨询费、法律顾问费、审计费、业务招待费、排污费、竣工交付使用清理及竣工验收费、后评估等费用
2. 勘察设计费	勘察设计费指为本建设项目提供项目建议书、可行性研究报告、设计文件等所需的费用
3. 研究试验费	研究试验费为本建设项目提供或验证设计参数、数据资料等进行必要的研究试验，以及设计规定在施工中必须进行的试验、验证所需费用。包括自行或委托其他部门研究试验所需的人工费、材料费、试验设备及仪器使用费，支付的科技成果、先进技术的一次性技术转让费。 这项费用按照设计单位根据本工程项目的需要提出的研究试验内容和要求计算
4. 临时设施费	建设期间建设单位所需生产、生活用临时设施的搭设、维修、摊销费用或租赁费用
5. 工程监理费	

6. 工程保险费	
7. 引进技术和进口设备其他费	包括出国人员费用、国外工程技术人员来华费用、技术引进费、分期或延期付款利息、担保费、进口设备检验鉴定费

（注意供电贴费、施工机构迁移费已停止征收），注意和其他费用名称的混淆

（三）与未来企业生产经营有关的其他费用

1. 联合试运转费	联合试运转费是指新建企业或新增加生产工艺过程的扩建企业在竣工验收前，按照设计规定工程质量标准，进行整个车间的负荷试运转发生的费用支出大于试运转收入的亏损部分。不包括应由设备安装工程费开支的单台设备调试费及无负荷联动试运转费用
2. 生产准备费	生产准备费包括生产职工培训费；生产单位提前进厂参加施工、设备安装、调试等以及熟悉工艺流程及设备性能等人员的工资、工资性补贴、职工福利费、差旅交通费、劳动保护费等
3. 办公和生活家具购置费	

第五节　预备费、建设期利息、固定资产投资方向调节税、铺底流动资金

一、预备费

按我国现行规定，包括基本预备费和涨价预备费。

1. 基本预备费

基本预备费是指在项目实施中可能发生难以预料的支出。主要指设计变更及施工过程中可能增加工程量的费用。计算公式为：

基本预备费＝（设备及工器具购置费＋建筑安装工程费＋工程建设其他费）×基本预备费率

2. 涨价预备费

是指建设工程在建设期内由于价格等变化引起投资增加，需要事先预留的费用。涨价预备费以建筑安装工程费、设备工器具购置费之和为计算基数。计算公式为：

$$PC = \sum_{t=1}^{n} I_t \left[(1+f)^t - 1 \right]$$

式中　PC——涨价预备费；

　　　I_t——第 t 年的建筑安装工程费、设备及工器具购置费之和；

　　　n——建设期；

　　　f——建设期价格上涨指数。

二、建设期利息

1. 定义

建设期利息是指项目借款在建设期内发生并计入固定资产的利息。

2. 计算

为了简化计算，在编制投资估算时通常假定借款均在每年的年中支用，借款第一年按半年计息，其余各年份按全年计息。

各年应计利息＝（年初借款本息累计＋本年借款额/2）×年利率

三、固定资产投资方向调节税

固定资产投资方向调节税是根据国家产业政策而征收的。目前，此项税已暂停征收。

四、铺底流动资金

是指生产性建设工程为保证生产和经营正常进行，按规定应列入建设工程总投资的铺底流动资金。一般按流动资金的 30％计算。

第三章 建设工程投资确定的依据

第一节 建设工程定额

（一）按反映的物质消耗的内容分类	(1) 人工消耗定额	是指完成一定合格产品所消耗的人工的数量标准
	(2) 材料消耗定额	是指完成一定合格产品所消耗的材料的数量标准
	(3) 机械消耗定额	是指完成一定合格产品所消耗的施工机械的数量标准
（二）按建设程序分类	(1) 预算定额（基础定额）	是完成规定计量单位分项工程计价的人工、材料、施工机械台班消耗量的标准，是编制地区单位计价表，确定工程价格，编制施工图预算的依据，也是编制概算定额（指标）的基础；也可作为制定招标工程标底、企业定额和投标报价的基础。预算定额一般适用于新建、扩建、改建工程
	(2) 概算定额（指标）	是在预算定额基础上以主要分项工程综合相关分项的扩大定额，是编制初步设计概算的依据，还可作为编制施工图预算的依据，也可作为编制估算指标的基础
	(3) 估算指标	是编制项目建议书、可行性研究报告投资估算的依据。估算指标为建设工程的投资估算提供依据，是合理确定项目投资的基础
（三）按建设工程特点分类	(1) 建筑工程定额	是建筑工程的基础定额或预算定额、概算定额（指标）的统称。建筑工程一般理解为房屋和构筑物工程。目前我国有土建定额、装饰定额等，都属于建筑工程定额范畴
	(2) 安装工程定额	是安装工程的基础定额或预算定额、概算定额（指标）的统称。目前我国有机械设备安装定额、电气设备安装定额、自动化仪表安装定额、静置设备与工艺金属结构安装定额等，都属于安装工程定额范畴
	(3) 铁路、公路、水利工程定额	分别也是各自基础定额或预算定额、概算定额（指标）的统称
（四）按定额的适用范围分类	(1) 国家定额	目前我国的国家定额有土建工程基础定额、安装工程预算定额等
	(2) 行业定额	目前我国的各行业几乎都有自己的行业定额
	(3) 地区定额	目前我国的地区定额一般都是在国家定额的基础上编制的地区单位计价表
	(4) 企业定额	企业定额是只在本企业投标报价时使用的定额。企业定额水平应高于国家、行业或地区定额，才能适应投标报价，增强市场竞争能力的要求

第二节 工程量清单

一、工程量清单的组成

工程量清单应由具有编制招标文件能力的招标人，或受其委托具有相应资质的中介机构进行编制。工程量清单是招标文件的组成部分。

1. 分部分项工程量清单

分部分项工程量清单为不可调整的闭口清单，投标人对投标文件提供的分部分项工程量清单必须逐一计价，对清单所列内容不允许任何更改变动；投标人如果认为清单内容有不妥或遗漏，只能通过质疑的方式由清单编制人作统一的修改更正，并将修正后的工程量清单发往所有投标人。

2. 措施项目清单

措施项目清单为可调整清单，投标人对招标文件中所列项目，可根据企业自身特点做适当的变更增减。投标人要对拟建工程可能发生的措施项目和措施费用作通盘考虑，清单一经报出，即被认为是包括了所有应该发生的措施项目的全部费用。如果报出的清单中没有列项，且施工中又必须发生的项目，业主有权认为，其已经综合在分部分项工程量清单的综合单价中。将来措施项目发生时，投标人不得以任何借口提出索赔与调整。

3. 其他项目清单

其他项目清单由招标人部分、投标人部分这两部分组成。

（1）招标人部分

招标人填写的内容随招标文件发至投标人或标底编制人，其项目、数量、金额等投标人或标底编制人不得随意改动。

（2）投标人部分

由投标人填写部分的零星工作项目表中，招标人填写的项目与数量，投标人不得随意更改，且必须进行报价。如果不报价，招标人有权认为投标人就未报价内容要无偿为自己服务。当投标人认为招标人列项不全时，投标人可自行增加列项并确定本项目的工程数量及计价。

二、分部分项工程量清单的编制

计价规范规定："分部分项工程量清单应根据附录 A、附录 B、附录 C、附录 D、附录 E 的规定统一项目编码、项目名称、计量单位和工程量计算规则进行编制。"

1. 项目编码	分部分项工程量清单项目编码以五级编码设置，用 12 位阿拉伯数字表示。一、二、三、四级编码为全国统一；第五级编码由工程量清单编制人区分工程的清单项目特征而分别编制。各级编码代表的含义如下： （1）第一级表示工程分类顺序码（分 2 位）；建筑工程为 01、装饰装修工程为 02、安装工程为 03、市政工程为 04、园林绿化工程为 05； （2）第二级表示专业工程顺序码（分 2 位）； （3）第三级表示分部工程顺序码（分 2 位）； （4）第四级表示分项工程项目顺序码（分 3 位）； （5）第五级表示工程量清单项目顺序码（分 3 位）
2. 项目名称	"清单计价规范"附录表中的"项目名称"为分项工程项目名称，是形成分部分项工程量清单项目名称的基础，在此基础上增填相应项目特征，即为清单项目名称。分项工程项目名称一般以工程实体而命名，项目名称如有缺项，招标人可按相应的原则进行补充，并报当地工程造价管理部门备案
3. 项目特征	清单项目特征主要涉及项目的自身特征（材质、型号、规格、品牌）、项目的工艺特征以及对项目施工方法可能产生影响的特征。对清单项目特征不同的项目应分别列项，如基础工程仅混凝土标号不同，但这足以影响投标人的报价，故应分开列项

4. 计量单位	计量单位应采用基本单位（t，kg，m，m²，m³，个）。 工程数量的有效位数应遵守下列规定： 以"吨"为单位，应保留小数点后三位数字，第四位四舍五入； 以"立方米"、"平方米"、"米"为单位，应保留小数点后两位数字，第三位四舍五入； 以"个"、"项"等为单位，应取整数	
5. 工作内容	清单工作内容包括主体工作和辅助工作	
6. 工程数量 的计算	《计价规范》明确了清单项目的工程量计算规则，其实质是以形成工程实体为准，并以完成后的净值来计算的。工程实体的工程量是惟一的。而将施工方案引起工程费用的增加折算到综合单价或因措施费用的增加放到措施项目清单中。 工程量计算规则包括建筑工程、装饰装修工程、安装工程、市政工程和园林绿化工程等5个部分	

三、措施项目清单的编制

1. 措施项目

是指为完成工程项目施工，发生于该工程施工前和施工过程中技术、生活、安全等方面的非工程实体项目。

（1）通用项目

通用项目所列内容是指各专业工程均可列出的措施项目，主要有：①环境保护；②文明施工；③安全施工；④临时设施；⑤夜间施工；⑥二次搬运；⑦大型机械设备进出场及安拆；⑧混凝土、钢筋混凝土模板及支架；⑨脚手架；⑩已完工程及设备保护；⑪施工排水、降水。

（2）专业项目

专业项目所列内容是指各专业工程根据各自专业的要求，按相应专业列出的措施项目。措施项目清单，可以根据拟建工程的实际情况进行增减。

2. 措施项目清单

措施项目清单的设置，需要参考拟建工程的常规施工组织设计，以确定环境保护、文明安全施工、临时设施、材料的二次搬运等项目。参考拟建工程的常规施工方案，以确定大型机械设备进出场及安拆、混凝土模板及支架、脚手架、施工排水降水、垂直运输机械、组装平台等项目。参阅相关的施工规范与工程验收规范，可以确定施工方案没有表述的但为实现施工规范与工程验收规范要求而必须发生的技术措施；设计文件中不足以写进施工方案但要通过一定的技术措施才能实现的内容；招标文件中提出的需通过一定的技术措施才能实现的要求。

四、其他项目清单的编制

1. 招标人部分

包括预留金、材料购置费等。

2. 投标人部分

包括总承包服务费、零星工作费等。

五、工程量清单的格式

工程量清单应采用统一格式，一般由下列内容组成：

1. 封面	
2. 填表须知	填表须知包括下列内容： (1) 工程量清单及其计价格式中所有要求签字、盖章的地方，必须由规定的单位和人员签字、盖章。 (2) 工程量清单及其计价格式中的任何内容不得随意删除或涂改。 (3) 工程量清单计价格式中列明的所有需要填报的单价和合价，投标人均应填报，未填报的单价和合价，视为此项费用已包含在工程量清单的其他单价和合价中。 (4) 明确金额的表示币种
3. 总说明	总说明应按下列内容填写：(1)工程概况；(2)工程招标和分包范围；(3)工程量清单编制依据；(4)工程质量、材料、施工等的特殊要求；(5)招标人自行采购材料的名称、规格型号、数量等；(6)其他项目清单中招标人部分的(包括预留金、材料购置费等)金额数量；(7)其他需说明的问题
4. 分部分项工程量清单	
5. 措施项目清单	
6. 其他项目清单	
7. 零星工作项目表	

六、工程量清单计价的方法

工程量清单计价是指投标人完成由招标人提供的工程量清单所列项目的全部费用，包括分部分项工程费、措施项目费、其他项目费、规费和税金。

在工程量清单计价中，如按分部分项工程单价组成来分，工程量清单报价主要有 3 种形式：工料单价法；综合单价法；全费用综合单价法。

1. 工料单价法

$$工料单价＝人工费＋材料费＋机械使用费$$

2. 综合单价法

$$综合单价＝人工费＋材料费＋机械使用费＋管理费＋利润$$

3. 全费用综合单价法

$$全费用综合单价法＝人工费＋材料费＋机械使用费$$
$$＋措施项目费＋管理费＋规费＋利润＋税金$$

七、工程量清单计价的基本过程

(一) 工程量清单计价过程的两个阶段

工程量清单计价过程可以分为两个阶段：工程量清单编制和利用工程量清单投标报价两个阶段。

工程量清单编制由具有编制招标文件能力的招标人或受其委托的具有相应资质的中介机构根据统一的工程量清单标准格式、统一的工程量清单项目设置规则、招标要求和施工图纸进行编制；工程量清单报价由投标人根据招标人提供的工程量清单信息及工程设计图纸，对拟建工程的有关信息进一步细化、核实，再根据投标人掌握的各种市场信息(包括人工、材料、机械价格等)、招标人的施工经验，结合企业本身的工、机、料消耗(即企业定额)，考虑风险因素等进行投标报价。

(二) 工程量清单计价的方法

1. 总报价的计算

利用综合单价法计价需分项计算清单项目，汇总得到总报价。

分部分项工程费＝∑分部分项工程量×分部分项工程综合单价

措施项目费＝∑措施项目工程量×措施项目综合单价

单位工程报价＝分部分项工程费＋措施项目费＋其他项目费＋规费＋税金

单项工程报价＝∑单位工程报价

总报价＝∑单项工程报价

2. 分部分项工程费计算

(1) 计算施工方案工程量

工程量清单计价模式下，招标人提供的分部分项工程量是按施工图图示尺寸计算得到的工程净量。在计算直接工程费时，必须考虑施工方案等各种影响因素，重新计算施工作业量，以施工作业量为基数完成计价。(参照书上的例子理解)施工方案的不同，施工作业量的计算方法与计算结果也不相同。

(2) 人、料、机数量测算

企业可以按反映企业水平的企业定额或参照政府消耗量定额确定人工、材料、机械台班的耗用量。

(3) 市场调查和询价

根据工程项目的具体情况，考虑市场资源的供求状况，采用市场价格作为参考，考虑一定的调价系数，确定人工工资单价、材料预算价格和施工机械台班单价。

(4) 计算清单项目分项工程的直接工程费单价

按确定的分项工程人工、材料和机械的消耗量及询价获得的人工工资单价、材料预算单价、施工机械台班单价，计算出对应分项工程单位数量的人工费、材料费和机械费。

(5) 计算综合单价

计算综合单价中的管理费和利润时，可以根据每个分项工程的具体情况逐项估算。一般情况下，采用分摊法计算分项工程中的管理费和利润，即先计算出工程的全部管理费和利润，然后再分摊到工程量清单中的每个分项工程上。分摊计算时，投标人可以根据以往的经验确定一个适当的分摊系数来计算每个分项工程应分摊的管理费和利润。

3. 措施项目费计算

措施项目清单中所列的措施项目均以"一项"提出，在计价时，首先应详细分析其所包括的全部工程内容，然后确定其综合单价。计算措施项目综合单价的方法有：

(1) 参数法

参数法计价是指按一定的基数乘系数的方法或自定义公式进行计算。这种方法简单明了，但最大的难点是公式的科学性、准确性难以把握。系数高低直接反映投标人的施工水平。这种方法主要适用于施工过程中必须发生，但在投标时很难具体分项预测，又无法单独列出项目内容的措施项目，如夜间施工费、二次搬运费等，按此方法计价。

(2) 实物量法

实物量法计价就是根据需要消耗的实物工程量与实物单价计算措施费。比如，脚手架搭拆费可根据脚手架摊销量和脚手架价格及搭、拆、运输费计算，租赁费可按脚手架每日租金和搭设周期及搭、拆、运输费计算。

（3）分包法

在分包价格的基础上增加投标人的管理费及风险费进行计价的方法，这种方法适合可以分包的独立项目。如大型机械设备进出场及安拆费的计算。

在对措施项目计价时，每一项费用都要求是综合单价，但是并非每个措施项目内人工费、材料费、机械费、管理费和利润都必须有。

4. 其他项目费计算

其他项目费中招标人部分是非竞争性项目，要求投标人按招标人提供的数量和金额列入报价，不允许投标人对价格进行调整。而投标人部分是竞争性费用，名称、数量由招标人提供，价格由投标人自行确定。计价规范中提到的四项其他项目费，对于招标人来说只是参考，可以补充，但对投标人是不能补充的，必须按招标人提供的工程量确定执行。

（1）招标人部分

1）预留金主要是考虑到可能发生的工程量变化和费用增加而预留的金额。

2）材料购置费，由招标人采购的拟建工程材料费。

3）招标人部分可能增加的项目有指定分包工程费。

（2）投标人部分

1）总承包服务费包括配合协调招标人进行工程分包和材料采购所需的费用，此处的工程分包是指国家允许分包的工程，但不包括投标人自行分包的费用。投标人由于分包而发生的管理费，应包括在相应清单项目的报价内。

2）零星工作项目表应详细列出人工、材料、机械名称和消耗量。

5. 规费计算

规费可用计算基数乘以规费费率计算得到。具体计算时，一般按国家及有关部门规定的计算公式和费率标准进行计算。

6. 税金计算（包括营业税、城市维护建设税及教育费附加）

八、工程量清单投标报价应用应注意的问题

工程量清单主要用于编制招标工程的标底价格和供投标人进行投标报价，在应用工程量清单计算工程价格时应注意以下问题：

（1）工程量清单应与投标须知、合同条件、合同协议条款、技术规范和工程设计图纸等一起使用。工程量清单通常不再重复或概括工程及材料的一般说明，在编制和填写工程量清单中每一项目的单价和合价时，应参考投标须知和合同文件的有关条款。

（2）工程量清单列出的工程量通常是根据"工程量计算规则"进行计量的，如果工程量清单内所列出的计量方法与"工程量计算规则"的说明有差异，应以工程量清单内所列出的计量方法为准。工程结算亦须据此办理。

（3）采用工料单价投标报价的，工程量清单中所填入的单价和合价，应按照现行工程定额的人工、材料、机械台班消耗量标准以及相应的人工、材料、机械台班价格来确定，作为直接费计算的基础。间接费、利润、现场因素费用、施工技术措施费、所测算的风险金、按有关规定应计的调价、税金等按现行规定的方法计取，计入其他相应的报价表中。

(4) 采用综合单价投标报价的,工程量清单中所填入的单价和合价应包括人工费、材料费、机械使用费、间接费和利润,并考虑风险因素。

(5) 工程量清单中的每一计价项目均需填写单价和合价,对没有填写单价和合价项目的费用,将被视为已包括在工程量清单的其他单价或合价之中。

第三节 其他确定依据

一、工程技术文件

反映建设工程项目的规模、内容、标准、功能等的文件是工程技术文件。只有根据工程技术文件,才能对工程的分部组合即工程结构作出分解,得到计算的基本子项。只有依据工程技术文件及其反映的工程内容和尺寸,才能测算或计算出工程实物量,得到分部分项工程的实物数量。

在工程建设的不同阶段所产生的工程技术文件是不同的。

(1) 在项目决策阶段,包括项目意向、项目建议书、可行性研究等阶段,工程技术文件表现为项目策划文件、功能描述书、项目建议书或可行性研究报告等。

(2) 在初步设计阶段,初步设计所产生的初步设计图纸及有关设计资料。

(3) 施工图设计阶段,施工图设计资料,包括建筑施工图纸、结构施工图纸、设备施工图纸、其他施工图纸和设计资料。

(4) 在工程招标阶段,招标文件、建设单位的特殊要求、相应的工程设计文件等。

二、要素市场价格信息

构成建设工程投资的要素包括人工、材料、施工机械等,要素价格是影响建设工程投资的关键因素,要素价格是由市场形成的。

三、建设工程环境条件

环境和条件的差异或变化,会导致建设工程投资大小的变化。工程的环境和条件,包括工程地质条件、气象条件、现场环境与周边条件,也包括工程建设的实施方案、组织方案、技术方案等。

四、企业定额

企业定额是施工企业生产力水平的体现,包括单位合格产品所必需的人工、材料和施工机械台班消耗量;是施工企业进行施工管理和投标报价的基础和依据,是企业参与市场竞争的核心竞争能力的具体表现。

1. 企业定额的编制原则

准确反映本企业的施工生产力水平。

2. 企业定额的编制方法

编制企业定额最关键的工作是确定人工、材料和机械台班的消耗量,计算分项工程单价或综合单价。

五、其他

国家对建设工程费用计算的有关规定,按国家税法规定须计取的相关税费等,都构成了建设工程投资确定的依据。

第四章　项目的财务评价

第一节　资金时间价值

一、现金流量

1. 概念

在建设工程经济分析中，通常是将项目看作是一个独立的经济系统，来考察投资项目的经济效益。对一个系统而言，在某一时间点上流出系统的货币称为现金流出；流入系统的货币称为现金流入；同一时间点上的现金流入和现金流出的代数和，称为净现金流量。现金流入、现金流出和净现金流量，统称为现金流量。

2. 表现形式

（1）现金流量表

通常采用现金流量表来表示特定项目在一定时间内发生的现金流量。

（2）现金流量图

横轴是时间轴，表示一个从零开始到 n 的时间序列。从 $1\sim n$ 分别代表各计息期的终点，第一个计息期的终点，也就是第二个计息期的起点，n 点表示时间序列的终点。横轴反映的是所考察的经济系统的寿命周期。

与横轴相连的垂直线，垂直线的箭头表示现金流动的方向，箭头向上表示现金流入，即表示效益；箭头向下表示现金流出，即表示费用。垂直线的长度与现金流量的金额成正比，金额越大，相应垂直线的长度越长。一般而言，现金流量图上要注明每一笔现金流量的金额。

3. 常用符号

在考虑资金时间价值、分析研究资金的流动时，需明确以下几个概念和采用的符号：

（1）i：利率；

（2）n：计息期数；

（3）P：现值，即资金发生在（或折算为）某一时间序列起点时间的价值，或相对于将来值的任何较早时间的价值；

（4）F：终值，即资金发生在（或折算为）某一时间序列终点时间的价值，或相对于现在值的任何以后时间的价值；现值与终值之间的关系：

$$现值＋复利利息＝终值$$

$$终值－复利利息＝现值$$

（5）A：等额年金，即发生在某一时间序列各计算期末（不包括零期）的等额资金的价值，也即 n 次等额支付系列中的一次支付。

二、资金时间价值计算的种类

（一）利息

利率是在一个计息周期内所应付出的利息额与本金之比，或是单位本金在单位时间内所支付的利息，可以表示为：$i＝I/P\times100\%$

利息的计算分为单利法和复利法两种方式。

1. 单利法

单利法是每期的利息均按原始本金计算的计息方式，即不论计息期数为多少，只有本金计息，利息不计利息。单利法的计算公式为：

$$I = P \times n \times i$$

式中　n——计息期数。

n 个计息周期后的本利和为：

$$F = P + I = P(1 + i \times n)$$

式中　F——本利和。

2. 复利法

复利法是各期的利息分别按原始本金与累计利息之和计算的计息方式。在按复利法计息的情况下，除本金计息外，利息也计利息。

复利法的计算公式为：

$$F = P(1 + i)^n$$

$$I = P[(1 + i)^n - 1]$$

同一笔存款，在 i、n 相同的情况下，复利计算出的利息比单利计算出的利息大。当存款本金越大、利率越高、计息期数越多时，两者差距就越大。

（二）实际利率和名义利率

1. 概念

在复利法计算中，一般是采用年利率。若利率为年利率，实际计算周期也是以年计，这种年利率称为实际利率；若利率为年利率，而实际计算周期小于一年，如每月、每季或每半年计息一次，这种年利率就称为名义利率。名义利率可定义为周期利率乘以每年计息的周期数。

2. 计算公式

设名义利率为 r，在一年中计算利息 m 次，则每期的利率为 r/m，假定年初借款 P，则一年后的复本利和为：

$$F = P(1 + r/m)^m$$

其中，利息为复本利和与本金之差，即：

$$I = F - P = P(1 + r/m)^m - P$$

当名义利率为 r 时，实际利率可由下式求得：

$$i = \frac{I}{P} = (1 + r/m)^m - 1$$

由上式可知，当 $m = 1$ 时，实际利率 i 等于名义利率 r；当 m 大于 1 时，实际利率 i 将大于名义利率 r；而且 m 越大，二者相差也越大。

（三）复利法资金时间价值计算的基本公式

六个常用资金等值换算公式小结

公式名称		已知	求解	公式	系数名称符号	现金流量图
整付	终值公式	现值 P	终值 F	$F=P(1+i)$	一次支付终值系数 $(F/P, I, n)$	
	现值公式	终值 F	现值 P	$P=F(1+i)$	一次支付现值系数 $(P/F, I, n)$	
等额分付	终值公式	年值 A	终值 F	$F=A \times \dfrac{(1+i)^n-1}{i}$	年金终值系数 $(F/A, I, n)$	
	偿债基金公式	终值 F	年值 A	$A=F \times \dfrac{i}{(1+i)^n-1}$	偿债基金系数 $(A/F, i, n)$	
	现值公式	年值 A	现值 P	$P=A \times \dfrac{(1+i)^n-1}{i(1+i)^n}$	年金现值系数 $(P/A, i, n)$	
	资本回收公式	现值 P	年值 A	$A=P \times \dfrac{i(1+i)^n}{(1+i)^n-1}$	资金回收系数 $(A/P, I, n)$	

$$F=P(1+i)=A \times \frac{(1+i)^n-1}{i}$$ 记住联立公式，考场现场推导

第 二 节 财 务 评 价

一、财务评价内容

对于经营性项目，财务评价内容包括盈利能力、偿债能力和财务生存能力。对于非经营性项目，财务评价的内容主要是分析项目的财务生存能力。

（1）盈利能力分析。分析测算项目的财务盈利能力和盈利水平。

（2）偿债能力分析。分析测算项目财务主体偿还贷款的能力。

（3）财务生存能力分析。分析项目是否有足够的净现金流量维持正常运营，以实现财务可持续性。

财务分析可分为融资前分析和融资后分析。

融资前分析排除了融资方案变化的影响，从项目投资总获利能力的角度，考察项目方案设计的合理性，是初步投资决策与融资方案研究的依据和基础。一般宜先进行融资前分析，在融资前分析结论满足要求的情况下，初步设定融资方案，再进行融资后分析。在项目建议书阶段，可只进行融资前分析。

融资后分析考察项目在拟定融资条件下的盈利能力、偿债能力和财务生存能力，判断项目方案在融资条件下的可行性。融资后分析以融资前分析和初步的融资方案为基础，用于比选融资方案，帮助投资者做出融资决策。

二、财务评价指标体系

建设工程财务评价指标体系根据不同的标准，可作不同的分类。

1. 指标体系1

根据计算项目财务评价指标时是否考虑资金的时间价值，可将常用的财务评价指标分为两类。

（1）静态指标：总投资收益率、项目资本金净利润率、投资回收期、利息备付率、偿债备付率

（2）动态指标：项目投资财务净现值、净现值指数、项目投资财务内部收益率、项目资本金财务内部收益率、投资各方财务内部收益率

（3）融资前分析以动态分析为主，静态分析为辅；融资后分析包括动态分析和静态分析。

2. 指标体系2

建设工程财务评价按评价内容的不同，还可分为三类。

（1）盈利能力分析指标：项目投资财务内部收益率、项目投资财务净现值、项目资本金财务内部收益率、项目投资各方内部收益率、投资回收期、项目资本金净利润率、总投资收益率

（2）偿债能力分析指标：资产负债率、利息备付率、偿债备付率

（3）财务生存能力分析指标：净现金流量、累计盈余资金

三、静态评价指标的计算分析

1. 总投资收益率（ROI）	含义	总投资收益率系指项目达到设计能力后正常年份的年息税前利润或运营期内年平均息税前利润(EBIT)与项目总投资(TI)（建设投资＋流动资金)的比率，它考察项目总投资的盈利水平
	计算	$ROI = EBIT/TI \times 100\%$
	判别准则	总投资收益率可根据利润与利润分配表中的有关单据计算求得。在财务评价中，总投资收益率高于同行业收益率参考值，表明用总投资收益率表示的盈利能力满足要求
2. 项目资本金净利润率(ROE)	含义	项目资本金净利润率系指项目达到设计能力后正常年份的年净利润或运营期内年平均净利润(NP)与项目资本金(EC)的比率
	计算	$ROE = NP/EC \times 100\%$
	判别准则	项目资本金利润率表示项目资本金的盈利水平，项目资本金净利润率高于同行业的净利润率参考值，表明用项目资本金净利润率表示的盈利能力满足要求
3. 投资回收期（Pt）	含义	投资回收期系指以项目净收益回收项目投资所需要的时间，一般以年为单位。项目投资回收期宜从项目建设开始年算起，若从项目投产开始年计算，应予以特别注明
	计算	项目投资回收期可借助项目投资现金流量表计算。项目投资现金流量表中累计净现金流量由负值变为零的时点，即为项目的投资回收期。项目投资回收期更为实用的表达式为： $Pt = T-1 + $ 第$(T-1)$年的累计净现金流量的绝对值/第 T 年的净现金流量 式中，T 为项目各年累计净现金流量首次为正值的年份数
	经济含义	投资回收期短，表明项目投资回收快，抗风险能力强
	优点	静态投资回收期的优点主要是概念清晰，简单易用，在技术进步较快时能反映项目的风险大小
	缺点	缺点是舍弃了回收期以后的收入与支出数据，不能全面反映项目在寿命期内的真实效益，难以对不同方案的比较做出正确判断，所以使用该指标时应与其他指标相配合

4. 利息备付率 (ICR)	含义	利息备付率是指项目在借款偿还期内，各年可用于支付利息的税息前利润 (EBIT) 与当期应付利息 (PI) 费用的比值。利息备付率应当按年计算。利息备付率表示项目的利润偿付利息的保证倍率
	计算	$ICR = EBIT/PI$ 其中：税息前利润 (EBIT) ＝利润总额＋计入总成本费用的利息费用；当期应付利息是指计入总成本费用的全部利息
	判别准则	对于正常运营的企业，利息备付率应当大于 1；否则，表示付息能力保障程度不足
5. 偿债备付率 (DSCR)	含义	偿债备付率是指项目在借款偿还期内，各年可用于还本付息资金 (EBITDA－T_{AX}(所得税)) 与当期应还本付息金额 (FD) 的比值。偿债备付率应分年计算。偿债备付率表示可用于还本付息的资金偿还借款本息的保证倍率
	计算	$DSCR = ($税息折旧摊销前利润 $EBITDA$－所得税 $T_{AX})/$应还本付息金额。 应还本付息金额，包括还本金额和计入总成本费用的全部利息
	判别准则	偿债备付率在正常情况应当大于 1。当指标小于 1 时，表示当年资金来源不足以偿付当年债务，需要通过短期借款偿付已到期债务
6. 资产负债率 (LOAR)	含义	资产负债率系指各期末负债总额 (TL) 同资产总额 (TA) 的比率
	计算	$LOAR = TL/TA$
	判别准则	适度的资产负债率，表明企业经营安全、稳健，具有较强的筹资能力，也表明企业和债权人的风险较小。项目财务分析中，在长期债务还清后，可不再计算资产负债率

四、动态评价指标的计算分析

1. 财务净现值 (FNPV)	含义	财务净现值是指按行业的基准收益率或投资主体设定的折现率，将方案计算期内各年发生的净现金流量折现到建设期初的现值之和。它是考察项目盈利能力的绝对指标
	计算	$$FNPV = \sum_{i=1}^{n} (CI - CO)_t (1 - i_c)^{-t}$$ 式中，i_c——基准收益率或投资主体设定的折现率；n——项目计算期
	判别准则	财务净现值大于零，表明项目的盈利能力超过了基准收益率或折现率；财务净现值小于零，表明项目盈利能力达不到基准收益率或设定的折现率的水平；财务净现值为零，表明项目盈利能力水平正好等于基准收益率或设定的折现率 若 $FNPV \geqslant 0$，则方案可行；若 $FNPV < 0$，则方案应予拒绝
	优点	财务净现值全面考虑了项目计算期内所有的现金流量大小及分布，同时考虑了资金的时间价值；因而可作为项目经济效果评价的主要指标
2. 净现值指数 (净现值率) (FNPVR)	含义	在多方案比较时，如果几个方案的值都大于零但投资规模相差较大，可以进一步用净现值指数作为财务净现值的辅助指标。净现值指数是财务净现值与总投资现值之比，其经济涵义是单位投资现值所带来的净现值
	计算	$$FNPVR = \frac{FNPV}{I_P} = \frac{\sum_{i=1}^{n} (CI - CO)_t (1 + i_c)^{-t}}{\sum_{i=1}^{n} I_t (1 + i_c)^{-t}}$$ 式中，I_P——方案总投资现值；I_t——方案第 t 年的投资额
	判别准则	由于 I_P 大于零，所以该指标与 NPV 同符号，其判别准则也与 NPV 相同

3. 财务内部收益率(FIRR)	含义	财务内部收益率本身是一个折现率，它是指项目在整个计算期内各年净现金流量现值累计等于零时的折现率，是评价项目盈利能力的相对指标
	计算	财务内部收益率可通过解下述方程求解： $$\sum_{i=1}^{n}(CI-CO)_i(1+FIRR)^{-i}=0$$ 式中，$FIRR$——财务内部收益率；其他符号同前。 财务内部收益率是反映项目盈利能力常用的动态评价指标，可通过财务现金流量表计算。一般采用"试差法"。公式如下： $$FIRR\approx i_1+\frac{FNPV_1}{FNPV_1-FNPV_2}(i_2-i_1)$$
	判别准则	设基准收益率为 i_c，若 $FIRR\geqslant i_c$，则 $FNPV\geqslant0$，方案财务效果可行；若 $FIRR<i_c$，则 $FNPV<0$，方案财务效果不可行
	分类	按分析范围和对象不同，项目财务评价时还可分别计算项目财务内部收益率、资本金收益率(即资本金财务内部收益率)和投资各方收益率(即投资各方财务内部收益率)

五、财务评价的基本报表

1. 财务现金流量表	财务现金流量表反映项目计算期内各年的现金收支，用以计算各项动态和静态评价指标，进行项目财务盈利能力分析。财务现金流量表分为： (1) 项目财务现金流量表。该表不分投资资金来源，以全部投资作为计算基础，用以计算项目全部投资财务内部收益率、财务净现值及投资回收期等评价指标，考察项目全部投资的盈利能力，为各个投资方案(不论其资金来源及利息多少)进行比较建立共同基础。 (2) 项目资本金现金流量表。该表用于计算项目资本金财务内部收益率。 (3) 投资各方财务现金流量表。该表从投资者角度出发，以项目投资者的出资额作为计算基础，把借款本金偿还和利息支付作为现金流出，用以计算投资各方财务内部收益率
2. 利润和利润分配表	该表反映项目计算期内各年的营业收入、总成本费用、利润总额、所得税及税后利润的分配情况，用以计算总投资收益率、项目资本金净利润率等指标
3. 财务计划现金流量表	该表反映项目计算期内各年的投资、融资及经营活动的现金流入和流出，用于计算累计盈余资金，分析项目的财务生存能力
4. 资产负债表	用于综合反映项目计算期内各年年末资产、负债和所有者权益的增减变化及对应关系，计算资产负债率
5. 借款还本付息计划表	用于反映项目计算期内各年借款的使用、还本付息，以及偿债资金来源，计算偿债备付率、利息备付率指标

第三节 不确定性分析

所谓建设工程的不确定性分析，就是考查建设投资、经营成本、产品售价、销售量、项目寿命计算期等因素变化时，对项目经济评价指标所产生的影响。这种影响越强烈，表明所评价的项目方案对某个或某些因素越敏感，对于这些敏感因素，要求项目决策者和投资者予以充分的重视和考虑。

不确定性分析主要包括盈亏平衡分析、敏感性分析及概率分析。盈亏平衡分析，只适用于财务评价，敏感性分析和概率分析可同时用于财务评价和国民经济评价。

一、盈亏平衡分析

1. 含义

(1) 盈亏平衡分析实际上是一种特殊形式的临界点分析。进行这种分析时，将产量或者销售量作为不确定因素，求取盈亏平衡时临界点所对应产量或者销售量。

(2) 盈亏平衡点越低，表示项目适应市场变化的能力越强，抗风险能力也越强。

2. 盈亏平衡点计算

(1) 用生产能力利用率表示的盈亏平衡点 $BEP(\%)$ 为：

$$BEP(\%) = \frac{年固定总成本}{年销售收入-年可变成本-年销售税金及附加-年增值税} \times 100\%$$

(2) 用产量表示的盈亏平衡点 $BEP(产量)$ 为：

$$BEP(产量) = \frac{年固定总成本}{单位产品销售价格-单位产品可变成本-单位产品销售税金及附加-单位产品增值税}$$

两者之间的换算关系为：$BEP(产量) = BEP(\%) \times 设计生产能力$

盈亏平衡点应按项目投产后的正常年份计算，而不能按计算期内的平均值计算。

二、敏感性分析

敏感性分析是通过研究项目主要不确定因素发生变化时，项目经济效果指标发生的相应变化，找出项目的敏感因素，确定其敏感程度，并分析该因素达到临界值时项目的承受能力。

1. 敏感性分析的目的

(1) 确定不确定性因素，变化范围和影响；

(2) 区分敏感性大的方案和敏感性小的方案；

(3) 找出敏感性强的因素进行研究，以提高经济分析的可靠性。

2. 单因素敏感性分析

每次只考虑一个因素的变动，而让其他因素保持不变时所进行的敏感性分析，叫做单因素敏感性分析。

三、概率分析

概率分析是通过研究各种不确定因素发生不同幅度变动的概率分布及其对方案经济效果的影响，对方案的净现金流量及经济效果指标作出某种概率描述，从而对方案的风险情况作出比较准确的判断。例如，我们可以用经济效果指标 $FNPV \leqslant 0$ 发生的概率来度量项目将承担的风险。

第五章　概算和预算的编制与审查

第一节　设计概算的编制与审查

一、设计概算的内容和作用

(一) 设计概算的内容

设计概算是在初步设计或扩大初步设计阶段，由设计单位按照设计要求概略地计算拟建工程从立项开始到交付使用为止全过程所发生的建设费用的文件，是设计文件的重要组成部分。

设计概算分为单位工程概算、单项工程综合概算、建设工程总概算三级。

1. 单位工程概算分为建筑单位工程概算和设备及安装单位工程概算两大类，是确定单项工程中各单位工程建设费用的文件，是编制单项工程综合概算的依据。其中，建筑工程概算分为一般土建工程概算、给排水工程概算、采暖工程概算、通风工程概算、电气照明工程概算、特殊构筑物工程概算。设备及安装工程概算分为机械设备及安装工程概算、电气设备及安装工程概算。

2. 单项工程综合概算是确定一个单项工程所需建设费用的文件，是根据单项工程内各专业单位工程概算汇总编制而成的。

3. 建设工程总概算是确定整个建设工程从立项到竣工验收全过程所需费用的文件。它由各单项工程综合概算以及工程建设其他费用和预备费用概算等汇总编制而成。建设工程总概算的组成内容如 P105 图 5-3 所示。

（二）设计概算的作用

1. 国家确定和控制基本建设投资、编制基本建设计划的依据；

2. 设计方案经济评价与选择的依据；

3. 实行建设工程投资包干的依据；

4. 基本建设核算、"三算"对比、考核建设工程成本和投资效果的依据。

二、设计概算的编制方法

设计概算是从最基本的单位工程概算编制开始逐级汇总而成。

（一）设计概算的编制依据和编制原则

1. 设计概算的编制依据

略。

2. 设计概算的编制原则

（1）应深入现场进行调查研究；

（2）结合实际情况合理确定工程费用；

（3）抓住重点环节、严格控制工程概算造价；

（4）应全面完整地反映设计内容。

（二）单位工程概算的主要编制方法

1. 建筑工程概算的编制方法

编制建筑单位工程概算一般有扩大单价法、概算指标法两种形式。

（1）扩大单价法

首先根据概算定额编制成扩大单位估价表（概算定额基价）。扩大单位估价表是确定单位工程中各扩大分部分项工程或完整的结构构件所需全部材料费、人工费、施工机械使用费之和的文件。

将扩大分部分项工程的工程量乘以扩大单位估价进行计算。其中工程量的计算，必须按定额中规定的各个分部分项工程内容，遵循定额中规定的计量单位、工程量计算规则及方法来进行。完整的编制步骤如下：

1）根据初步设计图纸和说明书，按概算定额中划分的项目计算工程量。有些无法直接计算的零星工程，如散水、台阶、厕所蹲台等，可根据概算定额的规定，按主要工程费用的百分比（一般为 5%～8%）计算；

2）根据计算的工程量套用相应的扩大单位估价，计算出材料费、人工费、施工机械使用费三者之和；

3）根据有关取费标准计算措施费、间接费、利润和税金；

4）将上述各项费用累加，其和为建筑工程概算造价。

采用扩大单价法编制建筑工程概算比较准确，但计算较繁琐。当初步设计达到一定深度、建筑结构比较明确时，可采用这种方法编制建筑工程概算。

（2）概算指标法

用概算指标编制概算的方法有如下两种：

第一种方法：直接用概算指标编制单位工程概算。当设计对象的结构特征符合概算指标的结构特征时，可直接用概算指标编制概算。

第二种方法：用修正概算指标编制单位工程概算。当设计对象结构特征与概算指标的结构特征局部有差别时，可用修正概算指标，再根据已计算的建筑面积或建筑体积乘以修正后的概算指标及单位价值，算出工程概算价值。

单位直接工程费修正值＝原概算指标单位直接工程费－换出结构构件价值 ＋ 换入结构构件价值

由于设计深度不够等原因，对一般附属、辅助和服务工程等项目，以及住宅和文化福利工程项目或投资比较小、比较简单的工程项目，可采用概算指标法编制概算。

2. 设备及安装工程概算的编制

设备及安装工程分为机械设备及安装工程和电气设备及安装工程两部分。设备及安装工程的概算由设备购置费和安装工程费两部分组成。

（1）设备购置概算的编制方法

设备购置费由设备原价和设备运杂费组成。分为进口设备和国产设备。见设备购置费的构成和计算。

（2）设备安装工程概算的编制

1）预算单价法

当初步设计有详细设备清单时，可直接按预算单价（预算定额单价）编制设备安装工程概算。根据计算的设备安装工程量，乘以安装工程预算单价，经汇总求得。

用预算单价法编制概算，计算比较具体，精确性较高。

2）扩大单价法

当初步设计的设备清单不完备，或仅有成套设备的重量时，可采用主体设备，成套设备或工艺线的综合扩大安装单价编制概算。

3）概算指标法

当初步设计的设备清单不完备，或安装预算单价及扩大综合单价不全，无法采用预算单价法和扩大单价法时，可采用概算指标编制概算。

（三）单项工程综合概算的编制

综合概算是以单项工程为编制对象，确定建成后可独立发挥作用的建筑物或构筑物所需全部建设费用的文件，由该单项工程内各单位工程概算书汇总而成。

综合概算书是工程项目总概算书的组成部分，是编制总概算书的基础文件，一般由编制说明和综合概算表两个部分组成。

（四）总概算的编制

总概算是以整个工程项目为对象，确定项目从立项开始，到竣工交用整个过程的全部建设费用的文件。

1. 总概算书的内容

总概算书一般由编制说明、总概算表及所含综合概算表、其他工程和费用概算表组成。

2. 总概算表的编制方法

将各单项工程综合概算及其他工程和费用概算等汇总即为工程项目总概算。

3. 总概算价值＝工程费用＋其他工程费＋预备费＋建设期利息＋固定资产投资方向调节税＋铺底流动资金－回收金额。

三、设计概算的审查

（一）审查的主要内容

1. 审查设计概算的编制依据

（1）合法性审查；

（2）时效性审查；

（3）适用范围审查。

2. 单位工程设计概算构成的审查

（1）建筑工程概算的审查

1）工程量审查；

2）采用的定额或指标的审查；

3）材料预算价格的审查；

4）各项费用的审查。

（2）设备及安装工程概算的审查

设备及安装工程概算审查的重点是设备清单与安装费用的计算：

1）标准设备原价；

2）非标准设备原价；

3）设备运杂费审查；

4）进口设备费用的审查；

5）设备安装工程概算的审查。

3. 综合概算和总概算的审查

（1）审查概算的编制是否符合国家经济建设方针、政策的要求，根据当地自然条件、施工条件和影响造价的各种因素，实事求是地确定项目总投资；

（2）审查概算文件的组成；

（3）审查总图设计和工艺流程；

（4）审查经济效果；

（5）审查项目的环保；

（6）审查其他具体项目。

（二）审查的方式

设计概算审查一般采用集中会审的方式进行。一般情况下可按如下步骤进行：

1. 概算审查的准备；

2. 进行概算审查；

3. 进行技术经济对比分析；

4. 调查研究；

5. 积累资料。

第二节　施工图预算的编制与审查

一、施工图预算的两种计价模式

按照预算造价的计算方式和管理方式的不同，施工图预算可以划分为两种计价模式，即传统计价模式和工程量清单计价模式。

（一）传统计价模式

我国的传统计价模式，通常也称为定额计价模式。传统计价模式的工、料、机消耗量是根据"社会平均水平"综合测定，取费标准是根据不同地区价格水平平均测算。

（二）工程量清单计价模式

工程量清单计价模式是指按照工程量清单规范规定的全国统一工程量计算规则，由招标人提供工程量清单和有关技术说明，投标人根据企业自身的定额水平和市场价格进行计价的模式。

目前，我国以使用传统计价模式为主，但由于工程量清单计价模式是符合市场经济和国际惯例的计价方式，今后我国将以使用工程量清单计价模式为主。

二、施工图预算的编制方法

《建筑工程施工发包与承包计价管理办法》（中华人民共和国建设部令第 107 号）第五条规定：施工图预算、招标标底和投标报价由成本、利润和税金构成。其编制可以采用工料单价法和综合单价法两种计价方法。工料单价法是传统计价模式采用的计价方式，综合单价法是工程量清单计价模式采用的计价方式。

（一）工料单价法

工料单价法是指分部分项工程单价为直接工程费单价，以分部分项工程量乘以对应分部分项工程单价后的合计为单位工程直接工程费。直接工程费汇总后另加措施费、间接费、利润、税金生成工程承发包价。

按照分部分项工程单价产生方法的不同，工料单价法又可以分为预算单价法和实物法。

1. 预算单价法

预算单价法就是用地区统一单位估价表中的各分项工料预算单价乘以相应的各分项工程的工程量，求和后得到包括人工费、材料费和机械使用费在内的单位工程直接工程费。措施费、间接费、利润和税金可根据统一规定的费率乘以相应的计取基数求得。将上述费用汇总后得到单位工程的施工图预算。

预算单价法编制施工图预算的基本步骤如下：

（1）准备资料，熟悉施工图纸。

（2）计算工程量。

（3）套预算单价，计算直接工程费。

$$单位工程直接工程费 = \sum(分项工程量 \times 预算单价)$$

（4）编制工料分析表。

（5）按计价程序计取其他费用，并汇总造价。

根据规定的税率、费率和相应的计取基础，分别计算措施费、间接费、利润、税金。将上述费用累计后与直接工程费进行汇总，求出单位工程预算造价。

（6）复核。

（7）编制说明、填写封面。

2. 实物法

实物法编制施工图预算是指按工程量计算规则和预算定额确定分部分项工程的人工、材料、机械消耗量后，按照资源的市场价格计算出各分部分项工程的工料单价，以工料单价乘以工程量汇总得到直接工程费，再按照市场行情计算措施费、间接费、利润和税金等，汇总得到单位工程费用。实物法中单位工程直接工程费的计算公式为：

$$分部分项工程工料单价 = \sum (材料预算定额用量 \times 当时当地材料预算价格)$$
$$+ \sum (人工预算定额用量 \times 当时当地人工工资单价)$$
$$+ \sum (施工机械预算定额台班用量 \times 当时当地机械台班单价)$$
$$单位工程直接工程费 = \sum (分部分项工程量 \times 分部分项工程工料单价)$$

实物法编制施工图预算的步骤具体为：

（1）准备资料、熟悉施工图纸。

（2）计算工程量。

（3）套用消耗定额，统计汇总后确定单位工程人料机消耗量。

（4）计算并汇总人工费、材料费、机械使用费。

根据当时当地工程造价管理部门定期发布的或企业根据市场价格确定的人工工资单价、材料预算价格、施工机械台班单价分别乘以人工、材料、机械消耗量，汇总即为单位工程人工费、材料费和施工机械使用费。计算公式为：

$$单位工程直接工程费 = \sum (工程量 \times 材料预算定额用量 \times 当时当地材料预算价格)$$
$$+ \sum (工程量 \times 人工预算定额用量 \times 当时当地人工工资单价)$$
$$+ \sum (工程量 \times 施工机械预算定额台班用量 \times 当时当地机械台班单价)$$

（5）计算其他各项费用，汇总造价。

对于措施费、间接费、利润和税金等的计算，可以采用与预算单价法相似的计算程序，只是有关的费率是根据当时当地建筑市场供求情况予以确定。将上述单位工程直接工程费与措施费、间接费、利润、税金等汇总即为单位工程造价。

（6）复核。

（7）编制说明、填写封面。

实物法编制施工图预算的步骤与预算单价法基本相似，但在具体计算人工费、材料费和机械使用费及汇总3种费用之和方面有一定区别。实物法编制施工图预算所用人工、材料和机械台班的单价都是当时当地的实际价格，编制出的预算可较准确地反映实际水平，误差较小，适用于市场经济条件波动较大的情况。由于采用该方法需要统计人工、材料、机械台班消耗量，还需搜集相应的实际价格，因而工作量较大、计算过程繁琐。

（二）综合单价法

综合单价是指分部分项工程单价综合了除直接工程费以外的多项费用内容。按照单价综合内容的不同，综合单价可分为全费用综合单价和部分费用综合单价。

1. 全费用综合单价

全费用综合单价即单价中综合了直接工程费、措施费、管理费、规费、利润和税金等，以各分项工程量乘以综合单价的合价汇总后，就生成工程承发包价。

2. 部分费用综合单价

我国目前实行的工程量清单计价采用的综合单价是部分费用综合单价，分部分项工程单价中综合了直接工程费、管理费、利润，并考虑了风险因素，单价中未包括措施费、规费和税金，是不完全费用综合单价。以各分项工程量乘以部分费用综合单价的合价汇总，再加上项目措施费、规费和税金后，生成工程承发包价。

三、施工图预算的审查

（一）施工图预算审查的内容

施工图预算审查的重点是工程量计算是否准确，定额套用、各项取费标准是否符合现行规定或单价计算是否合理等方面。审查的具体内容如下：

1. 审查工程量

是否按照规定的工程量计算规则计算工程量，编制预算时是否考虑到了施工方案对工程量的影响，定额中要求扣除项或合并项是否按规定执行，工程计量单位的设定是否与要求的计量单位一致。

2. 审查单价

套用预算单价时，各分部分项工程的名称、规格、计量单位和所包括的工程内容是否与定额一致；有单价换算时，换算的分项工程是否符合定额规定及换算是否正确。

采用实物法编制预算时，资源单价是否反映了市场供需状况和市场趋势。

3. 审查其他的有关费用

采用预算单价法计算造价时，审查的主要内容有：是否按本项目的性质计取费用，有无高套取费标准；间接费的计取基础是否符合规定；利润和税金的计取基础和费率是否符合规定，有无多算或重算。

（二）施工图预算审查的步骤

1. 审查前准备工作；

2. 选择审查方法、审查相应内容；

3. 整理审查资料并调整定案。

（三）施工图预算审查的方法

1. 逐项审查法

逐项审查法又称全面审查法，即按定额顺序或施工顺序，对各项工程细目逐项全面详细审查的一种方法。其优点是全面、细致，审查质量高、效果好。缺点是工作量大，时间较长。这种方法适合于一些工程量较小、工艺比较简单的工程。

2. 标准预算审查法

标准预算审查法就是对利用标准图纸或通用图纸施工的工程，先集中力量编制标准预算，以此为准来审查工程预算的一种方法。按标准设计图纸施工的工程，一般上部结构和做法相同，只是根据现场施工条件或地质情况不同，仅对基础部分做局部改变。凡这样的工程，以标准预算为准，对局部修改部分单独审查即可，不需逐一详细审查。该方法的优点是时间短、效果好、易定案。其缺点是适用范围小，仅适用于采用标准图纸的工程。

3. 分组计算审查法

分组计算审查法就是把预算中有关项目按类别划分若干组，利用同组中的一组数据审查分项工程量的一种方法。这种方法首先将若干分部分项工程按相邻且有一定内在联系的项目进行编组，利用同组分项工程间具有相同或相近计算基数的关系，审查一个分项工程数，由此判断同组中其他几个分项工程的准确程度。该方法特点是审查速度快、工作量小。

4. 对比审查法

对比审查法是当工程条件相同时，用已完工程的预算或未完但已经过审查修正的工程预算对比审查拟建工程的同类工程预算的一种方法。采用该方法一般须符合下列条件：

（1）拟建工程与已完或在建工程预算采用同一施工图，但基础部分和现场施工条件不同，则相同部分可采用对比审查法。

（2）工程设计相同，但建筑面积不同，两个工程的建筑面积之比与两个工程各分部分项工程量之比大体一致。

（3）两个工程面积相同，但设计图纸不完全相同，则相同的部分，如厂房中的柱子、层架、层面、砖墙等，可进行工程量的对照审查。对不能对比的分部分项工程可按图纸计算。

5. "筛选"审查法

"筛选"是能较快发现问题的一种方法。建筑工程虽面积和高度不同，但其各分部分项工程的单位建筑面积指标变化却不大。将这样的分部分项工程加以汇集、优选，找出其单位建筑面积工程量、单价、用工的基本数值，归纳为工程量、价格、用工 3 个单方基本指标，并注明基本指标的适用范围。这些基本指标用来筛选各分部分项工程，对不符合条件的应进行详细审查，若审查对象的预算标准与基本指标的标准不符，就应对其进行调整。

"筛选法"的优点是简单易懂，便于掌握，审查速度快，便于发现问题。但问题出现的原因尚需继续审查。该方法适用于审查住宅工程或不具备全面审查条件的工程。

6. 重点审查法

重点审查法就是抓住施工图预算中的重点进行审核的方法。审查的重点一般是工程量大或者造价较高的各种工程、补充定额、计取的各种费用(计费基础、取费标准)等。重点审查法的优点是突出重点，审查时间短、效果好。

第六章　建设工程施工招标阶段的投资控制

第一节　建设工程承包合同价格分类

《建筑工程施工发包与承包计价管理办法》规定，合同价可以采用 3 种方式：固定价、可调价和成本加酬金。建设工程承包合同的计价方式按国际通行做法，又可分为总价合同、单价合同和成本加酬金合同。

总价合同	总价合同是指支付给承包方的工程款项在承包合同中是一个规定的金额，即总价。它是以设计图纸和工程说明书为依据，由承包方与发包方经过协商确定的
	总价合同的主要特征：一是根据招标文件的要求由承包方实施全部工程任务，按承包方在投标报价中提出的总价确定；二是拟实施项目的工程性质和工程量应在事先基本确定。显然，总价合同对承包方具有一定的风险。通常采用这种合同时，必须明确工程承包合同标的物的详细内容及其各种技术经济指标，一方面承包方在投标报价时要仔细分析风险因素，需在报价中考虑一定的风险费；另一方面发包方也应考虑到使承包方承担的风险是可以承受的，以获得合格而又有竞争力的投标人
	在所有形式的总价合同文件中，施工说明书尤为重要。施工说明书的条款只有在发包方与承包方双方一致同意的情况下才能修改。总价合同一般在能够完全详细确定工程任务的情况下采用。但在实践中，合同标的物往往包括可定性质的工程量部分和不可定性质的工程量部分。因此，承包工程中往往出现工程量变更问题。对于这个问题，一般情况下，签订合同时都要写进专用条款，即规定工程量变化导致总价变更的极限，超过这个极限，就必须签订附加条款或另行签订合同
单价合同	单价合同是指承包方按发包方提供的工程量清单内的分部分项工程内容填报单价，并据此签订承包合同，而实际总价则是按实际完成的工程量与合同单价计算确定，合同履行过程中无特殊情况，一般不得变更单价
	单价合同的执行原则是，工程量清单中的分部分项工程量在合同实施过程中允许有上下的浮动变化，但分部分项工程的合同单价不变，结算支付时以实际完成工程量为依据。因此，采用单价合同时按招标文件工程量清单中的预计工程量乘以所报单价计算得到的合同价格，并不一定就是承包方圆满完成合同规定的任务后所获得的全部工程款项，实际工程价格可能大于原合同价格，也小于它。单价合同的工程量清单内所列出的分部分项工程的工程量为估计工程量，而非准确工程量

一、固定价

　　固定价，是指合同总价或者单价，在合同约定的风险范围内不可调整，即在合同的实施期间不因资源价格等因素的变化而调整的价格

（一）固定总价	合同原则	固定总价合同的价格计算是以设计图纸、工程量及规范等为依据，发承包双方就承包工程协商一个固定的总价，即承包方按投标时发包方接受的合同价格实施工程，并一笔包死，无特定情况不作变化
	特点	采用这种合同，合同总价只有在设计和工程范围发生变更的情况下才能随之作相应的变更；除此之外，合同总价一般不能变动。因此，采用固定总价合同，承包方要承担合同履行过程中的主要风险，要承担实物工程量、工程单价等变化前可能造成损失的风险。在合同执行过程中，发承包双方均不能以工程量、设备和材料价格、工资等变动为理由，提出对合同总价调值的要求。因此，作为合同总价计算依据的设计图纸、说明、规定及规范需对工程做出详尽的描述，承包方要在投标时对一切费用上升的因素做出估计并将其包含在投标报价之中。承包方因为可能要为许多不可预见的因素付出代价，所以往往会加大不可预见费用，致使这种合同的投标价格可能较高
	适用条件	(1)招标时的设计深度已达到施工图设计要求，工程设计图纸完整齐全，项目范围及工程量计算依据确切，合同履行过程中不会出现较大的设计变更，承包方依据的报价工程量与实际完成的工程量不会有较大的差异。 　　(2)规模较小，技术不太复杂的中小型工程，承包方一般在报价时可以合理地预见到实施过程中可能遇到的各种风险。 　　(3)合同工期较短，一般为工期在一年之内的工程
（二）固定单价	1. 估算工程量单价	
	合同原则	这种合同是以工程量清单和工程单价表为基础和依据来计算合同价格的，亦可称为计量估价合同。估算工程量单价合同通常是由发包方提出工程量清单，列出分部分项工程量，由承包方以此为基础填报相应单价，累计计算后得出合同价格。但最后的工程结算应按照实际完成的工程量来计算，即按合同中的分部分项工程单价和实际工程量，计算得出工程结算和支付的工程总价格。采用这种合同时，要求实际完成的工程量与原估计的工程量不能有实质性的变更。因为承包商给出的单价是以相应的工程量为基础的，如果工程量大幅度增减可能影响工程成本

236

（二）固定单价	特点	这种合同计价方式较为合理地分担了合同履行过程中的风险。承包据以报价的清单工程量为估算工程量，这样可以避免实际完成工程量与估计工程量有较大差异时若以总价合同承包可能导致发包方过大的额外支出或是承包方的亏损。此外，承包方在投标时可不必将不能合理准确预见的风险计入投标报价内，有利于发包方获得较为合理的合同价格。采用估算工程量单价合同时，工程量是统一计算出来的，承包方只要经过复核后填上适当的单价，承担风险较小；发包方也只需审核单价是否合理即可，对双方都较为方便。由于具有这些特点，估算工程量单价合同是比较常见的一种合同计价方式
	适用	估算工程量单价合同大多用于工期长、技术复杂、实施过程中可能会发生各种不可预见因素较多的建设工程；或发包方为了缩短项目建设周期。在施工图不完整或当准备招标的工程项目内容、技术经济指标一时尚不能明确、具体予以规定时，往往要采用这种合同计价方式
	2. 纯单价合同	
	特点	采用这种计价方式的合同时，在招标文件中仅给出工程各个分部分项工程一览表、工程范围和必要的说明，而不必提供实物工程量。承包方在投标时只需要对这类给定范围的分部分项工程做出报价即可，合同实施过程中按实际完成的工程量进行结算
	适用	这种合同计价方式主要适用于没有施工图，工程量不明，却急需开工的紧迫工程，如设计单位来不及提供正式施工图纸，或虽有施工图但由于某些原因不能比较准确地计算工程量等。当然，对于纯单价合同来说，发包方必须对工程范围的划分做出明确的规定，以使承包方能够合理地确定工程单价

二、可调价

可调价，是指合同总价或者单价，在合同实施期内根据合同约定的办法调整，即在合同的实施过程中可以按照约定，随资源价格等因素的变化而调整的价格。

1. 可调总价	合同原则	可调总价合同的总价一般也是以设计图纸及规定、规范为基础，在报价及签约时，按招标文件的要求和当时的物价计算合同总价。但合同总价是一个相对固定的价格，在合同执行过程中，由于通货膨胀而使所用的工料成本增加，可对合同总价进行相应的调整
	特点	可调总价合同列出的有关调价的特定条款，往往是在合同专用条款中列明。调价工作必须按照这些特定的调价条款进行。这种合同与固定总价合同的不同之处在于，它对合同实施中出现的风险做了分摊，发包方承担了通货膨胀的风险，而承包方承担合同实施中实物工程量、成本和工期因素等的其他风险
	适用	可调总价适用于工程内容和技术经济指标规定很明确的项目，由于合同中列有调值条款，所以工期在1年以上的工程项目较适于采用这种合同计价方式
2. 可调单价		合同单价的可调，一般是在工程招标文件中规定。在合同中签订的单价，根据合同约定的条款，如在工程实施过程中物价发生变化等，可作调值。有的工程在招标或签约时，因某些不确定因素而在合同中暂定某些分部分项工程的单价，在工程结算时，再根据实际情况和合同约定对合同单价进行调整，确定实际结算单价

三、成本加酬金

合同原则	成本加酬金合同是将工程项目的实际投资划分成直接成本费和承包方完成工作后应得酬金两部分。工程实施过程中发生的直接成本费由发包方实报实销，再按合同约定的方式另外支付给承包方相应报酬
适用	这种合同，计价方式主要适用于工程内容及技术经济指标尚未全面确定，投标报价的依据尚不充分的情况下，发包方因工期要求紧迫，必须发包的工程；或者发包方与承包方之间有着高度的信任，承包方在某些方面具有独特的技术、特长或经验。由于在签订合同时，发包方提供不出可供承包方准确报价所必需的资料，报价缺乏依据，因此，在合同内只能商定酬金的计算方法。成本加酬金合同广泛地适用于工作范围很难确定的工程和在设计完成之前就开始施工的工程

特点	以这种计价方式签订的工程承包合同，有两个明显缺点：一是发包方对工程总价不能实施有效的控制；二是承包方对降低成本也不太感兴趣。因此，采用这种合同计价方式，其条款必须非常严格
分类	按照酬金的计算方式不同，成本加酬金合同又分为：成本加固定百分比酬金、成本加固定金额酬金、成本加奖罚、最高限额成本加固定最大酬金

四、影响合同计价方式选择的因素

1. 项目的复杂程度	规模大且技术复杂的工程项目，承包风险较大，各项费用不易估算准确，不宜采用固定总价合同。或者有把握的部分采用固定总价合同，估算不准的部分采用单价合同或成本加酬金合同。有时，在同一工程中采用不同的合同形式，是业主和承包商合理分担工程实施中不确定风险因素的有效办法
2. 工程设计工作的深度	工程招标时所依据的设计文件的深度，即工程范围的明确程度和预计完成工程量的准确程度，经常是选择合同计价方式时应考虑的重要因素。因为招标图纸和工程量清单的详细程度是否能让投标人合理报价，取决于已完成的设计工作的深度
3. 工程施工的难易程度	如果施工中有较大部分采用新技术和新工艺，当发包方和承包方在这方面过去都没有经验，且在国家颁布的标准、规范、定额中又没有可作为依据的标准时，为了避免投标人盲目地提高承包价格或由于对施工难度估计不足而导致承包亏损，不宜采用固定总价合同，较为保险的做法是选用成本加酬金合同
4. 工程进度要求的紧迫程度	在招标过程中，对一些紧急工程，如灾后恢复工程、要求尽快开工且工期较紧的工程等，可能仅有实施方案，还没有施工图纸，因此不可能让承包商报出合理的价格。此时，采用成本加酬金合同比较合理，可以以邀请招标的方式选择有信誉、有能力的承包商及早开工

第二节　建设工程招标投标价格

一、建设工程招标投标计价方法

《建筑工程施工发包与承包计价管理办法》（中华人民共和国建设部令第 107 号）第五条规定了：施工图预算、招标标底和投标报价由成本、利润和税金构成。其编制可以采用工料单价法和综合单价法两种计价方法。

二、建设工程招标投标价格

标底价格	"招标人设有标底的，标底必须保密"。 标底价格是招标人对拟招标工程事先确定的预期价格，而非交易价格。招标人以此作为衡量投标人的投标价格的一个尺度，也是招标人控制投资的一种手段。同时，标底价格也是招标工程社会平均水平的建造价格。标底主要有两个作用：一是招标人发包工程的期望值，即招标人对建设工程价格的期望值；二是评定标价的参考值，设有标底的招标工程，在评标时应当参考标底
投标报价	投标人根据投标策略确定投标价格，是卖方的要价，如果中标，这个价格就是合同谈判和签订合同确定工程价格的基础。 编制投标报价的依据应是企业定额。企业定额应具有计量方法和基础价格，报价时还要以询价的办法了解价格信息，对企业定额中的基础价格进行调整后使用
评标定价	评标的依据一是招标文件，二是标底（如果设有标底时）。 中标价必须是经评审的最低报价，但不得低于成本。 中标者的报价，即为决标价，即签订合同的价格依据。 所以招标投标定价方式也是一种工程价格的定价方式，在定价的过程中，招标文件及标底均可认为是发包人的定价意图；投标报价可认为是承包人的定价意图；中标价可认为是两方都可接受的价格。所以可在合同中予以确定，合同价便具有法律效力

三、标底价格的编制原则、内容

1. 标底价格的编制原则		在标底的编制过程中，应遵循以下原则： （1）根据国家统一工程项目划分、计量单位、工程量计算规则以及设计图纸、招标文件，并参照国家、行业或地方批准发布的定额和国家、行业、地方规定的技术标准规范以及要素市场价格确定工程量和编制标底。 （2）标底作为招标人的期望价格，应力求与市场的实际变化相吻合，要有利于竞争和保证工程质量。 （3）标底应由直接费、间接费、利润、税金等组成，一般应控制在批准的建设工程投资估算或总概算（修正概算）价格以内。 （4）标底应考虑人工、材料、设备、机械台班等价格变化因素，还应包括措施费、间接费、利润、税金以及不可预见费等。采用固定价格的还应考虑工程的风险金等。 （5）一个工程只能编制一个标底。 （6）招标人不得以各种原因任意压低标底价格。 （7）工程标底价格完成后应及时封存，在开标前应严格保密，所有接触过工程标底价的人员都负有保密责任，不得泄露
2. 标底价格的编制	（1）标底价格的计算方式	根据我国现行工程造价的计算方法与习惯做法，在按工程量清单计算标底价格时，单价的计算可采用工料单价法和综合单价法
	（2）编制标底需考虑的其他因素	（1）标底价格必须适应目标工期的要求，对提前工期因素有所反映。 （2）标底价格必须适应招标人的质量要求，对高于国家验收规范的质量因素有所反映。 （3）标底价格计算时，必须合理确定间接费、利润等费用的计取。 费用的计取应反映企业和市场的现实情况，尤其是利润，一般应以行业平均水平为基础。 （4）标底价格应根据招标文件或合同条件的规定，按规定的工程发承包模式，确定相应的计价方式，考虑相应的风险费用。 （5）标底价格必须综合考虑招标工程所处的自然地理条件和招标工程的范围等因素

四、工程投标报价的计算

工程的投标报价，是投标人按照招标文件中规定的各种因素和要求，根据本企业的实际水平和能力、各种环境条件等，对承建投标工程所需的成本、拟获利润、相应的风险费用等进行计算后提出的报价。

1. 投标报价计算的原则

投标报价是投标人进行工程投标的核心，投标报价的原则是：

（1）以招标文件中设定的发承包双方的责任划分，作为考虑投标报价费用项目和费用计算的基础；根据工程发承包模式考虑投标报价的费用内容和计算深度。

（2）以施工方案、技术措施等作为投标报价计算的基本条件。

（3）以反映企业技术和管理水平的企业定额作为计算人工、材料和机械台班消耗量的基本依据。

（4）充分利用现场考察、调研成果、市场价格信息和行情资料，编制基价，确定调价方法。

（5）报价计算方法要科学严谨，简明适用。

2. 投标报价工作的主要内容

（1）复核或计算工程量；

(2) 确定单价，计算合价；

(3) 确定分包工程费；

(4) 确定利润；

(5) 确定风险费；

(6) 确定投标价格。

3. 投标报价的策略

(1) 不平衡报价

所谓不平衡报价，就是在不影响投标总报价的前提下，将某些分部分项工程的单价定得比正常水平高一些，某些分部分项工程的单价定得比正常水平低一些。不平衡报价是单价合同投标报价中常见的一种方法。

1) 对能早期得到结算付款的分部分项工程(如土方工程、基础工程)的单价定得较高，对后期的施工分项(如粉刷、油漆、电气设备安装等)单价适当降低。

2) 估计施工中工程量可能会增加的项目，单价提高；工程量会减少的项目单价降低。

3) 设计图纸不明确或有错误的，估计今后修改后工程量会增加的项目，单价提高；工程内容说明不清的，单价降低。

4) 没有工程量，只填单价的项目(如土方工程中的挖淤泥、岩石等)，其单价提高些，这样做既不影响投标总价，以后发生时承包人又可多获利。

5) 对于暂列数额(或工程)，预计会做的可能性较大，价格定高些，估计不一定发生的则单价低些。

6) 零星用工(计日工)的报价高于一般分部分项工程中的工资单价，因它不属于承包总价的范围，发生时实报实销，价高些会多获利。

(2) 多方案报价法

这是承包人如果发现招标文件、工程说明书或合同条款不够明确，或条款不很公正，技术规范要求过于苛刻时，为争取达到修改工程说明书或合同的目的而采用的一种报价方法。

运用多方案报价法，是要在充分估计投标风险的基础上，按多个投标方案进行报价，即在投标文件中报 2 个价，按原工程说明书和合同条件报 1 个价，然后再提出如果工程说明书或合同条件可作某些改变时的另一个较低的报价(需加以注释)。

(3) 突然降价法

这是一种迷惑对手的竞争手段。在整个报价过程中，投标人先按一般态度对待招标工程，按一般情况进行报价，甚至可以表现出自己对该工程的兴趣不大，但等快到投标截止时，再突然降价，使竞争对手措手不及。

(4) 先亏后盈法

如想占领某一市场或想在某一地区打开局面，可能会采用这种不惜代价、降低投标价格的手段，目的是以低价甚至亏本进行投标，只求中标。但采用这种方法的承包人，必须要有十分雄厚的实力，较好的资信条件，这样才能长久、不断地扩大市场份额。

第七章　建设工程施工阶段的投资控制

第一节　施工阶段投资目标控制

监理工程师在施工阶段进行投资控制的基本原理是把计划投资额作为投资控制的目标值，在工程施工过程中定期地进行投资实际值与目标值的比较，通过比较发现并找出实际支出额与投资控制目标之间的偏差，分析偏差产生的原因，并采取有效措施加以控制，以保证投资控制目标的实现。

一、资金使用计划的编制

监理工程师必须编制资金使用计划，合理地确定投资控制目标值。

（一）投资目标的分解

编制资金使用计划过程中最重要的步骤，就是项目投资目标的分解。根据投资控制目标和要求的不同，投资目标的分解可以分为按投资构成、按子项目、按时间分解三种类型。

1. 按投资构成分解的资金使用计划

工程项目的投资主要分为建筑安装工程投资、设备工器具购置投资及工程建设其他投资。

按投资的构成来分解的方法比较适合于有大量经验数据的工程项目。

2. 按子项目分解的资金使用计划

一般来说，由于概算和预算大都是按照单项工程和单位工程来编制的，所以将项目总投资分解到各单项工程和单位工程是比较容易的。需要注意的是，按照这种方法分解项目总投资，不能只是分解建筑工程投资、安装工程投资和设备工器具购置投资，还应该分解项目的其他投资。

最常用的也是最简单的方法就是按照单项工程的建筑安装工程投资和设备工器具购置投资之和的比例分摊。

对各单位工程的建筑安装工程投资还需要进一步分解，在施工阶段一般可分解到分部分项工程。

3. 按时间进度分解的资金使用计划

为了编制项目资金使用计划，并据此筹措资金，尽可能减少资金占用和利息支出，有必要将项目总投资按其使用时间进行分解。

编制按时间进度的资金使用计划，通常可利用控制项目进度的网络图进一步扩充而得。即在建立网络图时，一方面确定完成各项工作所需花费的时间，另一方面同时确定完成这一工作的合适的投资支出预算。

（二）资金使用计划的形式

1. 按子项目分解的资金使用计划表

详细的资金使用计划表。其内容一般包括：①工程分项编码；②工程内容；③计量单位；④工程数量；⑤计划综合单价；⑥本分项总计。

2. 时间——投资累计曲线

通过对项目投资目标按时间进行分解，在网络计划基础上，可获得项目进度计划的横道图。并在此基础上编制资金使用计划。其表示方式有两种：一种是在总体控制时标网络图上表示；另一种是利用时间——投资曲线(S形曲线)表示。

3. 综合分解资金使用计划表

将投资目标的不同分解方法相结合，会得到比前者更为详尽、有效的综合分解资金使用计划表。

二、施工阶段投资控制的措施

1. 组织措施

(1) 在项目管理班子中落实从投资控制角度进行施工跟踪的人员、任务分工和职能分工。

(2) 编制本阶段投资控制工作计划和详细的工作流程图。

2. 经济措施

(1) 编制资金使用计划，确定、分解投资控制目标。对工程项目造价目标进行风险分析，并制定防范性对策。

(2) 进行工程计量。

(3) 复核工程付款账单，签发付款证书。

(4) 在施工过程中进行投资跟踪控制，定期地进行投资实际支出值与计划目标值的比较；发现偏差，分析产生偏差的原因，采取纠偏措施。

(5) 协商确定工程变更的价款。审核竣工结算。

(6) 对工程施工过程中的投资支出作好分析与预测，经常或定期向建设单位提交项目投资控制及其存在问题的报告。

3. 技术措施

(1) 对设计变更进行技术经济比较，严格控制设计变更。

(2) 继续寻找通过设计挖潜节约投资的可能性。

(3) 审核承包商编制的施工组织设计，对主要施工方案进行技术经济分析。

4. 合同措施

(1) 做好工程施工记录，保存各种文件图纸，特别是注有实际施工变更情况的图纸，注意积累素材，为正确处理可能发生的索赔提供依据。参与处理索赔事宜。

(2) 参与合同修改、补充工作，着重考虑它对投资控制的影响。

第二节　工　程　计　量

一、工程计量的重要性

(一) 计量是控制项目投资支出的关键环节

合同条件中明确规定工程量表中开列的工程量是该工程的估算工程量，不能作为承包商应予完成的实际和确切的工程量。经过项目监理机构计量所确定的数量是向承包商支付任何款项的凭证。

(二) 计量是约束承包商履行合同义务的手段

FIDIC合同条件规定，业主对承包商的付款，是以工程师批准的付款证书为凭据的，工程师对计量支付有充分的批准权和否决权。对于不合格的工作和工程，工程师可以拒绝计量。在施工过程中，项目监理机构可以通过计量支付手段，控制工程按合同进行。

二、工程计量的程序

（一）施工合同（示范文本）约定的程序	按照施工合同（示范文本）规定，工程计量的一般程序是： 1. 承包人应按专用条款约定的时间，向工程师提交已完工程量的报告。 2. 工程师接到报告后7天内按设计图纸核实已完工程量，并在计量前24小时通知承包人，承包人为计量提供便利条件并派人参加。 3. 承包人收到通知后不参加计量，计量结果有效，作为工程价款支付的依据。 4. 工程师收到承包人报告后7天内未进行计量，从第8天起，承包人报告中开列的工程量即视为已被确认，作为工程价款支付的依据。工程师不按约定时间通知承包人，使承包人不能参加计量，计量结果无效。 5. 对承包人超出设计图纸范围和因承包人原因造成返工的工程量，工程师不予计量
（二）建设工程监理规范规定的程序	1. 承包单位统计经专业监理工程师质量验收合格的工程量，按施工合同的约定填报工程量清单和工程款支付申请表； 2. 专业监理工程师进行现场计量，按施工合同的约定审核工程量清单和工程款支付申请表，并报总监理工程师审定； 3. 总监理工程师签署工程款支付证书，并报建设单位
（三）FIDIC施工合同约定的工程计量程序	按照FIDIC施工合同约定，当工程师要求测量工程的任何部分时，应向承包商代表发出合理通知，承包商代表应： 1. 及时亲自或另派合格代表，协助工程师进行测量； 2. 提供工程师要求的任何具体材料。 如果承包商未能到场或派代表，工程师（或其代表）所作测量、应作为准确予以认可。 除合同另有规定外，凡需根据记录进行测量的任何永久工程，此类记录应由工程师准备。承包商应根据约定或被提出要求时，到场与工程师对记录进行检查和协商，达成一致后应在记录上签字。如果承包商未到场，应认为该记录准确，予以认可。如果承包商检查后不同意该记录，和（或）不签字表示同意，承包商应向工程师发出通知，说明认为该记录不准确的部分。工程师收到通知后，应审查该记录，进行确认或更改。如果承包商被要求检查记录14天内，没有发出此类通知，该记录应作为准确予以认可

三、工程计量的依据

计量依据一般有质量合格证书，工程量清单前言，技术规范中的"计量支付"条款和设计图纸。

（一）质量合格证书

对于承包商已完的工程，并不是全部进行计量，而只是质量达到合同标准的已完工程才予以计量。

（二）工程量清单前言和技术规范

工程量清单前言和技术规范的"计量支付"条款规定了清单中每一项工程的计量方法，同时还规定了按规定的计量方法确定的单价所包括的工作内容和范围。

（三）设计图纸

单价合同以实际完成的工程量进行结算，但被工程师计量的工程数量，并不一定是承包商实际施工的数量。计量的几何尺寸要以设计图纸为依据，工程师对承包商超出设计图纸要求增加的工程量和自身原因造成返工的工程量，不予计量。

四、工程计量的方法

工程师一般只对以下三方面的工程项目进行计量：

(1) 工程量清单中的全部项目；

(2) 合同文件中规定的项目；

(3) 工程变更项目。

根据 FIDIC 合同条件的规定，一般可按照以下方法进行计量：

(一) 均摊法	所谓均摊法，就是对清单中某些项目的合同价款，按合同工期平均计量。如：为监理工程师提供宿舍，这些项目都有一个共同的特点，即每月均有发生。所以可以采用均摊法进行计量支付
(二) 凭据法	所谓凭据法，就是按照承包商提供的凭据进行计量支付。如建筑工程险保险费、第三方责任险保险费、履约保证金等项目，一般按凭据法进行计量支付
(三) 估价法	所谓估价法，就是按合同文件的规定，根据工程师估算的已完成的工程价值支付。如为工程师提供办公设施和生活设施，为工程师提供用车，为工程师提供测量设备、天气记录设备、通讯设备等项目。这类清单项目往往要购买几种仪器设备，当承包商对于某一项清单项目中规定购买的仪器设备不能一次购进时，则需采用估价法进行计量支付。其计量过程如下： (1) 按照市场的物价情况，对清单中规定购置的仪器设备分别进行估价； (2) 按下式计量支付金额： 计算支付的金额 F＝清单所列该项的合同金额 A×（该项实际完成的金额（按估算价格计算）B/该项全部仪器设备的总估算价格 D）
(四) 断面法	断面法主要用于取土坑或填筑路堤土方的计量。对于填筑土方工程，一般规定计量的体积为原地面线与设计断面所构成的体积
(五) 图纸法	在工程量清单中，许多项目采取按照设计图纸所示的尺寸进行计量。如混凝土构筑物的体积，钻孔桩的桩长等
(六) 分解计量法	所谓分解计量法，就是将一个项目，根据工序或部位分解为若干子项。对完成的各子项进行计量支付。这种计量方法主要是为了解决一些包干项目或较大的工程项目的支付时间过长，影响承包商的资金流动等问题

第三节　工程变更价款的确定

一、项目监理机构对工程变更的管理

1. 项目监理机构应按下列程序处理工程变更

(1) 设计单位对原设计存在的缺陷提出的工程变更，应编制设计变更文件；建设单位或承包单位提出的变更，应提交总监理工程师，由总监理工程师组织专业监理工程师审查。审查同意后，应由建设单位转交原设计单位编制设计变更文件。当工程变更涉及安全、环保等内容时，应按规定经有关部门审定。

(2) 项目监理机构应了解实际情况和收集与工程变更有关的资料。

(3) 总监理工程师必须根据实际情况、设计变更文件和其他有关资料，按照施工合同的有关款项，在指定专业监理工程师完成下列工作后，对工程变更的费用和工期做出评估。

1) 确定工程变更项目与原工程项目之间的类似程度和难易程度；

2）确定工程变更项目的工程量；

3）确定工程变更的单价或总价。

（4）总监理工程师应就工程变更费用及工期的评估情况与承包单位和建设单位进行协调。

（5）总监理工程师签发工程变更单。

工程变更单应包括工程变更要求、工程变更说明、工程变更费用和工期、必要的附件等内容，有设计变更文件的工程变更应附设计变更文件。

（6）项目监理机构根据项目变更单监督承包单位实施。

在建设单位和承包单位未能就工程变更的费用等方面达成协议时，项目监理机构应提出 1 个暂定的价格，作为临时支付工程款的依据。该工程款最终结算时，应以建设单位与承包单位达成的协议为依据。在总监理工程师签发工程变更单之前，承包单位不得实施工程变更。未经总监理工程师审查同意而实施的工程变更，项目监理机构不得予以计量。

2. 我国现行工程变更价款的确定方法

《建设工程施工合同(示范文本)》约定的工程变更价款的确定方法如下：

（1）合同中已有适用于变更工程的价格，按合同已有的价格变更合同价款；

（2）合同中只有类似于变更工程的价格，可以参照类似价格变更合同价款；

（3）合同中没有适用或类似于变更工程的价格，由承包人提出适当的变更价格，经工程师确认后执行。

二、FIDIC 合同条件下工程的变更与估价

（一）工程变更

1. 变更权

根据 FIDIC 施工合同条件(1999 年第一版)的约定，在颁发工程接收证书前的任何时间，工程师可通过发布指示或要求承包商提交建议书的方式，提出变更。承包商应遵守并执行每项变更，除非承包商立即向工程师发出通知，说明(附详细根据)承包商难以取得变更所需的货物。工程师接到此类通知后，应取消、确认或改变原指示。

除非并直到工程师指示或批准了变更，承包商不得对永久工程作任何改变和(或)修改。

2. 变更程序

如果工程师在发出变更指示前要求承包商提出一份建议书，承包商应尽快做出书面回应，或提出他不能照办的理由(如果情况如此)，或提交：

（1）对建议要完成的工作的说明，以及实施的进度计划；

（2）根据进度计划和竣工时间的要求，承包商对进度计划做出必要修改的建议书；

（3）承包商对变更估价的建议书。

工程师收到此类建议书后，应尽快给予批准、不批准、或提出意见的回复，在等待答复期间，承包商不应延误任何工作。应由工程师向承包商发出执行每项变更并附做好各项费用记录的任何要求的指示，承包商应确认收到该指示。

（二）工程变更的估价

各项工作内容的适宜费率或价格，应为合同对此类工作内容规定的费率或价格，如合同中无某项内容，应取类似工作的费率或价格。但在以下情况下，宜对有关工作内容采用新的费率或价格。

1. 第一种情况：

(1) 如果此项工作实际测量的工程量比工程量表或其他报表中规定的工程量的变动大于 10%；

(2) 工程量的变化与该项工作规定的费率的乘积超过了中标的合同金额的 0.01%；

(3) 由此工程量的变化直接造成该项工作单位成本的变动超过 1%；

(4) 这项工作不是合同中规定的"固定费率项目"。

2. 第二种情况：

(1) 此工作是根据变更与调整的指示进行的；

(2) 合同没有规定此项工作的费率或价格；

(3) 由于该项工作与合同中的任何工作没有类似的性质或不在类似的条件下进行，故没有一个规定的费率或价格适用。

每种新的费率或价格应考虑以上描述的有关事项对合同中相关费率或价格加以合理调整后得出。如果没有相关的费率或价格可供推算新的费率或价格，应根据实施该工作的合理成本和合理利润，并考虑其他相关事项后得出。

工程师应在商定或确定适宜费率或价格前，确定用于期中付款证书的临时费率或价格。

第四节　索　赔　控　制

一、常见的索赔内容

(一) 承包商向业主的索赔

1. 不利的自然条件与人为障碍引起的索赔	不利的自然条件是指施工中遭遇到的实际自然条件比招标文件中所描述的更为困难和恶劣，是一个有经验的承包商无法预测的不利的自然条件与人为障碍，导致了承包商必须花费更多的时间和费用，在这种情况下，承包商可以向业主提出索赔要求。 (1) 地质条件变化引起的索赔。一般来说，在招标文件中规定，由业主提供有关该项工程的勘察所取得的水文及地表以下的资料。但在合同中往往写明承包商在提交投标书之前，已对现场和周围环境及与之有关的可用资料进行了考察和检查，包括地表以下条件及水文和气候条件。承包商应对他自己对上述资料的解释负责。但合同条件中经常还有另外一条：在工程施工过程中，承包商如果遇到了现场气候条件以外的外界障碍或条件，在他看来这些障碍和条件是一个有经验的承包商也无法预见到的，则承包商应就此向监理工程师提供有关通知，并将一份副本呈交业主。收到此类通知后，如果监理工程师认为这类障碍或条件是一个有经验的承包商无法合理预见到的，在与业主和承包商适当协商以后，应给予承包商延长工期和费用补偿的权利，但不包括利润。以上两条并存的合同文件，往往是承包商同业主及监理工程师各执一端争议的缘由所在。 (2) 工程中人为障碍引起的索赔。在施工过程中，如果承包商遇到了地下构筑物或文物，如地下电缆、管道和各种装置等，只要是图纸上并未说明的，承包商应立即通知监理工程师，并共同讨论处理方案。如果导致工程费用增加(如原计划是机械挖土，现在不得不改为人工挖土)，承包商即可提出索赔。这种索赔发生争议较少。闲置机器而引起的费用是索赔的主要部分。当未预知的情况所产生的影响是不可避免时，监理工程师应立即与承包商就解决问题的办法和有关费用达成协议，给予工期延长和成本补偿
2. 工程变更引起的索赔	在工程施工过程中，由于工地上不可预见的情况，环境的改变，或为了节约成本等，在监理工程师认为必要时，可以对工程或其任何部分的外形、质量或数量做出变更。任何此类变更，承包商均不应以任何方式使合同作废或无效。但如果监理工程师确定的工程变更单价或价格不合理，或缺乏说服承包商的依据，则承包商有权就此向业主进行索赔

3. 工期延期的费用索赔	工期延期的索赔通常包括两个方面：一是承包商要求延长工期；二是承包商要求偿付由于非承包商原因导致工程延期而造成的损失。一般这两方面的索赔报告要求分别编制。因为工期和费用索赔并不一定同时成立。例如：由于特殊恶劣气候等原因承包商可以要求延长工期，但不能要求补偿；也有些延误时间并不影响关键路线的施工，承包商可能得不到延长工期的承诺。但是，如果承包商能提出证据说明其延误造成的损失，就有可能有权获得这些损失的补偿，有时两种索赔可能混在一起，既可以要求延长工期，又可以获得对其损失的补偿。 凡属于客观原因造成的延期，属于业主也无法预见到的情况，如特殊反常天气等，承包商可得到延长工期，但得不到费用补偿。凡纯属业主方面的原因造成拖期，不仅应给承包商延长工期，还应给予费用补偿
4. 加速施工费用的索赔	解决这一问题建议采用"奖金"的办法，鼓励承包商克服困难，加速施工。即规定当某一部分工程或分部工程每提前完工一天，发给承包商奖金若干。这种支付方式的优点是：不仅促使承包商早日建成工程，早日投入运行，而且计价方式简单，避免了计算加速施工、延长工期、调整单价等许多容易扯皮的繁琐计算和讨论
5. 业主不正当地终止工程而引起的索赔	由于业主不正当地终止工程，承包商有权要求补偿损失，其数额是承包商在被终止工程中的人工、材料、机械设备的全部支出，以及各项管理费用、保险费、贷款利息、保函费用的支出（减去已结算的工程款），并有权要求赔偿其盈利损失
6. 物价上涨引起的索赔	（1）对固定总价合同不予调整。这适用于工期短、规模小的工程。 （2）按价差调整合同价。在工程结算时，对人工费及材料费的价差，即现行价格与基础价格的差值，由业主向承包商补偿。即： 1）材料价调整数＝（现行价－基础价）×材料数量； 2）人工费调整数＝（现时工资－基础工资）×（实际工作小时数＋加班工作小时数×加班工资增加率）； 3）对管理费及利润不进行调整。 （3）用调价公式调整合同价。在每月结算工程进度款时，利用合同文件中的调价公式，计算人工、材料等的调整数
7. 法律、货币及汇率变化引起的索赔	（1）法律改变引起的索赔。如果在基准日期（投标截止日期前的28天）以后，由于业主国家或地方的任何法规、法令、政令或其他法律或规章发生了变更，导致了承包商成本增加。对承包商由此增加的开支，业主应予补偿。 （2）货币及汇率变化引起的索赔。如果在基准日期以后，工程施工所在国政府或其授权机构对支付合同价格的一种或几种货币实行货币限制或货币汇兑限制，则业主应补偿承包商因此而受到的损失
8. 拖延支付工程款的索赔	如果业主在规定的应付款时间内未能按工程师的任何证书向承包商支付应支付的款额，承包商可在提前通知业主的情况下，暂停工作或减缓工作速度，并有权获得任何误期的补偿和其他额外费用的补偿（如利息）。FIDIC合同规定利息以高出支付货币所在国中央银行的贴现率加3%的年利率进行计算
9. 业主的风险	（1）FIDIC合同条件对业主风险的定义 业主的风险是指：1）战争、敌对行动（不论宣战与否）、入侵、外敌行动；2）工程所在国内的叛乱、恐怖主义、革命、暴动、军事政变或篡夺政权，或内战；3）承包商人员及承包商和分包商的其他雇员以外的人员在工程所在国内的暴乱、骚动或混乱；4）工程所在国内的战争军火、爆炸物资、电离辐射或放射性引起的污染，但可能由承包商使用此类军火、炸药、辐射或放射性引起的除外；5）由音速或超音速飞行的飞机或飞行装置所产生的压力波；6）除合同规定以外业主使用或占有的永久工程的任何部分；7）由业主人员或业主对其负责的其他人员所做的工程任何部分的设计；8）不可预见的或不能合理预期一个有经验的承包商已采取适宜预防措施的任何自然力的作用。 （2）业主风险的后果 如果上述业主风险列举的任何风险达到对工程、货物，或承包商文件造成损失或损害的程度，承包商应立即通知工程师，并应按照工程师的要求，修正此类损失或损害。 如果因修正此类损失或损害使承包商遭受延误和（或）招致增加费用，承包商应进一步通知工程师，并根据［承包商的索赔］的规定，有权要求： ① 根据［竣工时间的延长］的规定，如果竣工已经或将受到延误，对任何此类延误给予延长期； ② 任何此类成本应计入合同价格，给予支付。如有［业主的风险］的6）和7）项的情况，还应包括合理的利润；

10. 不可抗力	(1) FIDIC 合同条件对不可抗力的定义 　　不可抗力系指某种异常事件或情况：1)一方无法控制的；2)该方在签订合同前，不能对之进行合理准备的；3)发生后，该方不能合理避免或克服的；4)不能主要归因他方的。 　　只要满足上述 1)～2)项的条件，不可抗力可以包括但不限于下列各种异常事件或情况：1)战争、敌对行动(不论宣战与否)、入侵、外敌行为；2)叛乱、恐怖主义、革命、暴动、军事政变或篡夺政权，或内战；3)承包商人员和承包商的其他雇员以外的人员的骚动、喧闹、混乱、罢工或停工；4)战争军火、爆炸物资、电离辐射或放射性污染，但可能因承包商使用此类军火、炸药、辐射或放射性引起的除外；5)自然灾害，如地震、飓风、台风或火山活动。 　　(2) 不可抗力的后果 　　如果承包商因不可抗力，妨碍其履行合同规定的任何义务，使其遭受延误和(或)招致增加费用，承包商有权根据［承包商的索赔］的规定要求： 　　1) 根据［竣工时间的延长］的规定，如果竣工已经或将受到延误，对任何此类延误给予延长期； 　　2)如果是［不可抗力的定义］中第 1)～4)目所述的事件或情况，并且 2)至 4)目所述事件或情况发生在工程所在国时，对任何此类费用给予支付

（二）业主向承包商的索赔

　　由于承包商不履行或不完全履行约定的义务，或者由于承包商的行为使业主受到损失时，业主可向承包商提出索赔。

1. 工期延误索赔	一般要考虑以下因素：(1)业主盈利损失；(2)由于工程拖期而引起的贷款利息增加；(3)工程拖期带来的附加监理费；(4)由于工程拖期不能使用，继续租用原建筑物或租用其他建筑物的租赁费 　　至于误期损害赔偿费的计算方法，在每个合同文件中均有具体规定。一般按每延误一天赔偿一定的款额计算，累计赔偿额一般不超过合同总额的 5%～10%
2. 质量不满足合同要求索赔	当承包商的施工质量不符合合同的要求，或使用的设备和材料不符合合同规定，或在缺陷责任期未满以前未完成应该负责修补的工程时，业主有权向承包商追究责任，要求补偿所受的经济损失。如果承包商在规定的期限内未完成缺陷修补工作，业主有权雇佣他人来完成工作，发生的成本和利润由承包商负担。如果承包商自费修复，则业主可索赔重新检验费
3. 承包商不履行的保险费用索赔	如果承包商未能按照合同条款指定的项目投保，并保证保险有效，业主可以投保并保证保险有效，业主所支付的必要的保险费可在应付给承包商的款项中扣回
4. 对超额利润的索赔	如果工程量增加很多，使承包商预期的收入增大，因工程量增加承包商并不增加任何固定成本，合同价应由双方讨论调整，收回部分超额利润。 　　由于法规的变化导致承包商在工程实施中降低了成本，产生了超额利润，应重新调整合同价格，收回部分超额利润
5. 对指定分包商的付款索赔	在承包商未能提供已向指定分包商付款的合理证明时，业主可以直接按照监理工程师的证明书，将承包商未付给指定分包商的所有款项(扣除保留金)付给这个分包商，并从应付给承包商的任何款项中如数扣回
6. 业主合理终止合同或承包商不正当地放弃工程的索赔	如果业主合理地终止承包商的承包，或者承包商不合理放弃工程，则业主有权从承包商手中收回由新的承包商完成工程所需的工程款与原合同未付部分的差额

二、索赔费用的计算

（一）索赔费用的组成

　　按我国现行规定，建安工程合同价包括直接工程费、间接费、计划利润和税金。按国际惯例，建安工程合同价一般包括直接费、间接费和利润。直接费包括人工费、材料费和机械使用费；间接费包括工地管理费、保险费、利息、总部管理费等。

从原则上说，承包商有索赔权利的工程成本增加，都是可以索赔的费用。这些费用都是承包商为了完成额外的施工任务而增加的开支。但是，对于不同原因引起的索赔，承包商可索赔的具体费用内容是不完全一样的。哪些内容可索赔，要按照各项费用的特点、条件进行分析论证。

1. 人工费	人工费包括施工人员的基本工资、工资性质的津贴、加班费、奖金以及法定的安全福利等费用。对于索赔费用中的人工费部分而言，人工费是指完成合同之外的额外工作所花费的人工费用；由于非承包商责任的工效降低所增加的人工费用；超过法定工作时间加班劳动；法定人工费增长以及非承包商责任工程延误导致的人员窝工费和工资上涨费等
2. 材料费	材料费的索赔包括：(1)由于索赔事项材料实际用量超过计划用量而增加的材料费；(2)由于客观原因材料价格大幅度上涨；(3)由于非承包商责任工程延误导致的材料价格上涨和超期储存费用。 材料费中应包括运输费、仓储费，以及合理的损耗费用。如果由于承包商管理不善，造成材料损坏失效，则不能列入索赔计价
3. 施工机械使用费	施工机械使用费的索赔包括：(1)由于完成额外工作增加的机械使用费；(2)非承包商责任工效降低增加的机械使用费；(3)由于业主或监理工程师原因导致机械停工的窝工费。窝工费的计算，如系租赁设备，一般按实际租金和调进调出费的分摊计算；如系承包商自有设备，一般按台班折旧费计算，而不能按台班费计算，因台班费中包括了设备使用费
4. 分包费用	分包费用索赔指的是分包商的索赔费，一般也包括人工、材料、机械使用费的索赔。分包商的索赔应如数列入总承包商的索赔款总额以内
5. 工地管理费	索赔款中的工地管理费是指承包商完成额外工程、索赔事项工作以及工期延长期间的工地管理费，包括管理人员工资、办公费、交通费等。但如果对部分工人窝工损失索赔时，因其他工程仍然进行，可能不予计算工地管理费索赔
6. 利息	利息的索赔通常发生于下列情况：(1)拖期付款的利息；(2)由于工程变更和工程延期增加投资的利息；(3)索赔款的利息；(4)错误扣款的利息。 至于这些利息的具体利率应是多少，在实践中可采用不同的标准，主要有这样几种：(1)按当时的银行贷款利率；(2)按当时的银行透支利率；(3)按合同双方协议的利率；(4)按中央银行贴现率加3%
7. 总部管理费	索赔款中的总部管理费主要指的是工程延误期间所增加的管理费。这项索赔款的计算，目前没有统一的方法。在国际工程施工索赔中总部管理费的计算有以下几种： (1)按照投标书中总部管理费的比例(3%~8%)计算： 总部管理费=合同中总部管理费比率(%)×(直接费索赔款额+工地管理费索赔款额等) (2)按照公司总部统一规定的管理费比率计算： 总部管理费=公司管理费比率(%)×(直接费索赔款额+工地管理费索赔款额等) (3)以工程延期的总天数为基础，计算总部管理费的索赔额，计算步骤如下： 对某一工程提取的管理费=同期内公司的总管理费×该工程的合同额/同期内公司的总合同额 该工程的每日管理费=该工程向总部上缴的管理费/合同实施天数 索赔的总部管理费=该工程的每日管理费×工程延期的天数
8. 利润	一般来说，由于工程范围的变更、文件有缺陷或技术性错误、业主未能提供现场等引起的索赔，承包商可以列入利润。但对于工程暂停的索赔，由于利润通常是包括在每项实施的工程内容的价格之内的，而延误工期并未影响削减某些项目的实施，而导致利润减少。所以，一般监理工程师很难同意在工程暂停的费用索赔中加进利润损失。 索赔利润的款额计算通常是与原报价单中的利润百分率保持一致。即在成本的基础上，增加原报价单中的利润率，作为该项索赔款的利润

（二）索赔费用的计算方法

1. 实际费用法

实际费用法是工程索赔计算时最常用的一种方法。这种方法的计算原则是，以承包商为某项索赔工作所支付的实际开支为根据向业主要求费用补偿。

用实际费用法计算时，在直接费的额外费用部分的基础上，再加上应得的间接费和利润，即是承包商应得的索赔金额。

2. 总费用法

总费用法即总成本法，就是当发生多次索赔事件以后，重新计算该工程的实际总费用，实际总费用减去投标报价时的估算总费用，即为索赔金额，即

$$索赔金额＝实际总费用－投标报价估算总费用$$

这种方法只有在难以采用实际费用法时才应用。

3. 修正的总费用法

修正的总费用法是对总费用法的改进，即在总费用计算的原则上，去掉一些不合理的因素，使其更合理。

修正的内容如下：

（1）将计算索赔款的时段局限于受到外界影响的时间，而不是整个施工期。

（2）只计算受影响时段内的某项工作所受影响的损失，而不是计算该时段内所有施工工作所受的损失。

（3）与该项工作无关的费用不列入总费用中。

（4）对投标报价费用重新进行核算：按受影响时段内该项工作的实际单价进行核算，乘以实际完成的该项工作的工程量，得出调整后的报价费用。

按修正后的总费用计算索赔金额的公式如下：

$$索赔金额＝某项工作调整后的实际总费用－该项工作的报价费用$$

修正的总费用法与总费用法相比，有了实质性的改进，它的准确程度已接近于实际费用法。

第五节　工　程　结　算

一、工程价款的结算

（一）工程价款的主要结算方式

按现行规定，工程价款结算可以根据不同情况采取多种方式。

1. 按月结算

即先预付工程备料款，在施工过程中按月结算工程进度款，竣工后进行竣工结算。我国现行建筑安装工程价款结算中，相当一部分是实行这种按月结算方式。

2. 竣工后一次结算

建设项目或单项工程全部建筑安装工程建设期在 12 个月以内，或者工程承包合同价值在 100 万元以下的，可以实行工程价款每月月中预支，竣工后一次结算。

3. 分段结算

即当年开工，当年不能竣工的单项工程或单位工程按照工程形象进度，划分不同阶段进行结算。分段结算可以按月预支工程款。

实行竣工后一次结算和分段结算的工程，当年结算的工程款应与分年度的工作量一致，年终不另清算。

4. 结算双方约定的其他结算方式

（二）工程预付款、工程预付款的扣回

1. 工程预付款

工程预付款是建设工程施工合同订立后由发包人按照合同约定，在正式开工前预先支付给承包人的工程款。它是施工准备和所需要材料、结构件等流动资金的主要来源，国内习惯上又称为预付备料款。

工程预付款额度，各地区、各部门的规定不完全相同，主要是保证施工所需材料和构件的正常储备。一般是根据施工工期、建安工作量、主要材料和构件费用占建安工作量的比例以及材料储备周期等因素经测算来确定。

（1）在合同条件中约定。

（2）公式计算法。

$$工程预付款数额 = \frac{工程总价 \times 材料比重(\%)}{年度施工天数} \times 材料储备定额天数$$

$$工程预付款比率 = \frac{工程预付款数额}{工程总价} \times 100\%$$

式中：年度施工天数按 365 天日历天计算；材料储备定额天数由当地材料供应的在途天数、加工天数、整理天数、供应间隔天数、保险天数等因素决定。

2. 工程预付款的扣回

发包人支付给承包人的工程预付款其性质是预支。随着工程进度的推进，原已支付的预付款应以抵扣的方式予以陆续扣回。扣款的方法有：

（1）由发包人和承包人通过洽商用合同的形式予以确定，采用等比率或等额扣款的方式。

（2）从未施工工程尚需的主要材料及构件的价值相当于工程预付款数额时扣起，从每次中间结算工程价款中，按材料及构件比重扣抵工程价款，至竣工之前全部扣清。因此确定起扣点是工程预付款起扣的关键。

确定工程预付款起扣点的依据是：未施工工程所需的主要材料和构件的费用，等于工程预付款的数额。工程预付款起扣点可按下式计算：

起扣点 T＝承包工程合同总额 P－工程预付款数额 M/主要材料、构件所占比重 N

（三）工程进度款

1. 工程进度款的计算

《建设工程施工合同（示范文本）》关于工程款的支付也作出了相应的约定："在确认计量结果后 14 天内，发包人应向承包人支付工程款（进度款）"。"发包人不按合同约定支付工程款（进度款），双方又未达成延期付款协议，导致施工无法进行，承包人可停止施工，由发包人承担违约责任"。

工程进度款的计算，主要涉及两个方面：一是工程量的计量；二是单价的计算方法。

单价的计算方法，主要根据由发包人和承包人事先约定的工程价格的计价方法决定。目前我国一般来讲，工程价格的计价方法可以分为工料单价和综合单价两种方法。实践中采用较多的是可调工料单价法和固定综合单价法。

2. 工程进度款的支付

工程进度款的支付，一般按当月实际完成工程量进行结算，工程竣工后办理竣工结算。在工程竣工前，承包人收取的工程预付款和进度款的总额一般不超过合同总额（包括工程合同签订后经发包人签证认可的增减工程款）的95％，其余5％尾款，在工程竣工结算时除保修金外一并清算。（参见投资教材P170例7-5）

（四）竣工结算

工程竣工验收报告经发包人认可后28天内，承包人向发包人递交竣工结算报告及完整的结算资料，双方按照协议书约定的合同价款及专用条款约定的合同价款调整内容，进行工程竣工结算。专业监理工程师审核承包人报送的竣工结算报表；总监理工程师审定竣工结算报表；与发包人、承包人协商一致后，签发竣工结算文件和最终的工程款支付证书。

发包人收到承包人递交的竣工结算报告结算资料后28天内进行核实，给予确认或者提出修改意见。发包人确认竣工结算报告后通知经办银行向承包人支付竣工结算价款。承包人收到竣工结算价款后14天内将竣工工程交付发包人。

发包人收到竣工结算报告及结算资料后28天内无正当理由不支付工程竣工结算价款，从第29天起按承包人同期向银行贷款利率支付拖欠工程价款的利息，并承担违约责任。

发包人收到竣工结算报告及结算资料后28天内无正当理由不支付工程竣工结算价款，承包人可以催告发包人支付结算价款。发包人在收到竣工结算报告及结算资料后56天内仍不支付的，承包人可以与发包人协议将该工程折价，也可以由承包人申请法院将该工程依法拍卖，承包人就该工程折价或者拍卖的价款优先受偿。

工程竣工验收报告经发包人认可后28天内，承包人未能向发包人递交竣工结算报告及完整的结算资料，造成工程竣工结算不能正常进行或工程竣工结算价款不能及时支付，发包人要求交付工程的，承包人应当交付；发包人不要求交付工程的，承包人承担保管责任。

竣工结算要有严格的审查，一般从以下几个方面入手：

1. 核对合同条款：

首先，只有按合同要求完成全部工程并验收合格才能竣工结算；

其次，应按合同规定的结算方法、计价定额、取费标准、主材价格和优惠条款等，对工程竣工结算进行审核。

2. 检查隐蔽验收记录：

所有隐蔽工程均需进行验收，两人以上签证；实行工程监理的项目应经监理工程师签证确认。

3. 落实设计变更签证：

设计修改变更应有原设计单位出具设计变更通知单和修改的设计图纸、校审人员签字并加盖公章，经建设单位和监理工程师审查同意、签证；重大设计变更应经原审批部门审批，否则不应列入结算。

4. 按图核实工程数量：

竣工结算的工程量应依据竣工图、设计变更单和现场签证等进行核算，并按国家统一规定的计算规则计算工程量。

5. 执行定额单价。

6. 防止各种计算误差。

（五）保修金的返还

工程保修金一般为施工合同价款的3％，在专用条款中具体规定，发包人在质量保修期后14天内，将剩余保修金和利息返还承包商。

二、FIDIC 合同条件下工程费用的支付

（一）工程支付的范围和条件

1. 工程支付的范围

FIDIC 合同条件所规定的工程支付的范围主要包括两部分。

一部分费用是工程量清单中的费用，这部分费用是承包商在投标时根据合同条件的有关规定提出的报价，并经业主认可的费用。

另一部分费用是工程量清单以外的费用，这部分费用虽然在工程量清单中没有规定，但是在合同条件中却有明确的规定。因此它也是工程支付的一部分。

2. 工程支付的条件

（1）质量合格是工程支付的必要条件。

（2）符合合同条件。

（3）变更项目必须有工程师的变更通知。

（4）支付金额必须大于期中支付证书规定的最小限额。

（5）承包商的工作使工程师满意。

（二）工程支付的项目

	工程量清单项目分为一般项目、暂列金额和计日工作3种	
1. 工程量清单项目	（1）一般项目的支付	一般项目是指工程量清单中除暂列金额和计日工作以外的全部项目。这类项目的支付是以经过监理工程师计量的工程数量为依据，乘以工程量清单中的单价，其单价一般是不变的。这类项目的支付占了工程费用的绝大部分，一般通过签发期中支付证书支付进度款
	（2）暂列金额	"暂列金额"是指包括在合同中，供工程任何部分的施工，或提供货物、材料、设备或服务，或提供不可预料事件之费用的一项金额。这项金额按照工程师的指示可能全部或部分使用，或根本不予动用
	（3）计日工作	计日工作是指承包商在工程量清单的附件中，按工种或设备填报单价的日工劳务费和机械台班费，一般用于工程量清单中没有合适项目，且不能安排大批量的流水施工的零星附加工作。 　　1）按合同中包括的计日工作计划表中所定项目和承包商在其投标书中所确定的费率和价格计算。 　　2）对于清单中没有定价的项目，应按实际发生的费用加上合同中规定的费率计算有关的费用
2. 工程量清单以外项目	（1）动员预付款	当承包商按照合同约定提交一份保函后，业主应支付一笔预付款，作为用于动员的无息贷款
	（2）材料设备预付款	材料、设备预付款按合同中的规定从承包商应得的工程款中分批扣除。扣除次数和各次扣除金额随工程性质不同而异，一般要求在合同规定的完工日期前至少三个月扣清，最好是材料设备一用完，该材料设备的预付款即扣还完毕

2. 工程量清单以外项目	(3) 保留金	保留金的限额一般为合同总价的 5%，从第一次付款证书开始，按投标函附录中标明的保留金百分率乘以当月末已实施的工程价值加上工程变更、法律改变和成本改变应增加的任何款额，直到累计扣留达到保留金的限额为止
	(4) 工程变更的费用	工程变更费用的支付依据是工程变更令和工程师对变更项目所确定的变更费用，支付时间和支付方式也是列入期中支付证书予以支付
	(5) 索赔费用	索赔费用的支付依据是工程师批准的索赔审批书及其计算而得的款额；支付时间则随工程月进度款一并支付
	(6) 价格调整费用	价格调整费用按照合同条件规定的计算方法计算调整的款额。包括因法律改变和成本改变的调整
	(7) 迟付款利息	如果承包商没有在按照合同规定的时间收到付款，承包商应有权就未付款额按月计算复利，收取延误期的融资费用。除非专用条件中另有规定，上述融资费用应以高出支付货币所在国中央银行的贴现率加 3% 的年利率进行计算，并应用同种货币支付
	(8) 业主索赔	业主索赔主要包括拖延工期的误期损害赔偿费和缺陷工程损失等。这类费用可从承包商的保留金中扣除，也可从支付给承包商的款项中扣除

（三）工程费用支付的程序

1. 承包商提出付款申请

工程费用支付的一般程序是首先由承包商提出付款申请的月报表，填报一系列工程师指定格式的报表，说明承包商认为这个月他应得的有关款项。

2. 工程师审核，编制期中付款证书

工程师在 28 天内对承包商提交的付款申请进行全面审核，计算付款净金额。计算付款净金额时，应扣除该月应扣除的保留金、动员预付款、材料设备预付款、违约金等。

3. 业主支付

业主收到工程师签发的付款证书后，按合同规定的时间支付给承包商。

（四）工程支付的报表与证书

1. 月报表

月报表是指对每月完成的工程量的核算、结算和支付的报表。承包商应在每个月末后，按工程师批准的格式向工程师递交一式六份月报表，详细说明承包商自己认为有权得到的款额，以及包括按照进度报告的规定编制的相关进度报告在内的证明文件。该报表应包括下列项目：

（1）截止到月末已实施的工程和已提出的承包商文件的估算合同价值（包括各项变更，但不包括以下（2）至（7）项所列项目）；

（2）按照合同中因法律改变的调整和因成本改变的调整的有关规定，应增减的任何款额；

（3）至业主提取的保留金额达到投标书附录中规定的保留金限额（如果有）以前，用投标书附录中规定的保留金百分比计算的，对上述款项总额应减少的任何保留金额；

（4）按照合同中预付款的规定，因预付款的支付和付还，应增加和减少的任何款额；

（5）按照合同中拟用于工程的生产设备和材料的规定，因生产设备和材料应增减的任何款额；

（6）根据合同或包括索赔、争端与仲裁等其他规定，应付的任何其他增加或减少额；

（7）所有以前付款证书中确认的减少额。

2. 竣工报表

承包商在收到工程的接收证书后 84 天内，应向工程师送交竣工报表（一式六份），该报表应附有按工程师批准的格式所编写的证明文件，并应详细说明以下几点：

（1）截止到工程接收证书载明的日期，按合同要求完成的所有工作的价值；

（2）承包商认为应支付的任何其他款项，如所要求的索赔款等；

（3）承包商认为根据合同规定应付给他的任何其他款项的估计款额。估计款额在竣工报表中应单独列出。

3. 最终报表和结清单

承包商在收到履约证书后 56 天内，应向工程师提交按照工程师批准的格式编制的最终报表草案并附证明文件，一式六份，详细列出：（1）根据合同应完成的所有工作的价值；（2）承包商认为根据合同或其他规定应支付给他的任何其他款额。

4. 最终付款证书

工程师在收到正式最终报表及结清单之后 28 天内，应向业主递交一份最终付款证书，说明：（1）工程师认为按照合同最终应支付给承包商的款额；（2）业主以前所有应支付和应得到的款额的收支差额。

5. 履约证书

履约证书应由工程师在整个工程的最后一个区段缺陷通知期限期满之后 28 天内颁发，这说明承包商已尽其义务完成施工和竣工并修补了其中的缺陷，达到了使工程师满意的程度。

三、工程价款的动态结算

工程价款的动态结算就是要把各种动态因素渗透到结算过程中，使结算大体能反映实际的消耗费用。

（一）按实际价格结算法

工程承包商可按凭发票按实报销。这种方法方便。但由于是实报实销，因而承包商对降低成本不感兴趣，为了避免副作用，造价管理部门要定期公布最高结算限价，同时合同文件中应规定建设单位或监理工程师有权要求承包商选择更廉价的供应来源。

（二）按主材计算价差

发包人在招标文件中列出需要调整价差的主要材料表及其基期价格（一般采用当时当地工程价格管理机构公布的信息价或结算价），工程竣工结算时按竣工当时当地工程价格管理机构公布的材料信息价或结算价，与招标文件中列出的基期价比较计算材料差价。

（三）主料按抽料计算价差

其他材料按系数计算价差。主要材料按施工图预算计算的用量和竣工当月当地工程价格管理机构公布的材料结算价或信息价与基价对比计算差价。其他材料按当地工程价格管理机构公布的竣工调价系数计算方法计算差价。

（四）竣工调价系数法

按工程价格管理机构公布的竣工调价系数及调价计算方法计算差价。

（五）调值公式法（又称动态结算－公式法）

根据国际惯例，对建设工程已完成投资费用的结算，一般采用此法。事实上，绝大多数情况是发包方和承包方在签订的合同中就明确规定了调值公式。

1. 利用调值公式进行价格调整的工作程序及监理工程师应做的工作

价格调整的计算工作比较复杂，其程序是：

首先，确定计算物价指数的品种，一般地说，品种不宜太多，只确立那些对项目投资影响较大的因素，如设备、水泥、钢材、木材和工资等。这样便于计算。

其次，要明确以下两个问题：一是合同价格条款中，应写明经双方商定的调整因素，在签订合同时要写明考核几种物价波动到何种程度才进行调整。二是考核的地点和时点：地点一般在工程所在地，或指定的某地市场价格；时点指的是某月某日的市场价格。这里要确定两个时点价格，即基准日期的市场价格（基础价格）和与特定付款证书有关的期间最后一天的 49 天前的时点价格。这两个时点就是计算调值的依据。

第三，确定各成本要素的系数和固定系数，各成本要素的系数要根据各成本要素对总造价的影响程度而定。各成本要素系数之和加上固定系数应该等于 1。

在实行国际招标的大型合同中，监理工程师应负责按下述步骤编制价格调值公式：

（1）分析施工中必需的投入，并决定选用一个公式，还是选用几个公式；

（2）估计各项投入占工程总成本的相对比重，以及国内投入和国外投入的分配，并决定对国内成本与国外成本是否分别采用单独的公式；

（3）选择能代表主要投入的物价指数；

（4）确定合同价中固定部分和不同投入因素的物价指数的变化范围；

（5）规定公式的应用范围和用法；

（6）如有必要，规定外汇汇率的调整。

2. 建筑安装工程费用的价格调值公式

建筑安装工程费用价格调值公式与货物及设备的调值公式基本相同。它包括固定部分、材料部分和人工部分 3 项。但因建筑安装工程的规模和复杂性增大，公式也变得更长更复杂。典型的材料成本要素有钢筋、水泥、木材、钢构件、沥青制品等，同样，人工可包括普通工和技术工。调值公式一般为：

$$P = P_0 \left(a_0 + a_1 \frac{A}{A_0} + a_2 \frac{B}{B_0} + a_3 \frac{C}{C_0} + a_4 \frac{D}{D_0} \right)$$

式中　　　　　P——调值后合同价款或工程实际结算款；

　　　　　　　P_0——合同价款中工程预算进度款；

　　　　　　　a_0——固定要素，代表合同支付中不能调整的部分；

a_1、a_2、a_3、a_4——代表有关成本要素（如：人工费用、钢材费用、水泥费用、运输费用等）在合同总价中所占的比重 $a_0 + a_1 + a_2 + a_3 + a_4 = 1$；

A_0、B_0、C_0、D_0——基准日期与 a_1、a_2、a_3、a_4 对应的各项费用的基期价格指数或价格；

A、B、C、D——与特定付款证书有关的期间最后一天的 49 天前与 a_1、a_2、a_3、a_4 对应的各成本要素的现行价格指数或价格。

各部分成本的比重系数在许多标书中要求承包方在投标时即提出，并在价格分析中予以论证。但也有的是由发包方在标书中即规定一个允许范围，由投标人在此范围内选定。因此，监理工程师在编制标书中，尽可能要确定合同价中固定部分和不同投入因素的比重系数和范围，招标时以给投标人留下选择的余地。

第六节 投资偏差分析

一、投资偏差的概念

在投资控制中，把投资的实际值与计划值的差异叫做投资偏差，即：

$$投资偏差＝已完工程实际投资－已完工程计划投资$$

结果为正，表示投资超支；结果为负，表示投资节约。

进度偏差对投资偏差分析的结果有重要影响，所以必须引入进度偏差的概念。

$$进度偏差 1＝已完工程实际时间－已完工程计划时间$$

为了与投资偏差联系起来，进度偏差也可表示为：

$$进度偏差 2＝拟完工程计划投资－已完工程计划投资$$

所谓拟完工程计划投资，是指根据进度计划安排在某一确定时间内所应完成的工程内容的计划投资，即：

$$拟完工程计划投资＝拟完工程量(计划工程量)×计划单价$$

进度偏差为正值，表示工期拖延；结果为负值，表示工期提前。

在进行投资偏差分析时，还要考虑以下几组投资偏差参数：

1. 局部偏差和累计偏差

所谓局部偏差，有两层含义：一是对于整个项目而言，指各单项工程、单位工程及分部分项工程的投资偏差；另一含义是对于整个项目已经实施的时间而言，是指每一控制周期所发生的投资偏差。累计偏差是一个动态的概念，其数值总是与具体的时间联系在一起，第一个累计偏差在数值上等于局部偏差，最终的累计偏差就是整个项目的投资偏差。

局部偏差的引入有利于分析其发生的原因。累计偏差分析必须以局部偏差分析为基础，对投资控制工作在较大范围内具有指导作用。

2. 绝对偏差和相对偏差

$$绝对偏差＝投资实际值－投资计划值。$$

$$相对偏差＝绝对偏差/投资计划值＝(投资实际值－投资计划值)/投资的计划值$$

3. 偏差程度

偏差程度是指投资实际值对计划值的偏离程度，其表达式为：

$$投资偏差程度＝投资实际值/投资计划值$$

偏差程度可参照局部偏差和累计偏差分为局部偏差程度和累计偏差程度。注意累计偏差程度并不等于局部偏差程度的简单相加。

二、偏差分析的方法

偏差分析可采用不同的方法，常用的有横道图法、表格法和曲线法。

（一）横道图法

用横道图法进行投资偏差分析，是用不同的横道标识已完工程计划投资、拟完工程计划投资和已完工程实际投资，横道的长度与其金额成正比例。

横道图法具有形象、直观、一目了然等优点，它能够准确表达出投资的绝对偏差，而且能一眼感受到偏差的严重性。但是，这种方法反映的信息量少，一般在项目的较高管理层应用。

（二）表格法

表格法是进行偏差分析最常用的一种方法。它将项目编号、名称、各投资参数以及投资偏差数综合归纳入一张表格中，并且直接在表格中进行比较。

用表格法进行偏差分析具有如下优点：

（1）灵活、适用性强。可根据实际需要设计表格，进行增减项。

（2）信息量大。可以反映偏差分析所需的资料，从而有利于投资控制人员及时采取针对性措施，加强控制。

（3）表格处理可借助于计算机，从而节约大量数据处理所需的人力，并大大提高速度。

（三）曲线法（赢值法）

曲线法是用投资累计曲线（S 形曲线）来进行投资偏差分析的一种方法。其中 a 表示投资实际值曲线，p 表示投资计划值曲线，两条曲线之间的竖向距离表示投资偏差。

在用曲线法进行投资偏差分析时，首先要确定投资计划值曲线。投资计划值曲线是与确定的进度计划联系在一起的。同时，也应考虑实际进度的影响，应当引入三条投资参数曲线，即已完工程实际投资曲线 a，已完工程计划投资曲线 b 和拟完工程计划投资曲线 p1。图中曲线 a 与曲线 b 的竖向距离表示投资偏差，曲线 b 与曲线 p 的水平距离表示进度偏差。

用曲线法进行偏差分析同样具有形象、直观的特点，但这种方法很难直接用于定量分析，只能对定量分析起一定的指导作用。

三、偏差原因分析

偏差分析的一个重要目的就是要找出引起偏差的原因，从而有可能采取有针对性的措施，减少或避免相同原因的再次发生。一般来说，产生投资偏差的原因有以下几种：物价上涨，设计原因，业主原因，施工原因，客观原因。

四、纠偏

对偏差原因进行分析的目的是为了有针对性地采取纠偏措施，从而实现投资的动态控制和主动控制。

纠偏首先要确定纠偏的对象，如上面介绍的偏差原因，有些是无法避免和控制的，如客观原因，充其量只能对其中少数原因做到防患于未然，力求减少原因所产生的经济损失。对于施工原因所导致的经济损失通常是由承包商自己承担的，从投资控制的角度只能加强合同的管理，避免被承包商索赔。所以，这些偏差原因都不是纠偏的主要对象。纠偏的主要对象是业主原因和设计原因造成的投资偏差。在确定了纠偏的主要对象之后，就需要采取有针对性的纠偏措施。纠偏可采用组织措施、经济措施、技术措施和合同措施等。

第八章 监理规范的有关规定

规 范 内 容	复 习 提 示
5.5 工程造价控制工作	
5.5.1 项目监理机构应按下列程序进行工程计量和工程款支付工作： 1. 承包单位统计经专业监理工程师质量验收合格的工程量，按施工合同的约定填报工程量清单和工程款支付申请表； 工程款支付申请表应符合附录 A5 表的格式。 2. 专业监理工程师进行现场计量，按施工合同的约定审核工程量清单和工程款支付申请表，并报总监理工程师审定； 3. 总监理工程师签署工程款支付证书，并报建设单位。 5.5.2 项目监理机构应按下列程序进行竣工结算： 1. 承包单位按施工合同规定填报竣工结算报表； 2. 专业监理工程师审核承包单位报送的竣工结算报表； 3. 总监理工程师审定竣工结算报表，与建设单位、承包单位协商一致后，签发竣工结算文件和最终的工程款支付证书报建设单位	5.5.1：工程计量和工程款支付： (1) 按照合同约定的方法计量； (2) 超出图纸范围的不计量； (3) 验收合格才予以计量； (4) 专业工程师计量，总监签发"工程款支付证书"； (5) 总监不签字，建设单位不得付款； (6) 不能直接给分包商付款。 5.5.2：竣工结算，仅仅描述了一个程序，实际往往需要造价咨询单位进行工程审核后出具审核报告，才能最后结算
5.5.3 项目监理机构应依据施工合同有关条款、施工图，对工程项目造价目标进行风险分析，并应制定防范性对策。 5.5.4 总监理工程师应从造价、项目的功能要求、质量和工期等方面审查工程变更的方案，并宜在工程变更实施前与建设单位、承包单位协商确定工程变更的价款。 5.5.5 项目监理机构应按施工合同约定的工程量计算规则和支付条款进行工程量计量和工程款支付。 5.5.6 专业监理工程师应及时建立月完成工程量和工作量统计表，对实际完成量与计划完成量进行比较、分析，制定调整措施，并应在监理月报中向建设单位报告。 5.5.7 专业监理工程师应及时收集、整理有关的施工和监理资料，为处理费用索赔提供证据。 5.5.8 项目监理机构应及时按施工合同的有关规定进行竣工结算，并应对竣工结算的价款总额与建设单位和承包单位进行协商。当无法协商一致时，应按本规范第 6.5 节的规定进行处理。 5.5.9 未经监理人员质量验收合格的工程量，或不符合施工合同规定的工程量，监理人员应拒绝计量和该部分的工程款支付申请	5.5.3：风险分析和对策： (1) 风险分析主要是：概率和预计损失计算和判断，以概率和潜在损失为坐标系，做出风险等级图。 (2) 风险对策有：风险回避；损失控制(预防计划，灾难计划，应急计划)；风险自留(损失支付方式：现金净收入中支出；建立非基金储备；自我保险；母公司保险)；风险转移(购买保险，合同转移—固定总价合同、适当分包合同、第三方担保合同)。 5.5.5：计价和支付： (1) 要会按照清单规范和 206 文件的 6 个计算(工料单价法和综合单价法)计算结算价格和价款。 (2) 价款支付注意预付款的支付和扣回，业主供料和扣回，质保金的计算。 (3) 完成合同价值＝工程量计量款＋应付工程款；每月支付款＝签发支付证书款。 5.5.6：注意进度偏差和费用偏差的计算

📖 答疑解析

1. 对于监理工程师，投资部分的财务评价重要吗？

答：按照考试大纲要求是很重的，但是在考试中不重要。我们要掌握现金流的问题和部分估算内容。注意对于 206 号文，设备进口价都要全面掌握，相关的内容例如预备费、建设期利息也要会计算。要理解与未来企业生产经营有关的其他费用中生产准备费，今年要注意联合试运转费的划分。教材里面的许多财务评价过时了，以了解为主。

2. 进口设备的交货方式可分为内陆交货类、目的地交货类、装运港交货类。这么多种类，我们需要掌握什么？

答：理解设备原价、进口设备抵岸价，特别要理解概念、要会计算；重点是以 FOB 价为基础的计算。

3. 对于 206 号文件，重点是哪些？

答：206 号文非常重要，应全面掌握。尤其注意材料费的构成、机械使用费的构成。要会计算措施费、材料费。要会计算税金。要掌握综合单价法、计价程序。

4. 工程造价与固定资产投资两项在数额上是相等的吗？

答：是的，工程造价与固定资产投资在数额上是相等的。注意工程造价指的不仅仅是建筑安装费。

5. 怎么理解设备、工器具购置费用与资本的关系？

答：设备、工器具购置费用与资本的有机构成相联系，设备、工器具购置费用占投资费用的比例大小，意味着生产技术的进步和资本有机构成的程度。

6. 国产标准设备原价一般指的是什么？如果设备系由设备成套公司供应的，以什么价为设备原价？

答：国产标准设备原价一般指的是设备制造厂的交货价，即出厂价。

如果设备系由设备成套公司供应的，则以订货合同价为设备原价。

7. 有的设备有两种出厂价，即带有备件的出厂价和不带有备件的出厂价。在计算设备原价时，一般按哪种计算？

答：有的设备有两种出厂价，即带有备件的出厂价和不带有备件的出厂价。在计算设备原价时，一般按带有备件的出厂价计算。

8. 采用装运港船上交货价(FOB)时，卖方的责任是什么？买方的责任是什么？

答：采用装运港船上交货价(FOB)时，卖方的责任是：负责在合同规定的装运港口和规定的期限内，将货物装上买方指定的船只，并及时通知买方；负责货物装船前的一切费用和风险；负责办理出口手续；提供出口国政府或有关方面签发的证件；负责提供有关装运单据。

采用装运港船上交货价(FOB)时，买方的责任是：负责租船或订舱，支付运费，并将船期、船名通知卖方；承担货物装船后的一切费用和风险；负责办理保险及支付保险费，办理在目的港的进口和收货手续；接受卖方提供的有关装运单据，并按合同规定支付货款。

9. 检验试验费不包括哪些费用？

答：检验试验费不包括新结构、新材料的试验费和建设单位对具有出厂合格证明的材料进行检验，对构件做破坏性试验及其他特殊要求检验试验的费用。注意在 206 号文中材料费包括一般检验试验费，这和以前有所不同。

10. 采购及保管费包括哪些内容？

答：采购及保管费是指为组织采购、供应和保管材料过程中所需要的各项费用。包括：采购费、仓储费、工地保管费、仓储损耗。

11. 大型机械设备进出场及安拆费怎么理解？

答：大型机械设备进出场及安拆费是指机械整体或分体自停放场地运至施工现场或由

一个施工地点运至另一个施工地点，所发生的机械进出场运输及转移费用及机械在施工现场进行安装、拆卸所需的人工费、材料费、机械费、试运转费和安装所需的辅助设施的费用。注意这里是指"大型"机械设备进出场费，一般的机械设备进出场费应包括在机械排班中。

12. 联合试运转费包括由设备安装工程费开支的单台设备调试费及无负荷联动试运转费用吗？联合试运转费怎么计算？

答：联合试运转费不包括由设备安装工程费开支的单台设备调试费及无负荷联动试运转费用。以"单项工程费用"总和为基础，按照工程项目的不同规模分别规定的试运转费率计算或以试运转费的总金额包干使用。

13. 基本预备费主要指什么费用？基本预备费以什么费用为计算基数？

答：基本预备费是指在项目实施中可能发生难以预料的支出，需要预先预留的费用，又称不可预见费。主要指设计变更及施工过程中可能增加工程量的费用。

基本预备费以设备及工器具购置费、建筑安装工程费、工程建设其他费之和为计算基数。

14. 某投资项目建设期为 3 年，在建设期第一年贷款 100 万元，第二年贷款 300 万元，第三年贷款 100 万元，贷款年利率为 6%。用复利法计算，该项目的建设期贷款利息应为多少万元？

答：建设期利息除有说明是在年初或年末发生以外，均应按照均衡发放的方式以复利法计算。计算时尤其注意每年的基数不要忘记上一年的利息也要计算在内。根据教材上的公式：

各年应计利息＝(年初借款本息累计＋本年借款额/2)×年利率

以下三年计算如下：

第一年应计利息＝(100/2)×6%＝3 万元

第二年应计利息＝(100＋3＋300/2)×6%＝15.18 万元

第三年应计利息＝(100＋3＋300＋15.18＋100/2)×6%＝28.09 万元

项目的建设期贷款利息应为 3＋15.18＋28.09＝46.27 万元。

15. 206 号文和工程量清单有许多不同的地方，考试时应以哪个为准？

答：的确有很多不同，专家们已经认识到两者之间的异同，所以考试中不会出现混淆的情况。考题中会明确的告诉你是 206 号文还是使用工程量清单，一般来说在招投标或在招投标相关的事务中会使用《工程量清单规范》，在索赔的时候，一般不说明依据是工程量清单时，则以 206 号文为准。

16. 206 号文中措施费的计算需要掌握吗？

答：206 号文中所列的措施费是需要根据现场情况来决定，是否发生或需要增加措施费项目。但是 206 号文中所列的措施费应掌握计算。

17. 工程造价与建设投资的关系？

答：工程造价，一般是指一项工程预计开支或实际开支的全部固定资产投资费用，在这个意义上工程造价与建设投资的概念是一致的。在实际应用中工程造价还可指工程价格，即为建成一项工程，预计或实际在土地市场、设备市场、技术劳务市场以及承包市场等交易活动中所形成的建筑安装工程的价格和建设工程的总价格。

18. 招标阶段中合同价是什么？

答：主要依据企业定额按照工程量清单规范的要求编制综合报价，最后形成总报价。经评标委员会评标后，一旦中标则投标报价即形成合同价。这里需要注意"经评审价格"不是合同价。

19. 建设工程投资中的积极投资部分是指什么？

答：在生产性建设工程中，设备工器具投资主要表现为其他部门创造的价值向建设工程中的转移，但这部分投资是建设工程中的积极部分，他占工程投资比重的提高，意味着生产技术的进步和资本有机构成的提高。

20. 工程量清单规范很重要吗？2003 版的清单已经作废，教材里面的内容还会考吗？

答：工程量清单计价规范是今后每年必考的内容。今后的考试不再仅仅局限于在招标投标中的应用，今后将更广泛的应用到合同的签订，索赔的处理。尤其要注意工程量清单计价规范在索赔中的应用。除了学习教材以外，建议大家一定要看工程量清单计价规范原文。这对于解决案例问题很有帮助。

对于原教材里面的 2003 版的清单内容，有些理解原理就可以了。但是 2008 版的清单和 2003 版的清单规范一致的东西，应予以重视。

21. 工程量清单计价中合同综合单价因工程量变更需调整时如何调整？

答：合同综合单价因工程量变更需调整时，除合同另有约定外，应按照下列办法确定：

（1）工程量清单漏项或设计变更引起新的工程量清单项目，其相应综合单价由承包人提出，经发包人确认后作为结算的依据。

（2）由于工程量清单的工程数量有误或设计变更引起工程量增减，属合同约定幅度以内的，应执行原有的综合单价；属合同约定幅度以外的，其增加部分的工程量或减少后剩余部分的工程量的综合单价由承包人提出，经发包人确认后，作为结算的依据。

22. 工程量清单计价格式中列明的所有需要填报的单价和合价，投标人未填报，是否可以索赔？为什么？

答：不可以索赔。因为按照《建设工程工程量清单计价规范》规定：工程量清单计价格式中列明的所有需要填报的单价和合价，投标人均应填报，未填报的单价和合价，视为此项费用已包含在工程量清单的其他单价和合价中。

23. 工程量清单是由谁编制的？

答：是由招标人自行编制的，也可以由招标人委托的有资质的招标代理机构或工程价格咨询单位编制。

24. 标底的编制和审核还重要吗？

答：不重要了。了解就可以了。今后很难考到标底的问题，理解即可。

25. 总价合同的主要要特征是什么？总价合同适用范围？

答：总价合同的主要要特征：一是根据招标文件的要求由承包方实施全部工程任务，按承包方在投标报价中提出的总价确定；二是拟实施项目的工程性质和工程量应在事先基本确定。显然，总价合同对承包方具有一定的风险。

通常采用这种合同时，必须明确工程承包合同标的物的详细内容及其各种技术经济指标，一方面承包方在投标报价时要仔细分析风险因素，需在报价中考虑一定的风险费；另一方面发包方也考虑到使承包承担的风险是可以承受的，以获得合格而又有竞争力的投标人。

26. 单价合同的执行原则是什么？单价合同的工程量怎么确定？

答：单价合同的执行原则是，工程量清单中的分部分项工程量在合同实施过程中允许有上下的浮动变化，但分部分项工程的合同单价不变，结算支付时以实际完成程量为依据。

单价合同的工程量清单内所列出的分部分项工程的工程量为估计工程量，而非准确工程量。

27. 采用固定总价合同有哪些风险？

答：采用固定总价合同，承包方要承担合同履行过程中的主要风险，要承担实物工程量、工程单价等变化而可能造成损失的风险。

28. 估算工程量单价合同是以什么为基础和依据来计算合同价格的？

答：估算工程量单价合同是以工程量清单和工程单价表为基础和依据来计算合同价格的，亦可称为计量估价合同。

29. 在什么情况下采用估算工程量单价合同？

答：估算工程量单价合同大多用于工期长、技术复杂、实施过程中可能发生各种不可预见因素较多建设工程；或发包方为了缩短项目建设周期，如在初步设计完成后就拟进行施工招标的工程。在施工图不完整或当准备招标的工程项目内容、技术经济指标一时尚不能明确、具体予以规定时，往往要采用这种合同计价方式。

30. 纯单价合同计价方式主要适用于什么样的工程？

答：纯单价合同计价方式主要适用于没有施工图，工程量不明，却急需开工的紧迫工程。如设计单位来不及提供正式施工图纸，或虽有施工图但由于某些原因不能比较准确地计算工程量。当然，对于纯单价合同来说，发包方必须对工程范围的划分做出明确的规定，以使承包方能够合理地确定工程单价。

31. 什么是可调价？可调总价合同的总价怎么理解？调总价适用于什么样的工程？

答：可调价，是指合同总价或者单价，在合同实施期内根据合同约定的办法调整，即在合同的实施过程中可以按照约定，随资源价格等因素的变化而调整的价格。

可调总价合同的总价一般也是以设计图纸及规定、规范为基础，在报价及签约时，按招标文件的要求和当时的物价计算合同总价。

调总价适用于内容和技术经济指标规定很明确的项目，由于合同中列有调值条款，所以工期在一年以上的工程项目较适于采用这种合同计价方式。

32. 怎么理解合同单价的可调？

答：合同单价的可调，一般是在工程招标文件中规定。在合同中签订的单价，根据合同约定的条款，如在工程实施过程中物价发生变化等，可作调值。

33. 可调单价合同在合同中暂定单价怎么处理？

答：有的工程在招标或签约时，因某些不确定因素而在合同中暂定某些分部分项工程单价，在工程结算时，再根据实际情况和合同约定对合同单价进行调整，确定实际结算单价。

34. 调价公式需要记忆吗？会考计算吗？

答：要记忆，但是要理解记忆。会考到，有时会让你计算新的合同价格。

35. 中标价必须是经评审的最低报价，但不得低于成本，那么如何界定成本？

答：中标价必须是经评审的最低报价，但不得低于成本。那么如何界定成本，如果有招标标底的，可以用两种办法确定：一是招标标底扣除招标人拟允许投标人获得的利润（或类似工程的社会平均利润水平统计资料）；二是把计算标底时的直接工程费与间接费相加便可得出成本。

36. 总监理工程师对工程变更怎么管理？

答：总监理工程师必须根据实际情况、设计变更文件和其他有关资料，按照施工合同的有关款项，在指定专业监理工程师完成下列工作后，对工程变更的费用和工期做出评估。

（1）确定工程变更项目与原工程项目之间的类似程度和难易程度；

（2）确定工程变更项目的工程量；

（3）确定工程变更的单价或总价。

37. 设单位和承包单位未能就工程变更的费用等方面达成协议时，项目监理机构应怎么办？

答：在建设单位和承包单位未能就工程变更的费用等方面达成协议时，项目监理机构应提出一个暂定的价格，作为临时支付工程款的依据。

38.《建设工程施工合同(示范文本)》约定的工程变更价款的确定方法是什么？

答：《建设工程施工合同(示范文本)》约定的工程变更价款的确定方法如下：

（1）合同中已有适用于变更工程的价格，按合同已有的价格变更合同价款；

（2）合同中只有类似于变更工程的价格，可以参照类似价格变更合同价款；

（3）合同中没有适用或类似于变更工程的价格，由承包人提出适当的变更价格，经工程师确认后执行。

39. 如何处理物价上涨引起的合同价调整问题？

答：常用的办法有三种：①对固定总价合同不予调整。这适用于工期短、规模小的工程。②按价差调整合同价。在工程结算时，对人工费及材料费的价差，即现行价格与基础价格的差值，由业主向承包商补偿。③用调价公式调整合同价。在每月结算工程进度款时，利用合同文件中的调价公式，计算人工、材料等的调整数。

40. 竣工决算与竣工结算有什么区别？

答：竣工决算与竣工结算的区别如表所示。

区别项目	工程竣工结算	工程竣工决算
编制单位及其部门	承包方的预算部门	项目业主的财务部门
内容	承包方承包施工的建筑安装工程的全部费用。它最终反映承包方完成的施工产值	建设工程从筹建开始到竣工交付使用为止的全部建设费用，它反映建设工程的投资效益
性质和作用	1. 承包方与业主办理工程价款最终结算的依据 2. 双方签订的建筑安装工程承包合同终结的凭证 3. 业主编制竣工决算的主要资料	1. 业主办理交付、验收、动用新增各类资产的依据 2. 竣工验收报告的重要组成部分

41. 关于付款，起扣点的问题会考吗？

答： 理解原理即可，一般不会考到。但是要注意付款题目年年考，要按题目要求的方式去做。

42. 关于"质保金"，取费基数到底是什么？

答： 没有具体的规定，具体按题目要求去做。

43. 206 号文件规定了 6 个计算程序，但是清单规范没有计算程序，是不是考试时候可以用 206 号文件的计算方法计算？

答： 不能。考到清单后，会很明确告诉你具体的计算方法。

44. 偏差分析会考到吗？

答： 经常考，以教材的方法为准。

45. S 曲线很重要吗？

答： 很重要，一定要掌握，要会计算和画图，能判断。

46. 索赔时什么时候给利润？

答： 除非题目说明白，一般只有当工程量发生变化才给利润。

📖 实战练习题

【案例 1】 （2001 年考题）

背景：

某综合楼工程项目合同价为 1750 万元，该工程签订的合同为可调值合同。合同报价日期为 1999 年 3 月，合同工期为 12 个月，每季度结算一次。工程开工日期为 1999 年 4 月 1 日。施工单位 1999 年第四季度完成产值是 710 万元。工程人工费、材料费构成比例以及相关季度造价指数如下表所示：

项　　目	人工费	材料费						不可调值费用
		钢材	水泥	骨料	砖	砂	木材	
比例（%）	28	18	13	7	9	4	6	15
1999 年第一季度造价指数	100	100.8	102.0	93.6	100.2	95.4	93.4	
1999 年第四季度造阶指数	116.8	100.6	110.5	95.6	98.9	92.7	95.5	

在施工过程中，发生如下几项事件：

1. 1999 年 4 月，在基础开挖过程中，个别部位实际土质与给定地质资料不符造成施工费用增加 2.5 万元，相应工序持续时间增加了 4 天；

2. 1999 年 5 月施工单位为了保证施工质量，扩大基础底面，开挖量增加导致费用增加 3.0 万元，相应工序持续时间增加了 3 天；

3. 1999 年 7 月份，在主体砌筑工程中，因施工图设计有误，实际工程量增加导致费用增加 3.8 万元，相应工序持续时间增加了 2 天；

4. 1999 年 8 月份，进入雨季施工，恰逢 20 年一遇的大雨，造成停工损失 2.5 万元，工期增加了 4 天。

以上事件中，除第 4 项外，其余工序均未发生在关键线路上，并对总工期无影响。针对上述事件，施工单位提出如下索赔要求：

(1) 增加合同工期 13 天；

(2) 增加费用 11.8 万元。

问题：

1. 施工单位对施工过程中发生的以上事件可否索赔？为什么？

2. 计算监理工程师 1999 年第 4 季度应确定的工程结算款额。

3. 如果在工程保修期间发生了由施工单位原因引起的屋顶漏水、墙面剥落等问题，业主在多次催促施工单位修理而施工单位一再拖延的情况下，另请其他施工单位维修，所发生的维修费用该如何处理？

答案及评分标准(20 分)：

1. (共 12.0 分)

事件 1 费用索赔成立，(1.0 分)工期不予延长。(1.0 分)因为业主提供的地质资料与实际情况不符是承包商不可预见的。(1.0 分)

事件 2 费用索赔不成立，(1.0 分)工期索赔不成立，(1.0 分)(答索赔不成立也可得分)，该工作属于承包商采取的质量保证措施。(1.0 分)

事件 3 费用索赔成立，(1.0 分)工期予延长，(1.0 分)因为设计方案有误。(1.0 分)

事件 4 费用索赔不成立，(1.0 分)工期可以延长，(1.0 分)因为异常的气候条件的变化承包商不应得到费用补偿。(1.0 分)

2. (共 6.0 分)

1999 年 4 季度监理工程师应批准的结算款额为：

$P = 710 \times (0.15 + 0.28 \times 116.8/100.0 + 0.18 \times 100.6/100.8 + 0.13 \times 110.5/102.0 + 0.07 \times 95.6/93.6 + 0.09 \times 98.9/100.2 + 0.04 \times 93.7/95.4 + 0.06 \times 95.5/93.4)$

(4.0 分)

$= 710 \times 1.0588 \approx 751.75$ 万元(计算过程正确，结果略有误差可得分)(2.0 分)

(如果不用调值公式，而是将其计算过程分解，分别按每项计算后累加，其结果正确可得分。)

3. (共 2.0 分)

所发生的维修费应从乙方保修金(或质量保证金、保留金)中扣除。(2.0 分)

【案例 2】 (2001 年考题)

背景：

某快速干道工程，工程开、竣工时间分别为当年 4 月 1 日和 9 月 30 日。业主根据该工程的特点及项目构成情况，将工程分为 3 个标段。其中第Ⅲ标段造价为 4150 万元，第Ⅲ标段中的预制构件由甲方提供(直接委托构件厂生产)。

1. A 监理公司承担了第Ⅲ标段的监理任务，委托监理合同中约定监理期限为 190 天，监理酬金为 60 万元。但实际上，由于非监理方原因导致监理时间延长了 25 天。经协商，业主同意支付由于时间延长而发生的附加工作报酬。

问题：

请计算此附加工作报酬值(保留小数后 2 位)。

2. 为了作好该项目的投资控制工作，监理工程师明确了如下投资控制的措施：

(1) 编制资金使用计划，确定投资控制目标；

(2) 进行工程计量；

(3) 审核工程付款申请，签发付款证书；

(4) 审核施工单位编制的施工组织设计，对主要施工方案进行技术经济分析；

(5) 对施工单位报送的单位工程质量评定资料进行审核和现场检查，并予以签认；

(6) 审查施工单位现场项目管理机构的技术管理体系和质量保证体系。

问题：

请选出以上措施中哪些不是投资控制的措施。

3. 第Ⅲ标段施工单位为 C 公司，业主与 C 公司在施工合同中约定：

(1) 开工前业主应向 C 公司支付合同价 25％的预付款，预付款从第 3 个月开始等额扣还，4 个月扣完。

(2) 业主根据 C 公司完成的工程量(经监理工程师签认后)按月支付工程款，保留金额为合同总额的 5％。保留金按每月产值的 10％扣除，直至扣完为止。

(3) 监理工程师签发的月付款凭证最低金额为 300 万元。

第ⅡⅠ标段各月完成产值见下表：

产量 \ 月份	4	5	6	7	8	9
C 公司	480	635	560	430	620	580
构件厂			275	340	180	

问题：

支付给 C 公司的工程预付款是多少？监理工程师在第 4、6、7、8 月底分别给 C 公司实际签发的付款凭证金额是多少？

答案及评分标准(20 分)：

1. (共 4.0 分)

第Ⅲ标段监理合同报酬为 60 万元；

附加工作报酬＝25 天×60 万元/190 天(2.0 分)

＝7.90(或 7.89)万元(2.0 分)

2. (共 4.0 分)

第(5)、(6)两项不是投资控制的措施(选出一项得 2.0 分，共 4.0 分，错选不得分)。

3. (共 12.0 分)

根据给定的条件，C 公司所承担部分的合同额为 4150－(275＋340＋180)＝3355.00(万元)；(1.0 分)

C 公司应得到的工程预付款为：3355.00×25％＝838.75(万元)；(1.0 分)

工程保留金为：3355.00× 5％＝167.75(万元)。(1.0 分)

监理工程师给 C 公司实际签发的付款凭证金额：

4 月底为 480.00－480.00×10％＝432.00(万元)；(1.0 分)

4 月底实际签发的付款凭证金额为 432.00(万元)；(0.5 分)

5 月支付时应扣保留金为 685×10％＝68.50(万元)；(1.0 分)

6月底工程保留金应扣为167.75−48.00−68.50=51.25(万元)；(1.0分)

所以应签发的付款凭证金额为：

560−51.25−838.75/4=299.06(万元)。(1.0分)

由于6月底应签发的付款凭证金额低于合同规定的最低支付限额，故本月不支付。(1.0分)

7月底为430−838.75/4=220.31(万元)；(1.0分)

7月监理工程师实际应签发的付款凭证金额为299.06+220.31=519.37(万元)。(1.0分)

8月底620−838.75/4=410.31(万元)；(1.0分)

8月底监理工程师实际应签发的付款凭证金额为410.31万元。(1.0分)

(由于工程预付款和工程保留金计算错误而导致后面相应月支付计算错误，但其计算过程正确的最多可得3.0分)

【案例3】

背景：

某工程项目业主与承包商签订了工程施工合同，合同中含两个子项工程，估算工程量甲项为2300m³，乙项为3200m³，经协商合同单价甲项为180元/m³，乙项为160元/m³。承包合同规定：

1. 开工前业主应向承包商支付合同价20%的预付款；

2. 业主自第一个月起，从承包商的工程款中，按5%的比例扣留滞留金；

3. 当子项工程实际工程量超过估算工程量10%时，可进行调价，调价系数为0.9；

4. 根据市场情况规定价格调整系数平均按1.2计算；

5. 监理工程师签发月度付款最低金额为25万元；

6. 预付款在最后两月扣除，每月扣50%。

承包商每月实际完成并经监理工程师签证确认的工程量如下表所示。

月 工程量	1	2	3	4
甲项(m³)	500	800	800	600
乙项(m³)	700	900	800	600

第一个月工程价款为500×180+700×160=20.2(万元)；

应签证的工程款为20.2×1.2×(100%−5%)=23.028(万元)。

由于合同规定监理工程师签发的最低金额为25万元，故本月监理工程师不予签发付款凭证。

问题：

1. 预付款是多少？

2. 从第二个月起每月工程量价款是多少？监理工程师应签证的工程款是多少？实际签发的付款凭证金额是多少？

答案：

1. 预付款金额为：(2300×180+3200×160)×20%=18.52(万元)

2. 第二个月工程价款为：$800 \times 180 + 900 \times 160 = 28.8$(万元)

应签证的工程款为：$28.8 \times 1.2 \times 0.95 = 32.832$(万元)

本月监理工程师实际签发的付款凭证金额为：$23.028 + 32.832 = 55.86$(万元)。

第三个月工程价款为：$800 \times 180 + 800 \times 160 = 27.2$(万元)

应签证的工程款为：$27.2 \times 1.2 \times 0.95 = 31.008$(万元)。

应扣预付款为 $18.52 \times 50\% = 9.26$(万元)。

应付款为 $31.008 - 9.26 = 21.748$(万元)。

因为监理工程师签发月度付款最低金额为 25 万元，所以第三个月监理工程师不予签发付款凭证。

第四个月：

甲项工程累计完成工程量为 2700m³，比原估算工程量 2300m³ 超出 400m³，已超过估算工程量的 10%，超出部分其单价应进行调整。

超过估算工程量 10% 的工程量为：$2700 - 2300 \times (100\% + 10\%) = 170$(m³)。这部分工程量单价应调整为：$180 \times 0.9 = 162$(元/m³)。

甲项工程工程量价款为：$(600 - 170) \times 180 + 170 \times 162 = 10.494$(万元)。

乙项工程累计完成工程量为 3000m³，比原估算工程量少 200m³，不超过估算工程量的 10%，其单价不予进行调整。

乙项工程工程量价款为：$600 \times 160 = 9.6$(万元)。

本月完成甲、乙两项工程量价款合计为：$10.494 + 9.6 = 20.094$(万元)。

应签证的工程款为：$20.094 \times 1.2 \times 0.95 = 22.907$(万元)。

本月监理工程师实际签发的付款凭证金额为：$21.748 + 22.907 - 18.52 \times 50\% = 35.395$(万元)。

【案例4】（2003 年考题）

背景：

某工程项目的施工招标文件中表明该工程采用综合单价计价方式，工期为 15 个月。承包单位投标所报工期为 13 个月。合同总价确定为 8000 万元。合同约定：实际完成工程量超过估计工程量 25% 以上时允许调整单价；拖延工期每天赔偿金为合同总价的 1.0‰，最高拖延工期赔偿限额为合同总价的 10%；若能提前竣工，每提前 1 天的奖金按合同总价的 10‰ 计算。

承包单位开工前编制并经总监理工程师认可的施工进度计划如下图所示。

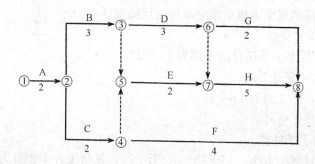

施工过程中发生了以下 4 个事件，致使承包单位完成该项目的施工实际用了 15 个月。

事件 1：A、C 两项工作为土方工程，工程量均为 16 万 m^3，土方工程的合同单价为 16 元$/m^3$。实际工程量与估计工程量相等。施工按计划进行 4 个月后，总监理工程师以设计变更通知发布新增土方工程 N 的指示。该工作的性质和施工难度与 A、C 工作相同，工程量为 32 万 m^3。N 工作在 B 和 C 工作完成后开始施工，且为 H 和 G 的紧前工作。总监理工程师与承包单位依据合同约定协商后，确定的土方变更单价为 14 元$/m^3$。承包单位按计划用 4 个月完成。3 项土方工程均租用 1 台机械开挖，机械租赁费为 1 万元/月·台。

事件 2：F 工作，因设计变更等待新图纸延误 1 个月。

事件 3：G 工作由于连续降雨累计 1 个月导致实际施工 3 个月完成，其中 0.5 个月的日降雨量超过当地 30 年气象资料记载的最大强度。

事件 4：H 工作由于分包单位施工的工程质量不合格造成返工，实际 5.5 个月完成。

由于以上事件，承包单位提出以下索赔要求：

（1）顺延工期 6.5 个月。理由是：完成 N 工作 4 个月；变更设计图纸延误 1 个月；连续降雨属于不利的条件和障碍影响 1 个月；监理工程师未能很好地控制分包单位的施工质量应补偿工期 0.5 个月。

（2）N 工作的费用补偿：16 元$/m^3$×32 万 m^3=512 万元。

（3）由于第 5 个月后才能开始 N 工作的施工，要求：补偿 5 个月的机械闲置费 5 月×1 万元/月·台×1 台=5 万元。

问题：

1. 请对以上施工过程中发生的 4 个事件进行合同责任分析。

2. 根据总监理工程师认可的施工进度计划，应给承包单位顺延的工期是多少？说明理由。

3. 确定应补偿承包单位的费用，并说明理由。

4. 分析承包单位应获得工期提前奖励还是承担拖延工期违约赔偿责任，并计算其金额。

答案：

1. 合同责任分析：

（1）属于建设单位责任。

（2）属于建设单位责任。

（3）日降雨量超过当地 30 年气象资料记载最大强度的 0.5 个月的延期，属于不可抗力。另 0.5 个月的延期属于承包单位应承担的风险责任。

（4）属于承包单位责任。

2. 承包单位投标书中承诺合同工期为 13 个月。

N、F、G 工作可顺延工期；

经分析、计算，总工期为 14 个月；

合同工期应顺延 1 个月。

3. 机械闲置费不予补偿。

工程量清单中计划土方为：16+16=32（万 m^3），新增土方工程量为：32 万 m^3

应按原单价计算的新增工程量为：32×25％＝8(万 m³)

补偿土方工程款为：8 万 m³×16 元/m³＋(32－8)万 m³×14 元/m³＝464 万元

补偿承包单位的总费用为：464 万元

4. 承包单位应承担超过合同工期的违约责任。

拖延工期赔偿费为：8000 万元×0.001/天×30 天＝240 万元，小于最高赔偿限额，最高赔偿限额＝8000 万元×0.1＝800 万元

【案例 5】（2004 年考题）

背景：

某实施监理的工程项目，采用以直接费为计算基础的全费用单价计价，混凝土分项工程的全费用单价为 446 元/m³，直接费为 350 元/m³，间接费费率为 12％，利润率为 10％，营业税税率为 3％，城市维护建设税税率为 7％，教育费附加费率为 3％。施工合同约定：工程无预付款；进度款按月结算；工程量以监理工程师计量的结果为准；工程保留金按工程进度款的 3％逐月扣留；监理工程师每月签发进度款的最低限额为 25 万元。

施工过程中，按建设单位要求设计单位提出了一项工程变更，施工单位认为该变更使混凝土分项工程量大幅减少，要求对合同中的单价作相应调整。建设单位则认为应按原合同单价执行，双方意见分歧，要求监理单位调整。经调整，各方达成如下共识：若最终减少的该混凝土分项工程量超过原先计划工程量的 15％，则该混凝土分项的全部工程量执行新的全费用单价，新全费用单价的间接费和利润调整系数分别为 1.1 和 1.2，其余数据不变。该混凝土分项工程的计划工程量和经专业监理工程师计量的变更后实际工程量如下表所示。

混凝土分项工程计划工程量和实际工程量表

月份	1	2	3	4
计划工程量(m³)	500	1200	1300	1300
实际工程量(m³)	500	1200	700	800

问题：

1. 如果建设单位和施工单位未能就工程变更的费用等达成协议，监理单位应如何处理？该项工程款最终结算时应以什么为依据？

2. 监理单位在收到争议调解要求后应如何进行处理？

3. 计算新的全费用单价，将计算方法和计算结果填入下表相应的空格中。

4. 每月的工程应付款是多少？总监理工程师签发的实际付款金额应是多少？

单 价 分 析 表

序号	费用项目	全费用单价(元/m³)	
		计算方法	结果
①	直接费		
②	间接费		
③	利润		
④	计税系数		
⑤	含税造价		

答案:

1. 答:如果建设单位和施工单位未能就工程变更的费用达成协议,监理机构应提出一个暂定的价格,作为临时支付工程进度款的依据。该项工程款最终结算时,应以建设单位和承包单位达成的协议为依据。

2. 监理机构接到合同争议的调解要求后应进行以下工作:

(1) 及时了解合同争议的全部情况,包括进行调查和取证;

(2) 及时与合同争议的双方进行磋商;

(3) 在项目监理机构提出调解方案后,由总监理工程师进行争议调解;

(4) 当调解未能达成一致时,总监理工程师应在施工合同规定的期限内提出处理该合同争议的意见;

(5) 在争议调解过程中,除已达到了施工合同规定的暂停履行合同的条件之外,项目监理机构应要求施工合同的双方继续履行施工合同。

3.

序号	费用项目	全费用单价	
		计算方法	结果
1	直接费		350.00
2	间接费	350×12%×1.1	46.20
3	利润	(350+46.2)×12%×1.2	47.54
4	计税系数	[1/(1−3%−3%×7%−3%×3%)−1]×100%	3.41%
5	含税造价	(350+46.2+47.54)×(1+3.41%)	458.87

4.

(1) 1月份工程量价款:500×446=223000 元。

应签证的工程款为 22.3×(1−3%)=216310 元。

因低于监理工程师签发进度款的最低限额,所以1月份不付款。

(2) 2月份工程量价款:1200×446=535200 元。

应签证的工程款为 535200×(1−3%)=519144 元。

2月份总监理工程师签发的实际付款金额为 519144+216310=735454 元。

(3) 3月份工程量价款:700×446=312200 元。

应签证的工程款为 312200×(1−3%)=302834 元。

3月份总监理工程师签发的实际付款金额为 302834 元。

(4) 计划工程量 4300m³,实际工程量 3200m³,比计划少 1100m³,超过计划工程量的15%以上,因此全部工程量单价应按新的全费用单价计算。

4月份工程量价款:800×458.87=367096 元。

应签证的工程款为 367096×(1−3%)=356083.12 元。

4月份应增加的工程款:(500+1200+700)×(458.87−446)×(1−3%)=29 961.36 元。

4月份总监理工程师签发的实际付款金额为 356083.12+29 961.36=386044.48 元。

【案例6】（2005年考题）

背景：

某工程，施工单位按招标文件中提供的工程量清单作出报价（见下表）。施工合同约定：工程预付款为合同总价的20%，从工程进度款累计总额达到合同总价10%的月份开始，按当月工程进度款的30%扣回，扣完为止；施工过程中发生的设计变更，采用以直接费为计算基础的全费用综合单价计价，间接费费率10%，利润率5%，计税系数3.41%。经项目监理机构批准的施工进度计划如下图所示（时间单位：月）。

施工开始后遇到季节性的阵雨，施工单位对已完工程采取了保护措施并发生了保护措施费；为了确保工程安全，施工单位提高了安全防护等级，发生了防护措施费。施工单位提出，上述两项费用应由建设单位另行支付。

施工至第2个月末，建设单位要求进行设计变更，该变更增加了一新的分项工程N，根据工艺要求，N在E结束以后开始，在H开始前完成，持续时间1个月，N工作的直接费为400元/m³，工程量为3000m³。

工程量清单报价表

工作	估计工程量（m³）	全费用综合单价（元/m³）	合计（万元）
A	3000	300	90
B	1250	200	25
C	4000	500	200
D	4000	600	240
E	3800	1000	380
F	8000	400	320
G	5000	200	100
H	3000	800	240
I	2000	700	140

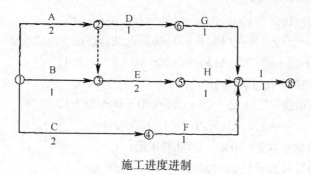

施工进度进制

问题：

1. 施工单位提出发生的保护措施费和防护措施费由建设单位另行支付是否合理？说明理由。

2. 新增分项工程N的全费用综合单价及工程变更后增加的款额是多少？（计算结果保留2位小数）

3. 该工程合同总价是多少？增加N工作后的工程造价是多少？

4. 若该工程的各项工作均按最早开始时间安排，各工作均按匀速完成，且各工作实际工程量与估计工程量无差异，在下表中填入 H、I、N 三项工作分月工程进度款。

5. 该工程预付款是多少？第 1 个月至第 4 个月每月结算款各为多少？

分月工程进度款表　　　　　　　　　　　　　　　　单位：万元

时间 工作名称	第1月	第2月	第3月	第4月	第5月	第6月	第7月	合计
A	45	45						90
B	25							25
C	100	100						200
D			240					240
E			190	190				380
F			320					320
G				100				100
H								
I								
N								
合计	170	145	750	290				

答案及评分标准(20 分)：

1. (1)要求建设单位另行支付工程保护措施费不合理(0.5 分)，因为该部分费用已包括在合同价中(或属施工单位支付的费用)(1 分)；

(2) 要求建设单位另行支付安全防护费不合理(0.5 分)，因为该部分费用已包括在合同价中(或属施工单位支付的费用)(1 分)；

2. (1)全费用综合单价(也可合并计算)：

① 分项直接费＝400(元/m³)

② 间接费＝①×10%＝400×10%＝40(元/m³)(0.5 分)

③ 利润＝(①+②)×5%＝(400+40)×5%＝22(元/m³)(0.5 分)

④ 税金＝(①+②+③)×3.41%＝(400+40+22)×3.41%
　　　＝15.75(元/m³)(0.5 分)

⑤ 全费用综合单价＝①+②+③+④＝400+40+22+15.75
　　　　　　　＝477.75(元/m³)(1 分)

{或①分项直接费＝400×3000＝1200000(元)

② 间接费＝①×10%＝1200000×10%＝120000(元)

③ 利润＝(①+②)×5%＝(1200000+120000)×5%＝66000(元)

④ 税金＝(①+②+③)×3.41%＝(1200000+120000+66000)×3.41%
　　　＝47263(元)

⑤ 全费用综合单价＝(①+②+③+④)÷3000
　　　　　　　＝(1200000+120000+66000+47263)÷3000＝477.75(元/m³)}

(2) 工程变更后增加的款额＝477.75×3000＝1433250 元
　　　　　　　　　　＝143.33(万元)(1 分)

3. (1)该工程合同总价＝90＋25＋200＋240＋380＋320＋100＋240＋140

                   ＝1735(万元)(1分)

(2)增加 N 工作后的工程造价＝1735＋143.33＝1878.33(万元)(1分)

4. (1)H 工作第 6 月工程进度款＝240(万元)(1分)

(2)I 工作第 7 月工程进度款＝140(万元)(1分)

(3) N 工作第 5 月工程进度款＝143.33(万元)(1分)

(或直接填在表中)

分月工程进度款表   单位：万元

工作名称＼时间	第1月	第2月	第3月	第4月	第5月	第6月	第7月	合计
A	45	45						90
B	25							25
C	100	100						200
D			240					240
E			190	190				380
F			320					320
G				100				100
H						240		
I							140	
N					143.33			
合计	170	145	750	290				

5. 工程预付款＝1735×20％＝347(万元)(1分)

第 1 月：工程进度款＝170 万元＜1735×10％＝173.5(万元)，

本月不扣预付款(0.5分)。

本月结算款 170 万元(1分)

第 2 月：工程进度款 145 万元

累计工程进度款 145＋170＝315＞173.5，本月开始扣预付款(0.5分)。

本月结算款＝145－145×30％＝101.5(万元)(1分)

第 3 月：工程进度款 750 万元

本月结算款＝750－750×30％＝525(万元)(1分)

第 4 月：工程进度款 290 万元

累计扣回预付款金额＝145×30％＋750×30％＝43.5＋225

                  ＝268.5(万元)(1分)

预付款未扣部分＝347－268.5＝78.5(万元)(1分)

290×30％＝87＞78.5，本月实际扣预付款金额为 78.5 万元(0.5分)

本月结算款＝290－78.5＝211.5(万元)(1分)

第五部分　建设工程进度控制

📖 **考纲分解**

第一章　建设工程进度控制概述

第一节　建设工程进度控制的基本知识

一、进度控制的概念

1. 基本概念

建设工程进度控制是指对工程项目建设各阶段的工作内容、工作程序、持续时间和衔接关系根据进度总目标及资源优化配置的原则编制计划并付诸实施，然后在进度计划的实施过程中经常检查实际进度是否按计划要求进行，对出现的偏差情况进行分析，采取补救措施或调整、修改原计划后再付诸实施，如此循环，直到建设工程竣工验收交付使用。

2. 目的

建设工程进度控制的最终目的是确保建设项目按预定的时间动用或提前交付使用，建设工程进度控制的总目标是建设工期。

3. 控制原理

进度控制必须遵循动态控制原理，在计划执行过程中不断检查，并将实际状况与计划安排进行对比，在分析偏差及其产生原因的基础上，通过采取纠偏措施，使之能正常实施。如果采取措施后不能维持原计划，则需要对原进度计划进行调整或修正，再按新的进度计划实施。

二、进度控制的措施

进度控制的措施应包括：组织措施、技术措施、经济措施、合同措施。

1. 组织措施

(1) 建立进度控制目标体系，明确建设工程现场监理组织机构中进度控制人员及其职责分工；

(2) 建立工程进度报告制度及进度信息沟通网络；

(3) 建立进度计划审核制度和进度计划实施中的检查分析制度；

(4) 建立进度协调会议制度，包括协调会议举行的时间、地点，协调会议的参加人员等；

(5) 建立图纸审查、工程变更和设计变更管理制度。

2. 技术措施

(1) 审查承包商提交的进度计划，使承包商能在合理的状态下施工；

(2) 编制进度控制工作细则，指导监理人员实施进度控制；

(3) 采用网络计划技术及其他科学适用的计划方法，并结合电子计算机的应用，对建设工程进度实施动态控制。

3. 经济措施

（1）及时办理工程预付款及工程进度款支付手续；

（2）对应急赶工给予优厚的赶工费用；

（3）对工期提前给予奖励；

（4）对工程延误收取误期损失赔偿金；

（5）加强索赔管理，公正地处理索赔。

4. 合同措施

（1）推行 CM 承发包模式，对建设工程实行分段设计、分段发包和分段施工；

（2）加强合同管理，协调合同工期与进度计划之间的关系，保证合同中进度目标的实现；

（3）严格控制合同变更，对各方提出的工程变更和设计变更，监理工程师应严格审查后再补入合同文件之中；

（4）加强风险管理，在合同中应充分考虑风险因素及其对进度的影响，以及相应的处理方法。

第二节　建设工程进度控制的体系

一、建设工程进度控制计划体系

建设工程进度控制计划体系主要包括：建设单位的计划系统、监理单位的计划系统、设计单位的计划系统和施工单位的计划系统。

1. 建设单位的计划系统

建设单位编制（也可委托监理单位编制）的进度计划包括工程项目前期工作计划、工程项目建设总进度计划、工程项目年度计划。

2. 监理单位的计划系统

（1）监理总进度计划

在对建设工程实施全过程监理的情况下，监理总进度计划其目的是对建设工程进度控制总目标进行规划，明确建设工程各个阶段的进度安排。

（2）监理总进度分解计划

按工程进展阶段分解，包括：①设计准备阶段进度计划；②设计阶段进度计划；③施工阶段进度计；④动用前准备阶段进度计划。

按时间分解，包括：①年度进度计划；②季度进度计划；③月度进度计划。

3. 施工单位的计划系统

（1）施工准备工作计划；

（2）施工总进度计划；

（3）单位工程施工进度计划；

（4）分部分项工程进度计划。

二、建设工程进度计划的表示方法

横道图	用横道图表示的建设工程进度计划，一般包括两个基本部分，即左侧的工作名称及工作的持续时间等基本数据部分和右侧的横道线部分。 该计划明确地表示出各项工作的划分、工作的开始时间和完成时间、工作的持续时间、工作之间的相互搭接关系，以及整个工程项目的开工时间、完工时间和总工期

横道图	优点	形象、直观，且易于编制和理解
	缺点	（1）不能明确地反映出各项工作之间错综复杂的相互关系，因而在计划执行过程中，当某些工作的进度由于某种原因提前或拖延时，不便于分析其对其他工作及总工期的影响程度，不利于建设工程进度的动态控制。 （2）不能明确地反映出影响工期的关键工作和关键线路，也就无法反映出整个工程项目的关键所在，因而不便于进度控制人员抓住主要矛盾。 （3）不能反映出工作所具有的机动时间，看不到计划的潜力所在，无法进行最合理的组织和指挥。 （4）不能反映工程费用与工期之间的关系，因而不便于缩短工期和降低工程成本。 在横道计划的执行过程中，对其进行调整也是十分繁琐和费时的
网络图	优点	与横道计划相比，网络计划具有以下主要特点： （1）网络计划能够明确表达各项工作之间的逻辑关系。 （2）通过网络计划时间参数的计算，可以找出关键线路和关键工作。 （3）通过网络计划时间参数的计算，可以明确各项工作的机动时间。 （4）网络计划可以利用电子计算机进行计算、优化和调整
	缺点	不像横道计划那么直观明了等，但这可以通过绘制时标网络计划得到弥补

第二章 流水施工原理

第一节 基 本 概 念

一、流水施工

（一）组织施工的方式

1. 定义

考虑工程项目的施工特点、工艺流程、资源利用、平面或空间布置等要求，其施工方式可以采用依次、平行、流水等施工组织方式。

2. 做法

流水施工方式是将拟建工程项目中的每一个施工对象分解为若干个施工过程，并按照施工过程成立相应的专业工作队，各专业队按照施工顺序依次完成各个施工对象的施工过程，同时保证施工在时间和空间上连续、均衡和有节奏地进行，使相邻两专业队能最大限度地搭接作业。

3. 特点

（1）尽可能地利用工作面进行施工，工期比较短；

（2）各工作队实现了专业化施工，有利于提高技术水平和劳动生产率，也有利于提高工程质量；

（3）专业工作队能够连续施工，同时使相邻专业队的开工时间能够最大限度地搭接；

（4）单位时间内投入的劳动力、施工机具、材料等资源量较为均衡，有利于资源供应；

（5）为施工现场的文明施工和科学管理创造了有利条件。

（二）流水施工的表达方式

横坐标是持续时间，纵坐标是施工过程，水平线段是施工过程中的各个施工段的安排，其编号为各施工过程不同施工段的编号。

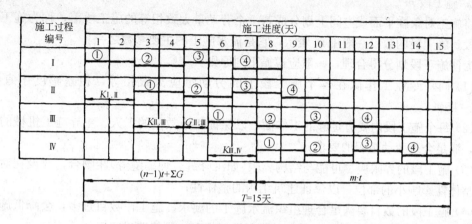

有间歇时间的固定节拍流水施工进度计划

二、流水施工参数

流水施工参数包括工艺参数、空间参数和时间参数。

（一）工艺参数

工艺参数主要是指在组织流水施工时，用以表达流水施工在施工工艺方面进展状态的参数，通常包括施工过程和流水强度两个参数。

1. 施工过程 n

组织建设工程流水施工时，根据施工组织及计划安排需要而将计划任务划分成的子项称为施工过程。施工过程划分的粗细程度由实际需要而定。凡是各类施工过程占有施工对象的空间，直接影响工期的长短，必须列入施工进度计划。

施工过程的数目一般用 n 表示。

2. 流水强度

流水强度是指流水施工的某施工过程（专业工作队）在单位时间内所完成的工程量，也称为流水能力或生产能力。流水强度可用公式计算求得：

$$V = \sum_{i=1}^{X} R_i \cdot S_i$$

式中 V——某施工过程（队）的流水强度；

R_i——投入该施工过程中的第 i 种资源量（施工机械台数或工人数）；

S_i——投入该施工过程中第 i 种资源的产量定额；

X——投入该施工过程中的资源种类数。

（二）空间参数

空间参数是指在组织流水施工时，用以表达流水施工在空间布置上开展状态的参数。

1. 工作面

工作面是指供某专业工种的工人或某种施工机械进行施工的活动空间。工作面的大小，表明能安排施工人数或机械台数的多少。工作面确定的合理与否，直接影响专业工作队的生产效率。

2. 施工段 m

将施工对象在平面或空间上划分成若干个劳动量大致相等的施工段落，称为施工段或流水段。施工段的数目一般用 m 表示，它是流水施工的主要参数之一。

为使施工段划分得合理，一般应遵循下列原则：

(1) 同一专业工作队在各个施工段上的劳动量应大致相等，相差幅度不宜超过 $10\%\sim15\%$；

(2) 每个施工段内要有足够的工作面，以保证相应数量的工人、主导施工机械的生产效率，满足合理劳动组织的要求；

(3) 施工段的界限应尽可能与结构界限（如沉降缝、伸缩缝等）相吻合，或设在对建筑结构整体性影响小的部位，以保证建筑结构的整体性；

(4) 施工段的数目要满足合理组织流水施工的要求。施工段数目过多，会降低施工速度，延长工期；施工段过少，不利于充分利用工作面，可能造成窝工；

(5) 对于多层建筑物、构筑物或需要分层施工的工程，应既分施工段，又分施工层。

(三) 时间参数

主要包括流水节拍、流水步距和流水施工工期等。

1. 流水节拍 t

流水节拍是指在组织流水施工时，某个专业工作队在一个施工段上的施工时间。流水节拍是流水施工的主要参数之一，它表明流水施工的速度和节奏性。流水节拍小，其流水速度快，节奏感强；反之则相反。

流水节拍可按定额计算法确定：

如果已有定额标准时，可按公式确定流水节拍。

$$t_{j,i}=Q_{j,i}/(S_j \cdot R_j \cdot N_j)=P_{j,i}/(R_j \cdot N_j)$$

或

$$t_{j,i}=Q_{j,i} \cdot H_j/(R_j \cdot N_j)=P_{j,i}/(R_j \cdot N_j)$$

式中　$t_{j,i}$——第 j 个专业工作队在第 i 个施工段的流水节拍；

$Q_{j,i}$——第 j 个专业工作队在第 i 个施工段要完成的工程量或工作量；

S_j——第 i 个专业工作队的计划产量定额（m^3/工日，…）；

H_j——第 j 个专业工作队的计划时间定额（工日/m^3，…）；

$P_{j,i}$——第 j 个专业工作队在第 i 个施工段需要的劳动量或机械台班数量；

R_j——第 j 个专业工作队所投入的人工数或机械台数；

N_j——第 j 个专业工作队的工作班次。

2. 流水步距 K

流水步距是指组织流水施工时，相邻两个施工过程（或专业工作队）相继开始施工的最小间隔时间。流水步距一般用 $K_{j,j+1}$ 来表示，其中 $j(j=1,2,\cdots,n-1)$ 为专业工作队或施工过程的编号。

如果施工过程数为 n 个，则流水步距的总数为 $n-1$ 个。

3. 流水施工工期 T

流水施工工期是指从第一个专业工作队投入流水施工开始，到最后一个专业工作队完成流水施工为止的整个持续时间。

$$T=\sum K+\sum t_n+\sum Z-\sum C$$

第二节　有节奏流水施工

一、固定节拍流水施工

（一）固定节拍流水施工的特点

固定节拍流水施工是一种最理想的流水施工方式，其特点如下：

（1）所有施工过程在各个施工段上的流水节拍均相等；

（2）相邻施工过程的流水步距相等，且等于流水节拍；

（3）专业工作队数等于施工过程数，即每一个施工过程成立一个专业工作队，由该队完成相应施工过程所有施工段上的任务；

（4）各个专业工作队在各施工段上能够连续作业，施工段之间没有空闲时间。

（二）固定节拍流水施工工期

1. 有间歇时间的固定节拍流水施工

间歇时间是指相邻两个施工过程之间由于工艺或组织安排需要而增加的额外等待时间。包括工艺间歇时间（$G_{j,j+1}$）和组织间歇时间（$Z_{j,j+1}$）。

对于有间歇时间的固定节拍流水施工，其流水施工工期 T 可按下式计算：

$$T=(n-1)t+\sum G+\sum Z+mt=(m+n-1)t+\sum G+\sum Z$$

【例题 1】　某分部工程流水施工计划如下图所示。

有间歇时间的固定节拍流水施工进度计划

施工过程数目 $n=4$；施工段数目 $m=4$；流水节拍 $t=2$；流水步距 $K_{I,II}=K_{II,III}=K_{III,IV}=2$；组织间歇 $Z_{I,II}=Z_{II,III}=Z_{III,IV}=0$；工艺间歇 $G_{I,II}=G_{III,IV}=0$，$G_{II,III}=1$。

流水施工工期为：

$$T=(n-1)t+\sum G+\sum Z+mt=(4-1)\times2+1+0+4\times2=15 \text{ 天}$$

2. 有提前插入时间的固定节拍流水施工

提前插入时间是指相邻两个专业工作队在同一施工段上共同作业的时间。

有提前插入时间的固定节拍流水施工的流水施工工期 T 可按下式计算：

$$T=(n-1)t+\sum G+\sum Z-\sum C+mt$$
$$=(m+n-1)t+\sum G+\sum Z-\sum C$$

【例题 2】 某分部工程流水施工计划如下图所示。

有提前插入时间的固定节拍流水施工进度计划

施工过程数目 $n=4$；施工段数目 $m=3$；流水节拍 $t=3$；流水步距 $K_{I,II}=K_{II,III}=K_{III,IV}=t=3$；组织间歇 $Z_{I,II}=Z_{II,III}=Z_{III,IV}=0$；工艺间歇 $G_{I,II}=G_{II,III}=G_{III,IV}=0$。提前插入时间 $C_{I,II}=C_{II,III}=1$，$C_{III,IV}=2$。

流水施工工期为：

$T=(n-1)t+\sum G+\sum Z-\sum C+mt=(4-1)\times3+0+0-(1+1+2)+3\times3=14$ 天

二、成倍节拍流水施工

成倍节拍流水施工是保持同一施工过程各施工段的流水节拍相等，并使某些施工过程的流水节拍成为其他施工过程流水节拍的整数倍，形成成倍节拍流水施工。

成倍节拍流水施工包括：一般的成倍节拍流水施工和加快的成倍节拍流水施工。为了缩短流水施工工期，一般均采用加快的成倍节拍流水施工方式。

1. 加快的成倍节拍流水施工的特点：

(1) 同一施工过程在其各个施工段上的流水节拍均相等；不同施工过程的流水节拍不等，但其值为倍数关系；

(2) 相邻专业工作队的流水步距相等，且等于流水节拍的最大公约数 (K)；

(3) 专业工作队数大于施工过程数，即有的施工过程只成立一个专业工作队，而对于流水节拍大的施工过程，可按其倍数增加相应专业工作队数目；

(4) 各个专业工作队在施工段上能够连续作业，施工段之间没有空闲时间。

2. 加快的成倍节拍流水施工工期

加快的成倍节拍流水施工工期 T 可按下式计算：

$$T=(m+n'-1)K+\sum G+\sum Z-\sum C$$

式中　n'——专业工作队数目，其余符号如前所述。

【例题3】　某分部工程划分为 6 个施工段；3 个施工过程，流水节拍分别为：3 天、2 天、1 天。组织加快的成倍节拍流水施工，计算流水施工工期。

加快成倍流水施工计划如下图所示。

施工过程编号	专业工作队编号	施工进度(天)										
		1	2	3	4	5	6	7	8	9	10	11
I	I₁		①			④						
	I₂	K		②			⑤					
	I₃		K		③			⑥				
II	II₁			K	①		③		⑤			
	II₂				K ②			④		⑥		
III	III					K	①	②	③	④	⑤	⑥

$(n'-1)K$　　　　　$m\cdot K$

$T=11$天

施工过程数目 $n=3$；专业工作队数目 $n'=6$；施工段数目 $m=6$；流水步距 $K=1$；组织间歇 $Z=0$；工艺间歇 $G=0$；提前插入时间 $C=0$。

流水施工工期为：

$$T=(m+n'-1)t+\sum G+\sum Z-\sum C=(6+6-1)\times 1+0+0-0=11\text{ 天}$$

【例题4】　某建设工程由四幢大板结构楼房组成，每幢楼房为一个施工段，施工过程划分为基础工程、结构安装、室内装修和室外工程 4 项，其流水节拍分别为：5 周、10 周、10 周、5 周。一般的成倍节拍流水施工进度计划如下图所示。

施工过程	施工进度(周)											
	5	10	15	20	25	30	35	40	45	50	55	60
基础工程	①	②	③	④								
结构安装	$K_{\text{I,II}}$ ①		②		③		④					
室内装修			$K_{\text{II,III}}$ ①		②		③		④			
室外工程						$K_{\text{III,IV}}$		①	②	③	④	

$\sum K=5+10+25=40$　　　$m\cdot t=4\times 5=20$

总工期为：　　　　　　$T_0=(5+10+25)+4\times 5=60$ 周

请按加快的成倍节拍流水施工计算工期，并画出横道图。

（1）计算流水步距

流水步距等于流水节拍的最大公约数：$K=\min[5, 10, 10, 5]=5$ 周

（2）确定专业工作队数目

每个施工过程成立的专业工作队数目可按下式计算：

$$b_j = t_j / K$$

式中　b_j——第 j 个施工过程的专业工作队数目；

　　　t_i——第 i 个施工过程的流水节拍；

　　　K——流水步距。

在本例中，各施工过程的专业工作队数目分别为：

Ⅰ——基础工程：$b_I = 5/5 = 1$

Ⅱ——结构安装：$b_{II} = 10/5 = 2$

Ⅲ——室内装修：$b_{III} = 10/5 = 2$

Ⅳ——室外工程：$b_{IV} = 5/5 = 1$

专业工作队总数：$n' = (1+2+2+1) = 6$

（3）绘制加快的成倍节拍流水施工进度计划图

加快的成倍节拍流水施工进度计划如下图所示。

施工过程	专业工作队编号	施工进度(周)								
		5	10	15	20	25	30	35	40	45
基础工程	Ⅰ	①	②	③	④					
结构安装	Ⅱ-1	K	①		③					
	Ⅱ-2		K	②		④				
室内装修	Ⅲ-1			K	①		③			
	Ⅲ-2				K	②		④		
室外工程	Ⅳ					K	①	②	③	④

$(n'-1)K = (6-1) \times 5$　　　$m \cdot K = 4 \times 5$

（4）确定流水施工工期

流水施工工期为：$T = (m+n'-1)K = (4+6-1) \times 5 = 45$（周）

与一般的成倍节拍流水施工进度计划比较，加快的成倍节拍流水施工使总工期缩短了 15 周。

第三节　非节奏流水施工

一、非节奏流水施工的特点

（1）各施工过程在各施工段的流水节拍不全相等；

（2）相邻施工过程的流水步距不尽相等；

（3）专业工作队数等于施工过程数；

（4）各专业工作队能够在施工段上连续作业，但有的工作面可能有闲置的时间。

二、流水步距的确定

在非节奏流水施工中，通常采用"累加数列、错位相减、取大差法"计算流水步距。

累加数列错位相减取大差法的基本步骤如下：

（1）对每一个施工过程在各施工段上的流水节拍依次累加，求得各施工过程流水节拍的累加数列；

（2）将相邻施工过程流水节拍累加数列中的后者错后一位，相减得一个差数列；

（3）在差数列中取最大值，即为这两个相邻施工过程的流水步距。

【例题 5】 某工程由 3 个施工过程组成，分为 4 个施工段进行流水施工，其流水节拍（天）见下表，试确定流水步距。

某工程流水节拍表

施工过程	施 工 段			
	①	②	③	④
Ⅰ	2	3	2	1
Ⅱ	3	2	4	2
Ⅲ	3	4	2	2

答：（1）求各施工过程流水节拍的累加数列：

施工过程Ⅰ：2，5，7，8

施工过程Ⅱ：3，5，9，11

施工过程Ⅲ：3，7，9，11

（2）错位相减求得差数列：

Ⅰ与Ⅱ：

```
      2,    5,    7,     8
  一)      3,    5,     9,    11
 ─────────────────────────────────
      2,    2,    2,    -1,   -11
```

Ⅱ与Ⅲ：

```
      3,    5,    9,    11
  一)      3,    7,     9,    11
 ─────────────────────────────────
      3,    2,    2,     2,   -11
```

（3）在差数列中取最大值求得流水步距：

施工过程Ⅰ与Ⅱ之间的流水步距：$K_{1,2}=\max[2, 2, 2, -1, -11]=2$ 天

施工过程Ⅱ与Ⅲ之间的流水步距：$K_{2,3}=\max[3, 2, 2, 2, -11]=3$ 天

三、流水施工工期的确定

流水施工工期可按下式计算：

$$T=\sum K+\sum t_n+\sum Z+\sum G-\sum C$$

式中　T——流水施工工期；

　　$\sum K$——各施工过程（或专业工作队）之间流水步距之和；

　　$\sum t_n$——最后一个施工过程（或专业工作队）在各施工段流水节拍之和；

如果该题中 $\sum Z=\sum G=\sum C=0$，按上式计算工期

$$T=(K_{1,2}+K_{2,3})+\sum t_{n}=(2+3)+(3+4+2+2)=16 \text{ 天}$$

【例题 6】 某工厂需要修建 4 台设备的基础工程，施工过程包括基础开挖、基础处理和浇筑混凝土。因设备型号与基础条件等不同，使得 4 台设备（施工段）的各施工过程有着不同的流水节拍（单位：周），见下表。请计算工期，绘制横道图。

基础工程流水节拍表

施工过程	施 工 段			
	设备 A	设备 B	设备 C	设备 D
基础开挖	2	3	2	2
基础处理	4	4	2	3
浇筑混凝土	2	3	2	3

答： 本工程应按非节奏流水施工方式组织施工。

(1) 确定施工流向由设备 A—B—C—D，施工段数 $m=4$。

(2) 确定施工过程数，$n=3$，包括基础开挖、基础处理和浇筑混凝土。

(3) 采用"累加数列错位相减取大差法"求流水步距：

$$
\begin{array}{ccccc}
& 2, & 5, & 7, & 9 \\
-) & & 4, & 8, & 10, & 13 \\
\hline
\end{array}
$$

$$K_{1,2}=\max \quad [2, \quad 1, \quad -1, \quad -1, \quad -13]=2$$

$$
\begin{array}{ccccc}
& 4, & 8, & 10, & 13 \\
-) & & 2, & 5, & 7, & 10 \\
\hline
\end{array}
$$

$$K_{2,3}=\max \quad [4, \quad 6, \quad 5, \quad 6, \quad -10]=6$$

(4) 计算流水施工工期：$T=\sum K+\sum t_{n}=(2+6)+(2+3+2+3)=18$ 周。

(5) 绘制非节奏流水施工进度计划，如下图所示。

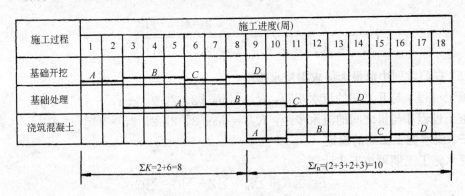

【例题 7】 某施工项目由挖基槽、做垫层、砌基础和回填土四个施工过程组成；该工程在平面上划分为 6 个施工段。各施工过程在各个施工段的流水如表所示。做垫层完成后，其相应施工段至少应有养护时间 2 天。

施工过程名称	流水节拍(天)					
	①	②	③	④	⑤	⑥
挖土方	3	4	3	3	4	3
做垫层	2	2	1	2	2	2
砌基础	3	2	2	3	2	2
回填土	1	1	2	1	2	2

请计算工期(1)确定流水步距；(2)确定流水施工工期。

答：

(1) 确定流水步距：

第一步：累加数列：

挖土方(过程 A)：3，7，10，13，17，20

做垫层(过程 B)：2，4，5，7，9，11

砌基础(过程 C)：3，5，7，10，12，14

回填土(过程 D)：1，2，4，5，7，9

第二步：流水步距：

$$
\begin{array}{ccccccc}
& 3, & 7, & 10, & 13, & 17, & 20 \\
-) & & 2, & 4, & 5, & 7, & 9, & 11 \\
\hline
& 3 & 5 & 6 & 8 & 10 & 11 & -11
\end{array}
$$

$$K_{A,B}=11(天)$$

$$
\begin{array}{ccccccc}
& 2, & 4, & 5, & 7, & 9, & 11 \\
-) & & 3, & 5, & 7, & 10, & 12, & 14 \\
\hline
& 2, & 1, & 0, & 0, & -1, & -1, & -14
\end{array}
$$

$$K_{B,C}=2(天)$$

$$
\begin{array}{ccccccc}
& 3, & 5, & 7, & 10, & 12, & 14 \\
-) & & 1, & 2, & 4, & 5, & 7, & 9 \\
\hline
& 3, & 4, & 5, & 6, & 7, & 7, & -9
\end{array}
$$

$$K_{C,D}=7(天)$$

(2) 流水施工工期

$$T=\sum K+\sum t_n+\sum Z$$

$$=(11+2+7)+(1+1+2+1+2+2)+2$$

$$=31(天)$$

第三章 网 络 计 划

第一节 网 络 计 划 技 术

网络图是网络计划的载体，是由箭线和节点组成的，用来表示工作流程的有向、有序、有限的网状图形。

一个网络表示一项计划任务。网络图中的工作是计划任务按需要粗细程度划分而成的一个消耗时间或既消耗时间也消耗资源的子项目和子任务。

一、双代号网络图的组成

节点	双代号网络图中节点表示工作之间的联结，它不占用任何时间和资源，只表示指向节点的工作全部完成后，该节点后面的工作才能开始这件事。因此节点只是一个"瞬间"，被称为事件
工作	任何一项计划，都包含许多待完成的工作。在双代号网络图中，工作是用箭线表示的。箭尾表示工作的开始，箭头表示工作的完成。对于某项工作来说，紧排在其前面的工作，称为该工作的紧前工作，紧接在其后面的工作称为该工作的紧后工作，和它同时进行的工作称为平行工作
虚工作	虚工作是一项虚拟的工作，实际并不存在。它仅用来表示工作之间的先后顺序，无工作名称，既不消耗时间，也不消耗资源。用虚箭线表示虚工作，其持续时间为0。为虚工作的两种表达方法。在用实箭线表示时，需要标注持续时间为0。在时标网络图中虚箭线只有上下，没有左右方向
关系图	
网络图的绘制	在绘制网络图前，根据第一章所讲述的工作分解结构方法和项目管理的需要，将项目分解为网络计划的基本组成单元—工作(或工序)，并确定各工作的持续时间，确定网络计划中各项工作的先后顺序，工作间的逻辑关系分为工艺关系和组织关系，据此绘制网络计划。
时标网络计划	双代号网络图绘制在时间坐标上，称为时标网络计划。 时标网络图中的工作全部按最早开始和最早完成时间绘制，称为早时标网络计划； 网络图中的工作全部按最迟开始和最迟完成时间绘制，称为迟时标网络计划
	时标网络计划中的实箭线表示工作，波形线表示一项工作的最早完成时间与其紧后工作的最早开始时间之间的时间间隔

二、双带号网络图的计算

（一）基本概念的计算(六时标注法)

1. 工作最早开始时间	最早开始时间是在各紧前工作全部完成后，本工作有可能开始的最早时刻。工作 $i-j$ 的最早开始时间用 ES_{i-j} 表示	工作最早开始时间应从网络计划的起点节点开始，顺着箭线方向依次计算。计算步骤如下。 ① 以网络计划的起点节点为开始节点的工作的最早开始时间为零 ② 其他工作的最早开始时间等于其紧前工作的最早开始时间加该紧前工作的持续时间所得之和的最大值 ③ 网络计划的计算工期是根据时间参数计算得到的工期，等于以网络计划的终点节点为完成节点的工作的最早开始时间加相应工作的持续时间所得之和的最大值
2. 工作最早完成时间	最早完成时间是在各紧前工作全部完成后，本工作有可能完成的最早时刻。工作 $i-j$ 的最早完成时间用 EF_{i-j} 表示	工作最早完成时间等于工作最早开始时间加本工作持续时间
3. 工作最迟开始时间的计算	最迟开始时间是在不影响整个任务按期完成的条件下，本工作最迟必须开始的时刻，工作 $i-j$ 的最迟开始时间用 LS_{i-j} 表示	工作最迟开始时间应从网络计划的终点节点开始，逆着箭线方向依次计算。计算步骤如下。 ① 以网络计划的终点节点为完成节点工作的最迟开始时间等于网络计划的计划工期减该工作的持续时间 ② 其他工作的最迟开始时间等于其紧后工作最迟开始时间减本工作的持续时间所得之差的最小值
4. 最迟完成时间	是在不影响整个任务按期完成的条件下，本工作最迟必须完成的时刻。工作 $i-j$ 的最迟完成时间用 LE_{i-j} 表示	工作最迟完成时间等于工作最迟开始时间加本工作持续时间最迟完成时间
5. 自由时差的计算	自由时差是在不影响其紧后工作最早开始的前提下，本工作可以利用的机动时间。工作 $i-j$ 的自由时差用 FF_{i-j} 表示	工作自由时差等于该工作的紧后工作的最早开始时间减本工作最早开始时间，再减本工作的持续时间所得之差的最小值。工作的自由时差小于等于其总时差
6. 总时差的计算	总时差是在不影响总工期的前提下，本工作可以利用的机动时间。工作 $i-j$ 的总时差用 TF_{i-j} 表示	工作总时差等于工作最迟开始时间减最早开始时间

（二）关键工作、关键节点和关键线路

关键工作	总时差最小的工作就是关键工作。在计划工期 T_p 等于计算工期 T_c 时，总时差为 0 的工作就是关键工作
关键节点	关键工作两端的节点称为关键节点，关键节点具有如下规律。 ① 网络计划的起始节点和终点节点必为关键节点。 ② 以关键节点为完成节点的工作，当 $T_p = T_c$ 时，其总时差和自由时差必然相等。其他非关键工作的自由时差小于等于总时差
关键线路	由关键工作组成的线路，且当每相邻的两项关键工作之间的时间间隔为 0 时，该条线路即为关键线路

如下图，经过六时标注法计算，可以看出关键工作为：A，C，G，I；关键线路为：A—C—G—I

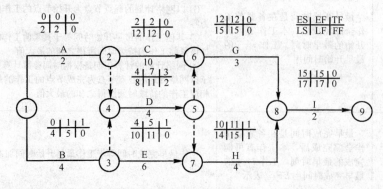

（三）其他算法和画法

按节点计算法在网络图上标注时间参数图例

| 1. 按节点计算法就是先计算节点最早时间和节点最迟时间，再据此计算出六个时间参数 |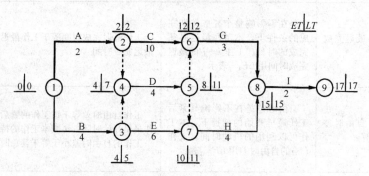

标注时间的网络计划 |

| 2. 标号法确定关键工作和关键线路 | 标号法是一种简便快速的确定关键工作和关键线路的方法，标号法只须计算一个时间参数，即节点标号值。节点标号值等于节点的最早时间。其标注方法如图所示，图中的源节点号表示该节点的标号值是从哪个节点的标号值计算得到，即来源节点号。工作自由时差等于该工作的完成节点的最早时间减该工作的开始节点的最早时间，再减工作的持续时间 |

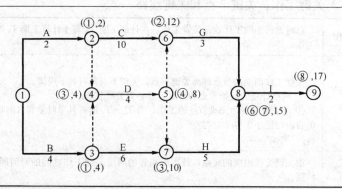

三、双代号时标网络计划

1. 基本含义	双代号时标网络计划(以下简称时标网络计划)是以时间坐标为尺度绘制的网络计划。 时标的时间单位应根据需要在编制网络计划之前确定,可为时、天、周、旬、月或季
2. 工作和箭线含义	时标网络计划以实箭线表示工作,每项工作直线段的水平投影长度代表工作的持续时间,以虚箭线表示虚工作,以波形线表示工作与其紧后工作之间的时间间隔(以网络计划终点节点为完成节点的工作除外)
3. 时间间隔	波形线表示工作与其紧后工作之间的时间间隔(以网络计划终点节点为完成节点的工作除外)
4. 自由时差	① 当有波形线的工作之后紧接有实工作时,波形线表示本工作的自由时差; ② 当有波形线的工作之后只紧接虚工作时,则紧接的虚工作的波形线中的最短者为该工作的自由时差
5. 虚工作的表示	时标网络计划中的箭线宜用水平箭线或由水平段和垂直段组成的箭线,不宜用斜箭线。虚工作亦宜如此,但虚工作的水平段应绘成波形线
6. 时间坐标	计算坐标、工作日坐标和日历坐标三者均可在网络计划中采用,也可以同时采用:计算坐标体系,供计算时间参数之用;工作日坐标体系;日历坐标体系(要表示出节假日)

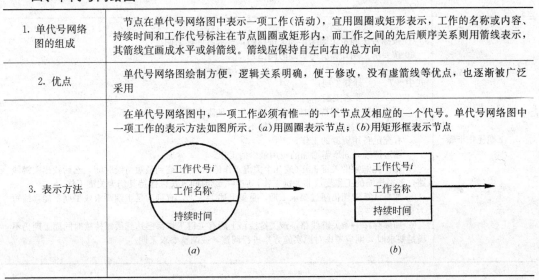

四、单代号网络图

1. 单代号网络图的组成	节点在单代号网络图中表示一项工作(活动),宜用圆圈或矩形表示,工作的名称或内容、持续时间和工作代号标注在节点圆圈或矩形内,而工作之间的先后顺序关系则用箭线表示,其箭线宜画成水平或斜箭线。箭线应保持自左向右的总方向
2. 优点	单代号网络图绘制方便,逻辑关系明确,便于修改,没有虚箭线等优点,也逐渐被广泛采用
3. 表示方法	在单代号网络图中,一项工作必须有惟一的一个节点及相应的一个代号。单代号网络图中一项工作的表示方法如图所示。(a)用圆圈表示节点;(b)用矩形框表示节点

4. 常见的形式	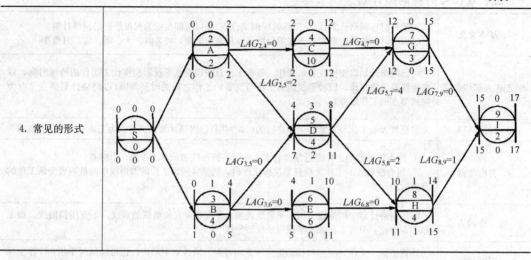

第二节　网络计划工期优化

1. 定义	工程网络图的优化，是在满足既定约束条件下，按某一目标通过不断改进网络计划寻求满意方案
2. 分类	网络计划的优化按计划任务的需要和条件选定，有工期优化、成本优化和资源优化
3. 方法	在优化过程中，不一定需要全部时间参数值，只需寻求出关键线路和次关键线路，即可进行优化。关键线路直接寻求法之一是标号法，即对每个节点和标号值进行标号，将节点都标号后，从网络计划终点节点开始，从右向左按源节点求出关键线路。网络计划终点节点标号值即为计算工期
4. 工期优化	工期优化就是压缩计算工期，以达到要求工期的目标，或在一定约束条件下使工期最短的优化过程。工期优化一般通过压缩关键工作的持续时间来满足工期要求，但应注意，被压缩的关键工作在压缩完成后仍应为关键工作。若优化过程中出现多条关键线路时，为使工期缩短，应将各关键线路持续时间压缩同一数值
5. 工期优化步骤	① 按标号法确定关键工作和关键线路，并求出计算工期。 ② 按要求工期计算应缩短的时间 ΔT： $$\Delta T = T_c - T_r$$ 式中　T_c——计算工期； 　　　T_r——要求工期。 ③ 选择应优先缩短持续时间的关键工作，具体包括： 　a. 缩短持续时间对质量和安全影响不大的工作； 　b. 有充足备用资源的工作； 　c. 缩短持续时间所需增加的费用最少的工作。 ④ 将优先缩短的关键工作（或几个关键工作的组合）压缩到最短持续时间，然后找出关键线路，若被压缩的工作变成非关键工作，应将持续时间延长以保持其仍为关键工作。 ⑤ 如果计算工期仍超过要求工期，重复上述①～④，直到满足工期要求或工期不能再缩短为止。 ⑥ 如果存在一条关键线路，该关键线路上所有关键工作都已达到最短持续时间而工期仍不满足要求时，则应考虑对原实施方案进行调整，或调整要求工期

【例题 1】 某项目的合同工期为 38 周。施工总进度计划如图所示(时间单位:周),各工作可以缩短的时间及其增加的赶工费见表。现建设单位要求将总工期缩短 2 周,问如何调整计划才能既实现建设单位的要求又能使支付施工单位的赶工费用最少?

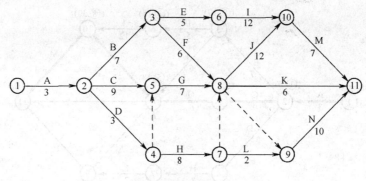

初始网络计划

各工作可以缩短的时间及其增加的赶工费表

分部工程名称	A	B	C	D	E	F	G	H	I	J	K	L	M	N
可缩短的时间(周)	0	1	1	1	2	1	1	0	2	1	1	0	1	3
增加的赶工费(万元/周)		0.7	1.2	1.1	1.8	0.5	0.4		3.0	2.0	1.0		0.8	1.5

答: 该网络计划的工期优化可按以下步骤进行:

(1) 根据各项工作的正常持续时间,用标号法确定网络计划的计算工期和关键线路,如图所示。此时关键线路为①—②—⑤—⑧—⑩—⑪。

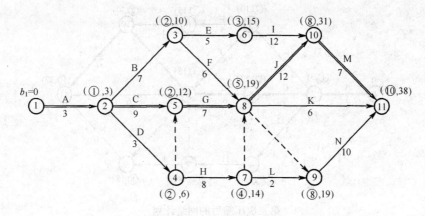

初始网络计划中的关键线路

(2) 按要求计算应缩短的时间:

$$\Delta T = T_c - T_r = 2$$

(3) 由于此时关键工作为工作 A、工作 C、工作 G、工作 J 和工作 M,而工作 A 没有可缩短的时间,其他工作中工作 C 的赶工费用系数最小,故应将工作 G 作为优先压缩对象。

（4）由于关键工作 G 可缩短的时间为 1 周，将关键工作 C 的持续时间压缩至最短持续时间 6 天，利用标号法确定新的计算工期和关键线路，如图所示。

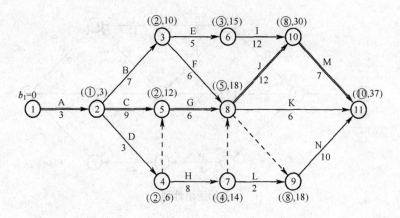

第一次压缩后的网络计划

（5）由于此时计算工期为 37 天，仍大于要求工期，故需继续压缩。需要缩短的时间 $\Delta = T_1 = 1$。此时关键工作仍为工作 A、工作 C、工作 G、工作 J 和工作 M，而其中工作 A 可压缩时间为 0，工作 G 压缩达到极限。所以只能在工作 C、工作 J 和工作 M 中挑选增加赶工费用最小的工作为优先压缩对象。三个压缩方案中压缩工作 M 所增加的赶工费用最小，挑选工作 M 作为优先压缩的对象。将工作 M 的持续时间压缩 1 天(压缩至最短)，再用标号法确定计算工期和关键线路，如图所示。此时，关键线路仍为①—②—⑤—⑧—⑩—⑪。

此时，计算工期为 36 天，已等于要求工期，故图所示网络计划即为优化方案。

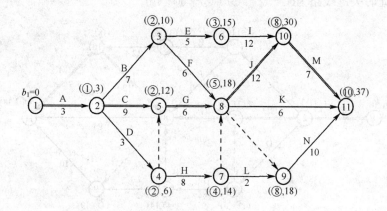

第二次压缩后的网络计划

提示：工期优化的关键实际上还是网络图的计算，一定要掌握标号法，还有要能迅速找到某一工作的总时差，这是解题的关键。

【例题 2】 某施工单位编制的某工程网络图，如下图所示，网络进度计划原始方案各工作的持续时间和估计费用，如下表所示。

工 作	持续时间(天)	费用(万元)	工 作	持续时间(天)	费用(万元)
A	12	18	G	8	16
B	26	40	H	28	37
C	24	25	I	4	10
D	6	15	J	32	64
E	12	40	K	16	16
F	40	120			

最早开始时间	最早结束时间	总时差
最迟开始时间	最迟结束时间	自由时差

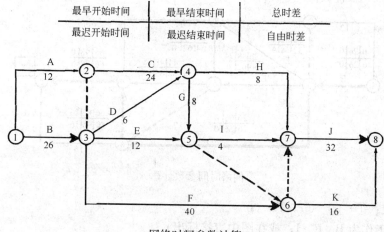

网络时间参数计算

问题:

1. 计算网络进度计划原始方案各工作的时间参数,确定网络进度计划原始方案的关键路线和计算工期。

2. 若施工合同规定:工程工期93天,工期每提前一天奖励施工单位3万元,每延期一天对施工单位罚款5万元。计算按网络进度计划原始方案实施时的综合费用。

3. 若该网络进度计划各工作的可压缩时间及压缩单位时间增加的费用如下表所示,确定该网络进度计划的最低综合费用和相应的关键路线,并计算调整优化后的总工期(要求写出调整优化过程)。

各工作的可压缩时间及压缩单位时间增加的费用

工 作	可压缩时间(天)	压缩单位时间增加的费用(万元/天)	工 作	可压缩时间(天)	压缩单位时间增加的费用(万元/天)
A	2	2	G	1	2
B	2	4	H	2	1.5
C	2	3.5	I	0	—
D	0	—	J	2	6
E	1	2	K	2	2
F	5	2			

答案：

1.

网络时间参数计算

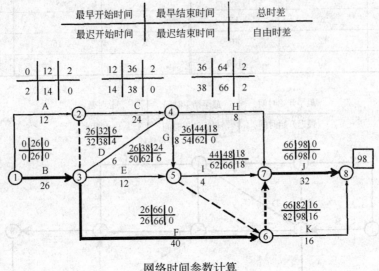

最早开始时间	最早结束时间	总时差
最迟开始时间	最迟结束时间	自由时差

网络时间参数计算

关键路线：①—③—⑥—⑦—⑧

（或关键工作为 B、F、J；或在图中直接标出）

工期：98 天（或在图中标出）

2. 计算综合费用：

原始方案估计费用：

$$18+40+25+15+40+120+16+37+10+64+16=401（万元）$$

延期罚款：$5×(98-93)=25（万元）$

综合费用为：$401+25=426（万元）$

3.

第一次调整优化：在关键线路上取压缩单位时间增加费用最低的 F 工作为对象压缩 2 天。

增加费用：$2×2=4（万元）$

第二次调整优化：ACHJ 与 BFJ 同时成为关键工作，选择 H 工作和 F 工作为调整对象，各压缩 2 天。

增加费用：$2×(1.5+2)=7（万元）$

第三次调整优化：ACHJ 与 BFJ 仍为关键工作，选择 A 工作和 F 工作作为调整对象，各压缩 1 天。

增加费用：$1×(2+2)=4（万元）$

优化后的关键线路为：

①—③—⑥—⑦—⑧（或关键工作为 A、C、H、J）

和 ①—②—④—⑦—⑧（或关键工作为 B、F、J）

工期：98－2－2－1＝93(天)

最低综合费用：401＋4＋7＋4＝416(万元)

第四章　建设工程进度计划实施中的监测与调整方法

第一节　实际进度监测与调整的系统过程

一、实际进度监测与调整的系统过程

在建设工程实施过程中，监理工程师应经常地、定期地对进度计划的执行情况进行跟踪检查，发现问题后，及时采取措施加以解决。

二、进度调整的系统过程

1. 分析进度偏差产生的原因

通过实际进度与计划进度的比较，发现进度偏差时，为了采取有效措施调整进度计划，必须深入现场进行调查，分析产生进度偏差的原因。

2. 分析进度偏差对后续工作和总工期的影响

当查明进度偏差产生的原因之后，要分析进度偏差对后续工作和总工期的影响程度，以确定是否应采取措施调整进度计划。

3. 确定后续工作和总工期的限制条件

当出现的进度偏差影响到后续工作或总工期而需要采取进度调整措施时，应当首先确定可调整进度的范围，主要指关键节点、后续工作的限制条件以及总工期允许变化的范围。这些限制条件往往与合同条件有关，需要认真分析后确定。

4. 采取措施调整进度计划

采取进度调整措施，应以后续工作和总工期的限制条件为依据，确保要求的进度目标得到实现。

5. 实施调整后的进度计划

进度计划调整之后，应采取相应的组织、经济、技术措施执行它，并继续监测其执行情况。

第二节　实际进度和计划进度的比较方法

一、横道图比较法

1. 看图

横道图是传统的进度表示方法。横道图的左边按照各项工作(或工序)的先后顺序列出工作(或工序)的名称；图的右边是施工进度，图表上面的横栏表示的是时间，用水平线段在时间坐标下画出该工作(或工序)的进度线，水平线段的起始位置反映出它从开始到完工的具体时间，水平线段的长度代表工作的持续时间。

2. 分类

(1) 匀速进展横道图比较法

适用于各项工作匀速进展的情况，即各工作每单位时间完成的任务量均相等。粗实线表示实际进度，按一定比例(实际完成任务量的累计百分比)绘制在计划进度线的下方，同

时标出进度检查日期线。进度状态的判别方法如下：

①粗黑线右端与检查日期线重合，表示实际进度与计划进度一致；

②粗黑线右端位于检查日期线右侧，表示实际进度超前；

③粗黑线右端位于检查日期线左侧，表示实际进度拖后。

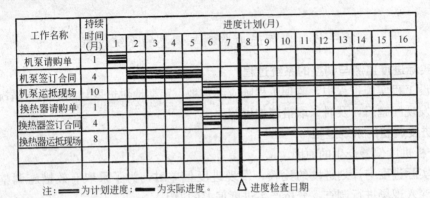

注：▬▬▬为计划进度；▬▬▬为实际进度。△进度检查日期

（2）非匀速进展横道图比较法

在原进度计划线的下方绘制粗实线表达实际进度，可将每天、每周或每月的实际进度情况定期记录在横道图上，用以直观地比较计划进度与实际进度，检查实际进度是超前、拖后，还是与原计划一致。在实际进度与计划进度的对比时，无论是采用匀速进展横道图比较法还是非匀速进展横道图比较法，只能适用于设备工程的局部进展情况的比较。

二、S 形曲线比较法

1. 形式

S 形曲线是一个以横坐标表示时间、纵坐标表示任务量完成情况的曲线图。该任务量的具体表达方式可以是实物工程量大小、工时消耗或费用支出额，也可用相应的百分比表示。

2. 特点

对于大多数设备工程来说，单位时间（可以是天、周、月、季度等）的资源（人、财、物）消耗，从整个使用时间范围来看，通常是中间多而两头少，即资源的消耗前期较少，随着时间的增加而逐渐增多，在某一时期达到高峰后又逐渐减少直至设备工程完成。由于这一原因，任务量累加后便形成一条形如"S"的曲线。

3. 应用

S 形曲线能反映工程的整体实际进展情况，但无法看到设备工程的局部进展情况。负责设备工程进度控制的设备监理工程师要事先作出计划的 S 形曲线。在设备工程施工过程中，每隔一定时间需将实际进展情况绘制在原计划的 S 形曲线所在的

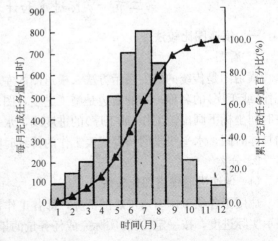

坐标系上进行直观比较，如下图所示。通过比较，可以获得如下信息。

① 实际工程进展速度。如果按工程实际进展描出的点落在原计划的 S 形曲线左侧，则表示此刻实际进度比计划进度超前，如图中 a 点；反之，如果按工程实际进度描出的点落在原计划的 S 形曲线右侧，则表示实际进度比计划进度拖后，如图中 b 点。

② 进度超前或拖后的时间。可以从 S 形曲线比较图中直接读出在 T_a 和 T_b 时刻进度超前和拖后的时间。图中 ΔT_a 表示在 T_a 时刻实际进度超前的时间，ΔT_b 表示在 T_b 时刻实际进度拖后的时间。

③ 进度超前或拖后的任务量。可以从 S 形曲线比较图中直接读出在 T_a 和 T_b 时刻进度超前和拖后的任务量。图中 ΔQ_a 表示在 T_a 时刻实际进度超前的任务量，ΔQ_b 表示在 T_b 时刻实际进度拖后的任务量。

④ 后期工程进度超前或拖后的时间预测。可根据检查日期时的施工速度和资源安排，预测设备工程工期。

三、"香蕉"曲线比较法

1. 含义

"香蕉"曲线实际上由两条 S 形曲线组合而成的，如图所示。从图中可以看出，该"香蕉"曲线是由二条具有同一开始时间和同一结束时间的曲线组成的，其中一条是以各工作均按最早开始时间安排进度所绘制的 S 形曲线，简称 ES 曲线；而另一条则以各工作按最迟开始时间安排进度所绘制的 S 形曲线，简称 LS 曲线。

2. 做法

显然，除开始点和结束点外，ES 曲线上其余各点均落在 LS 曲线的左侧，某时刻两条曲线各对应完成的任务量是不同的。通常，在设备工程实施过程中，理想的状况是任一时刻按实际进度描出的点应落在这两条曲线所包的区域内。

"香蕉"曲线的作图方法与 S 形曲线的作图方法一致，所不同之处在于它是以工作的最早开始时间和最迟开始时间绘制，通常用来表示某设备工程的总体进展情况。

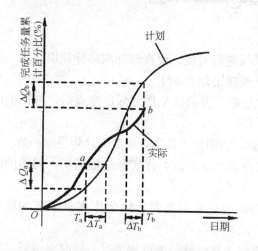

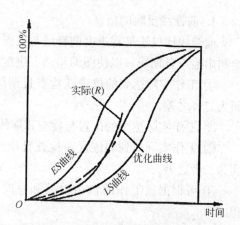

四、横道图与"香蕉"曲线综合比较法

1. 含义

有时，进度控制人员为了同时了解设备工程局部（各项工作）与总体的实施进展情况，通常将横道图与"香蕉"曲线重叠绘制于同一图中，并在实施过程中，进行实际进度与计划进度比较，这种比较方法被称为横道图与"香蕉"曲线比较法。

2. 特点

此法的最大优点是在同一张图上既能反映设备工程局部的进展状况（各项工作计划进度与实际进度的比较），又能反映设备工程总体进展状况和设备工程总的实际完成情况与总的计划完成情况的比较。

五、前锋线比较法

1. 定义

前锋线比较法是根据进度检查日期各项工作实际达到的位置所绘制出的进度前锋线，与检查日期线进行对比，确定实际进度与计划进度偏差的一种方法。

2. 适用

主要适用于时标网络计划，且各项工作是匀速进展的情况。

3. 绘制方法

进度前锋线的绘制方法是在原时标网络计划中，从检查日期位置用点画线依次连接在检查日期各项工作实际达到的位置，形成一条折线，如图所示。

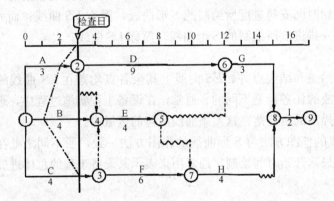

4. 前锋线反映的信息

前锋线比较法是将进度前锋线与检查日期线进行对比，但在时标网络计划中并不一定绘制出检查日期线，以使图面整洁。进度对比反映的信息如下。

① 工作实际达到的位置在检查日期线的左侧，表示该工作实际进度拖后，拖后的时间为二者之差。

② 工作实际达到的位置与检查日期线重合，表明该工作实际进度与计划进度一致。

③ 工作实际达到的位置在检查日期线的右侧，表示该工作实际进度超前，超前的时间为二者之差。

④ 可根据该工作的自由时差和总时差，确定进度偏差对后续工作和总工期的影响程度。

从上述分析可知，前锋线比较法既可以看出工作（局部）的进展情况，同时也可通过对自由时差和总时差的分析，获得设备工程总体进展情况。

如上图所示为一前锋线比较法示例。在第 3 天检查时，发现工作 A 延误 1 天，工作 B

延误2天，工作C正常。

由于工作A是关键工作，其延误1天，不仅影响总工期拖后1天，而且影响后续工作D、G和I按最早开始时间开始。工作B为非关键工作，有2天的总时差。其延误2天，正好将总时差用完，故不影响总工期，但影响紧后工作E的最早开始时间。

【例题】 检查某工程的实际进度后，绘制的进度前锋线如下图所示，在原计划工期不变的情况下，请回答以下问题。

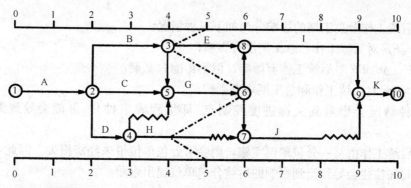

1. H工作尚有总时差几天。

答案： 1天，工作H原有总时差：$EF_H = 1 + 1 = 2$ 天，第5天检查时，工作H已拖后1天，此时H的总时差为：$EF'_H = 2 - 1 = 1$ 天。

2. 上图中，若允许计划工期改变，且后面不再拖延工期，则总工期会怎样？

答案： 拖后1天。

说明：首先确定关键线路与关键工作，在时标网络计划中，没有波折线的线路就是关键线线路，这样可以确定工作E、G均为关键工作，工作H为非关键工作；在第五天检查时，工作G超前计划1天，而工作E、H均拖后1天；工作H的总时差原为2天，实际偏差1天小于其总时差2天，不会影响总工期，但会影响其紧后工作的最早开始时间；因关键工作E拖后1天，所以总工期会拖后1天。

3. 若允许计划工期改变，且后面不再拖延工期，则H工作尚有总时差几天？

答案： 2天。

说明：工期拖后1天，则工作J总时差变为2天，工作H的总时差为0+2=2。

第三节 进度计划实施中的调整方法

一、进度监测的系统过程

（一）进度监测系统

在工程进度监测过程中，一旦发现实际进度与计划进度不符，即出现进度偏差时，进度控制人员必须认真寻找产生进度偏差的原因，分析进度偏差对后续工作产生的影响，并在必要时采取措施对进度进行调整，以确保进度目标的实现。

（二）工程进度监测系统工作内容

1. 实际进度数据采集系统。

2. 数据处理。

3. 实际进度与计划进度对比分析。

当实际进度与计划进度产生偏差时，可按下列步骤对偏差的影响程度进行分析，对是否需要调整进度计划作出决策。

（1）分析产生进度偏差的原因；

（2）分析偏差对后续工作及总工期的影响。

（三）出现偏差后

当实际进度与计划进度出现偏差时，在作必要的调整之前，需要分析由此产生的影响。

其对后续工作及总工期的影响分为如下三种情况：

① $\Delta \leqslant FF$ 对后续工作和总工期没有影响；

② $FF < \Delta \leqslant TF$ 对后续工作有影响，但不影响总工期；

③ $\Delta > TF$ 对后续工作和总工期均有影响。

后两种情况会影响到关键进度控制点（即里程碑事件），可能会导致索赔事件的发生。

如果后续工作由某一分包单位实施，则会对分包单位带来经济损失。因此，改变关键控制点的时间往往会导致受到影响的后续分包单位提出索赔。

二、进度调整的系统过程

（一）进度调整系统

通过将实际进度与计划进度进行对比，发现偏差并确定需要调整进度计划时，可进入进度调整系统，在对调整进度计划的限制因素分析后，作出及时、经济以及可行的调整决策，更新进度计划，并进入进度监测系统以保证按更新后的进度计划执行。

（二）进度计划调整方法

应以关键控制点以及总工期允许变化的范围作为限制条件，对原进度计划进行调整。在实施调整后的进度计划的过程中，设备监理工程师应采取相应的组织、技术、经济和合同措施，协调各承包商的进度，以保证最终进度目标的实现。

归纳起来，进度调整的方式主要有如下两种。

1. 改变工作间的逻辑关系

此种方式主要是通过改变关键线路上各工作间的先后顺序及逻辑关系来实现缩短工期的目的。尤其是在设备的采购和安装过程中，由于受资金或消耗性材料及安装人员和工具的限制，通过调整各工作间的先后顺序及逻辑关系来缩短工期是很有必要的。例如，若原始进度计划按比较保守的方式编制，各项工作按顺序实施，即某项工作结束后，另一项工作才开始，那么，只要通过改变工作间的逻辑关系，即将顺序实施的关系改变为相互间搭接关系，便可达到缩短工期的目的。采取此种方式进行调整时，由于增加了各工作间的相互搭接时间，因而进度控制显得更加重要，实施中必须做好协调工作。

2. 改变关键工作的持续时间

此种方式与前述方式不同，它主要着眼于关键线路上各工作本身的调整，工作间的逻辑关系并不发生变化。

例如，在设备工程进度拖延的情况下，为了加快进度，通常是压缩关键线路上有关工作的持续时间，也就是通过增加相应的资源来达到加快进度的目的。此种调整方式通常可在网络上直接进行。

其调整方法视限制条件对后续工作的影响程度的不同而有所区别,一般可考虑以下三种情况。

(1) 网络图中某项工作进度拖延,但拖延的时间在该项工作的总时差范围内,自由时差以外,即

$$FF < \Delta \leqslant TF$$

根据前述内容可知,这一拖延并不会对工期产生影响,而只对后续工作产生影响。因此,在进行调整前,需确定后续工作允许拖延的时间限制,并以此作为进度调整的限制条件。

这个限制条件的确定有时是很复杂的,特别是当后续工作由多个平行的分包单位负责实施时更是如此。后续工作在时间上产生的任何变化都可能使合同不能正常履行,导致受损失的一方提出索赔。例如,在进度实施过程中,如果设计单位拖延了交图时间,并且对后续制造和安装阶段产生了影响。由于推迟交图而造成后续工作暂停,这就意味着承包商的人力和机具的窝工与浪费,从而增加制造或服务成本。既然承包商有责任按合同规定的价格和按规定的时间完成制造或安装任务,他就有权利根据合同向业主索取补偿。正因为如此,寻找合理的调整方案,把对后续工作的影响减少到最低程度,是设备监理工程师的一项重要工作。

(2) 网络图中某项工作进度拖延,但拖延的时间超过了该项工作的总时差,即 $\Delta > TF$

这包括两种情况,一种情况是该项工作处于关键线路上(即 $TF = 0$),另一种情况是此项工作处在非关键线路上,但拖延的时间超过了总时差(即 $TF \neq 0$)。但无论哪种情况均会对后续工作及工期产生影响,其进度的调整方法又可分为以下两种情况来讨论。

1) 设备工程工期不允许拖延。在这种情况下,只有采取缩短关键线路上后续工作的持续时间以保证工期目标的实现。

2) 设备工程工期允许拖延的时间有限。在有的情况下,工期虽然允许拖延,但拖延的时间受到一定的限制。如果进度拖延的时间超过了此限制,也需要对网络进行调整,以便满足要求。

具体的调整方法是,以工期的限制时间作为规定工期,并对还未实施的网络进行工期—费用优化,即通过压缩网络图中某些工作的持续时间,使总工期满足规定工期的要求。具体步骤如下:

1) 化简网络图,去掉已经执行的部分,以进度检查日期为开始节点,并将实际数据代入;

2) 以简化的网络图及代入的实际数据为基础,计算各工作最早开始时间;

3) 以总工期允许拖延的极限时间作为完成时间计算各工作最迟开始时间。

上面所提到的两种进度调整方式,均是以工期为限制条件来进行的。值得注意的是,当出现某工作拖延的时间超过其总时差(即 $\Delta > TF$)而对进度计划进行调整时,除需考虑设备工程总工期的限制条件外,还应考虑网络图中该工作的一些后续工作在时间上是否也有限制条件。在这类网络图中,一些后续工作也许就是一些独立的合同,时间上的任何拖延,都会带来协调上的麻烦或者引起索赔。因此,当遇到网络图中某些后续工作对时间的拖延有限制时,可以以此作为条件,并按前述方法进行调整。

(3) 网络计划中某项工作的进度超前

编制网络进度计划主要是为了实现对设备工程的目标控制，而设备工程进度目标的确定是综合考虑了质量目标、费用目标等最终优化确定的，其最终目的是实现设备工程资源配置合理化，进而实现资金价值的最大化。如果某项工作的实际进度超前于计划进度，可能会打乱设备工程资源(人、材料、设备等)的合理安排，导致不合理的工期和资源浪费，因此也是一种进度失控。

当发生进度超前的情况时，设备监理工程师应综合分析进度超前对后续工作产生的有利和不利影响，并应与设备工程相关各方进行协商，商定合理的进度调整方案，确保顺利实现工期目标和设备工程总目标。

第五章 施工进度控制的工作内容

第一节 施工阶段进度控制

一、施工进度控制目标体系

1. 进度控制目标

保证工程项目按期建成交付使用，是建设工程施工阶段进度控制的最终目的。

2. 控制目标体系

为了有效地控制施工进度，首先要将施工进度总目标从不同角度进行层层分解，形成施工进度控制目标体系，从而作为实施进度控制的依据。

(1) 按项目组成分解，确定各单位工程开工既动用时间；

(2) 按承包单位分解，明确分工条件和承包责任；

(3) 按施工阶段分解，划定进度控制分界点；

(4) 按计划期分解，组织综合施工。

二、建设工程施工进度控制工作内容

1. 编制施工进度控制工作细则

施工进度控制工作细则是在建设工程监理规划的指导下，由项目监理班子中进度控制部门的监理工程师负责编制的更具有实施性和操作性的监理业务文件。其主要内容包括：

(1) 施工进度控制目标分解图；

(2) 施工进度控制的主要工作内容和深度；

(3) 进度控制人员的职责分工；

(4) 与进度控制有关各项工作的时间安排及工作流程；

(5) 进度控制的方法(包括进度检查周期、数据采集方式、进度报表格式、统计分析方法等)；

(6) 进度控制的具体措施(包括组织措施、技术措施、经济措施及合同措施等)；

(7) 施工进度控制目标实现的风险分析；

(8) 尚待解决的有关问题。

2. 编制施工进度计划

为了保证建设工程的施工任务按期完成，监理工程师必须审核承包单位提交的施工进度计划。

注意：

（1）当大型建设工程，由于单位工程较多、施工工期长，且采取分期分批发包又没有一个负责全部工程的总承包单位时，就需要监理工程师编制施工总进度计划；

（2）当建设工程由若干个承包单位平行承包时，监理工程师也有必要编制施工总进度计划。

（3）当建设工程有总承包单位时，监理工程师只需对总承包单位提交的施工总进度计划进行审核即可。而对于单位工程施工进度计划，监理工程师只负责审核而不需要编制。

3. 施工进度计划审核的内容

（1）进度安排是否符合工程项目建设总进度计划中总目标和分目标的要求，是否符合施工合同中开工、竣工日期的规定。

（2）施工总进度计划中的项目是否有遗漏，分期施工是否满足分批动用的需要和配套动用的要求。

（3）施工顺序的安排是否符合施工工艺的要求。

（4）劳动力、材料、构配件、设备及施工机具、水、电等生产要素的供应计划是否能保证施工进度计划的实现，供应是否均衡、需求高峰期是否有足够能力实现计划供应。

（5）总包、分包单位分别编制的各项单位工程施工进度计划之间是否相协调，专业分工与计划衔接是否明确合理。

（6）对于业主负责提供的施工条件（包括资金、施工图纸、施工场地、采供的物资等），在施工进度计划中安排得是否明确、合理，是否有造成因业主违约而导致工程延期和费用索赔的可能存在。

如果监理工程师在审查施工进度计划的过程中发现问题，应及时向承包单位提出书面修改意见（也称整改通知书），并协助承包单位修改。其中重大问题应及时向业主汇报。

4. 按年、季、月编制工程综合计划

5. 下达工程开工令

监理工程师应根据承包单位和业主双方关于工程开工的准备情况，选择合适的时机发布工程开工令。

为了检查双方的准备情况，在一般情况下应由监理工程师组织召开有业主和承包单位参加的第一次工地会议。

6. 协助承包单位实施进度计划

监理工程师要随时了解施工进度计划执行过程中所存在的问题，并帮助承包单位予以解决，特别是承包单位无力解决的内外关系协调问题。

7. 监督施工进度计划的实施

检查—分析—纠偏。

8. 组织现场协调会

监理工程师应每月、每周定期组织召开不同层级的现场协调会议，以解决工程施工过程中的相互协调配合问题。

在平行、交叉施工单位多，工序交接频繁且工期紧迫的情况下，现场协调会甚至需要每日召开。

对于某些未曾预料的突发变故或问题，监理工程师还可以通过发布紧急协调指令，督促有关单位采取应急措施维护施工的正常秩序。

9. 签发工程进度款支付凭证

监理工程师应对承包单位申报的已完分项工程量进行核实，在质量监理人员检查验收后，签发工程进度款支付凭证。

10. 审批工程延期

由于承包单位自身的原因所造成的工程进度拖延称为工程延误。

由于承包单位以外的原因所造成的工程进度拖延称为工程延期。

（1）工程延误。当出现工期延误时，监理工程师有权要求承包单位采取有效措施加快施工进度。如果经过一段时间后，实际进度没有明显改进，仍然拖后于计划进度，而且显然影响工程按期竣工时，监理工程师应要求承包单位修改进度计划，并提交给监理工程师重新确认。

监理工程师对修改后的施工进度计划的确认，并不是对工程延期的批准，他只是要求承包单位在合理的状态下施工。因此，监理工程师对进度计划的确认，并不能解除承包单位应负的一切责任，承包单位需要承担赶工的全部额外开支和误期损失赔偿。

（2）工程延期。如果由于承包单位以外的原因造成工期拖延，承包单位有权提出延长工期的申请。监理工程师应根据合同规定，审批工程延期时间。经监理工程师核实批准的工程延期时间，应纳入合同工期。即新的合同工期应等于原定的合同工期加上监理工程师批准的工程延期时间。

11. 向业主提供进度报告

监理工程师应随时整理进度资料，并做好工程记录，定期向业主提交工程进度报告。

12. 督促承包单位整理技术资料

监理工程师要根据工程进展情况，督促承包单位及时整理有关技术资料。

13. 签署工程竣工报验单、提交质量评估报告

当单位工程达到竣工验收条件后，承包单位在自行预验的基础上提交工程竣工报验单，申请竣工验收。监理工程师在对竣工资料及工程实体进行全面检查；验收合格后，签署工程竣工报验单，并向业主提出质量评估报告。

14. 整理工程进度资料

在工程完工以后，监理工程师应将工程进度资料收集起来，进行归类、编目和建档，以便为今后其他类似工程项目的进度控制提供参考。

15. 工程移交

监理工程师应督促承包单位办理工程移交手续，颁发工程移交证书。在工程移交后的保修期内，还要处理验收后质量问题的原因及责任等争议问题，并督促责任单位及时修理。当保修期结束且再无争议时，建设工程进度控制的任务即告完成。

第二节　施工进度计划的编制

施工进度计划是表示各项工程（单位工程、分部工程或分项工程）的施工顺序、开始和结束时间以及相互衔接关系的计划。它既是承包单位进行现场施工管理的核心指导文件，也是监理工程师实施进度控制的依据。施工进度计划通常是按工程对象编制的。

一、施工总进度计划的编制

施工总进度计划一般是建设工程项目的施工进度计划。它是用来确定建设工程项目中所包含的各单位工程的施工顺序、施工时间及相互衔接关系的计划。施工总进度计划的编制步骤和方法如下：

1. 计算工程量

根据批准的工程项目一览表，按单位工程分别计算其主要实物工程量，工程量只需粗略地计算即可。工程量的计算可按初步设计（或扩大初步设计）图纸和有关额定手册或资料进行。

2. 确定各单位工程的施工期限

各单位工程的施工期限应根据合同工期确定，同时还要考虑建筑类型、结构特征、施工方法、施工管理水平、施工机械化程度及施工现场条件等因素。

3. 确定各单位工程的开竣工时间和相互搭接关系

确定各单位工程的开竣工时间和相互搭接关系主要应考虑以下几点：

（1）同一时期施工的项目不宜过多，以避免人力、物力过于分散。

（2）尽量做到均衡施工，以使劳动力、施工机械和主要材料的供应在整个工期范围内达到均衡。

（3）尽量提前建设可供工程施工使用的永久性工程，以节省临时工程费用。

（4）急需和关键的工程先施工，以保证工程项目如期交工。对于某些技术复杂、施工周期较长、施工困难较多的工程，亦应安排提前施工，以利于整个工程项目按期交付使用。

（5）施工顺序必须与主要生产系统投入生产的先后次序相吻合。同时还要安排好配套工程的施工时间，以保证建成的工程能迅速投入生产或交付使用。

（6）应注意季节对施工顺序的影响，使施工季节不导致工期拖延，不影响工程质量。

（7）安排一部分附属工程或零星项目作为后备项目，用以调整主要项目的施工进度。

（8）注意主要工种和主要施工机械能连续施工。

4. 编制初步施工总进度计划

施工总进度计划应安排全工地性的流水作业。全工地性的流水作业安排应以工程量大、工期长的单位工程为主导，组织若干条流水线，并以此带动其他工程。施工总进度计划既可以用横道图表示，也可以用网络图表示。

5. 编制正式施工总进度计划

初步施工总进度计划编制完成后，要对其进行检查。主要是检查总工期是否符合要求，资源使用是否均衡且其供应是否能得到保证。

二、单位工程施工进度计划的编制

单位工程施工进度计划的编制程序如下图所示：

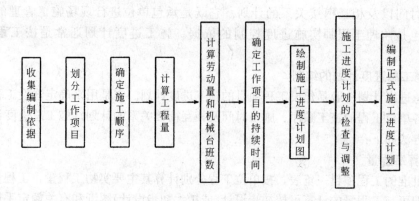

收集编制依据 → 划分工作项目 → 确定施工顺序 → 计算工程量 → 计算劳动量和机械台班数 → 确定工作项目的持续时间 → 绘制施工进度计划图 → 施工进度计划的检查与调整 → 编制正式施工进度计划

单位工程施工进度计划编制程序

第三节 施工进度计划实施中的检查与调整

施工进度计划由承包单位编制完成后，应提交给监理工程师审查，待监理工程师审查确认后即可付诸实施。承包单位在执行施工进度计划的过程中，应接受监理工程师的监督与检查。而监理工程师应定期向业主报告工程进展状况。

一、施工进度的动态检查的检查方式

施工进度计划的实施过程中，由于各种因素的影响，常常会打乱原始计划的安排而出现进度偏差。因此，监理工程师必须对施工进度计划的执行情况进行动态检查，并分析进度偏差产生的原因，以便为施工进度计划的调整提供必要的信息。

在建设工程施工过程中，监理工程师可以通过以下方式获得其实际进展情况：

1. 定期地、经常地收集由承包单位提交的有关进度报表资料。

2. 由驻地监理人员现场跟踪检查建设工程的实际进展情况。

二、施工进度计划的调整

通过检查分析，如果发现原有进度计划已不能适应实际情况时，为了确保进度控制目标的实现或需要确定新的计划目标，就必须对原有进度计划进行调整，以形成新的进度计划，作为进度控制的新依据。施工进度计划的调整方法主要有两种。

（一）压缩关键工作的持续时间

1. 组织措施

（1）增加工作面，组织更多的施工队伍；

（2）增加每天的施工时间（如采用三班制等）；

（3）增加劳动力和施工机械的数量。

2. 技术措施

（1）改进施工工艺和施工技术，缩短工艺技术间歇时间；

（2）采用更先进的施工方法，以减少施工过程的数量（如将现浇框架方案改为预制装配方案）；

（3）采用更先进的施工机械。

3. 经济措施

（1）实行包干奖励；

（2）提高奖金数额；

（3）对所采取的技术措施给予相应的经济补偿。

4. 其他配套措施

（1）改善外部配合条件；

（2）改善劳动条件；

（3）实施强有力的调度等。

一般来说，不管采取哪种措施，都会增加费用。因此，在调整施工进度计划时，应利用费用优化的原理选择费用增加量最小的关键工作作为压缩对象。

（二）组织搭接作业或平行作业

组织搭接作业或平行作业来缩短工期这种方法的特点是不改变工作的持续时间，而只改变工作的开始时间和完成时间。

第四节 工 程 延 期

一、工程延期的申报与审批

（一）申报工程延期的条件

由于以下原因导致工程拖期，承包单位有权提出延长工期的申请，监理工程师应按合同规定，批准工程延期时间。

（1）监理工程师发出工程变更指令而导致工程量增加；

（2）合同所涉及的任何可能造成工程延期的原因，如延期交图、工程暂停、对合格工程的剥离检查及不利的外界条件等；

（3）异常恶劣的气候条件；

（4）由业主造成的任何延误、干扰或障碍，如未及时提供施工场地、未及时付款等；

（5）除承包单位自身以外的其他任何原因。

（二）工程延期的审批程序

1. 当工程延期事件发生后，承包单位应在合同规定的有效期内以书面形式通知监理工程师（即工程延期意向通知），以便于监理工程师尽早了解所发生的事件，及时作出一些减少延期损失的决定。随后，承包单位应在合同规定的有效期内（或监理工程师可能同意的合理期限内）向监理工程师提交详细的申述报告（延期理由及依据）。监理工程师收到该报告后应及时进行调查核实，准确地确定出工程延期时间。

2. 当延期事件具有持续性，承包单位在合同规定的有效期内不能提交最终详细的申述报告时，应先向监理工程师提交阶段性的详情报告。监理工程师应在调查核实阶段性报告的基础上，尽快作出延长工期的临时决定。临时决定的延期时间不宜太长，一般不超过最终批准的延期时间。

3. 待延期事件结束后，承包单位应在合同规定的期限内向监理工程师提交最终的详情报告。监理工程师应复查详情报告的全部内容，然后确定该延期事件所需要的延期时间。

4. 如果遇到比较复杂的延期事件，监理工程师可以成立专门小组进行处理。对于一时难以作出结论的延期事件，即使不属于持续性的事件，也可以采用先作出临时延期的决定，然后再作出最后决定的办法。这样既可以保证有充足的时间处理延期事件，又可以避免由于处理不及时而造成的损失。

5. 监理工程师在作出临时工程延期批准或最终工程延期批准之前，均应与业主和承包单位进行协商。

（三）工程延期的审批原则

监理工程师在审批工程延期时应遵循下列原则：

1. 合同条件

监理工程师批准的工程延期必须符合合同条件。也就是说，导致工期拖延的原因确实属于承包单位自身以外的，否则不能批准为工程延期。这是监理工程师审批工程延期的一条根本原则。

2. 影响工期

发生延期事件的工程部位，无论其是否处在施工进度计划的关键线路上，只有当所延长的时间超过其相应的总时差时，才能批准工程延期。如果延期事件发生在非关键线路上，且延长的时间并未超过总时差时，即使符合批准为工程延期的合同条件，也不能批准工程延期。

应当说明，建设工程施工进度计划中的关键线路并非固定不变，他会随着工程的进展和情况的变化而转移。监理工程师应以承包单位提交的、经自己审核后的施工进度计划（不断调整后）为依据来决定是否批准工程延期。

3. 实际情况

批准的工程延期必须符合实际情况。为此，承包单位应对延期事件发生后的各类有关细节进行详细记载，并及时向监理工程师提交详细报告。与此同时，监理工程师也应对施工现场进行详细考察和分析，并做好有关记录，以便为合理确定工程延期时间提供可靠依据。

二、工程延期的控制

1. 选择合适的时机下达工程开工令；

2. 提醒业主履行施工承包合同中所规定的职责；

3. 妥善处理工程延期事件；

当延期事件发生以后，监理工程师应根据合同规定进行妥善处理。既要尽量减少工程延期时间及其损失，又要在详细调查研究的基础上合理批准工程延期时间。

此外，业主在施工过程中应尽量减少干预、多协调，以避免由于业主的干扰和阻碍而导致延期事件的发生。

三、工期延误的处理

通常可以采用下列手段进行处理：

1. 停止付款；

2. 误期损失赔偿；

3. 取消承包资格。

第六章 监理规范的有关内容

规 范 内 容	复 习 提 示
5.6 工程进度控制工作	
5.6.1 项目监理机构应按下列程序进行工程进度控制： 1. 总监理工程师审批承包单位报送的施工总进度计划； 2. 总监理工程师审批承包单位编制的年、季、月度施工进度计划； 3. 专业监理工程师对进度计划实施情况检查、分析； 4. 当实际进度符合计划进度时，应要求承包单位编制下一期进度计划；当实际进度滞后于计划进度时，专业监理工程师应书面通知承包单位采取纠偏措施并监督实施。 5.6.2 专业监理工程师应依据施工合同有关条款、施工图及经过批准的施工组织设计制定进度控制方案，对进度目标进行风险分析，制定防范性对策，经总监理工程师审定后报送建设单位。 5.6.3 专业监理工程师应检查进度计划的实施，并记录实际进度及其相关情况，当发现实际进度滞后于计划进度时，应签发监理工程师通知单指令承包单位采取调整措施。当实际进度严重滞后于计划进度时应及时报总监理工程师，由总监理工程师与建设单位商定采取进一步措施。 5.6.4 总监理工程师应在监理月报中向建设单位报告工程进度和所采取进度控制措施的执行情况，并提出合理预防由建设单位原因导致的工程延期及其相关费用索赔的建议	5.6.1：进度计划和纠偏： (1) 总监理工程师审批进度计划，专业监理工程师对进度计划实施情况检查、分析。权限不同，要注意。 (2) 纠偏措施：组织措施，合同措施，经济措施，技术措施，要分得清。 5.6.3：检查和核算进度偏差的方法有： (1) 横道图； (2) 网络图(时标网络图，标时网络图，前锋线)； (3) S 曲线，香蕉图； (4) 赢得值计算进度偏差。 5.6.4：安排加快进度的办法有： (1) 改变逻辑关系； (2) 压缩关键线路； (3) 组织平行施工； (4) 组织流水施工
5.7 竣工验收	
5.7.1 总监理工程师应组织专业监理工程师，依据有关法律、法规、工程建设强制性标准、设计文件及施工合同，对承包单位报送的竣工资料进行审查，并对工程质量进行竣工预验收。对存在的问题，应及时要求承包单位整改。整改完毕由总监理工程师签署工程竣工报验单，并应在此基础上提出工程质量评估报告。工程质量评估报告应经总监理工程师和监理单位技术负责人审核签字。 5.7.2 项目监理机构应参加由建设单位组织的竣工验收，并提供相关监理资料。对验收中提出的整改问题，项目监理机构应要求承包单位进行整改。工程质量符合要求，由总监理工程师会同参加验收的各方签署竣工验收报告	5.7.1、5.7.2：验收： 施工单位自检—报"竣工报验单"—总监组织资料审查—总监组织预验收—总监签"竣工报验单"—总监提出"工程质量评估报告"—监理单位技术负责人审核签字—报建设单位—建设单位进行资料验收—建设单位报档案部门备案(档案预验收)—建设单位组织验收(总监参加)—由总监理工程师会同参加验收的各方签署竣工验收报告—竣工验收 3 个月内移交档案

📖 答疑解析

1. 什么是里程碑事件？

答：设立项目里程碑是施工进度计划工作中很重要的一部分。里程碑事件是项目中关键的事件及关键的目标时间，是项目成功的重要因素，控制整个工程施工进度。比如在项目中可以将完成总包管理单位招标，钢结构部分制作和吊装施工，地坪以上装饰工程完工等关键任务确定为里程碑事件。

2. 进度控制措施怎么考？

答：这部分内容比较重要。对于进度控制措施要求掌握，考试时可能会让你列出某措施的几条或者给出几个措施让你识别是何种措施。需要掌握。

3. 流水施工总是理解不透，请简单总结一下？

答：流水施工的原则就是：(1)专业人干专业事，不能让砌砖的去绑钢筋；(2)谁也别闲着，包括施工队和施工场地；(3)均衡施工，施工时间，工程量或强度差不多；(4)宁可让工地闲着，也不能让工人闲着。

4. 见到流水施工的题目，从哪里入手？

答：首先是看节拍，看节拍的关系：都相等，就是等节奏；成倍，就是加快的成倍节拍；混乱，就是无节奏流水。然后根据不同情况，再计算步距，计算工期。

5. 流水施工的题目怎么考？

答：(1) 可以结合网络图，优化工期；

(2) 可以结合付款题目，计算付款方案；

(3) 可以结合招投标题目，进行资金等值计算；

(4) 可以单独考。

还有很多考试形式，但是不管什么形式，只要原理通了，就都好办了。

6. 流水施工计算中母公式是什么？

答：$T = \sum K + \sum t_n + \sum Z + \sum G - \sum C$

式中　T——流水施工工期；

　　　$\sum K$——各施工过程(或专业工作队)之间流水步距之和；

　　　$\sum t_n$——最后一个施工过程(或专业工作队)在各施工段流水节拍之和。

这个公式，是所有流水的计算的一个根本公式，要牢记。

7. 怎样学好网络图？

答：(1) 网络图的计算十分重要。想对网络图进行计算，首先要从基本概念入手，通过分析基本概念就可以得出计算的原理和公式。需要把六时标注的六个时间参数的定义背过，才可以理解含义。

(2) 工作最早开始时间，是本工作所有的紧前工作，本工作可以有一个，也可以有多个紧前工作，但是需要所有的紧前工作都结束，本工作才可能开始，即便本工作有一个紧前工作没有完成，那么本工作也就不可能开始。所以我们计算工作最早开始时间时要顺着箭线方向依次计算，有多个紧前工作的，取所有紧前工作最早完成时间的最大值为本工作的最早开始时间，这也就是我们常说的"顺着箭线计算，依次取大"。起始结点工作最早开始时间为 0。

(3) 工作最早完成时间是指本工作最早开始时间加上本工作必须的持续时间，可以和工作最早开始时间同时计算。终点节点的最早完成时间就是该网络计划的计算工期，我们一般以这个计划工期为工期要求。

(4) 工作最迟完成时间是指不影响整个任务按期完成的条件下，本工作最迟完成的时间。最后一个工作的终点节点的最早完成时间(计算工期)就是最后一个工作的最迟完成时间。

(5) 用最迟完成时间减去工作的持续时间就是该工作的最迟开始时间。最迟开始时间的含义简单理解就是如果本工作不能在这个时间开始，那么就会影响整个任务的完成，也就是要拖延计算工期。对于最迟开始时间计算的程序是："逆着箭线计算，依次取小"。

（6）总时差，总时差是指一个工作在不影响总工期的条件下，该工作可以利用的机动时间。计算公式是最迟开始时间减最早开始时间或者最迟完成时间减最早完成时间，注意这里都是"最迟减最早"。每个工作都有总时差，最小的总时差是零，我们经常说总时差为零的工作是"没有总时差"。一个工作被延误后，如果延误的时间没有超过该工作的总时差，那么不影响工期的按时完成，如果超过了总时差，超过几天则工期延误几天。

（7）自由时差，自由时差是指本工作不影响所有的紧后工作的最早开始时间所能够利用的机动时间。自由时差总是小于，最多等于总时差，不会大于总时差。当一个工作延误时，如果延误的时间没有超过自由时差，那么对紧后工作基本没有影响，如果超过了自由时差，那么就会影响到紧后工作的最早开始时间，使紧后工作受到影响，这时可能就会产生费用的索赔问题，不会产生工期的索赔，如果接着延误，延误的时间超过总时差，可能会产生工期的索赔。自由时差的计算是：紧后工作的最早开始时间减本工作的最早完成时间，简单记忆为："后早始减本早完"。

（8）关键线路有几种方式可以计算出来，其原则是总时差为零的工作组成的线路是关键线路，也就是说关键线路上的工作持续时间累计最长。常用的方法有：

1）六时标注法计算出各工作的总时差，总时差为零的工作连接起来为关键线路。

2）按节点法计算出节点的最早时间和最迟时间，计算出各工作总时差，总时差为零工作连接起来的线路为关键线路。

3）标号法确定关键工作和关键线路。这是一种既简单又稳妥的方法，建议大家掌握并能够灵活运用。

4）枚举法，实际就是将网络图中各条线路计算累计持续时间，以累计持续时间最长的为关键线路。

5）封闭环法，其原则就是以累计持续时间最长的为关键线路。计算时以节点之间的封闭回路来找出持续时间最长的工作作为备选的关键工作，依次向后找出各备选的关键工作，综合考虑识别，找出关键工作，连接起来即为关键线路。这是一种比较简单快捷的方法，但是容易丢拉关键线路。

（9）案例考试中最难的题目可能是一个简单的网络图进行六时标注法的计算，但是常见的是给出网络图和持续时间，让你找关键线路和计算总时差，从而判断工期索赔是否成立。

8. 单代号网络图会考吗？

答：一般不会考到，能看懂就可以。

9. 在时标网络图中"波形线代表的是自由时差"，是吗？

答：不是。这个是我们常说的简单的理解。实际上，波形线仅仅代表某一个工作和紧后工作的时间间隔。

10. 工期优化要注意哪些问题？

答：工期的优化也经常出现在考试中，优化常常以压缩关键线路上的关键工作的持续时间为手段，首先要明确的是不是每个工作的持续时间都可以压缩的，即便可以压缩持续时间的工作也不能任意压缩，也有最高限度。

在压缩关键工作的时候，不能将关键线路压缩成为非关键线路。

压缩哪些工作，首先要明确要压缩关键工作，对于几个关键工作，我们首先要压缩付出代价最低的那个关键工作。考试中会给出几个关键工作，并给出这几个关键工作压缩一天所付出的费用代价，我们选费用最低的实行压缩。

11. 如下图所示，前锋线怎么表示，怎样画出来的?

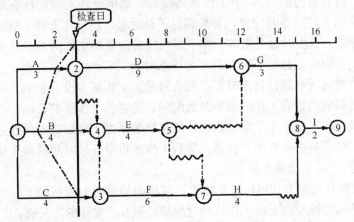

答: 在第三天检查时持续时间为三天的 A 工作，实际完成了三分之二的工程量，也就是完成了两天的工程量，这时在 A 工作箭线上的三分之二处标出一个实际工作进度点，持续工作应当是四天的 B 工作，在第三天实际仅完成了四分之一的工作量，也就是仅完成了一天的工作量，这时在 B 工作箭线的四分之一处标出实际工作进度点，然后从早时标网络图时间轴上的第三天这一点引点划线依次连到 AB 工作的实际进度点，形成前锋线，其他平行工作照此类推，最终形成检查日所有工作的前锋线。

📖 实战练习题

【案例1】 （2000 年考题）

背景:

某工程项目开工之前，承包方向监理工程师提交了施工进度计划如下图所示，该计划满足合同工期 100 天的要求。

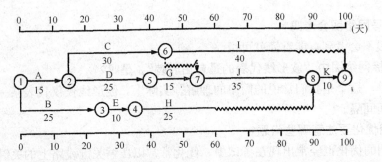

在上述施工进度计划中，由于工作 E 和工作 G 共用一台塔吊(塔吊原计划在开工第 25天后进场投入使用)必须顺序施工，使用的先后顺序不受限制(其他工作不使用塔吊)。

在施工过程中，由于业主要求变更设计图纸，使工作 E 停工 10 天(其他工作持续时间不变)，监理工程师及时向承包方发出通知，要求承包方调整进度计划，以保证该工程按合同工期完工。

承包方提出的调整方案及附加要求(以下各项费用数据均符合实际)如下：

(一)调整方案：将工作 J 的持续时间压缩 5 天。

(二)费用补偿要求：

1. 工作 J 压缩 5 天，增加赶工费 25000 元；

2. 塔吊闲置 15 天补偿：600 元/天(塔吊租赁费)×15 天＝9000 元；

3. 由于工作 B 停工 10 天造成其他有关机械闲置、人员窝工等综合损失 45000 元。

问题：

1. 如果在原计划中先安排工作 E，后安排工作 G 施工，塔吊应安排在第几天(上班时刻)进场投入使用较为合理？为什么？

2. 工作 E 停工 10 天后，承包方提出的进度计划调整方案是否合理？该计划如何调整更为合理？

3. 承包方提出的各项费用补偿要求是否合理？为什么？监理工程师应批准补偿多少元？

答案及评分标准(20 分)：

1. 塔吊应安排在第 31 天(上班时刻)进场投入使用。(2.0 分)塔吊在工作 E 与工作 G 之间没有闲置。(2.0 分)

2. 不合理。(2.0 分)先进行工作 G，后进行工作 E(图示表达正确也可)，(2.0 分)因为工作 E 的总时差为 30 天，这样安排不影响合同工期。(2.0 分)

3. (1)补偿赶工费不合理，(1.5 分)因为工作合理安排后不需要赶工(或工作 J 的持续时间不需要压缩)；(2.0 分)

(2)塔吊闲置补偿 9000 元不合理，(1.5 分)因闲置时间不是 15 天；(1.0 分)

(3)其他机械闲置补偿合理，(1.0 分)人员窝工损失补偿合理。(1.0 分)

塔吊闲置补偿：600 元/天×10 天＝6000 元；(1.0 分)

监理工程师应批准补偿：6000＋45000＝51000(元)。(1.0 分)

【案例 2】 (2001 年考题)

背景：

某施工单位通过投标获得高架输水管道工程共 20 组钢筋混凝土支架的施工合同。每组支架的结构形式及工程量相同，均由基础、柱和托梁三部分组成，如下图所示。

合同工期为 190 天。开工前施工单位向监理工程师提交了施工方案及网络进度计划：

(一)施工方案：

施工流向：从第 1 组支架依次流向第 20 组。

劳动组织：基础、柱、托梁分别组织混合工种专业队。

技术间歇：柱混凝土浇筑后需养护 20 天方能进行托梁施工。

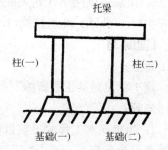

物资供应：脚手架、模具及商品混凝土按进度要求调度配合。

（二）网络进度计划（时间单位：天）

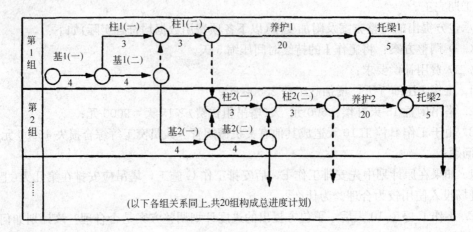

（以下各组关系同上,共20组构成总进度计划）

问题：

1. 什么是网络计划工作之间的工艺逻辑关系和组织逻辑关系？从图中各举一例说明。

2. 该网络计划反映1组支架需要多少施工时间？

3. 任意相邻两组支架的开工时间相差几天？第20组支架的开工时间是何时？

4. 该计划的计划总工期为多少天？监理工程师可否批准该网络计划？为什么？

5. 该网络计划的关键线路由哪些工作组成？

答案及评分标准（20分）：

1. 由工艺过程（或工作程序）决定的先后顺序关系（1.5分）为工艺逻辑关系。例如：基Ⅰ（一）——柱Ⅰ（一）；（1.0分）

由组织安排（或资源配置）需要的先后顺序关系（1.5分）为组织逻辑关系，例如基Ⅰ（一）——基Ⅰ（二）。（1.0分）

（举例回答能正确表达工艺逻辑关系或组织逻辑关系的也可得分。）

2. 一组支架需36天。（1.5分）

3. 相邻两组开工时间相差8天，（1.0分）第20组的开工时间为$8 \times 19 = 152$（天）（或第153天）。（2.0分）

4. 计划总工期为$152 + 36 = 188$（天），（3.0分）监理工程师可批准，（0.5分）因为满足合同工期要求（或计划工期小于合同工期）。（1.0分）

5. 由总进度网络计划关键线路图所有基础工程、（1.5分）第20组柱（二）（1.5分）及其养护（1.5分）第20组托梁（1.5分）组成。

【案例3】

背景：

施工单位对某工程所编制的双代号早时标施工网络计划如下图所示。

问题：

1. 为确保本工程的工期目标的实现，你认为施工进度计划中哪些工作应作为重点控制对象？为什么？

2. 在10月底检查发现，工作K拖后2.5个月，工作H和F各拖后1个月，请用前锋线表示第10月底时工作K、H和F的实际进展情况，并分析进度偏差对工程总工期和后续工作的影响。为什么？

3. 工作K的拖期是因业主原因造成的，工作F和H是因施工单位原因造成的。若施工单位提出工期顺延2.5个月的要求，总监理工程师应批准工程延期多少天？为什么？

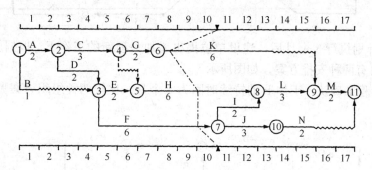

参考答案（20分）：

1. 工作A、D、E、H、L、M、F、I应作为重点控制对象。因为它们是关键线路上的关键工作（总时差为零）。（2分）

2. 前锋线如下图所示。从图上可以看出：（3分）

（1）工作K拖后2.5个月，其总时差2个月，将延长工期0.5个月；其自由时差2个月，影响后续工作M最早开工0.5个月。（3分）

（2）工作H拖后1个月，其总时差为零，是关键工作，将延长工期1个月；其自由时差亦为零，影响后续工作L和M最早开工各1个月。（3分）。

（3）工作F拖后1个月，其总时差为零，将使工期延长1个月；其自由时差亦为零，影响后续工作I、J、L、M、N最早开工各1个月。（3分）

综合上述，由于工作K、H、F拖后，工期将延长1个月；后续工作I、J、L、M、N的最早开工时间将后延1个月。（3分）

3. 总监理工程师应批准工程延期0.5月。因为，工作H和F的拖后属于施工单位自身原因造成的。只有工作K的拖后可以考虑工程延期，因为它是建设单位的原因造成的。由于工作K原有总时差2个月，2.5－2＝0.5（月），故总监理工程师应批准工程延期0.5个月。（3分）

【案例4】（2002年考题）

背景：

某委托监理的工程，施工合同工期为20个月，土方工程量为28000m³，土方单价为18元/m³。施工合同中规定，土方工程量超出原估计工程量15%时，新的土方单价应调整为15元/m³。经监理工程师审核批准的施工进度计划如下图所示（时间单位：月）。其中工作A、E、J共用一台施工机械且必须顺序施工。

问题：

1. 为确保工程按期完工，上图中哪些工作应为重点控制对象？施工机械闲置的时间是多少？

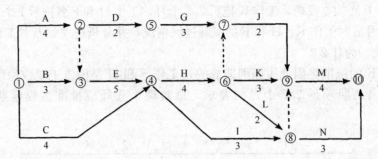

2. 当该计划执行 3 个月后，建设单位提出增加一项新的工作 F。根据施工组织的不同，工作 F 可有两种安排方案，如图所示。

经监理工程师确认，工作 F 的持续时间为 3 个月。比较两种组织方案哪一个更合理? 为什么?

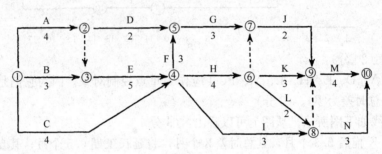

方案 1

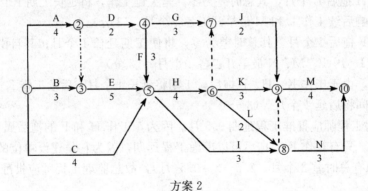

方案 2

3. 如果所增加的工作 F 为土方工程，经监理工程师复核确认的工作 F 的土方工程量为 10000m³，则土方工程的总费用是多少?

答案及评分标准(20 分):

1. 重点控制对象为 A、E、H、K、M 工作(每答对一项工作 0.5 分，共 2.5 分);
施工机械闲置时间为 4 个月(2.0 分)。

2. 方案①工期 21 个月(2.0 分)，机械闲置时间为 6 个月(2.0 分);方案②工期为 20 个月(2.0 分)，机械闲置时间为 4 个月(2.0 分);所以，方案②更合理(2.0 分)，工期短(1.5)，机械闲置时间少(1.0 分)。

3. 新增 F 工作增加上方工程量 10000m³，超出原估算土方工程量的 15％；10000m³＞28000×15％＝4200m³(1.0 分)；超出部分为：10000－4200＝5800m³。土方工程总费用：

$$(28000+4200)\times18+5800\times15=66.66 \text{ 万元(2.0 分)}$$

【案例 5】（2002 年考题）

背景：

某工程项目施工合同于 2000 年 12 月签订，约定的合同工期为 20 个月，2001 年 1 月开始正式施工。施工单位按合同工期要求编制了混凝土结构工程施工进度时标网络计划（如图所示），并经专业监理工程师审核批准。

该项目的各项工作均按最早开始时间安排，且各工作每月所完成的工程量相等。各工作的计划工程量和实际工程量如表所示。工作 D、E、F 的实际工

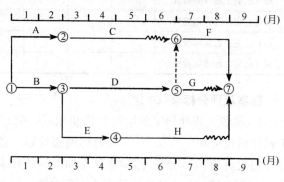

混凝土结构工程施工进度时标网络计划

作持续时间与计划工作持续时间相同。合同约定，混凝土结构工程综合单价为 1000 元/m³，按月结算。结算价按项目所在地混凝土结构工程价格指数进行调整，项目实施期间各月的混凝土结构工程价格指数如表所示。

各工作的计划工程量和实际工程量

工　作	A	B	C	D	E	F	G	H
计划工程量(m³)	8600	9000	5400	10000	5200	6200	1000	3600
实际工程量(m³)	8600	9000	5400	9200	5000	5800	1000	5000

混凝土结构工程价格指数

时　　间	2000 12 月	2001 1 月	2001 2 月	2001 3 月	2001 4 月	2001 5 月	2001 6 月	2001 7 月	2001 8 月	2001 9 月
混凝土结构工程价格指数(%)	100	115	105	110	115	110	110	120	110	110

施工期间，由于建设单位原因使工作 H 的开始时间比计划的开始时间推迟 1 个月，并由于工作 H 工作量的增加使该工作的工作持续时间延长了 1 个月。

问题：

1. 请按施工进度计划编制资金使用计划（即计算每月和累计拟完工程计划投资），并简要写出其步骤。计算结果填入下表中。

2. 计算工作 H 各月的已完工程计划投资和已完工程实际投资。

3. 计算混凝土结构工程已完工程计划投资和已完工程实际投资，计算结果填入下表中。

4. 列式计算 8 月末的投资偏差和进度偏差（用投资额表示）。

项 目	投资数据（单位：万元）								
	1	2	3	4	5	6	7	8	9
每月拟完工程计划投资									
累计拟完工程计划投资									
每月已完工程计划投资									
累计已完工程计划投资									
每月已完工程实际投资									
累计已完工程实际投资									

答案及评分标准（20分）：

1. 将各工作计划工程量与单价相乘后，除以该工作持续时间，得到各工作每月拟完工程计划投资额（0.5分）；再将时标网络计划中各工作分别按月纵向汇总得到每月拟完工程计划投资额（0.5分）；然后逐月累加得到各月累计拟完工程计划投资额（0.5分）。

2. H工作6～9月份每月完成工程量为：5000÷4＝1250（m³/月）

1）H工作6～9月份已完工程计划投资均为：1250×1000＝125（万元）（2.0分）；

2）H工作已完工程实际投资：

6月份：125×110％＝137.5（万元）（1.0分）；

7月份：125×120％＝150.0（万元）（1.0分）；

8月份：125×110％＝137.5（万元）（1.0分）；

9月份：125×110％＝137.5（万元）（1.0分）。

3. 计算结果见下表。

项目 ＼ 投资	投资数据（单位：万元）								
	1	2	3	4	5	6	7	8	9
每月拟完工程计划投资	880	880	690	690	550	370	530	310	
累计拟完工程计划投资	880	1760	2450	3140	3690	4060	4590	4900	
每月已完工程计划投资	880	880	660	660	410	355	515	415	125
累计已完工程计划投资	880	1760	2420	3080	3490	3845	4360	4775	4900
每月已完工程实际投资	1012	924	726	759	451	390.5	618	456.5	137.5
累计已完工程实际投资	1012	1936	2662	3421	3872	4262.5	4880.5	5337	5474.5

（每月拟完工程计划投资：每答对一项给0.5分，最多4.0分）；

（累计拟完工程计划投资：共0.5分，有错项不得分）；

（每月已完工程计划投资：每答对一项给0.5分，最多2.0分）；

（累计已完工程计划投资：共0.5分，有错项不得分）；

（每月已完工程实际投资：每答对一项给0.5分，最多2.0分）；

（累计已完工程实际投资：共0.5分，有错项不得分）。

4. 投资偏差＝已完工程实际投资－已完工程计划投资＝5337－4775＝562（万元）（算式1.0分，结果0.5分），超支562万元；

进度偏差＝拟完工程计划投资－已完工程计划投资＝4900－4775＝125(万元)(算式1.0分,结果0.5分),拖后125万元。

【案例6】 (2003年考题)

背景:

某工程项目合同工期为20个月,建设单位委托某监理公司承担施工阶段监理任务。经总监理工程师审核批准的施工进度计划如下图所示(时间单位:月),各项工作均匀速施工。

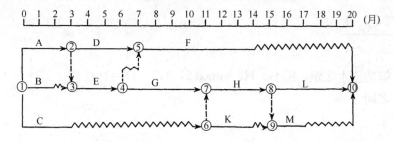

问题:

1：如果工作B、C、H要由一个专业施工队顺序施工,在不改变原施工进度计划总工期和工作工艺关系的前提下,如何安排该三项工作最合理?此时该专业施工队最少的工作间断时间为多少?

由于建设单位负责的施工现场拆迁工作未能按时完成,总监理工程师口头指令承包单位开工日期推迟4个月,工期相应顺延4个月,鉴于工程未开工,因延期开工给承包单位造成的损失不予补偿。

2：指出总监理工程师做法的不妥之处,并写出相应的正确做法。

推迟4个月开工后,当工作G开始之时检查实际进度,发现此前施工进度正常。此时,建设单位要求仍按原竣工日期完成工程,承包单位提出如下赶工方案,得到总监理工程师的同意。

该方案将G、H、L三项工作均分成两个施工段组织流水施工,数据见下表。

施工段及流水节拍(单位:月)

流水 节拍 工作 \ 施工段	①	②
C	2	3
H	2	2
L	2	3

3：G、H、L三项工作流水施工的工期为多少?此时工程总工期能否满足原竣工日期的要求?为什么?

答案:

1. 应按工作BCH顺序安排(也可在图中直接标注)。

该专业队施工中最少的工作间断时间为5个月。

2. 不能用口头指令，应该以书面形式通知承包单位推迟开工日期；应顺延工期，并补偿因延期开工造成的损失。

3. 计算流水步距

错位相减求得差数列：

G 与 H 之间

$$
\begin{array}{rrr}
2, & 5 & \\
& 2, & 4 \\
\hline
2, & 3, & -4
\end{array}
$$

C 与 H 间的流水步距：$K\langle G，H\rangle = \max(2，3，-4) = 3$（月）

H 与 L 之间

$$
\begin{array}{rrr}
2, & 4 & \\
& 2, & 5 \\
\hline
2, & 2, & -5
\end{array}
$$

H 与 L 间的流水步距：$K\langle H，L\rangle = \max(2，2，-5) = 2$（月）

G、H、L 三项工作的流水施工工期为：$(3+2)+(2+3) = 10$（月）

此时工程总工期为：$4+6+10 = 20$（月），可以满足原竣工日期要求。

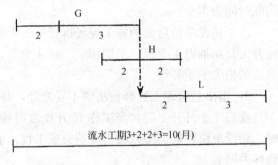

流水工期3+2+2+3=10(月)

【案例7】（2004 年考题）

背景：

某市政工程，项目的合同工期为 38 周。经总监理工程师批准的施工总进度计划如图所示(时间单位：周)，各工作可以缩短的时间及其增加的赶工费如表所示，其中 H、L 分别为道路的路基、路面工程。

分部工程名称	A	B	C	D	E	F	G	H	I	J	K	L	M	N
可缩短的时间(周)	0	1	1	1	2	1	1	0	2	1	1	0	1	3
增加的赶工费(万元/周)		0.7	1.2	1.1	1.8	0.5	0.4		3.0	2.0	1.0		0.8	1.5

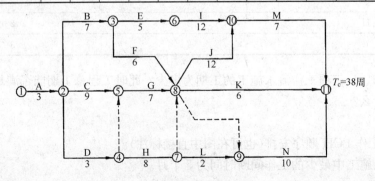

问题：

1. 开工 1 周后，建设单位要求将总工期缩短 2 周，故请监理单位帮助拟定一个合理赶工方案以便与施工单位洽商，请问如何调整计划才能既实现建设单位的要求又能使支付施工单位的赶工费最少？说明步骤和理由。

2. 建设单位依据调整后的方案与施工单位协商，并按此方案签订了补充协议，施工单位修改了施工总进度计划。在 H、L 工作施工前，建设单位通过设计单位将此 400m 的道路延长至 600m。请问该道路延长后 H、L 工作的持续时间为多少周（设工程量按单位时间均值增加）？对修改后的施工总进度计划的工期是否有影响？为什么？

3. H 工作施工的第一周，监理人员检查发现路基工程分层填土厚度超过规范规定，为保证工程质量，总监理工程师签发了工程暂停令，停止了该部位工程施工。总监理工程师的做法是否正确？总监理工程师在什么情况下可签发工程暂停令？

4. 施工中由于建设单位提供的施工条件发生变化，导致 I、J、K、N 四项工作分别拖延 1 周，为确保工程按期完成，须支出赶工费。如果该项目投入使用后，每周净收益 5.6 万元，从建设单位角度出发，是让施工单位赶工合理还是延期完工合理？为什么？

答案：

1. 应分别将分部工程 G 和 M 各压缩 1 周。

步骤：

(1) 确定网络计划的计算工期和关键线路；

(2) 按要求工期计算应缩短的时间；

(3) 选择应缩短持续时间的关键工作（从需增加的费用最少的关键工作开始）；

(4) 将所选定的关键工作的持续时间压缩至最短，并重新确定计算工期和关键线路。

2. H 工作从 8 周延长到 12 周，L 工作从 2 周延长到 3 周。工作的延长没有超过总时差，修改后的施工总进度计划对工期不会产生影响。

3. 总监理工程师的做法是正确的，即为了保证工程质量；总监理工程师可以进行停工处理。

总监理工程师在下列情况下可以签发工程暂停令：

(1) 建设单位要求暂停施工、且工程需要暂停施工；

(2) 为了保证工程质量而需要进行停工处理；

(3) 施工出现了安全隐患，总监理工程师认为有必要停工以消除隐患；

(4) 发生了必须暂时停止施工的紧急事件；

(5) 承包单位未经许可擅自施工，或拒绝项目监理机构管理。

4. 让施工单位赶工合理。因为此时只需压缩 J 的持续时间，即可压缩工期。而压缩 J 的费率为 2 万元/周，小于项目投入使用后的净收益 5.6 万元。

【案例 8】（2005 年考题）

背景：

某工程，施工单位向项目监理机构提交了项目施工总进度计划和各分部工程的施工进度计划。项目监理机构建立了各分部工程的持续时间延长的风险等级划分图和风险分析表，要求施工单位对风险等级在"大"和"很大"范围内的分部工程均要制定相应的风险预防措施。

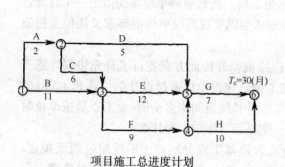
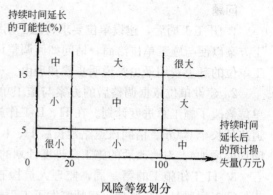

项目施工总进度计划　　　　　　　　　　　风险等级划分

风 险 分 析 表

分部工程名称	A	B	C	D	E	F	G	H
持续时间预计延长值(月)	0.5	1	0.5	1	1	1	1	0.5
持续时间延长的可能性(%)	10	8	3	20	2	12	18	4
持续时间延长后的损失量(万元)	5	110	25	120	150	40	30	50

施工单位为了保证工期，决定对 B 分部工程施工进度计划横道图进行调整，组织加快的成倍节拍流水施工。

施工过程	施工进度(月)										
	1	2	3	4	5	6	7	8	9	10	11
甲	①		②		③						
乙					①	②	③				
丙					①		②			③	

B 分部工程施工进度计划横道图

问题：

1. 找出项目施工总进度计划的关键线路。

2. 风险等级为"大"和"很大"的分部工程有哪些?

3. 如果只有风险等级为"大"和"很大"的风险事件同时发生，此时的工期为多少个月(写出或在图上标明计算过程)? 关键线路上有哪些分部工程?

4. B 分部工程组织加快的成倍节拍流水施工后，流水步距为多少个月? 各施工过程应分别安排几个工作队? B 分部工程的流水施工工期为多少个月? 绘制 B 分部工程调整后的流水施工进度计划横道图。

5. 对项目施工总进度计划而言，B 分部工程组织加快的成倍节拍流水施工后，该项目工期为多少个月? 可缩短工期多少个月?

答案及评分标准(20分)：

1. 关键线路：

(1) B—E—G(或 1—3—5—6)(1分)；

(2) B—F—H(或 1—3—4—6)(1分)。

2. 风险等级为"大"和"很大"的分部工程有：B(1分)、G(1分)、D(1分)。

3. B分部工程在关键线路上，持续时间延长1个月，导致工期延长1个月(1分)；

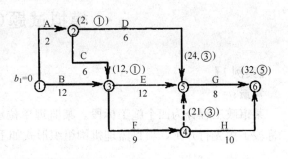

G分部工程在关键线路上，持续时间延长1个月，导致工期延长1个月(1分)；

D分部工程不在关键线路上，持续时间延长1个月，未超过总时差，不影响工期(1分)。

(或在图上标明计算过程，计算结果正确的，也得相应分值)

工期为32个月(1分)。

关键线路上的分部工程有 B(0.5分)、E(0.5分)、G(0.5分)。

4. (1) 流水步距为1个月(1分)；

(2) 甲、乙、丙施工过程的工作队数分别为：

2(0.5分)、1(0.5分)、2(0.5分)；

(3) 流水施工工期为7个月(1分)；

(4) B分部工程调整后的流水施工进度计划横道图如下：

施工过程		施工进度(月)						
		1	2	3	4	5	6	7
甲	B11	①		③				
	B12		②					
乙	B2			①	②	③		
丙	B31				①		③	
	B32					②		

5. 工期为27个月(1分)，可缩短工期3个月(1分)。

模拟试题(一)

【案例 1】
背景:

某市政工程分为四个施工标段。某监理单位承担了该工程施工阶段的监理任务,一、二标段工程先行开工,项目监理机构组织形式如下图所示。

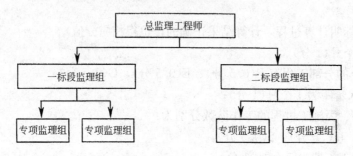

一、二标段工程项目监理机构组织形式

一、二标段工程开工半年后,三、四标段工程相继准备开工,为适应整个项目监理工作的需要,总监理工程师决定修改监理规划,调整项目监理机构组织形式,按四个标段分别设置监理组,增设投资控制部、进度控制部、质量控制部和合同管理部四个职能部门,以加强各职能部门的横向联系,使上下、左右集权与分权实行最优的结合。

总监理工程师调整了项目监理机构组织形式后,安排总监理工程师代表按新的组织形式调配相应的监理人员、主持修改项目监理规划、审批项目监理实施细则;又安排质量控制部签发一标段工程的质量评估报告;并安排专人主持整理项目的监理文件档案资料。

总监理工程师强调该工程监理文件档案资料十分重要,要求归档时应直接移交本监理单位和城建档案管理机构保存。

问题:

1. 上图所示项目监理机构属何种组织形式? 说明其主要优点。

2. 调整后的项目监理机构属何种组织形式? 画出该组织结构示意图,并说明其主要缺点。

3. 指出总监理工程师调整项目监理机构组织形式后安排工作的不妥之处,写出正确做法。

4. 指出总监理工程师提出监理文件档案资料归档要求的不妥之处,写出监理文件档案资料归档程序。

答案与评分标准(20分):

1. (1)直线制组织形式(0.5分)。

(2)优点:机构简单(0.5分)、权力集中(或命令统一)(0.5分)、职责分明(0.5分)、决策迅速(0.5分)、隶属关系明确(0.5分)。

2.（1）调整后的项目监理机构属于矩阵制组织形式(1分)。

（2）该组织结构示意图如下(5分)：

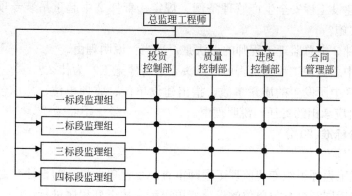

（3）缺点：纵横向协调工作量大(0.5分)，矛盾指令处理不当会产生扯皮现象(0.5分)。

3.（1）安排总监理工程师代表调配相应的监理人员不妥(1分)、应由总监理工程师负责调配(0.5分)。

（2）安排总监理工程师代表主持修改项目监理规划不妥(0.5分)，应由总监理工程师主持修改(0.5分)。

（3）安排总监理工程师代表审批项目监理实施细则不妥(0.5分)，应由总监理工程师审批(0.5分)。

（4）安排质量控制部签发一标段工程的质量评估报告不妥(0.5分)，应由总监理工程师(0.5分)和监理企业技术负责人(0.5分)签发。

（5）指定专人主持整理项目的监理文件档案资料不妥(0.5分)，应由总监理工程师主持(0.5分)。

4.直接移交城建档案管理机构保存不妥(0.5分)。

正确归档程序为：项目监理机构向监理单位移交归档(1分)，监理单位向建设单位移交归档(1分)，建设单位向城建档案管理机构移交规档(1分)。

【案例 2】

背景：

某工程，建设单位委托监理单位承担施工阶段的监理任务，总承包单位按照施工合同约定选择了设备安装分包单位。在合同履行过程中发生如下事件：

事件1：工程开工前，总承包单位在编制施工组织设计时认为修改部分施工图设计可以使施工更方便、质量和安全更易保证，遂向项目监理机构提出了设计变更的要求。

事件2：专业监理工程师检查主体结构施工时，发现总承包单位在未向项目监理机构报审危险性较大的预制构件起重吊装专项方案的情况下已自行施工，且现场没有管理人员。于是，总监理工程师下达了《监理工程师通知单》。

事件3：专业监理工程师在现场巡视时，发现设备安装分包单位违章作业，有可能导致发生重大质量事故。总监理工程师口头要求总承包单位暂停分包单位施工，但总承包单位未予执行。总监理工程师随即向总承包单位下达了《工程暂停令》，总承包单位在向设备安装分包单位转发《工程暂停令》前，发生了设备安装质量事故。

问题：

1. 针对事件 1 中总承包单位提出的设计变更要求，写出项目监理机构的处理程序。

2. 根据《建设工程安全生产管理条例》规定，事件 2 中起重吊装专项方案需经哪些人签字后方可实施？

3. 指出事件 2 中总监理工程师的做法是否妥当？说明理由。

4. 事件 3 中总监理工程师是否可以口头要求暂停施工？为什么？

5. 就事件 3 中所发生的质量事故，指出建设单位、监理单位、总承包单位和设备安装分包单位各自应承担的责任，说明理由。

答案与评分标准(20 分)：

1. 处理程序：

(1) 总监理工程师组织专业监理工程师审查总承包单位提交的设计变更要求(1 分)。

(2) 若审查后同意总承包单位的设计变更申请，按下列程序进行：

① 项目监理机构将审查意见提交给建设单位(0.5 分)；

② 项目监理机构取得设计变更文件后，结合实际情况对变更费用和工期进行评估(0.5 分)；

③ 总监理工程师就评估情况与建设单位和总承包单位协商(0.5 分)；

④ 总监理工程师签发工程变更单(0.5 分)。

(3) 若审查后不同意总承包单位的设计变更申请，应要求施工单位按原设计图纸施工(1 分)。

2. 方案需经总承包单位技术负责人(1 分)、总监理工程师(1 分)签字后方可实施。

3. 不妥(0.5 分)。

理由：承包单位起重吊装专项方案没有报审(0.5 分)，现场没有专职安全生产管理人员(0.5 分)，依据《建设工程安全生产管理条例》(0.5 分)，总监理工程师应下达《工程暂停令》(0.5 分)，并及时报告建设单位(0.5 分)。

4. 可以(1 分)。

理由：紧急情况下(1 分)，总监理工程师可以口头下达暂停施工指令(1 分)，但在规定的时间内应书面确认(1 分)。

5. 四方责任及理由：

(1) 建设单位没有责任(0.5 分)。

理由：因质量事故是由于分包单位违章作业造成的(1 分)。

(2) 监理单位没有责任(0.5 分)。

理由：因质量事故是由于分包单位违章作业造成的(1 分)，且监理单位已按规定履行了职责(1 分)。

(3) 总承包单位承担连带责任(0.5 分)。

理由：工程分包不能解除总承包单位的任何质量责任和义务(0.5 分)，总承包单位没有对分包单位的施工实施有效的监督管理(0.5 分)。

(4) 分包单位应承担责任(0.5 分)。

理由：因质量事故是由于其违章作业直接造成的(1 分)。

【案例 3】

背景：

某工程在实施过程中发生如下事件：

事件 1：由于工程施工工期紧迫，建设单位在未领取施工许可证的情况下，要求项目监理机构签发施工单位报送的《工程开工报审表》。

事件 2：在未向项目监理机构报告的情况下，施工单位按照投标书中打桩工程及防水工程的分包计划，安排了打桩工程施工分包单位进场施工，项目监理机构对此做了相应处理后书面报告了建设单位。建设单位以打桩施工分包单位资质未经其认可就进场施工为由，不再允许施工单位将防水工程分包。

事件 3：桩基工程施工中，在抽检材料试验未完成的情况下，施工单位已将该批材料用于工程，专业监理工程师发现后予以制止。其后完成的材料试验结果表明，该批材料不合格，经检验，使用该批材料的相应工程部位存在质量问题，需进行返修。

事件 4：施工中，由建设单位负责采购的设备在没有通知施工单位共同清点的情况下就存放在施工现场。施工单位安装时发现该设备的部分部件损坏，对此，建设单位要求施工单位承担损坏赔偿责任。

事件 5：上述设备安装完毕后进行的单机无负荷试车未通过验收，经检验认定是因为设备本身的质量问题造成的。

问题：

1. 指出事件 1 和事件 2 中建设单位做法的不妥之处，说明理由。

2. 针对事件 2，项目监理机构应如何处理打桩工程施工分包单位进场存在的问题？

3. 对事件 3 中的质量问题，项目监理机构应如何处理？

4. 指出事件 4 中建设单位做法的不妥之处，说明理由。

5. 事件 5 中，单机无负荷试车由谁组织？其费用是否包含在合同价中？因试车验收未通过所增加的各项费用由谁承担？

答案与评分标准（20 分）：

1.（1）事件 1 中，建设单位未领取施工许可证就要签发《工程开工报审表》不妥（0.5 分）。

理由：依据法规和规范，必须在办理好施工许可证的条件下才能要求签发《工程开工报审表》（1 分）。

（2）事件 2 中：

① 建设单位认为需经其认可分包单位资质不妥（0.5 分）；

理由：分包单位的资质应由项目监理机构审查签认（1 分）。

② 提出不再允许施工单位将防水工程分包的要求不妥（0.5 分）；

理由：违反施工合同约定（1 分）。

2. 处理如下：

（1）下达《工程暂停令》（1 分）；

（2）对分包单位资质进行审查（1 分）；

（3）如果分包单位资质合格，签发工程复工令（1 分）；

（4）如果分包单位资质不合格，要求施工单位撤换分包单位（1 分）。

3. 处理如下：

(1) 签发《监理工程师通知单》(1分)；

(2) 责成施工单位进行质量问题调查(1分)；

(3) 审核、分析质量问题调查报告(1分)，判断和确认质量问题产生的原因(1分)；

(4) 审核签认质量问题处理方案(1分)；

(5) 指令施工单位按既定的处理方式实施处理并进行跟踪检查(1分)；

(6) 组织有关人员对处理的结果进行严格的检查、鉴定和验收(1分)，写出质量问题处理报告，报建设单位和监理单位存档(1分)。

4. (1) 由建设单位采购的设备没有通知施工单位共同清点就存放施工现场不妥(0.5分)；

理由：建设单位应以书面形式通知施工单位派人与其共同清点移交(0.5分)。

(2) 建设单位要求施工单位承担设备部分部件损坏的责任不妥(0.5分)；

理由：建设单位未通知施工单位清点，施工单位不负责设备的保管，设备丢失损坏由建设单位负责(0.5分)。

5. 由施工单位组织(0.5分)；已包含在合同价中(0.5分)；由建设单位承担(0.5分)。

【案例4】

背景：

某工程，建设单位和施工单位按《建设工程施工合同（示范文本）》签订了施工合同，在施工合同履行过程中发生如下事件：

事件1：工程开工前，总监理工程师主持召开了第一次工地会议。会上，总监理工程师宣布了建设单位对其的授权，并对召开工地例会提出了要求。会后，项目监理机构起草了会议纪要，由总监理工程师签字后分发给有关单位；总监理工程师主持编制了监理规划，报送建设单位。

事件2：施工过程中，由于施工单位遗失工程某部位设计图纸，施工人员凭经验施工，现场监理员发现时，该部位的施工已经完毕。监理员报告了总监理工程师，总监理工程师到现场后，指令施工单位暂停施工，并报告建设单位。建设单位要求设计单位对该部位结构进行核算。经设计单位核算，该部位结构能够满足安全和使用功能的要求，设计单位电话告知建设单位，可以不作处理。

事件3：由于事件2的发生，项目监理机构认为施工单位未按图施工，该部位工程不予计量；施工单位认为停工造成了工期拖延，向项目监理机构提出了工程延期申请。

事件4：主体结构施工时，由于发生不可抗力事件，造成施工现场用于工程的材料损坏，导致经济损失和工期拖延，施工单位按程序提出了工期和费用索赔。

事件5：施工单位为了确保安装质量，在施工组织设计原定检测计划的基础上，又委托一家检测单位加强安装过程的检测。安装工程结束时，施工单位要求项目监理机构支付其增加的检测费用，但被总监理工程师拒绝。

问题：

1. 指出事件1中的不妥之处，写出正确做法。

2. 指出事件2中的不妥之处，写出正确做法。该部位结构是否可以验收？为什么？

3. 事件3中项目监理机构对该部位工程不予计量是否正确？说明理由。项目监理机构是否应该批准工程延期申请？为什么？

4. 事件4中施工单位提出的工期和费用索赔是否成立？为什么？

5. 事件 5 中总监理工程师的做法是否正确? 为什么?

答案与评分标准(20分):

1. (1) 不妥之处: 总监理工程师主持召开第一次工地会议(0.5分);

正确做法: 应由建设单位主持(0.5分)。

(2) 不妥之处: 总监理工程师宣布授权(0.5分);

正确做法: 应由建设单位宣布(0.5分)。

(3) 不妥之处: 会议纪要直接发给有关单位(0.5分);

正确做法: 各方会签后分发(0.5分)。

(4) 不妥之处: 会后编制和报送监理规划(0.5分);

正确做法: 应在第一次工地会议前编制和报送(0.5分)。

2. (1) 不妥之处: 施工人员不按图施工, 而是凭经验施工(0.5分);

正确做法: 必须按图施工(1分)。

(2) 不妥之处: 监理员向总监理工程师汇报(0.5分);

正确做法: 应向专业监理工程师汇报(1分)。

(3) 不妥之处: 设计单位电话告知建设单位(0.5分);

正确做法: 应以书面形式告知(1分)。

(4) 可以(0.5分); 理由: 该部位结构能够满足安全和使用功能的要求(1分)。

3. (1) 不正确(0.5分)。理由: 设计单位核算后认为结构能够满足安全和使用功能的要求(1分), 该部位可以进行验收, 给予计量(1分)。

(2) 不应批准(0.5分)。理由: 停工是由于施工单位不按图纸施工造成的(1分)。

4. (1) 工期索赔成立(1分), 理由: 不可抗力导致工期延误可给予延期(1分)。

(2) 费用索赔成立(1分), 理由: 不可抗力导致施工现场用于工程的材料损坏(1分), 所造成的损失由建设单位承担(1分)。

5. 正确(0.5分)。

理由: 施工单位为了确保安装质量采取的技术措施所增加的费用由施工单位承担(0.5分)。

【案例5】

背景:

某建设单位和施工单位按照《建设工程施工合同(示范文本)》签订了施工合同, 合同中约定: 建筑材料由建设单位提供: 由于非施工单位原因造成的停工, 机械补偿费为 200 元/台班, 人工补偿费为 50 元/日工; 总工期为 120 天; 竣工时间提前奖励为 3000 元/天, 误期损失赔偿费为 5000 元/天。经项目监理机构批准的施工进度计划如下图所示(单位: 天)

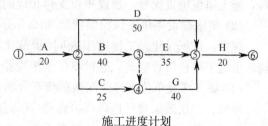

施工进度计划

施工过程中发生如下事件:

事件1: 工程进行中, 建设单位要求施工单位对某一构件作破坏性试验, 以验证设计参数的正确性。该试验需修建两间临时试验用房, 施工单位提出建设单位应该支付该项试验费用和试验用房修建费用。建设单位认为, 该试验费属建筑安装工程检验试验费, 试验用房修建费属建筑安装工程措施费中的临时设施费，该两项费用已包含在施工合同价中。

事件2：建设单位提供的建筑材料经施工单位清点入库后，在专业监理工程师的见证下进行了检验，检验结果合格。其后，施工单位提出，建设单位应支付建筑材料的保管费和检验费；由于建筑材料需要进行二次搬运，建设单位还应支付该批材料的二次搬运费。

事件3：①由于建设单位要求对B工作的施工图纸进行修改，致使B工作停工3天（每停一天影响30工日，10台班）；②由于机械租赁单位调度的原因，施工机械未能按时进场，使C工作的施工暂停5天（每停一天影响40工日，10台班）；③由于建设单位负责供应的材料未能按计划到场，E工作停工6天（每停一天影响20工日，5台班）。施工单位就上述三种情况按正常的程序向项目监理机构提出了延长工期和补偿停工损失的要求。

事件4：在工程竣工验收时，为了鉴定某个关键构件的质量，总监理工程师建议采用试验方法进行检验，施工单位要求建设单位承担该项试验的费用。

该工程的实际工期为122天。

问题：

1. 事件1中建设单位的说法是否正确？为什么？

2. 逐项回答事件2中施工单位的要求是否合理，说明理由。

3. 逐项说明事件3中项目监理机构是否应批准施工单位提出的索赔，说明理由并给出审批结果（写出计算过程）。

4. 事件4中试验检验费用应由谁承担？

5. 分析施工单位应该获得工期提前奖励，还是应该支付误期损失赔偿费。金额是多少？

答案与评分标准（20分）：

1. 不正确（0.5分）。

理由：依据《建筑安装工程费用项目组成》的规定，(1)建筑安装工程费（或检验试验费）中不包括构件破坏性试验费（0.5分）；(2)建筑安装工程中的临时设施费不包括试验用房修建费用（0.5分）。

2. (1)要求建设单位支付保管费合理（0.5分）。

理由：依据《建设工程施工合同（示范文本）》的规定（0.5分），建设单位提供的材料，施工单位负责保管，建设单位支付相应的保管费用（0.5分）。

(2)要求建设单位支付检验费合理（0.5分）。

理由：依据《建设工程施工合同（示范文本）》的规定（0.5分），建设单位提供的材料，由施工单位负责检验，建设单位承担检验费用（0.5分）。

(3)要求建设单位支付二次搬运费不合理（0.5分）。

理由：二次搬运费已包含在措施费（或直接费）（1分）中。

3. (1)B工作停工3天：应批准工期延长3天（0.5分），因属建设单位原因（或因属非施工单位原因）（0.5分），且工作处于关键线路上（0.5分）；费用可以索赔（0.5分），应补偿停工损失＝3天×30工日×50元/工日＋3天×10台班×200元/台班＝10500元（0.5分）。

(2)C工作停工5天：工期索赔不予批准（0.5分），停工损失不予补偿（0.5分），因属施工单位原因（0.5分）。

（3）E工作停工6天：应批准工期延长1天（1分），该停工虽属建设单位原因（0.5分），但E工作有5天总时差（0.5分），停工使总工期延长1天；费用可以索赔（0.5分），应补偿停工损失＝6天×20工日×50元/工日＋6天×5台班×200元/台班＝12000元（0.5分）。

4. 若构件质量检验合格，由建设单位承担（2分）；若构件质量检验不合格，由施工单位承担（2分）。

5. 由于非施工单位原因使B工作和E工作停工，造成总工期延长4天（1分），工期提前120＋4－122＝2天（1分），施工单位应获工期提前奖励（0.5分），应得金额＝2天×3000元/天＝6000元（0.5分）。

【案例6】

背景：

某工程的施工合同工期为16周，项目监理机构批准的施工进度计划如下图所示（时间单位：周）。各工作均按匀速施工。施工单位的报价单（部分）见下表。

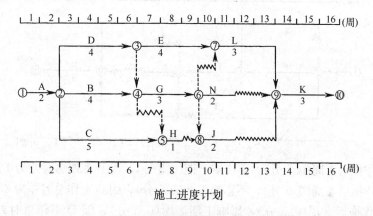

施工进度计划

施工单位的报价单（部分）

序　号	工作名称	估算工程量	全费用综合单价（元/m³）	合价（万元）
1	A	800m³	300	24
2	B	1200m³	320	38.4
3	C	20次	—	—
4	D	1600m³	280	44.8

工程施工到第4周时进行进度检查，发生如下事件：

事件1：A工作已经完成，但由于设计图纸局部修改，实际完成的工程量为840m³，工作持续时间未变。

事件2：B工作施工时，遇到异常恶劣的气候，造成施工单位的施工机械损坏和施工人员窝工，损失1万元，实际只完成估算工程量的25%。

事件3：C工作为检验检测配合工作，只完成了估算工程量的20%，施工单位实际发生检验检测配合工作费用5000元。

事件4：施工中发现地下文物，导致D工作尚未开始，造成施工单位自有设备闲置4个台班，台班单价为300元/台班、折旧费为100元/台班。施工单位进行文物现场保护的费用为 1200 元。

问题：

1. 根据第 4 周末的检查结果，在上图中绘制实际进度前锋线，逐项分析 B、C、D 三项工作的实际进度对工期的影响，并说明理由。

2. 若施工单位在第 4 周末就 B、C、D 出现的进度偏差提出工程延期的要求，项目监理机构应批准工程延期多长时间？为什么？

3. 施工单位是否可以就事件 2、4 提出费用索赔？为什么？可以获得的索赔费是多少？

4. 事件 3 中 C 工作发生的费用如何结算？

5. 前 4 周施工单位可以得到的结算款为多少元？

答案与评分标准（20 分）：

1.（1）实际进度前锋线如下图所示。

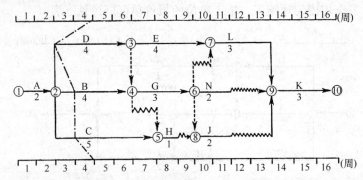

（2）B 工作拖后 1 周（0.5 分），不影响工期（0.5 分），因 B 工作总时差为 1 周（0.5 分）。

（3）C 工作拖后 1 周（0.5 分），不影响工期（0.5 分），因 C 工作总时差为 3 周（0.5 分）。

（4）D 工作拖后 2 周（0.5 分），影响工期 2 周（0.5 分），因 D 工作总时差为 0（D 工作为关键工作）（0.5 分）。

2. 批准工程延期 2 周（1 分）；

理由：施工中发现地下文物造成 D 工作拖延，不属于施工单位原因（1 分）。

3.（1）事件 2 不能索赔费用（0.5 分），因异常恶劣的气候造成施工单位机械损坏和施工人员窝工的损失不能索赔（1 分）。

（2）事件 4 可以索赔费用（0.5 分），因施工中发现地下文物属非施工单位原因（1 分）。

（3）可获得的费用为 4 台班×100 元/台班＋1200 元＝1600 元（1 分）。

4. 不予结算（1 分），因施工单位对 C 工作的费用没有报价（1 分），故认为该项费用已分摊到其他相应项目中（2 分）。

5. 施工单位可以得到的结算款为：

A 工作：840m³×300 元/m³＝252000 元（1 分）

B 工作：1200m³×25%×320 元/m³＝96000 元（1 分）

D 工作：4 台班×100 元/台班＋1200 元＝1600 元

小计：252000 元＋96000 元＋1600 元＝349600 元（2 分）

模拟试题（二）

【案例1】

背景：

某城市建设项目建设单位委托监理单位承担施工阶段的监理任务，并通过公开招标选定甲施工单位作为施工总承包单位，工程实施中发生了下列事件。

事件1：桩基工程开始后，专业监理工程师发现甲施工单位未经建设单位同意将桩基工程分包给乙施工单位，为此，项目监理机构要暂停桩基施工，甲施工单位将乙施工单位的相关材料报项目监理机构审查，经审查，乙施工单位的资质条件符合要求可进行桩基施工。

事件2：桩基施工过程中出现断桩事故，经调查分析，此次断桩事故是因为乙单位抢进度，擅自改变施工方案引起。对此，原设计单位提供的事故处理方案为：断桩清除，原位重新施工。乙单位按处理方案实施。

事件3：为进一步加强施工过程质量控制，总监理工程师代表指派专业监理工程师对原监理实施细则中的质量控制措施进行修改，修改后的监理实施细则经总监理工程师代表审查批准后实施。

事件4：工程进入竣工验收阶段，建设单位发文要求监理单位和甲施工单位各自邀请城建档案管理部门进行工程档案验收并直接办理移交事宜，同时要求监理单位对施工单位的工程档案质量进行检查，甲施工单位收到建设单位发文后将文件转发给乙施工单位。

事件5：项目监理机构在检查甲施工单位的工程档案时发现缺少乙施工单位的工程档案，甲施工单位的解释是，按建设单位要求，乙施工单位自行办理了工程档案的验收及移交。在检查施工单位的工程档案时发现缺少断桩处理的相关资料，乙施工单位的解释是，断桩清除后原位重新施工，不需列入这部分资料。

问题：

1. 事件1中，项目监理机构对乙施工单位资质审查的程序和内容是什么？

2. 项目监理机构应如何处理事件2的断桩事故？

3. 事件3中，总监理工程师代表的做法是否正确？说明理由。

4. 指出事件4中建设单位做法的不妥之处，写出正确做法。

5. 分别说明事件5中甲施工单位和乙施工单位的解释有何不妥？对甲施工单位和乙施工单位工程档案中存在的问题，项目监理机构应如何处理？

答案与评分标准（20分）：

1. （1）审查甲施工单位报送的分包单位资格报审表，符合有关规定后，由总监理工程师予以签认（1分）。

（2）对乙施工单位资格审核以下内容：

① 营业执照、企业资质等级证书；（1分）

② 公司业绩；（1分）

③ 乙施工单位承担的桩基工程范围；（1分）

④ 专职管理人员和特种作业人员的资格证、上岗证。（1分）

2.（1）及时下达《工程暂停令》；（1分）

（2）责令甲施工单位报送断桩事故调查报告；（1分）

（3）审查甲施工单位报送的断桩处理方案、措施；（1分）

（4）审查同意后签发《工程复工令》；（1分）

（5）对事故的处理和处理结果进行跟踪检查和验收；（1分）

（6）及时向建设单位提交有关事故的书面报告（1分），并应将完整的质量事故处理记录整理归档。（1分）

3.（1）指派专业监理工程师修改监理实施细则做法正确（1分）。总监理工程师代表可以行使总监理工程师的这一职责。（1分）

（2）审批监理实施细则的做法不妥。（1分）应由总监理工程师审批。（1分）

4. 要求监理单位和甲施工单位各自对工程档案进行验收并移交的做法不妥。（1分）应由建设单位组织建设工程档案的（预）验收，并在工程竣工验收后统一向城市档案管理部门办理工程档案移交。（1分）

5.（1）甲施工单位应汇总乙施工单位形成的工程档案（或：乙施工单位不能自行办理工程档案的验收与移交）；乙施工单位应将工程质量事故处理记录列入工程档案。（1分）

（2）与建设单位沟通后，项目监理机构应向甲施工单位签发《监理工程师通知单》，要求尽快整改。（1分）

【案例 2】

背景：

政府投资的某工程监理单位承担了施工招标代理和施工监理任务，该工程采用无标底公开招标方式选定施工单位。工程实施中发生了下列事件。

事件 1：工程招标时，A、B、C、D、E、F、G 共七家投标单位通过资格验审，并在投标截止时间前提交了投标文件。评标时，发现 A 投标单位的投标文件虽加盖了公章，但没有投标单位法定代表人签字，只有法定代表人授权书中被授权人的签字（招标文件中对是否可由被授权人签字没有具体规定）；B 投标单位的投标报价明显高于其他投标单位的投标报价，分析其原因是施工工艺落后造成的；C 投标单位将招标文件中规定的工期 380 天作为投标工期，但在投标文件中明确表示如果中标，合同工期按定额工期 400 天签订；D 投标单位投标文件中的总价金额汇总有误。

事件 2：经评标委员会评审，推荐 G、F、E 投标单位为前 3 名中标候选人。在中标通知书发出前，建设单位要求监理单位分别找 G、F、E 投标单位重新报价，以价格低者为中标单位。按原投标价签定施工合同后，建设单位为中标单位再次重新报价签订协议书作为实际履行合同的依据。监理单位认为建设单位的要求不妥，并提出了不同意见，建设单位最终接受了监理单位的意见，确定 G 投标单位为中标单位。

事件 3：开工前，总监理工程师召开了第一次工地会议，并要求 G 单位及时办理施工许可证，确定工程水准点，坐标控制点，按政府有关规定及时办理施工噪声和环境保护相关手续。

事件4：开工前，设计单位组织召开了设计交底会。会议结束后，总监理工程师整理了一份《设计修改建议书》，提交给设计单位。

事件5：施工开始前，G单位向专业监理工程师报送了《施工测量放线报验表》，并附有测量放线控制成果及保护措施。专业监理工程师复核了控制桩的校核成果和保护措施后，即予以签认。

问题：

1. 分别指出事件1中A、B、C、D投标单位的投标文件是否有效？说明理由。

2. 事件2中，建设单位的要求违反了招标投标有关法规的哪些具体规定？

3. 指出事件3中总监理工程师做法的不妥之处，写出正确做法。

4. 指出事件4中设计单位和总监理工程师做法的不妥之处，写出正确做法。

5. 事件5中，专业监理工程师还应检查、复检哪些内容？

答案与评分标准（20分）：

1.（1）A单位的投标文件有效。（1分）招标文件对此没有具体规定，签字人有法定代表人的授权书。（1分）

（2）B单位的投标文件有效。（1分）招标文件中对高报价没有限制。（1分）

（3）C单位的投标文件无效。（1分）没有响应招标文件的实质性要求（或：附有招标人无法接受的条件）。（1分）

（4）D单位的投标文件有效。（1分）总价金额汇总有误属于细微偏差（或：明显的计算错误允许补正）。（1分）

2.（1）确定中标人前，招标人不得与投标人就投标文件实质性内容进行协商；（1分）

（2）招标人与中标人必须按照招标文件和中标人的投标文件订立合同，不得再行订立背离合同实质性内容的其他协议。（1分）

3.（1）不妥之处：总监理工程师组织召开第一次工地会议。（1分）

正确做法：由建设单位组织召开。（1分）

（2）不妥之处：要求施工单位办理施工许可证。（1分）

正确做法：由建设单位办理。（1分）

（3）不妥之处：要求施工单位及时确定水准点与坐标控制点。

正确做法：由建设单位（监理单位）确定。（1分）

4.（1）不妥之处：设计单位组织召开交底会。

正确做法：由建设单位组织。（1分）

（2）不妥之处：总监理工程师直接向设计单位提交《设计修改建议书》。（1分）

正确做法：应提交给建设单位，由建设单位交给设计单位。（1分）

5.（1）检查施工单位专职测量人员的岗位证书及测量设备检定证书；（1分）

（2）复核（平面和高程）控制网和临时水准点的测量成果。（1分）

【案例3】

背景：

某工程，建设单位通过公开招标与甲施工单位签订施工总承包合同，依据合同，甲施工单位通过招标将钢结构工程分包给乙施工单位，施工过程中发生了下列事件。

事件1：甲施工单位项目经理安排技术员兼施工现场安全员，并安排其负责编制深基坑支护与降水工程专项施工方案，项目经理对该施工方案进行安全验算后，即组织现场施工，并将施工方案及验算结果报送项目监理机构。

事件2：乙施工单位采购的特殊规格钢板，因供应商未能提供出厂合格证明，乙施工单位按规定要求进行了检验，检验合格后向项目监理机构报验。为不影响工程进度，总监理工程师要求甲施工单位在监理人员的见证下取样复检，复检结果合格后，同意该批钢板进场使用。

事件3：为满足钢结构吊装施工的需要，甲施工单位向设备租赁公司租用了一台大型起重塔吊，委托一家有相应资质的安装单位进行塔吊安装，安装完成后，由甲、乙施工单位对该塔吊共同进行验收，验收合格后投入使用，并到有关部门办理登记。

事件4：钢结构工程施工中，专业监理工程师在现场发现乙施工单位使用的高强螺栓未经报验，存在严重的质量隐患，即向乙施工单位签发了《工程暂停令》并报告了总监理工程师。甲施工单位得知后也要求乙施工单位立刻停工整改。乙施工单位为赶工期，边施工边报验，项目监理机构及时报告了有关主管部门。报告发出的当天，发生了因高强螺栓不符合质量标准导致的钢梁高空坠落事故，造成一人重伤，直接经济损失4.6万元。

问题：

1. 指出事件1中甲施工单位项目经理做法的不妥之处，写出正确做法。

2. 事件2中，总监理工程师的处理是否妥当？说明理由。

3. 指出事件3中塔吊验收中的不妥之处。

4. 指出事件4中专业监理工程师做法的不妥之处，说明理由。

5. 事件4中的质量事故，甲施工单位和乙施工单位各承担什么责任？说明理由。监理单位是否有责任？说明理由。该事故属于哪一类工程质量事故？处理此事故的依据是什么？

答案与评分标准（20分）：

1.（1）不妥之处：安排技术员兼施工现场安全员。（1分）

正确做法：应配备专职安全生产管理人员。（1分）

（2）不妥之处：对该施工方案进行安全验算后即组织现场施工。（1分）

正确做法：安全验算合格后应组织专家进行论证、审查，并经施工单位技术负责人签字，报总监理工程师签字后才能安排现场施工。（1分）

2. 不妥。（1分）

理由：没有出厂合格证明的原材料不得进场使用。（1分）

3. 只有甲、乙施工单位参加了验收，出租单位和安装单位未参加验收。（1分）

4. 不妥之处：向乙施工单位签发《工程暂停令》。（1分）

理由：《工程暂停令》应由总监理工程师向甲施工单位签发。（1分）

5.（1）甲施工单位承担连带责任。（1分）因甲施工单位是总承包单位。（1分）

乙施工单位承担主要责任。（1分）因质量事故是由于乙施工单位自身原因造成的（或：因质量事故是由于乙施工单位不服从甲施工单位管理造成的）。（1分）

（2）监理单位没有责任。（1分）项目监理机构已履行了监理职责（或：项目监理机构已及时向有关主管部门报告）。（1分）

（3）事故属于严重质量事故。（1分）

处理依据：质量事故的实况资料；(1分)有关合同文件；(1分)有关的技术文件和档案；(1分)相关的建设法规。(1分)

【案例4】

背景：

某实施施工监理的工程，建设单位按照《建设工程施工合同(示范文本)》与甲施工单位签定了施工总承包合同。合同约定开工日期为2006年3月1日，工期为302天，建设单位负责施工现场外道路开通及设备采购；设备安装工程可以分包；甲施工单位通过筛选与乙施工单位签定安装分包合同。经总监理工程师批准的施工总进度计划如下图所示。(时间单位：天)

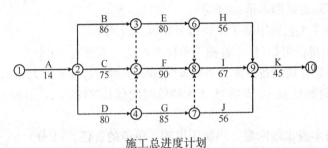

施工总进度计划

在施工过程中发生了如下事件。

事件1：由于道路没有及时开通，使开工日期推迟到2006年3月4日，并造成施工方经济损失3万元，为此，施工单位于2006年3月10日向监理单位提出索赔。

事件2：在基础工程施工中，由于遭遇特大暴雨，土方工程发生滑坡，造成人员、机械损失共计5万元，导致C工作持续时间延长12天，为此提出经济补偿与工期的延期。

事件3：在主体施工过程中，甲施工单位为保证工程质量，改进了混凝土泵浇注的施工工艺，延误F工作时间10天，为此甲施工单位向建设单位提出延期10天的申请。

事件4：设备安装工程完工后进行验收，第一次试车验收结果不合格，经检查分析，是由于设备本身质量有问题造成的，为此乙施工单位提出将已安装的设备拆除，重新安装，并重新组织试车验收。为此造成J工作持续时间延长24天，费用增加6万元，甲施工单位就此提出工期的费用索赔。

问题：

1. 事件1中，管理单位应如何答复？说明理由。

2. 事件2中，监理单位应采取什么措施？并对施工单位提出哪些要求？就施工单位提出的索赔，监理单位应如何答复？说明原因。

3. 事件3中，甲施工单位改进施工工艺应遵循什么审批程序？对甲单位的延期申请，监理单位应如何答复？说明理由。

4. 事件4中的验收应由谁来组织？监理单位对甲施工单位的索赔要求如何处理？说明理由。乙施工单位可得的补偿是什么？说明原因。

答案与评分标准(20分)：

1. (1) 答复：同意推迟3天开工(或：同意2006年3月4日开工)，(1分)同意赔偿损失3万元。(1分)

（2）理由：场外道路没有开通属建设单位责任，（1分）且甲施工单位在合同规定的有效期内提出了申请。（1分）

2.（1）采取措施：下达《施工暂停令》。（1分）

（2）要求：撤出危险区域作业人员，（1分）制订消除隐患的措施或方案，（1分）报项目监理机构批准后实施。（1分）

（3）答复：由于难以预料的暴雨天气属不可抗力，施工单位的经济损失不予补偿。（1分）

理由：因C工作延长12天，只影响工期1天，故只批准顺延工期1天。（1分）

3.（1）审批程序：审查报送方案，组织专题论证，经审定后予以签认。（1分）

（2）答复：不同意延期申请。（1分）

理由：改进施工工艺属甲施工单位自身原因。（1分）

4.（1）甲施工单位组织（注：答施工单位组织得0.5分）。（1分）

（2）答复：同意补偿设备拆除、重新安装和试车费用合计6万元；（1分）

（C工作持续时间延长12天后）J工作持续时间延长24天，只影响工期1天，同意顺延工期1天。

理由：因设备本身出现问题，不属于甲施工单位的责任。（1分）

（3）乙施工单位可顺延工期1天，（1分）可获得费用补偿6万元。（1分）因为第一次试车不合格不属于乙施工单位不胜任。（1分）

【案例5】

背景：

某工程项目，建设单位与施工单位按照《建设工程施工合同（示范文本）》签订了施工合同。合同工期为9个月，合同总价为840万元。项目监理机构批准的施工进度计划如图所示（时间单位：月），各项工作均按照最早时间安排且匀速施工，施工单位的部分报价如下表所示。施工合同中约定：预付款为合同总价的20%，当工程款支付达合同价的50%时开始扣预付款，3个月内平均扣回；质量保修金为合同价的5%，从第1个月开始，按每月进度款的10%扣留，扣完为止。

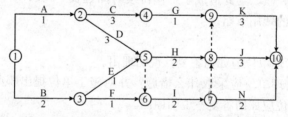

工作	A	B	C	D	E	F
合同价/万元	30	54	30	84	300	21

工程于2005年3月1日开工，施工中发生了如下事件。

事件1：建设单位接到政府安全管理部门将于6月份进行现场工程安全施工大检查的通知后，要求施工单位结合现场安全状况进行自查，对存在的问题进行整改。施工单位进行了自查整改，并向项目监理机构递交了整改报告，同时要求建设单位支付为迎接检查进行整改所发生的费用。

事件2：现场浇筑的混凝土楼板出现了多道裂缝，经有资质的检测单位检测分析，认定是商品混凝土的质量问题。对此，施工单位提出，因混凝土厂家是建设单位推荐的，故建设单位负有推荐的责任，应分担检测的费用。

事件3：K工作施工中，施工单位以按设计文件建议的施工工艺难以施工为由，向建设单位书面提出了工程变更的请求。

问题：

1. 该施工进度计划中有几条关键线路？请指出。

2. 开工后3个月施工单位应获得的工程款是多少？

3. 工程预付款是多少？预付款从何时开始扣回？开工3个月后，总监理工程师每个月签证的工程款是多少？

4. 分别分析事件1和事件2中，施工单位提出的费用要求是否合理？说明理由。

5. 事件3中，施工单位提出的变更程序是否妥当？说明理由。

答案与评分标准（20分）：

1. 关键线路有4条：A→D→H→J（或：①→②→⑤→⑧→⑩）；（1分）

A→D→H→K（或：①→②→⑤→⑧→⑨→⑩）；（1分）

A→D→I→J（或：①→②→⑤→⑥→⑦→⑧→⑩）；（1分）

A→D→I→K（或：①→②→⑤→⑥→⑦→⑧→⑨→⑩）。（1分）

2. 开工后前3个月施工单位每月应获得的工程款为：

第1个月：$(30+54×1/2)$万元=57（万元）（1分）

第2个月：$(54×1/2+30×1/3+84×1/3)$万元=65万元（1分）

第3个月：$(30×1/3+84×1/3+300+21)$万元=359万元（1分）

3.（1）预付款为：$840×20\%$万元=168万元（1分）

（2）前3个月施工单位累计应获得的工程款：

$(57+65+359)$万元=481万元>420（=840×50%）万元

因此，预付款应从第3个月开始扣回。（1分）

（3）开工后前3个月总监理工程师签证的工程款为：

第1个月：$(57-57×10\%)$万元=51.3万元（或：57×90%万元=51.3万元）（1分）

第2个月：$(65-65×10\%)$万元=58.5万元（或：65×90%万元=58.5万元）（1分）

前2个月扣留保修金：$(57+65)×10\%$万元=12.2万元（1分）

应扣保修金总额：$840×5\%$万元=42.0万元（1分）

由于$359×10\%$万元=35.9万元>29.8（=42.0-12.2）万元（1分）

第3个月应签证的工程款：$[359-(42.0-12.2)-168/3]$万元=273.2万元（1分）

4.（1）不合理。（1分）

因为安全施工自检费用属于建筑安装工程费中的措施费（或：该费用已包含在合同价中）（1分）

（2）不合理。（1分）

因为商品混凝土供货单位与建设单位没有合同关系。（1分）

5. 不妥。提出工程变更应先报项目监理机构。（1分）

【案例 6】

背景：

某工程建设单位与施工单位按照《建设工程施工合同（示范文本）》签订了施工合同，采用可调价施工合同形式。工期 20 个月，项目监理机构批准的施工总进度计划如下图所示，各项工作在其持续时间内均按匀速进展，每月完成投资如下表所示。

工作	A	B	C	D	E	F	J
计划完成投资（万元）	60	70	90	120	60	150	30

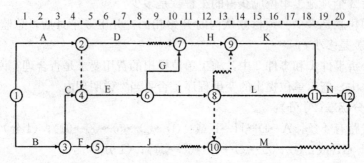

施工过程中发生如下事件。

事件 1：建设单位要求调整场地标高，设计单位修改施工图，A 工作开始时间推迟 1 个月，致使施工单位机械闲置和人员窝工损失。

事件 2：设计单位修改图纸使 C 工作发生工程量变化，增加造价 10 万元，施工单位及时调整施工部署，如期完成了 C 工作。

事件 3：D、E 工作受 A 工作的影响，开始时间也推迟了 1 个月，由于物价上涨原因，6～7 月份 D、E 工作的实际完成投资较计划完成投资增加了 10%。D、E 工作均按原持续时间完成，由于施工机械故障，J 工作 7 月份实际完成计划工程量的 80%，J 工作持续时间最终延长 1 个月。

事件 4：G、I 工作的实施过程中遇到非常恶劣的气候，导致 G 工作持续时间延长 0.5 个月；施工单位采取了赶工措施，使工作能按原持续时间完成，但需增加赶工费 0.5 万元。

事件 5：L 工作为隐蔽工程，在验收后项目监理机构对质量提出了质疑，施工单位以隐蔽工程已经监理工程师验收为由拒绝复验。在监理机构的坚持下，对隐蔽工程进行剥离复验。复验结果，工程质量不合格，施工单位进行了整改。

以上事件 1～事件 5 发生后，施工单位均在规定时间内提出工期顺延和费用补偿要求。

问题：

1. 事件 1 中，施工单位顺延和补偿费用的要求是否成立？说明理由。

2. 事件 4 中，施工单位顺延和补偿费用的要求是否成立？说明理由。

3. 事件 5 中施工复验，项目监理机构的做法是否妥当？分别说明理由。

4. 针对施工过程中发生的事件，项目监理机构的工程延期为多少个月？该工程实际工期为多少个月？

5. 在下表中填写空格处的已完工程计划投资、已完工程实际投资，并分析 7 月末的投资偏差和进度偏差。

1~7 月份投资情况　　　　　　　　　　　　　　　　　　单位：万元

月　份	1	2	3	4	5	6	7	合计
拟完工程计划投资	130	130	130	300	330	210	210	1440
已完工程计划投资		130	130					
已完工程实际投资		130	130					

答案与评分标准(20 分)：

1. 顺延工期和补偿费用的要求成立。(1 分)

A 工作开始时间推迟属建设单位原因且 A 工作在关键线路上。(1 分)

2. 顺延工期要求成立。(1 分)因该事件为不可抗力事件且 G 工作在关键线路上。(1 分)

补偿费用要求不成立(1 分)。因属施工单位自行赶工行为。(1 分)

3.(1)施工单位的做法不妥。(1 分)施工单位不得拒绝剥离复验。(1 分)

(2)项目监理机构的做法妥当。(1 分)对隐蔽工程质量产生质疑时有权进行剥离复验。(1 分)

4.(1)事件 1 发生后应批准工程延期 1 个月。(1 分)

(2)事件 4 发生后应批准工程延期 0.5 个月。(1 分)

其他事件未造成工期延误，故该工程实际工期为(20+1+0.5)月=21.5 月。(1 分)

5.

1~7 月投资情况表　　　　　　　　　　　　　　　　　　单位：万元

月　份	第1月	第2月	第3月	第4月	第5月	第6月	第7月	合计	
拟完工程计划投资	130	130	130	300	330	210	210	1440	(1 分)
已完工程计划投资	70	130	130	300	210	210	204	1254	(1 分)
已完工程实际投资	70	130	130	310	210	228	222	1300	(1 分)

7 月末投资偏差＝(1300-1254)万元＝46 万元＞0，投资超支。(2 分)

7 月末进度偏差＝(1440-1254)万元＝186 万元＞0，进度拖延。(2 分)

(注：偏差计算只列出公式且正确的，每式得 1 分)

辅助表格：

月份项目	1		2		3		4		5		6		7	
	计	实	计	实	计	实	计	实	计	实	计	实	计	实
A	60		60	60	60	60	60	60		60				
B	70	70	70	70	70	70								
C							90	100						
D									120		120	120+12	120	120+12
E									60		60	60+6	60	60+6

月份项目	1		2		3		4		5		6		7	
	计	实	计	实	计	实	计	实	计	实	计	实	计	实
F							150	150	150	150				
J											30	30	30	24
量														
价														

模拟试题(三)

【案例 1】

背景:

某工程,建设单位与甲施工单位签订了施工总承包合同,并委托一家监理单位实施施工阶段监理。经建设单位同意,甲施工单位将工程划分为 A1、A2 标段,并将 A2 标段分包给乙施工单位。根据监理工作需要,监理单位设立了投资控制组、进度控制组、质量控制组、安全管理组、合同管理组和信息管理组六个职能部门,同时设立了 A1 和 A2 两个标段的项目监理组,并按专业分别设置了若干专业监理小组,组成直线职能制项目监理组织机构。

为有效地开展监理工作,总监理工程师安排项目监理组负责人分别主持编制 A1、A2 标段两个监理规划。总监理工程师要求:①六个职能部门根据 A1、A2 标段的特点,直接对 A1、A2 标段的施工单位进行管理;②在施工过程中,A1 标段出现的质量隐患由 A1 标段项目监理组的专业监理师直接通知甲施工单位整改,A2 标段出现的质量隐患由 A2 标段项目监理组的专业监理师直接通知乙施工单位整改,如未整改,则由相应标段项目监理组负责人签发《工程暂停令》,要求停工整改。总监理工程师主持召开了第一次工地会议。会后,总监理工程师对监理规划审核批准后报送建设单位。

在报送监理规划中,项目监理人员的部分职责分工如下:

(1)投资控制组负责人审核工程款支付申请,并签发工程款支付证书,但竣工结算须有总监理工程师签认;

(2)合同管理组负责调解建设单位与施工单位的合同争议,处理工程索赔;

(3)进度控制组负责审查施工进度计划及其执行情况,并由该组负责人审批工程延期;

(4)质量控制负责人审批项目监理实施细则;

(5)A1、A2 两个标段项目监理组负责人分别组织、指导、检查和监督本标段监理人员的工作,及时调换不称职的监理人员。

问题:

1. 绘制监理单位设置的项目监理机构的组织机构图,说明其缺点。

2. 指出总监理工程师工作的不妥之处,写出正确方法。

3. 指出监理人员职责分工的不妥之处,写出正确方法。

答案与评分标准(20 分):

1.

(1)项目监理组织机构图

(注:①此图的第四层次专业监理小组只要在每个标段监理组下画出一个即可得相应分值;②此图可分解给分,按正确的部分得相应分值)

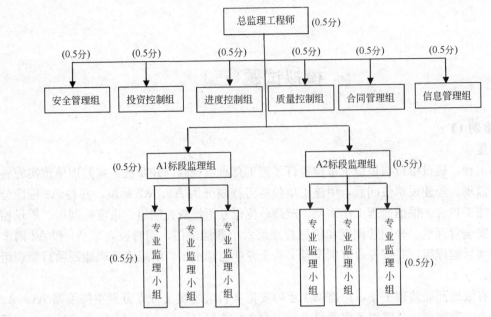

（2）缺点：职能部门与指挥部门易产生矛盾（0.5分）、信息传递路线长（0.5分）。

2.

（1）安排项目监理组负责人主持编制监理规划不妥（0.5分），应由总监理工程师主持编制（0.5分）；

（2）分别编制 A1 和 A2 标段两个监理规划不妥（0.5分），同一监理项目应统一编制监理规划（0.5分）；

（3）六个职能管理部门直接对 A1、A2 标段的施工单位进行管理不妥（0.5分），应作为总监理工程师的参谋（0.5分），对 A1、A2 标段监理组进行业务指导；

（或：应由 A1，A2 标段监理组直接对施工单位进行管理）（0.5分）

（4）A2 标段监理组的专业监理工程师直接通知乙施工单位整改不妥（0.5分），应发给甲施工单位（0.5分）；

（5）由相应标段监理组负责人签发《工程暂停令》不妥（0.5分），应由总监理工程师签发（0.5分）；

（6）主持召开第一次工地会议不妥（0.5分），应由建设单位主持（0.5分）；

（7）监理规划在第一次工地会议以后报建设单位不妥（0.5分），应在第一次工地会议前报建设单位（0.5分）；

（8）监理规划由总监理工程师审核批准不妥（0.5分），应由监理单位技术负责人审核批准（0.5分）。

3.

（1）投资控制组负责人签发工程款支付证书不妥（0.5分），应由总监理工程师签发（0.5分）；

（2）合同管理组负责处理工程索赔不妥（0.5分），应由总监理工程师负责（0.5分）；

（3）进度控制组负责人审批工程延期不妥（0.5分），应由总监理工程师审批（0.5分）；

（4）质量控制组负责人审批项目监理实施细则不妥（0.5分），应由总监理工程师审批（0.5分）；

（5）项目监理组负责人调换不称职的监理人员不妥（0.5分），应由总监理工程师调换（0.5分）。

【案例2】

背景：

某工程，建设单位委托具有相应资质的监理单位承担施工招标代理和施工阶段监理任务，拟通过公开招标方式分别选择建安工程施工、装修工程设计和装修工程施工单位。

在工程实施过程中，发生如下事件：

事件1：监理单位编制建安工程施工招标文件时，建设单位提出投资人资格必须满足以下要求：

（1）获得过国家级工程质量奖项；

（2）在项目所在地行政辖区内进行了工商注册登记；

（3）拥有国有股份；

（4）取得安全生产许可证。

事件2：建安工程施工单位与建设单位按《建设工程施工合同（示范文本）》签订合同后，在施工中突遇合同中约定属于不可抗力的事件，造成经济损失（见下表）和工地全面停工15天。由于合同双方均未投保，建安工程施工单位在合同约定的有效期内，向项目监理机构提出了费用补偿和工程延期申请。

经济损失表

序号	项 目	金额（万元）
1	建安工程施工单位采购的已运至现场待安装的设备修理费	5.0
2	现场施工人员受伤医疗补偿费	2.0
3	已通过工程验收的供水管爆裂修复费	0.5
4	建设单位采购的已运至现场的水泥损失费	3.5
5	建安工程施工单位配备的停电时用于应急施工的发电机修复费	0.2
6	停工期间施工作业人员窝工费	8.0
7	停工期间必要的留守管理人员工资	1.5
8	现场清理费	0.3
	合 计	21.0

事件3：施工过程中，总监理工程师发现施工单位刚开始采用的一项新工艺，未向项目监理机构报审。

事件4：在施工时，装修工程施工单位发现图纸错误，导致装修工程局部无法正常进行，虽然不会影响总工期，但造成了工人窝工等损失。装修工程施工单位向项目监理机构提出变更设计和费用索赔申请。

问题：

1. 逐条指出事件1中监理单位是否应采纳建设单位提出的要求，分别说明理由。

2. 事件 2 中，发生的经济损失分别由谁承担？建安工程施工单位总共可获得费用补偿为多少？工程延期要求是否成立？

3. 写出总监理工程师对事件 3 的处理程序。

4. 根据《建设工程监理规范》的规定，写出事件 4 中项目监理机构处理变更设计和费用索赔的程序。

答案与评分标准（20 分）：

1. （1）不能采纳（0.5 分）。理由：投标人不得以获得国家级工程质量奖排斥潜在投标人（0.5 分）。

（2）不能采纳（0.5 分）。理由：投标人不得以地区限制排斥潜在投标人（0.5 分）。

（3）不能采纳（0.5 分）。理由：投标人不得对潜在投标人实行歧视政策（0.5 分）。

（4）采纳（0.5 分）。理由：投标任必须取得安全生产许可证（0.5 分）。

2. （1）建设单位承担的经济损失：

① 待安装的设备修理费（0.5 分）；

② 供水管爆裂修复费（0.5 分）；

③ 水泥损失费（0.5 分）；

④ 留守管理人员工资（0.5 分）；

⑤ 现场清理费（0.5 分）。

（注：答表中 1，3，4，7，8 项的经济损失由建设单位承担的，答对一项可得 0.5 分）

施工单位承担的经济损失为：

① 现场施工人员受伤医疗补偿费（0.5 分）；

② 应急发电机修复费（0.5 分）；

③ 施工作业人员窝工费（0.5 分）。

（注：答表中 2，5，6 项的经济损失由施工单位承担的，每答对一项可得 0.5 分）

（2）费用补偿总额：5＋0.5＋1.5＋0.3＝7.3（万元）（0.5 分）；

（3）工程延期要求成立（0.5 分）。

3.

（1）下达《工程暂停令》（1 分）；

（2）要求建安工程施工单位申报相应的施工工艺措施（0.5 分）和证明资料（0.5 分）；

（3）组织专家进行专题论证（0.5 分）；

（4）经审定通过后予以签认，并下达《工程复工令》（0.5 分）。

4.

（1）变更设计处理程序：

① 总监理工程师组织专业监理工程师审查变更设计申请（0.5 分），同意后提交建设单位（0.5 分）；

② 项目监理机构取得设计变更文件后结合实际情况对变更费用进行评估（0.5 分）；

③ 总监理工程师就评估情况与建设单位和施工单位协调（0.5 分）；

④ 总监理工程师签发工程变更单（0.5 分）；

⑤ 项目监理机构根据工程变更单监督施工单位实施（0.5 分）。

（2）费用索赔处理程序：

① 总监理工程师审查索赔申请(1.0分)，符合索赔条件时予以受理(1.0分)；

② 总监理工程师进行费用索赔审查(0.5分)，并与建设单位和施工单位进行协商(1.0分)；

③ 总监理工程师应在施工合同约定时限内(0.5分)签署索赔审批表(1.0分)。

【案例3】

背景：

某工程，建设单位委托监理单位承担施工阶段监理任务。在施工过程中，发生如下事件：

事件1：专业监理工程师检查结构受力钢筋电焊接头时，发现存在质量问题(见下表)，随即向施工单位签发了《监理工程师通知单》要求整改。施工单位提出，是否整改应视常规批量抽检结果而定。在专业监理工程师见证下，施工单位选择有质量问题的钢筋电焊接头作为送检样品，经施工单位技术负责人封样后，由专业监理工程师送往预先确定的试验室，经检测，结果合格。于是，总监理工程师同意施工单位不再对该批电焊接头进行整改。在随后的月度工程款支付申请时，施工单位将该检测费用列入工程进度款中要求一并支付。

钢筋电焊接头质量问题统计表

序　号	质量问题	数　量	序　号	质量问题	数　量
1	裂纹	8	4	咬边	104
2	气孔	20	5	焊瘤	14
3	夹渣	54			

事件2：专业监理工程师在检查混凝土试块强度报告时，发现下部结构有一个检验批内的混凝土试块强度不合格，经法定检测单位对相应部位实体进行测定，强度未达到设计要求。经设计单位验算，实体强度不能满足结构安全要求。

事件3：对于事件2，相关单位提出了加固处理方案并得到参建各方的确认。施工单位为赶工期，采用了未经项目监理机构审批的下部结构加固、上部结构同时施工的方案进行施工。总监理工程师发现后及时签发了《工程暂停令》，施工单位未执行总监理工程师的指令继续施工，造成上部结构倒塌，导致现场施工人员1死2伤的安全事故。

问题：

1. 根据上表，采用排列图法列表计算质量问题累计频率，并分别指出哪些是主要质量问题、次要质量问题和一般质量问题。

2. 指出事件1中施工单位的提法及施工单位与项目监理机构做法的不妥之处，写出正确做法或说明理由。

3. 按《建设工程监理规范》的规定，写出项目监理机构对事件2的处理程序。

4. 按《建设工程安全生产管理条例》的规定，分析事件3中监理单位、施工单位的法律责任。

答案与评分标准(20分)：

1.

(1)累计频率(注：以排列图表示，累计频率正确的，可得相应分值)：

序号	质量问题	数量	频率(%)	累计频率(%)
1	咬边	104	52.0	52.0(0.5分)
2	夹渣	54	27.0	79.0(0.5分)
3	气孔	20	10.0	89.0(0.5分)
4	焊瘤	14	7.0	96.0(0.5分)
5	裂纹	8	4.0	100.0(0.5分)
合计		200	100	

(2) 主要质量问题：咬边(0.5分)和夹渣(0.5分)；

次要质量问题：气孔(0.5分)；

一般质量问题：焊瘤(0.5分)和裂纹(0.5分)。

2.

(1) 施工单位认为是否整改应视钢筋电焊接头常规批量抽检结果而定不妥(0.5分)，质量问题均应进行整改(0.5分)；

(2) 施工单位选择有质量问题的钢筋电焊接头为送检样品不妥(0.5分)，应随机抽样(0.5分)；

(3) 施工单位的技术负责人对送检样品封样不妥(0.5分)，应由负责见证取样的专业监理工程师对送检样品封样(0.5分)；

(4) 由专业监理工程师送往试验室不妥(0.5分)，应由施工单位送往试验室(0.5分)；

(5) 总监理工程师同意施工单位不再对该批电焊接头进行整改不妥(0.5分)，应要求施工单位对质量问题进行整改(0.5分)；

(6) 施工单位将电焊接头检测费用列入工程进度款中要求一并支付不妥(0.5分)，属常规检测，不应另行计费(0.5分)。

3.

(1) 总监理工程师签发《工程暂停令》(1.0分)，责令施工单位报送质量事故调查报告(0.5分)及经设计单位等相关单位认可的处理方案(0.5分)；

(2) 项目监理机构应对质量事故的处理过程和处理结果进行跟踪检查(0.5分)和验收(0.5分)；

(3) 验收合理后由总监理工程师签发《工程复工令》(1.0分)；

(4) 总监理工程师应及时向建设单位(0.5分)及本监理单位(0.5分)提交有关质量事故的书面报告(0.5分)，并应将完整的质量事故处理记录整理归档(0.5分)。

4.

监理单位有责任(0.5分)，没有及时向有关主管部门报告(0.5分)；

施工单位有责任(0.5分)，未报审施工方案(0.5分)，且未按指令停止施工(0.5分)，造成重大安全事故(0.5分)。

【案例4】

背景：

某工程，建设单位委托监理单位实施施工阶段监理。按照施工总承包合同约定，建设单位负责空调设备和部分工程材料的采购，施工总承包单位选择桩基施工和设备安装两家分包单位。

在施工过程中，发生如下事件：

事件1：在桩基施工时，专业监理工程师发现桩基施工单位与原申报批准的桩基施工分包单位不一致。经调查，施工总承包单位为保证施工进度，擅自增加了一家桩基施工分包单位。

事件2：专业监理工程师对使用商品混凝土的现浇结构验收时，发现施工现场混凝土试块的强度不合格，拒绝签认。施工单位认为，建设单位提供的商品混凝土质量存在问题；建设单位认为，商品混凝土质量证明资料表明混凝土质量没有问题。经法定检测机构对现浇结构的实体进行检验，结果为商品混凝土质量不合格。

事件3：空调设备安装前，监理人员发现建设单位与空调设备供货单位签订的合同中包括该设备的安装工作。经了解，由于建设单位认为供货单位具备设备安装资质且能提供更好的服务，所以在直接征得设备安装分包单位书面同意后，与设备供货单位签订了供货和安装合同。

事件4：在给水管道验收时，专业监理工程师发现部分管道渗漏。经查，是由于设备安装单位使用的密封材料存在质量缺陷所致。

问题：

1. 写出项目监理机构对事件1的处理程序。

2. 针对事件2中现浇结构的质量问题，建设单位、监理单位和施工总承包单位是否应承担责任？说明理由。

3. 事件3中，分别指出建设单位和设备安装分包单位做法的不妥之处，说明理由，写出正确做法。

4. 写出专业监理工程师对事件4中质量缺陷的处理程序。

答案与评分标准（20分）：

1.

（1）下达《工程暂停令》（1.0分），并向建设单位报告（0.5分）；

（2）对已完工程进行检查验收或质量鉴定（0.5分）；

（3）要求施工总承包单位提交新增加的桩基础施工分包单位资质报审表（0.5分），并进行审核（0.5分）；

（4）若审核通过，下达《工程复工令》（0.5分），通知施工总承包单位要求现场桩基施工分包单位继续施工（0.5分）；

（5）若审核不通过，通知施工总承包单位（0.5分）要求新增加的桩基础施工分包单位立即退场（0.5分）。

2.

（1）建设单位承担责任（1.0分），因为未提供合格的商品混凝土（1.0分）；

（2）监理单位不承担责任（1.0分），因为拒绝签认（1.0分）；

（3）施工总承包单位不承担责任（1.0分），因为建设单位提供的商品混凝土的质量与证明材料不符（1.0分）。

3.

（1）不妥之处：建设单位与设备供货单位签订的合同中包括安装工作（0.5分）。

理由：建设单位违约，未经施工总承包单位同意将设备安装发包给供货单位(1.0分)。

正确做法：建设单位应通过项目监理机构(0.5分)征求施工总承包单位意见(0.5分)，若同意，变更合同(0.5分)；若不同意，仍应按原合同执行(0.5分)。

(2)不妥之处：分包单位书面同意建设单位变更合同(0.5分)。

理由：设备安装分包单位与建设单位无合同关系(1.0分)。

正确做法：变更合同应与施工总承包单位洽商(1.0分)。

4.

(1)下发《监理工程师通知单》要求设备安装单位整改(1.0分)；

(2)检查和督促整改过程(1.0分)；

(3)验收整改结果，合格后予以签认(1.0分)。

【案例5】

背景：

某工程，建设单位与施工单位按照《建设工程施工合同(示范文本)》签订了施工承包合同。

合同约定：工程6个月；A、B工作所用的材料由建设单位采购；合同价款采用以直接费为计算基础的全费用综合单价计价；施工期间若遇物价上涨，只对钢材、水泥和骨料的价格进行调整，调整依据为工程造价管理部门公布的材料价格指数。招标文件中工程量清单所列各项工作的估算工程量和施工单位的报价如下表所示，该工程的各项工作按最早开始时间安排，按月均速施工，经总监理工程师批准的施工进度计划如下图所示。

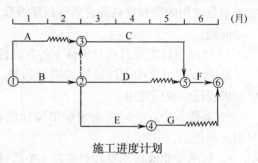

施工进度计划

估算工程量和报价

工 作	A	B	C	D	E	F	G
估算工程量(m³)	2500	3000	4500	2200	2300	2500	2000
报价(元/m³)	100	150	120	180	100	150	200

施工过程中，发生如下事件：

事件1：施工单位有两台大型机械设备需要进场，施工单位提出由建设单位支付其进场费，但建设单位不同意另行支付。

事件2：建设单位提供的材料运抵现场后，项目监理机构要求施工单位及时送检，但施工单位称：施工合同专用条款并未对此作出约定，因此，建设单位提供的材料，施工单位没有送检的义务，若一定要施工单位送检，则由建设单位支付材料检测费用。

事件3：当施工进行到第3个月末时，建设单位提出一项设计变更，使D工作的工程量增加2000m³。施工单位调整施工方案后，D工作持续时间延长1个月。从第4个月开始，D工作执行新的全费用综合单价。经测算，新单价中直接费为160元/m³，间接费费率为15%，利润率为5%，计税系数为3.41%。

事件4：由于施工机械故障，G工作的开始时间推迟了1个月。第6个月恰遇建筑材料价格大幅上涨，造成 F、G 工作的造价提高，造价管理部门公布的价格指数见下表。施工单位随即向项目监理机构提出了调整 F、G 工作结算单价的要求。经测算，F、G 工作的单价中，钢材、水泥和骨料的价格所占比例均分别为 25％、35％和 10％。

建筑材料价格指数

费用名称	基准月价格指数	结算月价格指数
钢　材	105	130
水　泥	110	140
骨　料	100	120

问题：

1. 事件 1 中，建设单位的做法是否正确？说明理由。

2. 指出事件 2 中施工单位说法正确和错误之处，分别说明理由。

3. 事件 3 中，针对施工单位调整施工方案，写出项目监理机构的处理程序。列式计算 D 工作调整后新的全费用综合单价(计算结果精确到小数点后两位)。

4. 事件 4 中，施工单位提出调整 F 和 G 工作单价的要求是否合理？说明理由。列式计算应调价工作的新单价。

5. 计算 4、5、6 月份的拟完成工程计划投资额和施工单位的应得工程款额(计算结果精确到小数点后两位)。

答案与评分标准(20 分)：

1. 建设单位的做法正确(0.5 分)，大型机械的进出场费已包含在合同价(建安工程造价)中(0.5 分)。

2. 错误之处：建设单位提供的材料，施工单位没有送检的义务(1.0 分)；

正确之处：建设单位提供的材料，由建设单位支付材料检测费用(1.0 分)；

理由：根据施工合同通用条款规定，对于建设单位提供的材料，施工单位应负责检测(0.5 分)，建设单位应支付检测费用(0.5 分)。

3. (1)项目监理机构应要求施工单位提交调整后的施工方案(1.0 分)，由专业监理工程师审查(1.0 分)，总监理工程师签认后指令施工单位执行(0.5 分)。

(2) D 工作的新单价计算如下：

① 直接费＝160(元/m^3)

② 间接费＝①×15％＝160×15％＝24(元/m^3)(0.5 分)

③ 利润＝(①＋②)×5％＝(160＋24)×5％＝9.2(元/m^3)(1.0 分)

④ 含税单价＝(①＋②＋③)×(1＋3.41％)＝(160＋24＋9.2)×1.0341＝199.79(元/m^3)(1.0 分)

(注：先计算总价再计算单价，计算正确的，可得相应分值。)

4. 施工单位提出的调整 G 工作单价的要求不合理(1.0 分)，因施工单位的原因致使该工作拖延(1.0 分)；施工单位提出的调整 F 工作单价的要求合理(0.5 分)，因符合合同约定(0.5 分)。

F 工作的新单价＝150×[(1－25％－35％－10％)＋25％×(130/105)＋35％

×(140/110)＋10％×(120/100)] (1.5 分)

$$=150\times(0.30+0.3095+0.4455+0.12)=176.25\ 元/m^3(0.5\ 分)$$

5.（1）4月份拟完工程计划投资额＝120×（4500/3）＋180×（2200/2）＋100×（2300/2）＝180000＋198000＋115000＝493000 元（1.0 分）

4月份应得工程款＝120×（4500/3）＋199.79×（1100＋2000）/2＋100×（2300/2）

$$=180000+309674.5+115000=604674.50\ 元(1.0\ 分)$$

（2）5月份拟完工程计划投资额＝120×（4500/3）＋200×2000＝180000＋400000＝580000 元（1.0 分）

5月份应得工程款＝120×（4500/3）＋199.79×（1100＋2000）/2

$$180000+309674.5=489674.50\ 元(1.0\ 分)$$

（3）6月份拟完工程计划投资额＝150×2500＝375000 元（1.0 分）

6月份应得工程款＝176.25×2500＋200×2000＝440625＋400000＝840625 元（1.0 分）

【案例 6】

背景：

某工程，施工合同中约定：工期 19 周；钢筋混凝土基础工程量增加超出 15％时，结算时对超出部分按原价的 90％调整单价。经总监理工程师批准的施工总进度计划如下图所示，其中 A、C 工作为钢筋混凝土基础工程，B、G 工作为片石混凝土基础工程，D、E、F、H、I 工作为设备安装工程，K、L、J、N 工作为设备调试工作。

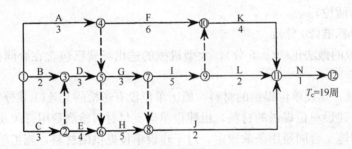

施工总进度计划（时间单位：周）

（提示：网络图要求：一分钟找到关键线路，一分钟计算出某工作的总时差）

施工过程中，发生如下事件：

事件 1：合同约定 A、C 工作的综合单价为 700 元/m³。在 A、C 工作开始之前，设计单位修改了设备基础尺寸，A 工作的工程量由原来的 4200m³ 增加到 7000m³，C 工作的工程量由原来的 3600m³ 减少到 2400m³。

事件 2：A、D 工作完成后，建设单位拟将后续工程的总工期缩短 2 周，要求项目监理机构帮助拟定一个合理的赶工方案以便与施工单位洽商，项目监理机构提出的后续工作可以缩短的时间及其赶工费率见下表。

后续工作可缩短的时间及赶工费率

工作名称	F	G	H	I	J	K	L	N
可缩短的时间（周）	2	1	0	1	2	2	1	0
赶工费率（万元/周）	0.5	0.4	—	3.0	2.0	1.0	1.5	—

事件3：调试工作结果见下表。

调试工作结果表

工作	设备采购者	结果	原因	未通过增加的费用(万元)
K	建设单位	未通过	设备制造缺陷	3
L	建设单位	未通过	安装质量缺陷	1
J	施工单位	通过	—	—
N	建设单位	未通过	设计缺陷	2

问题：

1. 事件1中，设计修改后，在单位时间完成工程量不变的前提下，A、C工作的持续时间分别为多少周？对合同总工期是否有影响？为什么？A、C工作的费用共增加了多少？

2. 事件2中，项目监理机构如何调整计划才能既实现建设单位的要求又能使赶工费用最少？说明理由。增加的最少赶工费用是多少？

3. 对调试工作结果表中未通过的调试工作，根据施工合同进行责任界定，并确定应补偿施工单位的费用。

答案与评分标准(20分)：

1. (1) ① A工作的施工速度＝4200/3＝1400(m³/周)(0.5分)

A工作的持续时间＝7000/1400＝5.0(周)(1.0分)

② C工作的施工速度＝3600/3＝1200(m³/周)(0.5分)

C工作的持续时间＝2400/1200＝2.0(周)(1.0分)

A工作的持续时间的改变对合同总工期没有影响(1.0分)。因为A工作有2周的总时差(1.0分)；C工作的持续时间的改变对合同总工期有影响(1.0分)，应为C工作为关键工作(或：C工作在关键线路上)(1.0分)。

(2) A、C工作增加的费用

① 基础增加的工程量＝7000＋2400－4200－3600＝1600(m³)(1.0分)

② 增加的工程量占原工程量的比例＝1600/(4200＋3600)×100%＝20.51%＞15%
(1.0分)

③ 需调价的工程量＝1600－(4200＋3600)×15%＝430(m³)(0.5分)

新结算价(4200＋3600)(1＋15%)×700＋430×700×90%＝654.99(万元)(0.5分)

原结算价(4200＋3600)×700＝546(万元)(0.5分)

增加的费用 654.99－546＝108.99(万元)(0.5分)

2. 第一次调整：A、D工作完成后的关键线路为G—I—K—N(或：关键工作为G、I、K、N)(1.0分)，由于G工作的赶工费率最低(0.5分)，故缩短关键工作G的持续时间1周(0.5分)；

第二次调整：调整后的关键线路仍然为G—I—K—N(或：关键工作为G、I、K、N)(1.0分)，在可压缩的关键工作中，由于K工作的赶工费率最低(0.5分)，故缩短关键工作K的持续时间1周(0.5分)；

增加的最少赶工费用为：0.4+1.0=1.4(万元)(1.0分)。

3.(1) ① K工作，建设单位的责任(1.0分)；

② L工作，施工单位(或：安装单位)的责任(1.0分)；

③ N工作，建设单位的责任(1.0分)。

(2) 应补偿施工单位的费用为3+2=5万元(1.0分)。

尊敬的读者：

感谢您选购我社图书！建工版图书按图书销售分类在卖场上架，共设22个一级分类及43个二级分类，根据图书销售分类选购建筑类图书会节省您的大量时间。现将建工版图书销售分类及与我社联系方式介绍给您，欢迎随时与我们联系。

★建工版图书销售分类表（详见下表）。

★欢迎登陆中国建筑工业出版社网站www.cabp.com.cn，本网站为您提供建工版图书信息查询，网上留言、购书服务，并邀请您加入网上读者俱乐部。

★中国建筑工业出版社总编室　电　话：010—58934845

　　　　　　　　　　　　　　　传　真：010—68321361

★中国建筑工业出版社发行部　电　话：010—58933865

　　　　　　　　　　　　　　　传　真：010—68325420

　　　　　　　　　　　　　　　E-mail：hbw@cabp.com.cn

建工版图书销售分类表

一级分类名称（代码）	二级分类名称（代码）	一级分类名称（代码）	二级分类名称（代码）
建筑学 （A）	建筑历史与理论（A10）	园林景观 （G）	园林史与园林景观理论（G10）
	建筑设计（A20）		园林景观规划与设计（G20）
	建筑技术（A30）		环境艺术设计（G30）
	建筑表现·建筑制图（A40）		园林景观施工（G40）
	建筑艺术（A50）		园林植物与应用（G50）
建筑设备·建筑材料 （F）	暖通空调（F10）	城乡建设·市政工程· 环境工程 （B）	城镇与乡（村）建设（B10）
	建筑给水排水（F20）		道路桥梁工程（B20）
	建筑电气与建筑智能化技术（F30）		市政给水排水工程（B30）
	建筑节能·建筑防火（F40）		市政供热、供燃气工程（B40）
	建筑材料（F50）		环境工程（B50）
城市规划·城市设计 （P）	城市史与城市规划理论（P10）	建筑结构与岩土工程 （S）	建筑结构（S10）
	城市规划与城市设计（P20）		岩土工程（S20）
室内设计·装饰装修 （D）	室内设计与表现（D10）	建筑施工·设备安装技术（C）	施工技术（C10）
	家具与装饰（D20）		设备安装技术（C20）
	装修材料与施工（D30）		工程质量与安全（C30）
建筑工程经济与管理 （M）	施工管理（M10）	房地产开发管理（E）	房地产开发与经营（E10）
	工程管理（M20）		物业管理（E20）
	工程监理（M30）	辞典·连续出版物 （Z）	辞典（Z10）
	工程经济与造价（M40）		连续出版物（Z20）
艺术·设计 （K）	艺术（K10）	旅游·其他 （Q）	旅游（Q10）
	工业设计（K20）		其他（Q20）
	平面设计（K30）	土木建筑计算机应用系列（J）	
执业资格考试用书（R）		法律法规与标准规范单行本（T）	
高校教材（V）		法律法规与标准规范汇编/大全（U）	
高职高专教材（X）		培训教材（Y）	
中职中专教材（W）		电子出版物（H）	

注：建工版图书销售分类已标注于图书封底。